智能制造领域高级应用型人才培养系列教材

ABB工业机器人编程与操作

主编　邓三鹏　周旺发　祁宇明

参编　郝　帅　李　诚　王　宏　王　哲　田海一　燕居怀

张　鹏　张　杰　陈志军　关天许　李宗强　宗冬芳

傅　凯　潘明来

主审　孙立宁

机械工业出版社

CHINA MACHINE PRESS

本书由长期从事机器人技术教学的一线教师和企业应用工程师依据其在机器人教学、科研、技能鉴定和竞赛方面的丰富经验编写而成。本书从工业机器人认知，工业机器人的基本操作，ABB RobotStudio 离线编程与操作，工业机器人搬运、涂胶装配、码垛、焊接编程与操作，ABB 机器人工业网络通信 8 个项目来讲述工业机器人的编程与操作技能，按照“项目导入、任务驱动”的理念精选教学内容，内容全面、综合、深入浅出、实操性强，每个项目均含有典型的实施案例讲解，兼顾工业机器人应用的实际情况和发展趋势。编写中力求做到“理论先进，内容实用，操作性强，学以致用”，突出实践能力和创新素质的培养，是一本从理论到实践，再从实践到理论全面介绍工业机器人编程与操作技能的教科书。

本书可作为工业机器人技术、机电一体化技术、电气自动化技术和机械制造与自动化等专业教材，也可作为各类机器人技术的培训教材，还可作为从事工业机器人操作、编程、设计和维修等工作的工程技术人员的参考书。

本书配有电子课件，凡使用本书作为教材的教师可登录机械工业出版社教育服务网 www.cmpedu.com 注册后下载。咨询邮箱：cmpgaozhi@ sina.com。咨询电话：010-88379375。

图书在版编目（CIP）数据

ABB 工业机器人编程与操作/邓三鹏，周旺发，祁宇明主编. —北京：机械工业出版社，2018.2（2024.2 重印）

智能制造领域高级应用型人才培养系列教材

ISBN 978-7-111-60143-2

Ⅰ. ①A… Ⅱ. ①邓… ②周… ③祁… Ⅲ. ①工业机器人-程序设计-教材 Ⅳ. ①TP242.2

中国版本图书馆 CIP 数据核字（2018）第 122068 号

机械工业出版社（北京市百万庄大街 22 号 邮政编码 100037）

策划编辑：薛 礼 责任编辑：薛 礼 责任校对：王 欣

封面设计：鞠 杨 责任印制：单爱军

保定市中画美凯印刷有限公司印刷

2024 年 2 月第 1 版第 10 次印刷

184mm×260mm · 13.25 印张 · 323 千字

标准书号：ISBN 978-7-111-60143-2

定价：45.00 元

电话服务	网络服务
客服电话：010-88361066	机 工 官 网：www.cmpbook.com
010-88379833	机 工 官 博：weibo.com/cmp1952
010-68326294	金 书 网：www.golden-book.com
封底无防伪标均为盗版	机工教育服务网：www.cmpedu.com

序

制造业是实体经济的主体，是推动经济发展、改善人民生活、参与国际竞争和保障国家安全的根本所在。纵观世界强国的崛起，都是以强大的制造业为支撑的。在虚拟经济蓬勃发展的今天，世界各国仍然高度重视制造业的发展。制造业始终是国家富强、民族振兴的坚强保障。

当前，新一轮科技革命和产业变革在全球范围内蓬勃兴起，创新资源快速流动，产业格局深度调整，我国制造业迎来“由大变强”的难得机遇。实现制造强国的战略目标，关键在人才。在全球新一轮科技革命和产业变革中，世界各国纷纷将发展制造业作为抢占未来竞争制高点的重要战略，把人才作为实施制造业发展战略的重要支撑，加大人力资本投资，改革创新教育与培训体系。当前，我国经济发展进入新时代，制造业发展面临着资源环境约束不断强化、人口红利逐渐消失等多重因素的影响，人才是第一资源的重要性更加凸显。

《中国制造 2025》第一次从国家战略层面描绘建设制造强国的宏伟蓝图，并把人才作为建设制造强国的根本，对人才发展提出了新的更高要求。提高制造业创新能力，迫切要求培养具有创新思维和创新能力的拔尖人才、领军人才；强化工业基础能力，迫切要求加快培养掌握共性技术和关键工艺的专业人才；信息化与工业化深度融合，迫切要求全面增强从业人员的信息技术运用能力；发展服务型制造业，迫切要求培养更多复合型人才进入新业态、新领域；发展绿色制造，迫切要求普及绿色技能和绿色文化；打造“中国品牌”“中国质量”，迫切要求提升全员质量意识和素养等。

哈尔滨工业大学在 20 世纪 80 年代研制出我国第一台弧焊机器人和第一台点焊机器人，30 多年来为我国培养了大量的机器人人才；苏州大学在产学研一体化发展方面成果显著；天津职业技术师范大学从 2010 年开始培养机器人职教师资，秉承“动手动脑，全面发展”的办学理念，进行了多项教学改革，建成了机器人多功能实验实训基地，并开展了对外培训和鉴定工作。这套规划教材是结合这些院校人才培养特色以及智能制造类专业特点，以“理论先进，注重实践，操作性强，学以致用”为原则精选教材内容，依据在机器人、数控机床的教学、科研、竞赛和成果转化等方面的丰富经验编写而成的。其中有些书已经出版，具有较高的质量，未出版的讲义在教学和培训中经过多次使用和修改，亦收到了很好的效果。

我们深信，这套丛书的出版发行和广泛使用，不仅有利于加强各兄弟院校在教学改革方面的交流与合作，而且对智能制造类专业人才培养质量的提高也会起到积极的促进作用。

当然，由于智能制造技术发展非常迅速，编者掌握材料有限，本套丛书还需要在今后的改革实践中获得进一步检验、修改、锤炼和完善，殷切期望同行专家及读者们不吝赐教，多加指正，并提出建议。

苏州大学教授、博导
教育部长江学者特聘教授
国家杰出青年基金获得者
国家万人计划领军人才
机器人技术与系统国家重点实验室副主任
国家科技部重点领域创新团队带头人
江苏省先进机器人技术重点实验室主任

2018 年 1 月 6 日

Preface 前言

2015 年 5 月 8 日，国务院印发了《中国制造 2025》，明确将工业机器人列入大力推动、突破发展的十大重点领域之一；工业和信息化部《关于推进工业机器人产业发展的指导意见》指出，到 2020 年，要建立完善的智能制造装备产业体系，产业销售收入超过 3 万亿元；工业和信息化部装备工业司在《〈中国制造 2025〉规划系列解读之推动机器人发展》中明确我国未来 10 年机器人产业的发展重点主要为两个方向：一是开发工业机器人本体和关键零部件系列化产品，推动工业机器人产业化应用，满足我国制造业转型升级的迫切需求；二是突破智能机器人关键技术，开发一批智能机器人，积极应对新一轮科技革命和产业变革的挑战。2016 年，教育部、人力资源和社会保障部和工业和信息化部联合印发的《制造业人才发展规划指南》指出，到 2020 年，高档数控机床和机器人行业人才需求总量 750 万人，人才缺口 300 万人，形势严峻。正是基于产业对于机器人人才的迫切需求，中、高职院校和应用型本科院校纷纷开始设立机器人相关专业。

本书由长期从事工业机器人技术教学的一线教师和企业应用工程师依据其在机器人教学、科研、工程应用、技能鉴定和竞赛方面的丰富经验编写而成。ABB 工业机器人在国内有较高的市场占有率，本书以 ABB 工业机器人为例，结合工业机器人多功能综合实训系统（BNRT-MTS120），通过工业机器人认知，工业机器人的基本操作，ABB RobotStudio 离线编程与操作，工业机器人搬运、涂胶装配、码垛、焊接编程与操作、ABB 机器人工业网络通信 8 个项目，讲述了工业机器人的编程与操作技能，按照“项目导入、任务驱动”的理念精选教学内容，内容全面、综合、深入浅出、实操性强，每个项目均含有典型的实施案例讲解，兼顾工业机器人应用的实际情况和发展趋势。编写中力求做到“理论先进，内容实用、操作性强，学以致用”，突出实践能力和创新素质的培养。

本书由邓三鹏、周旺发、祁宇明任主编，参与编写工作的有天津职业技术师范大学邓三鹏、郝帅（项目一、二、八）、祁宇明（项目三、四），天津博诺机器人技术有限公司周旺发（项目五、六、七），重庆工程职业技术学院李诚、王宏（项目三），天津现代职业技术学院王哲、田海一（项目四），威海海洋职业学院燕居怀（项目五），毕节市财贸学校张鹏、张杰（项目六），阳江技师学院陈志军、关天许、李宗强（项目七），浙江交通技师学院宗冬芳、傅凯、潘明来（项目八）。天津职业技术师范大学机器人及智能装备研究所的部分研究生进行了素材收集、文字图片处理、实验验证、学习资源制作等辅助编写工作，他们是解俊强（项目一）、林伟民（项目二、五）、李柯（项目三）、郭文鑫（项目四、六）、郝帅（项目七）、董有为（项目八）。

本书得到了天津市人才发展特殊支持计划“智能机器人技术及应用”高层次创新创业团队项目，教育部、财政部职业院校教师素质提高计划职教师资培养资源开发项目（VTNE016）以及天津职业技术师范大学校级重点教改项目（JGZ2015-02）的资助。本书在编写过程中得到了全国机械职业教育教学指导委员会，天津市机器人学会，天津职业技术师范大学机器人及智能装备研究所、机电工程系，天津博诺机器人技术有限公司和天津博诺智创机器人技术有限公司的大力支持和帮助，在此深表谢意。本书承蒙苏州大学孙立宁教授细心审阅，提出许多宝贵意见，在此表示衷心的感谢！

由于编者水平所限，书中难免存在不妥之处，恳请同行专家和读者不吝赐教，批评指正，联系邮箱：37003739@qq.com。

邓三鹏

2017 年于天津

Contents 目录

项目一
工业机器人认知

项目一辅助资料

学习目标

1. 了解工业机器人的工作原理、系统组成及基本功能。
2. 掌握工业机器人的性能指标。

工作任务

认识工业机器人。工业机器人一般指用于机械制造业中代替人完成具有大批量、高质量要求的工作（如汽车制造、摩托车制造、舰船制造、家电产品、化工等行业自动化生产线中的点焊、弧焊、喷漆、切割、电子装配及物流系统中的搬运、包装、码垛等作业）的机器人。工业机器人的典型应用如图 1-1 所示。

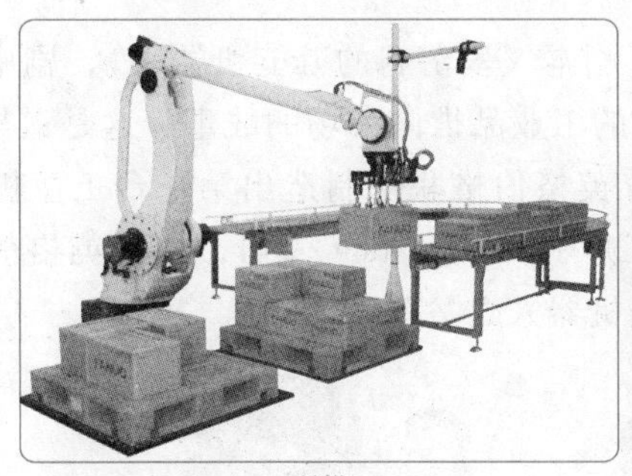

码垛

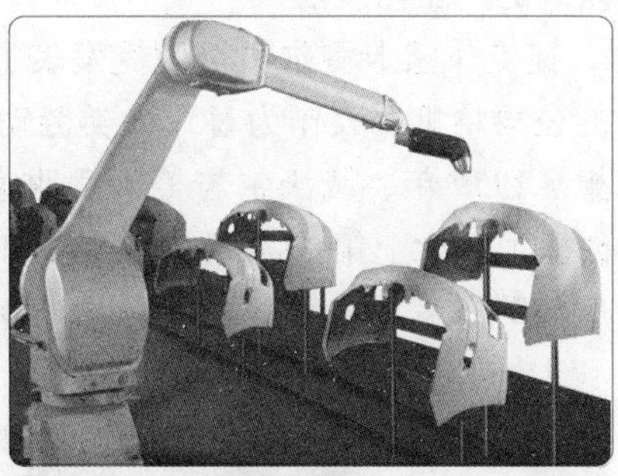

喷涂

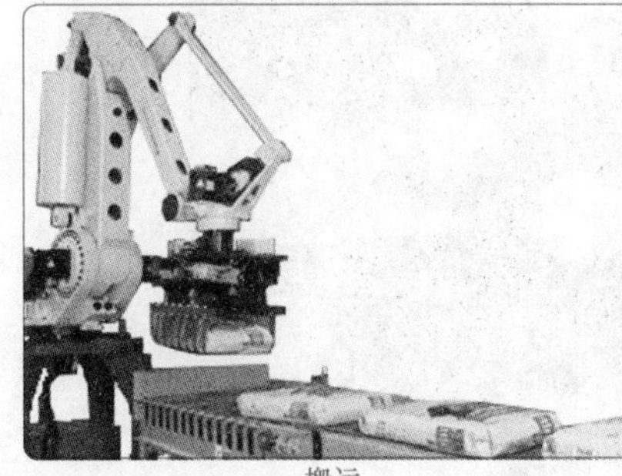

搬运

焊接

图 1-1　工业机器人的典型应用

认识工业机器人

一、工业机器人的定义

工业机器人是机器人家族中的重要一员，也是目前在技术上发展最成熟、应用最广泛的一类机器人。世界各国科学家从不同角度给出的一些具有代表性的工业机器人定义如下：

美国工业机器人协会（RIA）将工业机器人定义为：一种用于移动各种材料、零件、工具或专用装置的，通过程序动作来执行各种任务，并具有编程能力的多功能操作机。

日本工业机器人协会（JIRA）将工业机器人定义为：工业机器人是一种装备有存储器件和末端执行器的通用机器，它能够通过自动化的动作代替人类劳动。

我国将工业机器人定义为：一种自动化的机器，这种机器具备一些与人或者生物相似的智能能力、如感知能力、规划能力、动作能力和协同能力，是一种具有高度灵活性的自动化机器。

国际标准化组织（ISO）将工业机器人定义为：工业机器人是一种能自动控制，可重复编程，多功能、多自由度的操作机，能搬运材料、工件或操持工具来完成各种作业。目前国际上一般遵循 ISO 的定义。

由以上定义不难发现，工业机器人具有以下四个显著特点。

1）具有特定的机械结构，其动作机构具有类似于人或其他生物体的某些器官（如肢体、感官等）的功能。

2）具有通用性，可从事多种工作，可灵活改变动作程序。

3）具有不同程度的智能，如记忆、感知、推理、决策、学习等。

4）具有独立性，完整的机器人系统在工作中可以不依赖于人的干预。

二、工业机器人的产生与发展

1920 年，捷克作家卡雷尔·恰佩克发表了剧本《罗萨姆的万能机器人》，剧中叙述了一个叫罗萨姆的公司将机器人作为替代人类劳动的工业品推向市场的故事，这是最早出现的机器人启蒙思想。1959 年，戴沃尔与美国发明家英格伯格联手制造出第一台工业机器人（图 1-2），随后创办了世界上第一家机器人制造工厂——Unimation 公司，由于英格伯格对工业机器人富有成效的研发和宣传，被称为“工业机器人之父”。

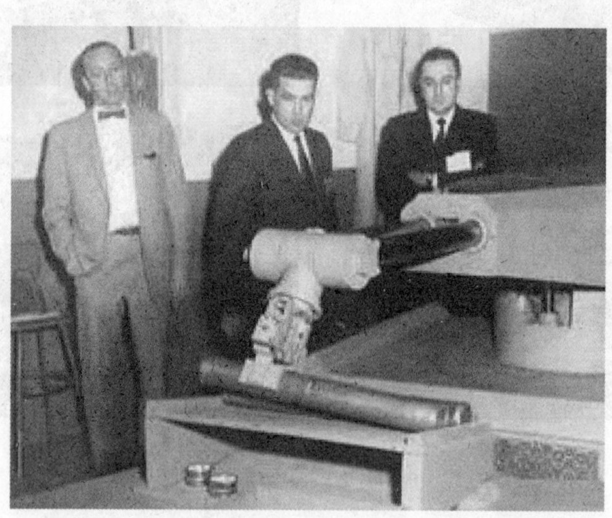

图 1-2 第一台工业机器人

1962 年，美国 AMF 公司生产出万能搬运（Verstran）机器人，与 Unimation 公司生产的万能伙伴（Unimate）机器人一样成为真正商业化的工业机器人，并出口到世界各国，掀起了全世界对机器人研究的热潮。

1967 年，日本川崎重工公司和丰田公司分别从美国购买了工业机器人 Unimate 和

Verstran 的生产许可证，日本从此开始了对机器人的研究和制造。

1979 年，美国 Unimation 公司推出通用工业机器人 PUMA，如图 1-3 所示。这标志着工业机器人技术已经成熟。PUMA 至今仍然工作在生产第一线，许多机器人技术的研究都以该机器人为模型和对象。

1979 年，日本山梨大学牧野洋教授发明了平面关节型 SCARA 机器人，如图 1-4 所示。该型机器人在装配作业中得到了广泛应用。

图 1-3 PUMA 机器人

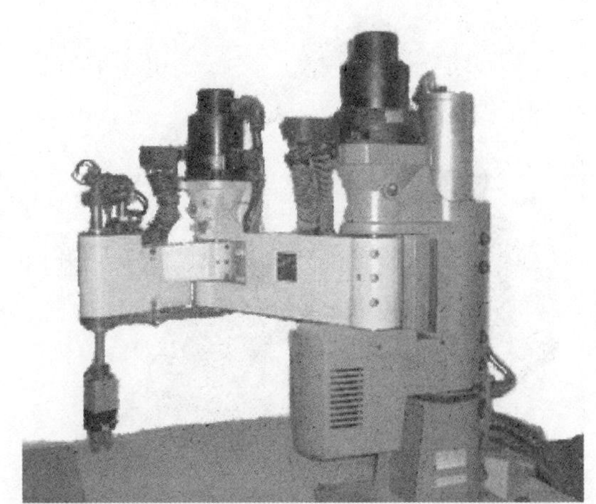

图 1-4 SCARA 机器人

1980 年被称为“机器人元年”，为满足汽车行业蓬勃发展的需要，这个时期开发出点焊机器人、弧焊机器人、喷涂机器人以及搬运机器人四大类型的工业机器人，其系列产品已经成熟并形成产业化规模，大大推动了制造业的发展。为了进一步提高产品质量和市场竞争力，又相继开发了装配机器人及柔性装配线。

进入 20 世纪 90 年代以后，装配机器人和柔性装配技术得到了广泛的应用，并进入了一个大发展时期。

2012 年，多家机器人著名厂商开发出双臂协作机器人，如 ABB 公司开发的 YuMi 双手臂工业机器人，如图 1-5 所示。它能够满足电子消费品行业对柔性和灵活制造的需求，未来也将逐渐应用于更多市场领域。现在工业机器人已发展成为一个庞大的家族，并与数控、可编程控制器一起成为工业自动化的三大技术支柱和基本手段，广泛应用于制造业的各个领域。

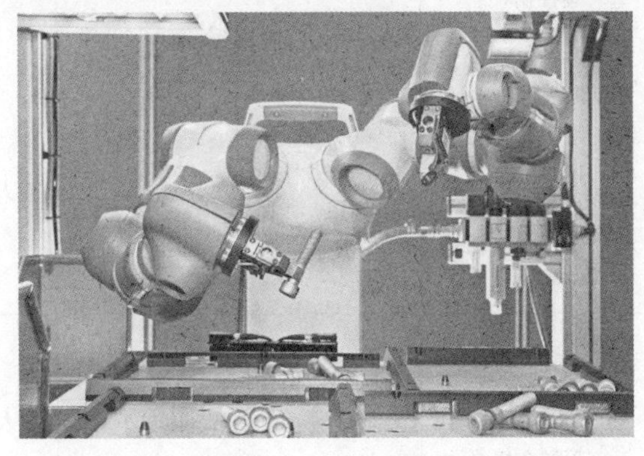

图 1-5 YuMi 机器人

三、工业机器人系统的组成

工业机器人系统主要由机器人本体、控制器和示教器组成，如图 1-6 所示。

1. 机器人本体

机器人本体主要由机械臂、驱动系统、传动单元和传感器等组成。

（1）机械臂　机械臂包括基座、腰部、臂部（大臂和小臂）和腕部，如图 1-7 所示。

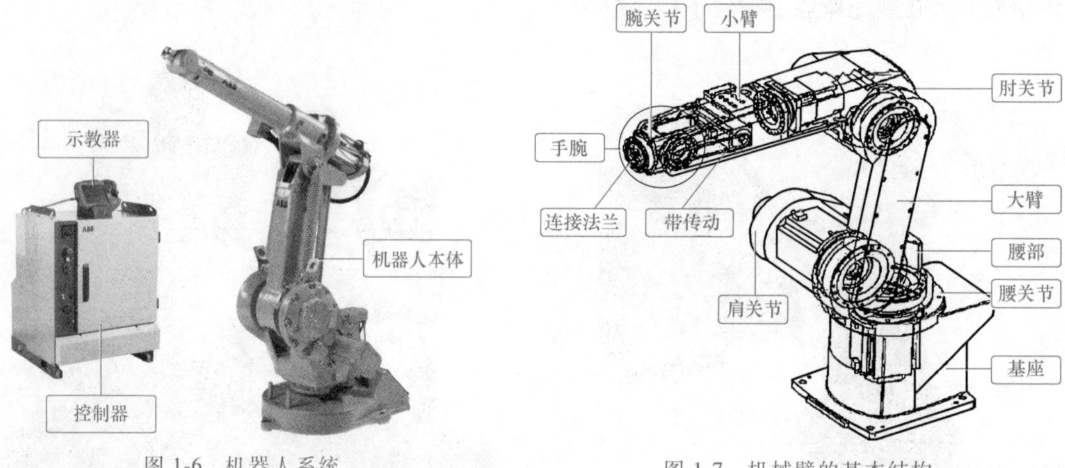

图 1-6　机器人系统

图 1-7　机械臂的基本结构

（2）驱动系统　机器人驱动系统的作用是为执行元件提供动力，常用的驱动方式有液压驱动、气压驱动和电气驱动三种类型，见表 1-1。工业机器人多采用电气驱动方式，其中交流伺服电动机应用最广，且驱动器布置大都采用一个关节一个驱动器。

表 1-1　三种驱动方式的特点比较

特点 驱动方式	输出力	控制性能	维修使用	结构体积	使用范围	制造成本
液压驱动	液体压力大，可获得较大的输出力	油液压缩性微小，压力、流量均容易控制，可无级调速，反应灵敏，可实现连续轨迹控制	维修方便，液体对温度变化敏感，若油液泄漏易着火	在输出力相同的情况下，体积比气压驱动小	中、小型及重型机器人	液压元件成本较高，油路比较复杂
气压驱动	气体压力小，输出力较小，如需输出力较大时，其结构尺寸过大	可高速运行，冲击较严重，精确定位困难。气体压缩性大，阻尼效果差，低速不易控制	维修简单，能在高温、粉尘等恶劣环境中使用，泄漏无影响	体积较大	中小型机器人	结构简单，工作介质来源方便，成本低
电气驱动	输出力中等	控制性能好，响应快，可精确定位，但控制系统复杂	维修使用较复杂	需要减速装置，体积小	高性能机器人	成本较高

（3）传动单元　目前工业机器人广泛采用的机械传动单元是减速器，应用在关节型机器人上的减速器主要有两类：RV 减速器和谐波减速器。

1）RV 减速器主要由太阳轮、行星轮、转臂（曲柄轴）、转臂轴承、摆线轮、针齿、刚性盘与输出盘等零部件组成。具有较高的疲劳强度和刚度以及较长的寿命，回差精度稳定，高精度机器人传动多采用 RV 减速器。RV 减速器原理图如图 1-8 所示。

RV 减速器装调实训系统

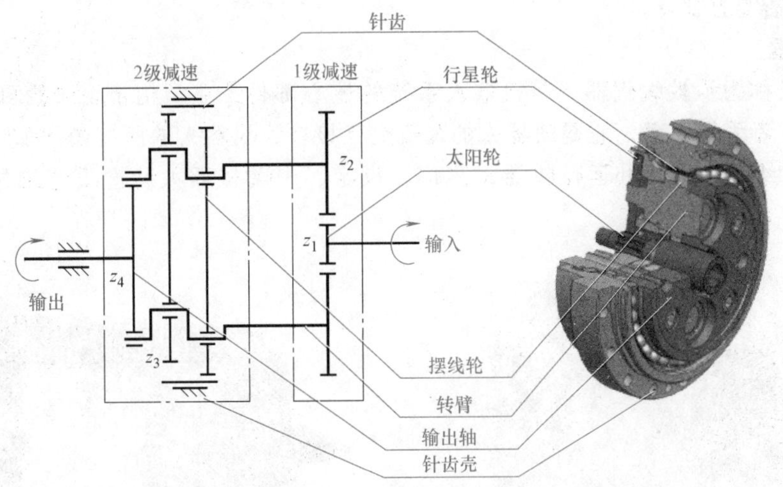

图 1-8　RV 减速器原理图

2）谐波减速器通常由三个基本构件组成，包括一个有内齿的刚轮，一个工作时可产生径向弹性变形并带有外齿的柔轮和一个装在柔轮内部、呈椭圆形、外圈带有柔性滚动轴承的波发生器。在这三个基本结构中，可任意固定一个，其余的一个为主动件，一个为从动件。谐波减速器原理图如图 1-9 所示。

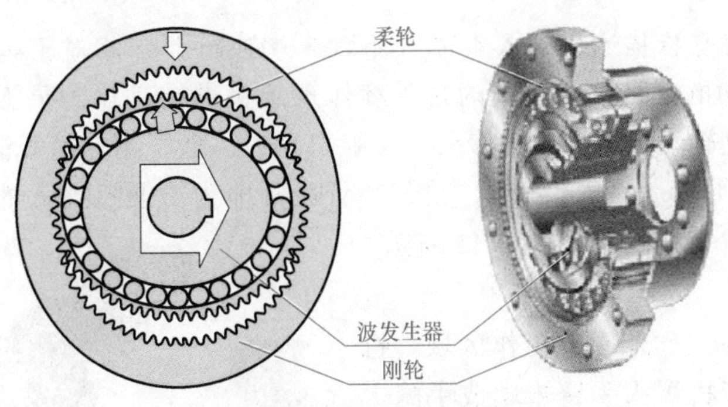

图 1-9　谐波减速器原理图

（4）传感器　传感器处于连接外界环境与机器人的接口位置，是机器人获取信息的窗口。根据传感器在机器人上应用目的与使用范围的不同，将其分为两类：内部传感器和外部传感器。

1）内部传感器。内部传感器用于检测机器人自身的状态，如测量回转关节位置的轴角编码器、测量速度以控制其运动的测速计。

2）外部传感器。外部传感器用于检测机器人所处的环境和对象状况，如视觉传感器。

它可为高端机器人控制提供更多的适应能力，也给工业机器人增加了自动检测能力。外部传感器可进一步分为末端执行器传感器和环境传感器。

2. 控制器

工业机器人的控制器是机器人的大脑，控制器内部主要由主计算板、轴计算板、机器人六轴驱动器、串口测量板、安全面板、电容、辅助部件、各种连接线组成。控制器通过这些硬件和软件的结合来操作机器人，并协调机器人与其他设备之间的关系。图 1-10 所示为第二代 IRC5 紧凑型控制器。

3. 示教器

示教器又称为示教编程器，是机器人系统的核心部件，主要由液晶屏幕和操作按钮组成，可由操作者手持移动。它是机器人的人机交互接口，机器人的所有操作都是通过示教器来完成的，如编写、测试和运行机器人程序，设定、查阅机器人状态设置和位置等。ABB 示教器如图 1-11 所示。

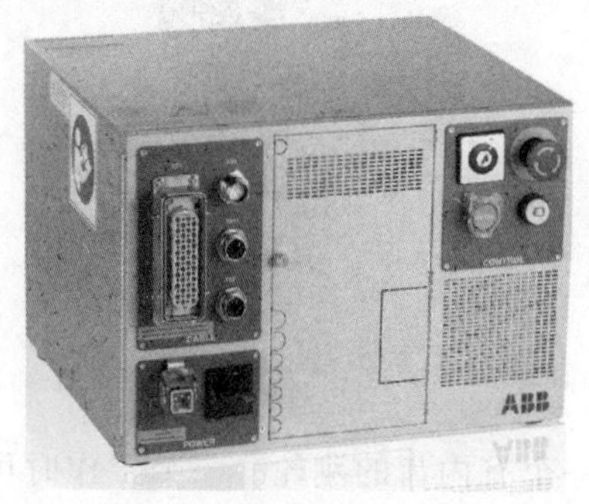

图 1-10　IRC5 紧凑型控制器

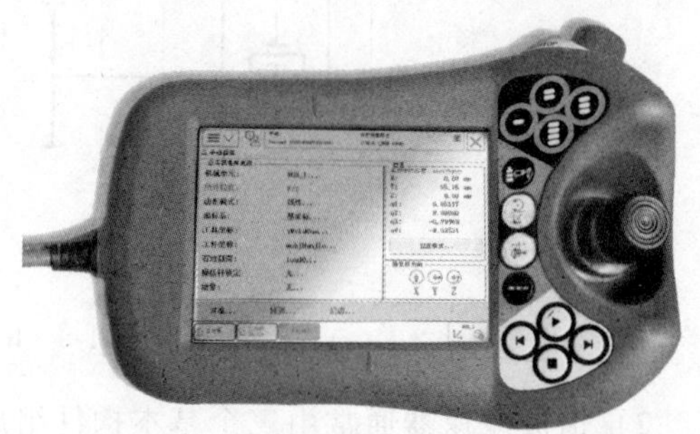

图 1-11　ABB 示教器

四、工业机器人的性能指标

1. 自由度

机器人的自由度是指描述机器人本体（不含末端执行器）相对于基坐标系（机器人坐标系）进行独立运动的数目。机器人的自由度体现了机器人动作的灵活程度，一般以轴的直线移动、摆动或旋转动作的数目来表示。工业机器人一般采用空间开链连杆机构，其中运动副（转动副或移动副）常称为关节，关节个数通常即为工业机器人的自由度数，大多数工业机器人有 3~6 个自由度，如图 1-12 所示。

2. 工作空间

工作空间又称为工作范围、工作区域。机器人的工作空间是指机器人手臂末端或手腕中心（手臂或手部安装点）所能到达的所有点的集合，不包括手部本身所能到达的区域。由于末端执行器的形状和尺寸是多种多样的，因此为真实反映机器人的特征参数，工作空间是机器人未装任何末端执行器情况下的最大空间。机器人的外形尺寸和工作空间如图 1-13 所示。

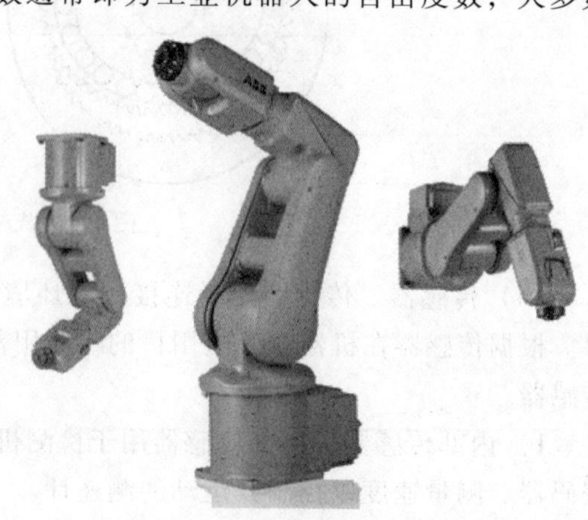

图 1-12　六自由度工业机器人

工作空间的形状和大小是十分重要的，机

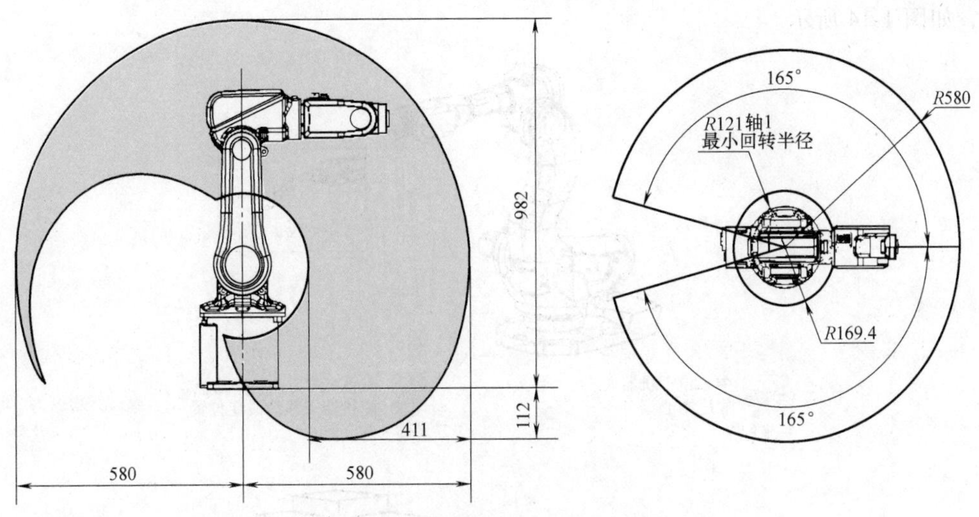

图 1-13　机器人的工作空间

器人在执行某个作业时，可能会因存在手部不能到达的作业死区而不能完成任务。

3. 负载

负载是指机器人在工作时能够承受的最大载重。如果将零件从一个位置搬至另一个位置，就需要将零件的重量和机器人手爪的重量计算在负载内。目前使用的工业机器人负载范围为 0.5~800kg。

4. 工作准确度

工业机器人的工作准确度是指定位准确度（也称为绝对准确度）和重复定位准确度。定位准确度是指机器人手部实际到达位置与目标位置之间的差异，用反复多次测试的定位结果的代表点与指定位置之间的距离来表示。重复定位准确度是指机器人重复定位手部于同一目标位置的能力，以实际位置值的分散程度来表示。目前，工业机器人的重复定位准确度可达 0.01~0.5mm。根据作业任务和末端持重的不同，机器人的重复定位准确度要求也不同，见表 1-2。

表 1-2　工业机器人典型应用的工作准确度

作业任务	额定负载/kg	重复定位准确度/mm
搬运	5~200	0.2~0.5
码垛	50~800	0.5
点焊	50~350	0.2~0.3
弧焊	3~20	0.08~0.1
喷涂	5~20	0.2~0.5
装配	2~5	0.02~0.03
	6~10	0.06~0.08
	10~20	0.06~0.1

五、工业机器人坐标系

ABB 工业机器人一般有四个坐标系，即大地坐标系、基坐标系、工具坐标系和工件坐标系，如图 1-14 所示。

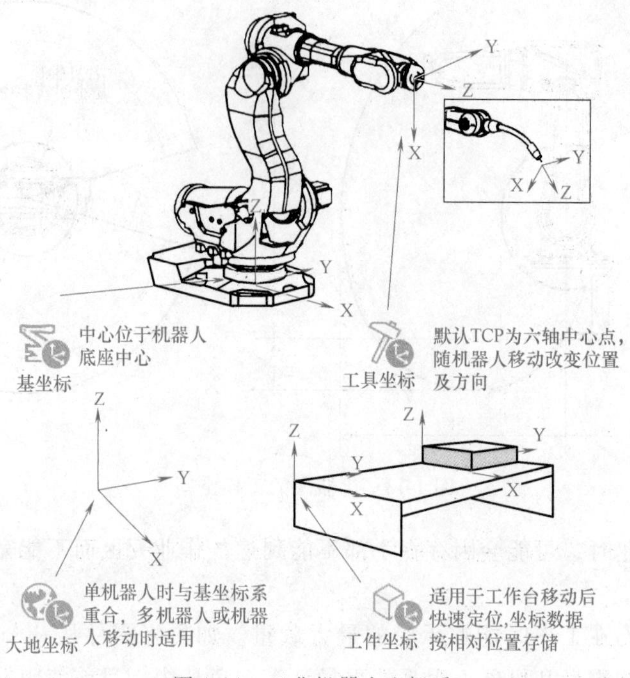

图 1-14　工业机器人坐标系

1）大地坐标系（图 1-15）可定义机器人单元，所有其他坐标系均与大地坐标系直接或间接相关。

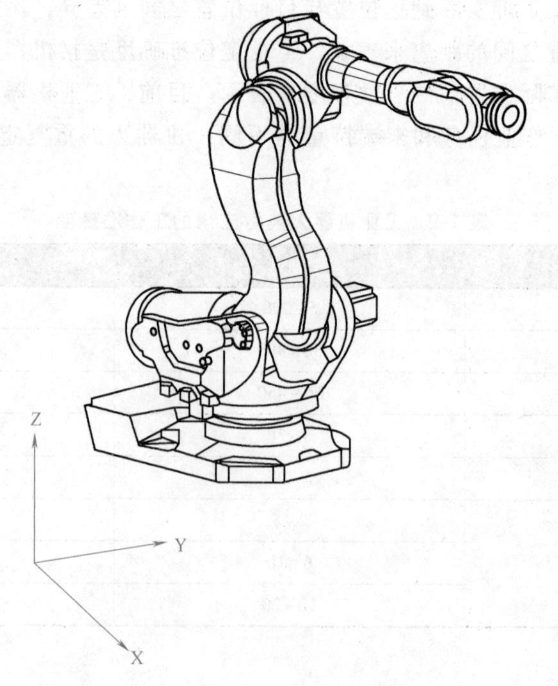

图 1-15　工业机器人大地坐标系

2）基坐标系是机器人示教与编程时经常使用的坐标系之一，原点定义在机器人安装面与第一转动轴的交点处，X 轴向前，Z 轴向上，Y 轴按右手法则确定，如图 1-16 所示。

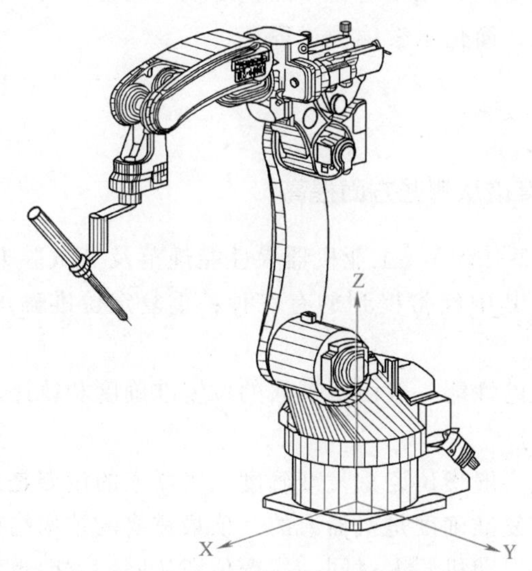

图 1-16 工业机器人基坐标系

3）工具坐标系（图 1-17）的原点定义在 TCP（Tool Center Point，工具中心点）点上，并且假定工具的有效方向为 X 轴（有些机器人厂商将工具的有效方向定义为 Z 轴），而 Y 轴、Z 轴由右手法则确定。在进行相对于工件不改变工具姿态的平移操作时，选用该坐标系最为适宜。

4）工件坐标系（图 1-18）即用户自定义坐标系。工件坐标系是在工具活动区域内相对于基坐标系设定的坐标系。可通过坐标系标定或者参数设置来确定工件坐标系的位置和方

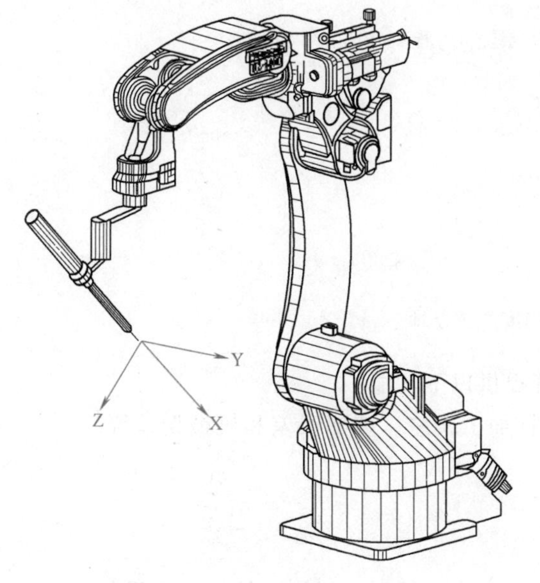

图 1-17 工业机器人工具坐标系

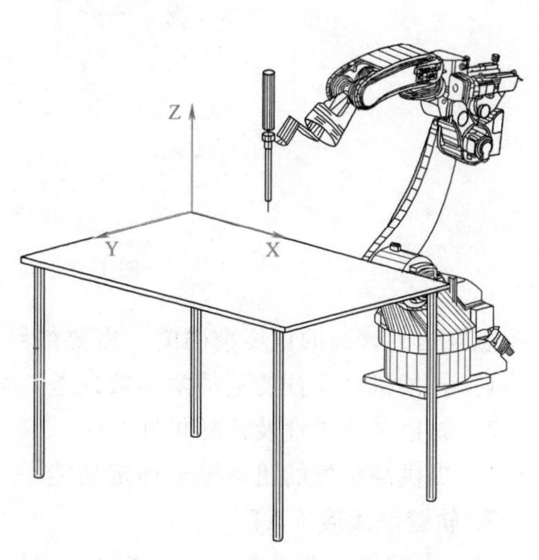

图 1-18 工业机器人工件坐标系

向。每一个工件坐标系与标定工件坐标系时使用的工具相对应，机器人编程时就是在工件坐标系中创建目标和路径。如果工具在工件坐标系 A 中和在工件坐标系 B 中的轨迹相同，则可将 A 中的轨迹复制一份给 B，无须对相同的重复轨迹编程。所以，巧妙地建立和应用工件坐标系可以减少示教点数，简化示教编程过程。

问题探究

机器人的动作准确度该从哪些方面提高

国家标准 GB/T 12642—2013《工业机器人性能规范及其试验方法》中针对十几种机器人的性能指标进行界定，其中经常提到的有三种：重复定位准确度、位姿准确度和轨迹准确度。

工业机器人控制系统的性能一般由机器人的位姿准确度和轨迹准确度来间接表示。

1. 位姿准确度（AP）

机器人的位姿准确度一般指位姿重复准确度。机器人的位姿是指机器人相对于某一参考坐标系的位姿，其位姿重复准确度是机器人的一项最重要的技术指标。该指标集中反映机器人的机电性能和使用效果，即机器人对同一指令位姿从同一方向重复响应 n 次后实到位姿的一致程度。一般采用激光跟踪仪进行位姿准确度的测量，如图 1-19、图 1-20 所示。

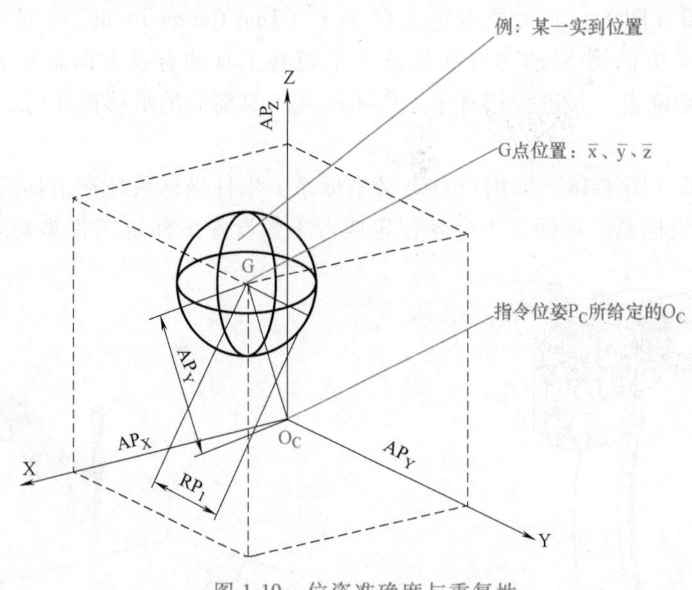

图 1-19　位姿准确度与重复性

想要达到较高的位姿准确度，需要控制系统提供以下功能：

1）补偿机械连杆的运动学参数误差，如连杆加工误差、装配误差和机械误差等。

2）补偿关节柔性及连杆柔性。

3）提供高精度的机械零点标定功能。

2. 轨迹准确度（AT）

机器人的轨迹准确度一般是指轨迹重复准确度，表示机器人对同一轨迹指令重复 n 次时实到轨迹的一致程度。一般采用激光跟踪仪进行测量，让机器人重复走某一条轨迹 n 次，然后取由 n 条轨迹组成的轨迹条横截面的半径，如图 1-21 所示。

一般采用模型的控制（Model Based Control）来提高轨迹准确度。ABB 公司对其 Quick Move 和 True Move 进行了对比演示，在使用模型控制后，可保证机器人在系统允许的任何速度下保持非常高的轨迹一致性。此外，想要达到较高的轨迹准确度，还需要对机器人进行关节摩擦补偿。

图 1-20　用激光跟踪仪测量机器人位姿准确度

知识拓展

工业机器人的分类

1. 按照技术发展水平分类

按照机器人的技术发展水平，可以将工业机器人分为三代。

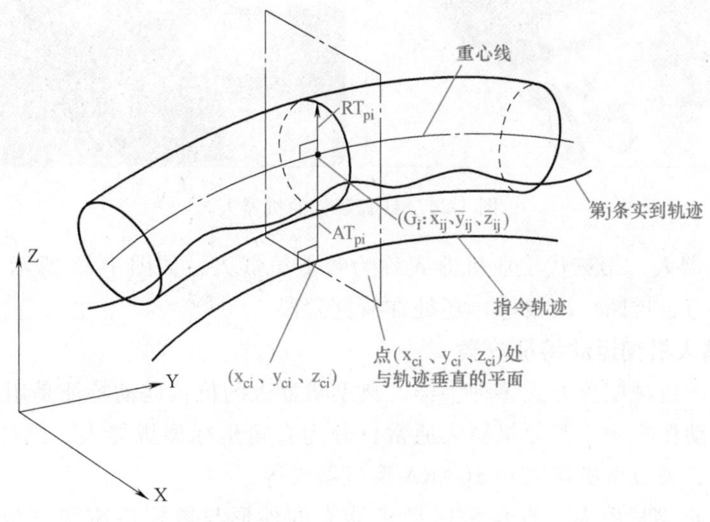

图 1-21　轨迹准确度与重复性

（1）示教再现型机器人　第一代工业机器人属于示教再现型。这类机器人具有记忆能力，能够按照人类预先示教的轨迹、行为、顺序和速度重复作业。一种示教是由操作人员手把手示教，如图 1-22 所示。另一种比较普遍的方式是通过示教器示教，如图 1-23 所示，目前绝大部分应用中的工业机器人均属于这一类，其缺点是操作人员的水平影响工作质量。

（2）感知机器人　第二代工业机器人具有环境感知装置，对外界环境有一定的感知能力，并具有听觉、视觉、触觉等功能。工作时，根据感觉器官（传感器）获得信息，灵活调整自己的工作状态，保证在适应环境的情况下完成工作，如图 1-24 所示。

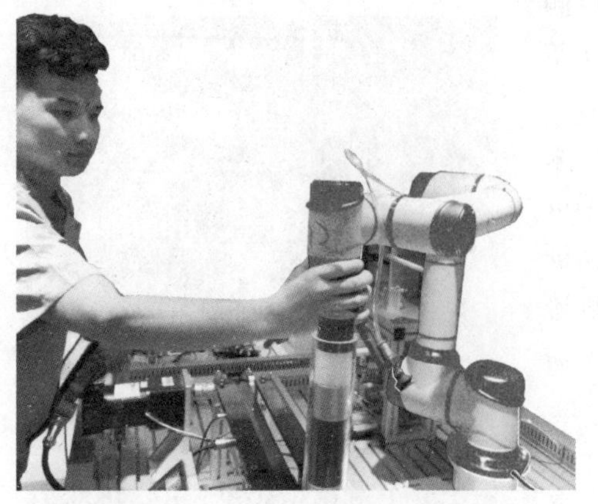

图 1-22　操作人员手把手示教

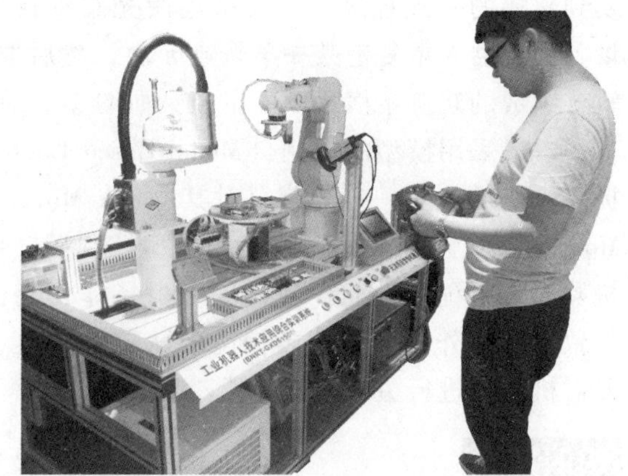

图 1-23　示教器示教

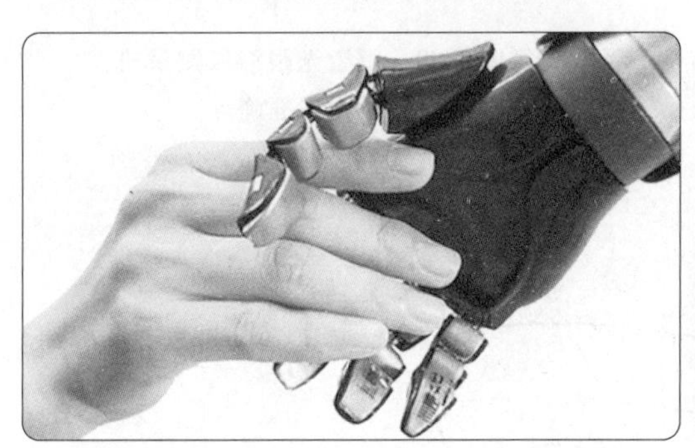

图 1-24　具有触觉的机器人

（3）智能机器人　第三代工业机器人称为智能机器人，如图 1-25 所示。它具有高度的适应性，能自学习、推断、决策等，还处在研究阶段。

2. 按照机器人机构运动特征分类

工业机器人的机械配置方式多种多样，典型机器人的机构运动特征是用其坐标特性来描述的。按照基本动作机构，工业机器人通常可分为直角坐标型机器人、圆柱坐标型机器人、球坐标型机器人、关节型机器人和 SCARA 型机器人等。

（1）直角坐标型机器人　直角坐标型机器人的外形与数控机床和三坐标测量机相似，如图 1-26 所示，其三个关节都是移动关节，关节轴线相互垂直，相当于笛卡儿坐标系的 X 轴、Y 轴和 Z 轴，作业范围为立方体状。其优点是刚度好，多做成大型龙门式或框架式结构，位置准确度高，控制无耦合；但其结构较庞大，动作范围小，灵活性差且占地面积较大。因其稳定性好，故适用于大负载搬送。

（2）圆柱坐标型机器人　圆柱坐标型机器人具有两个移动关节和一个转动关节，作业范围为圆柱形，如图 1-27 所示。它具有位置准确度高，运动直观，控制简单，结构简单，占地面积小，价廉等优点，因此应用广泛，但它不能抓取靠近立柱或地面上的物体。

（3）球坐标型机器人　球坐标型机器人具有一个移动关节和两个转动关节，作业范围为空心球体状，如图 1-28 所示。其特点是结构紧凑，动作灵活，占地面积小；但其结构复杂，定位准确度低，运动直观性差。

图 1-25 智能机器人

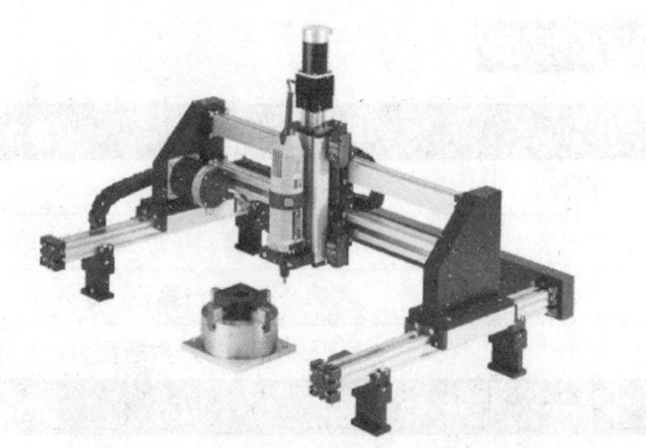

图 1-26 直角坐标型机器人

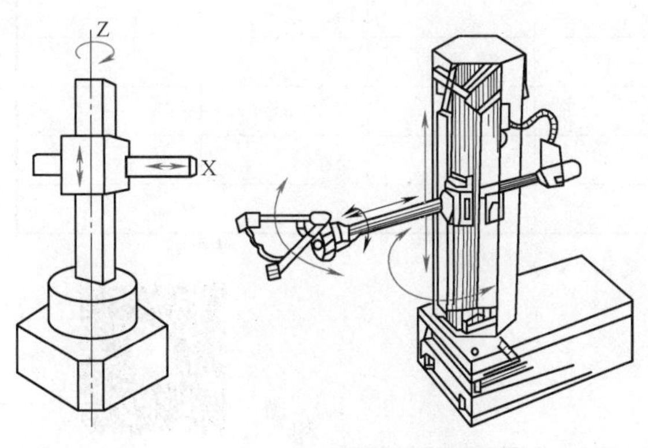

图 1-27 圆柱坐标型机器人

图 1-28 球坐标型机器人

（4）关节型机器人 关节型机器人由立柱、大臂和小臂组成。它具有拟人的机械结构，即大臂与立柱构成肩关节，大臂与小臂构成肘关节。它的三个转动关节可以进一步分为一个转动关节和两个俯仰关节，作业范围为空心球体形状，如图 1-29 所示。其特点是作业范围大，动作灵活，能抓取靠近机身的物体；但运动直观性差，要得到高定位准确度较困难。该类机器人由于灵活性高，应用最为广泛。

（5）SCARA 型机器人 SCARA 型机器人有三个转动关节，其轴线相互平行，可在平面内进行定位和定向。它还有一个移动关节，用于完成手爪在垂直于平面方向上的运动，如图 1-30 所示。

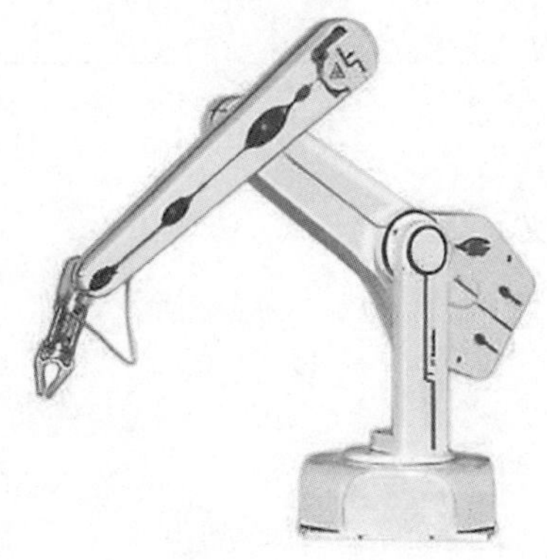

图 1-29 关节型机器人

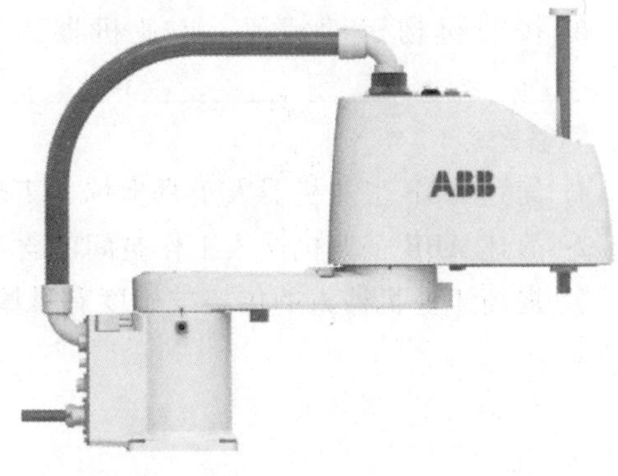

图 1-30 SCARA 型机器人

评价反馈

基本素养（30 分）				
序号	评估内容	自评	互评	师评
1	纪律（无迟到、早退、旷课）（10 分）			
2	安全规范操作（10 分）			
3	团结协作能力、沟通能力（10 分）			
理论知识（70 分）				
序号	评估内容	自评	互评	师评
1	工业机器人的定义（10 分）			
2	工业机器人的系统组成及原理（20 分）			
3	认识工业机器人坐标系（25 分）			
4	工业机器人动作准确度的提高（5 分）			
5	工业机器人的分类（10 分）			
综合评价				

练习与思考题

练习与思考题一

一、填空题

1. 工业机器人系统主要由________、________和________3 个基本部分组成。

2. ABB 工业机器人一般有 4 个坐标系，即________、________、________、________。

3. 机器人本体主要由________、________、________和________等部分组成。

4. 工业机器人控制系统的性能一般由机器人的________和________来间接表示。

5. 按照机器人的技术发展水平可以将工业机器人分为三代，分别是________、________和________。

6. 按照机构运动特征，工业机器人通常可分为________、________、________、________和________。

二、简答题

1. 简述 ABB 工业机器人工具坐标、工件坐标的含义。

2. 简述 ABB 工业机器人工作空间的含义。

3. 提高工业机器人的位姿准确度有哪些方法？

项目二 工业机器人的基本操作

项目二辅助资料

学习目标

1. 掌握工业机器人示教器的使用方法。

2. 掌握工业机器人的单轴运动、线性运动和重定位运动以及转数计数器更新的手动操作方法。

3. 建立基本 RAPID 程序。

工作任务

1. 工作任务的背景

随着机器人技术的发展，工业机器人已成为制造业的重要组成部分。机器人显著地提高了生产效率，改善了产品质量，对改善劳动条件和产品的快速更新换代起着十分重要的作用，加快了实现工业生产机械化和自动化的步伐。对初学者来说，手动操作机器人是学习工业机器人的基础，如图 2-1 所示。本任务主要学习单轴运动、线性运动、重定位运动、转数计数器更新和建立基本 RAPID 程序的手动操作方法。

图 2-1　手动操作机器人

2. 需达到的技术要求

1）准确定位机器人的示教点。

2）示教取点过程中，设置中间点，保证机器人运动的平滑性，避免机器人与周围物体发生碰撞。

3. 所需要的设备

手动操作所需要的设备包括机器人本体、控制器和示教器，如图 2-2 所示。

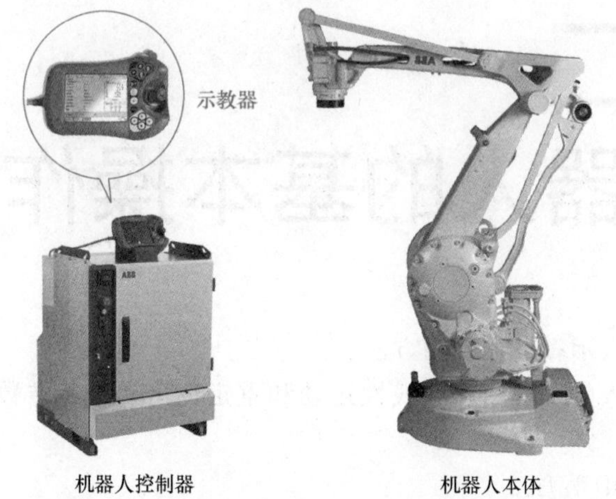

图 2-2 手动操作所需设备

实践操作

一、机器人手动操作的准备工作

认识示教器

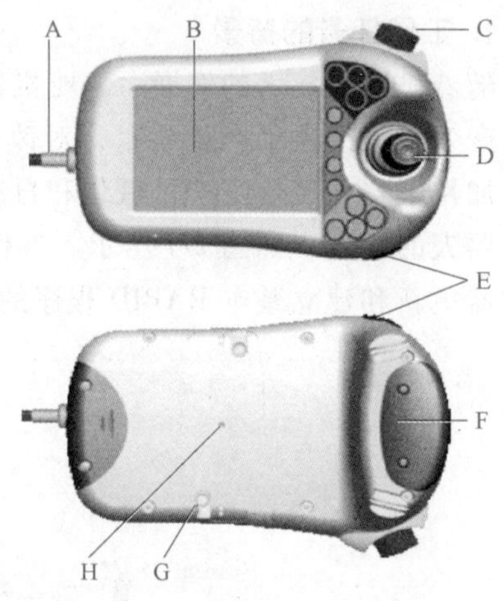

图 2-3 示教器的主要组成部分

ABB 机器人示教器 Flex Pendant 由硬件和软件组成，其本身就是一套完整的计算机。Flex Pendant 设备（也称为 TPU 或教导器单元）用于处理与机器人系统操作相关的许多功能：运行程序、微动控制操作器、修改机器人程序等。示教器主要由触摸屏和操作键组成。示教再现型机器人的所有操作均可通过示教器上的触摸屏来完成，所以掌握各个按钮的功能和操作方法是使用示教器操作机器人的前提。

（1）示教器的组成　示教器的主要组成部分如图 2-3 所示，名称见表 2-1。

表 2-1 示教器部件名称

代　号	名　称
A	连接电缆
B	触摸屏
C	急停开关
D	手动操纵杆
E	数据备份用 USB 接口
F	使能器按钮
G	触摸屏用笔
H	示教器复位按钮

（2）硬件按钮示教器上有专用的硬件按钮，如图 2-4 所示。按钮名称及功能说明见表 2-2。

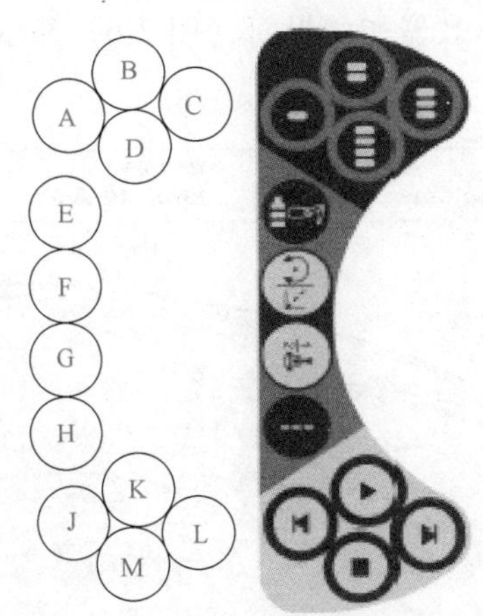

图 2-4 ABB 工业机器人示教器按钮

表 2-2 示教器按钮名称及功能说明

代号	按钮名称	功能
A~D	预设按钮	预设按钮是示教器上面的四个硬件按钮,用户可根据需要设置特定功能;对这些按钮进行编程可简化程序编辑或测试;它们也可用于启动示教器上的菜单
E	机械单元选择按钮	机器人轴/外轴的切换
F	线性运动/重定位运动切换按钮	线性运动/重定位运动的切换
G	动作模式切换按钮	关节 1~3 轴/4~6 轴的切换
H	增量开关按钮	根据需要选择对应位移及角度的大小
J	步退执行按钮	使程序后退至上一条指令
K	START(启动)按钮	开始执行程序
L	步进执行按钮	使程序前进至下一条指令
M	STOP(停止)按钮	停止程序执行

(3) 示教器的使用　操作示教器时，通常会手持该设备。右手便利者通常左手持设备，右手在触摸屏上操作。而左手便利者可以轻松通过将显示器旋转 180°，使用右手持设备，如图 2-5 所示。

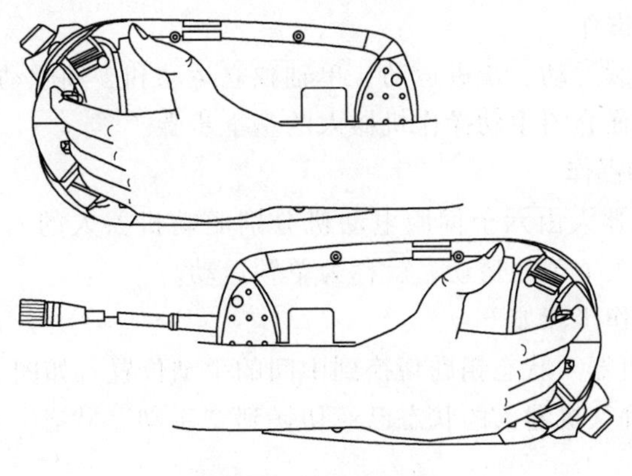

图 2-5 示教器握姿

（4）示教器主界面认知　示教器初始界面（图 2-6）显示了触摸屏的重要部分，各部分名称及功能说明见表 2-3。

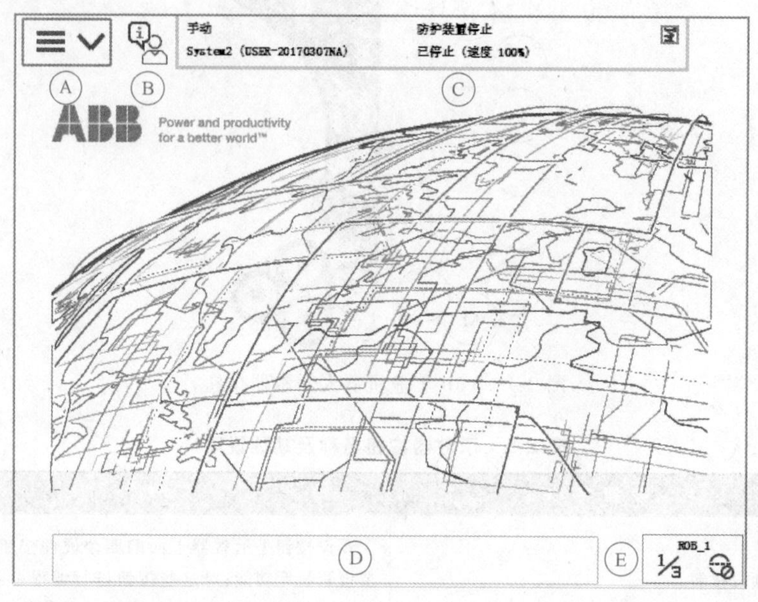

图 2-6　初始界面

表 2-3　示教器初始界面各部分名称及功能说明

代号	名称	功　能
A	菜单栏	菜单栏包括 HotEdit、备份与恢复、输入和输出、校准、手动操纵、控制面板、自动生产窗口、事件日志、程序编辑器、FlexPendant 资源管理器、程序数据、系统信息等
B	操作员窗口	操作员窗口显示来自机器人程序的消息
C	状态栏	状态栏显示与系统状态有关的重要信息，如操作模式、电动机开启/关闭、程序状态等
D	任务栏	通过 ABB 菜单可以打开多个视图，但一次只能操作一个；任务栏显示所有打开的视图，并可用于视图切换
E	快速设置菜单	快速设置菜单包含对微动控制和程序执行进行的设置

二、工业机器人的手动操作

机器人的运动有连续运动、步进运动、单轴独立运动和多轴联动，这些运动均可通过示教器手动操作实现。下面介绍手动操作机器人的基本步骤。

1. 单轴运动的手动操作

ABB 六关节工业机器人由六个伺服电动机分别驱动机器人的六个关节轴，如图 2-7 所示，每次手动操作一个关节轴的运动，就称为单轴运动。

单轴运动的手动操作步骤如下：

1）接通电源，将机器人状态钥匙切换到中间的手动位置，如图 2-8 所示。

2）在状态栏中，确认机器人的状态已经切换到“手动”状态。在主菜单中选择“手动操纵”，如图 2-9 所示。

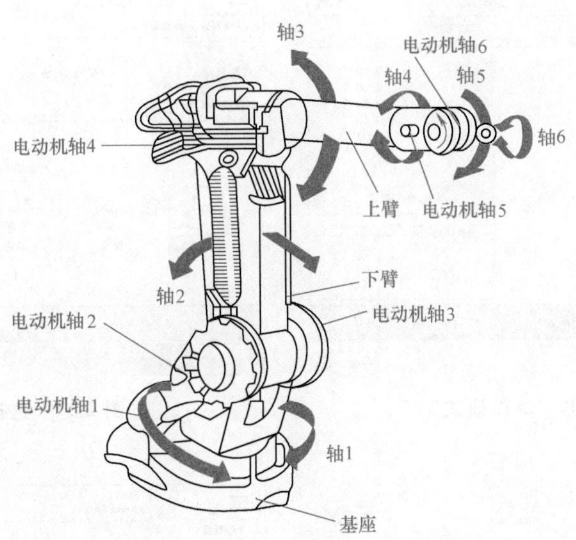

图 2-7　六关节工业机器人

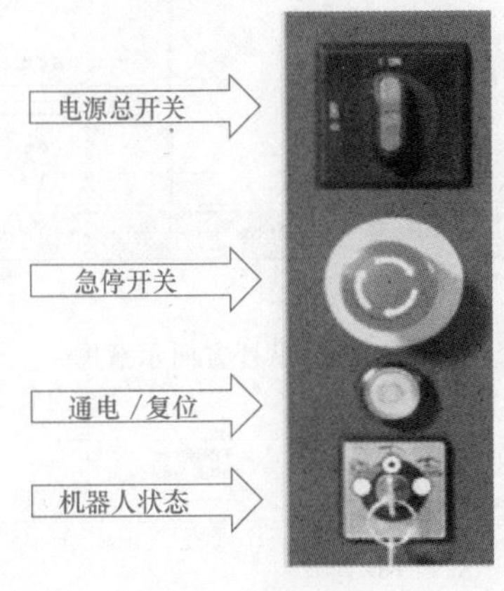

图 2-8　操作按钮

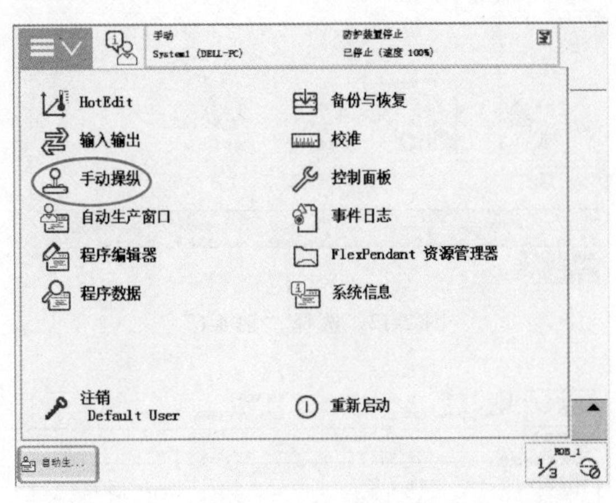

图 2-9　选择“手动操纵”

3）单击“动作模式”，如图 2-10 所示。

4）选择“轴 1-3”，单击“确定”，如图 2-11 所示。

5）按下使能按钮，进入电动机开启状态，操作操纵杆，相应的机器人轴 1、2、3 动作，操作操纵杆幅度越大，机器人的动作速度越快。同样，操作 4~6 轴操纵杆，机器人轴 4、5、6 就会动作，如图 2-12 所示。其中“操纵杆方向”栏中的箭头和数字（1、2、3）代表各个轴运动时的正方向，如图 2-13 所示。

2. 线性运动的手动操作

机器人的线性运动是指安装在机器人第六轴法兰盘上工具的 TCP 在空间中做直线运动。

线性运动的手动操作步骤如下：

1）单击主菜单中的“手动操纵”，然后单击“动作模式”，如图 2-14 所示。

2）选择“线性”，单击“确定”，如图 2-15 所示。

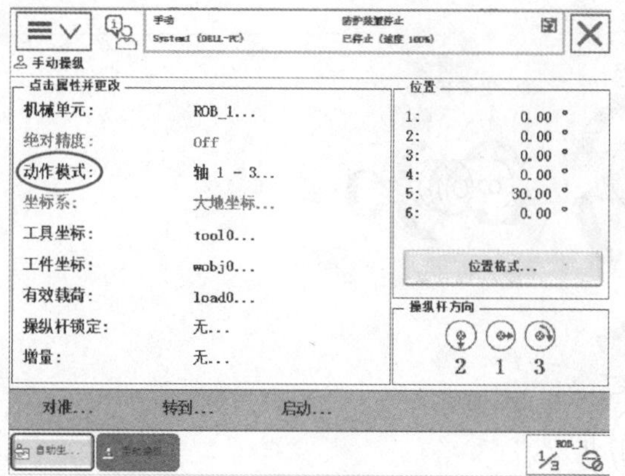

图 2-10 单击“动作模式”

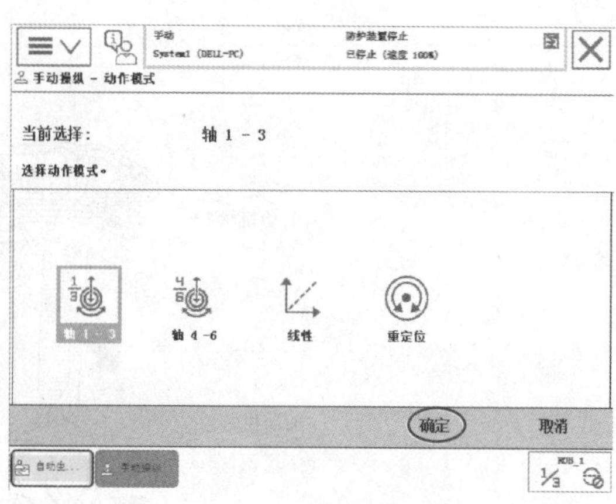

图 2-11 选择“轴 1-3”

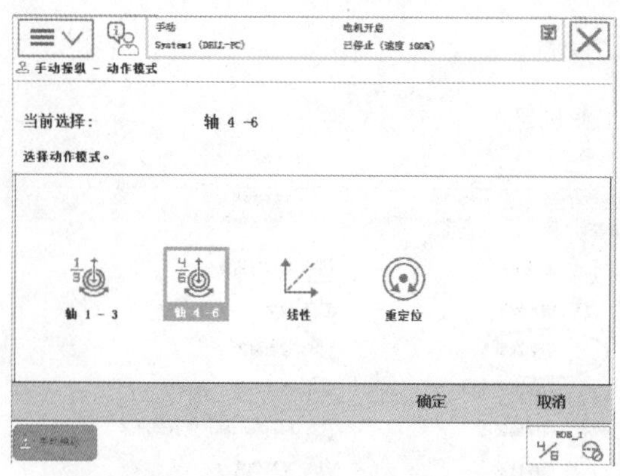

图 2-12 选择“轴 4-6”

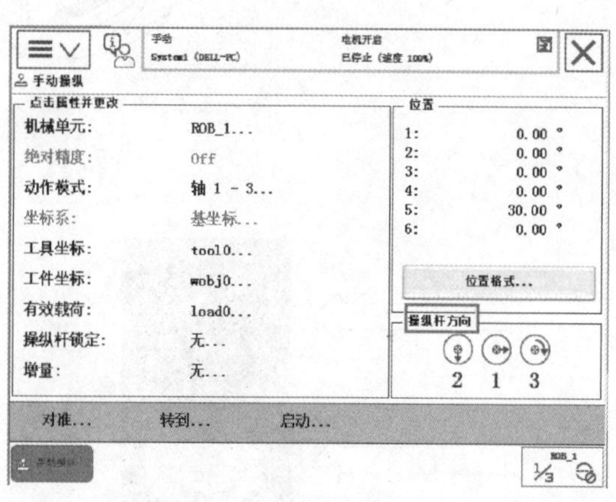

图 2-13 操纵杆方向示意图

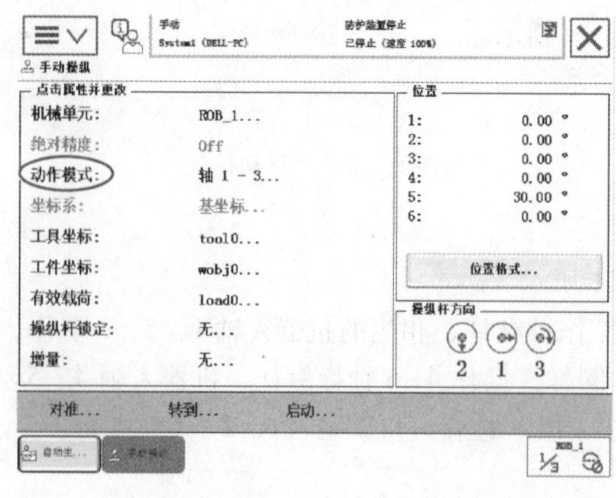

图 2-14 单击“动作模式”

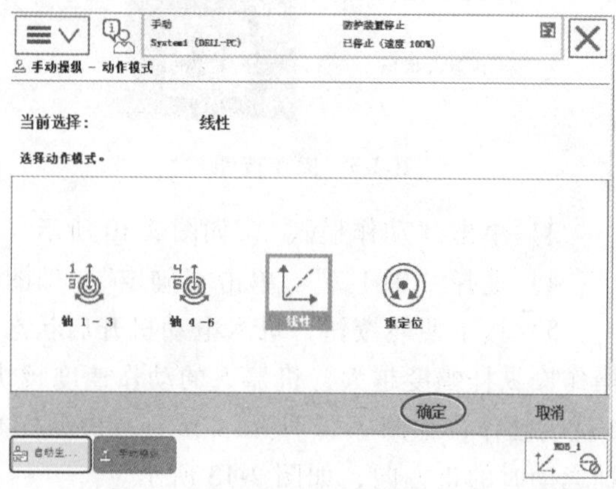

图 2-15 选择“线性”

3）选择“工具坐标 tool0”（系统默认的工具坐标），电动机开启，如图 2-16 所示。

4）操作示教器的操纵杆，工具坐标 TCP 点在空间做线性运动，“操纵杆方向”栏中的 X、Y、Z 的箭头方向代表各个坐标轴运动的正方向，如图 2-17 所示。

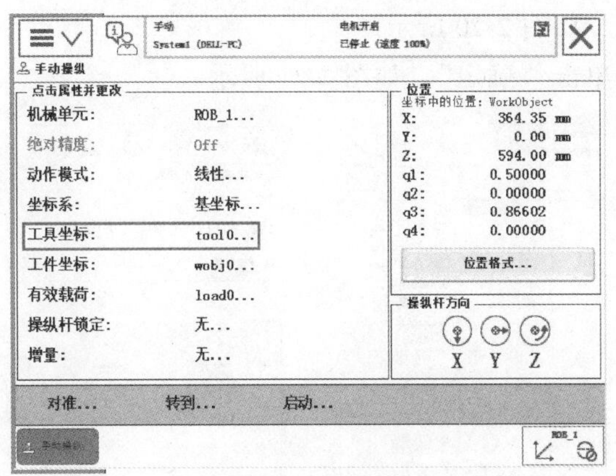

图 2-16 选择“工具坐标 tool0”

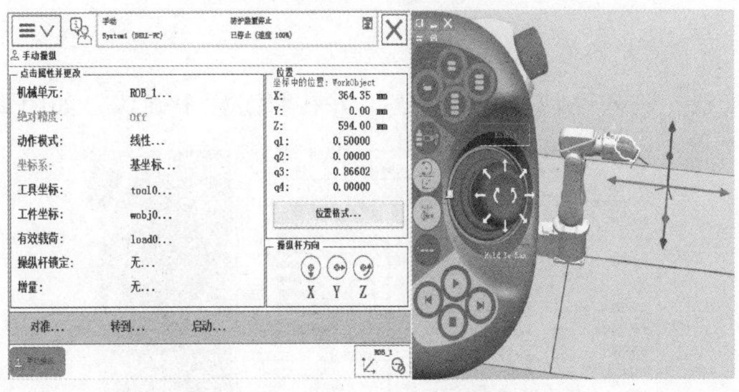

图 2-17 各坐标轴运动的正方向示意图

3. 重定位运动的手动操作

机器人的重定位运动是指机器人第六轴法兰盘上工具的 TCP 点在空间中绕着坐标轴做旋转运动，也可理解为机器人绕着工具的 TCP 点做姿态调整的运动。

重定位运动的手动操作步骤如下：

1）单击主菜单中的“手动操纵”，然后单击“动作模式”，如图 2-18 所示。

2）选择“重定位”，单击“确定”，如图 2-19 所示。

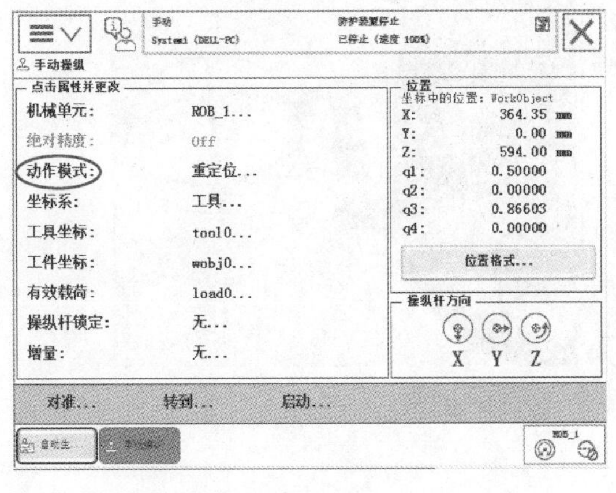

图 2-18 单击“动作模式”

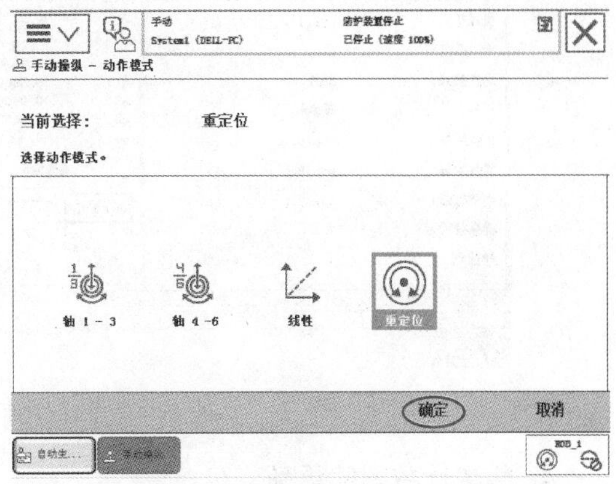

图 2-19 选择“重定位”

3）单击“坐标系”，如图 2-20 所示。

4）选择“工具”，单击“确定”，如图 2-21 所示。

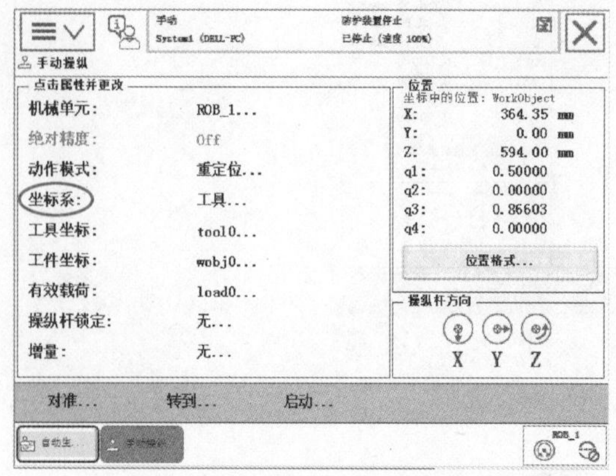

图 2-20 单击“坐标系”

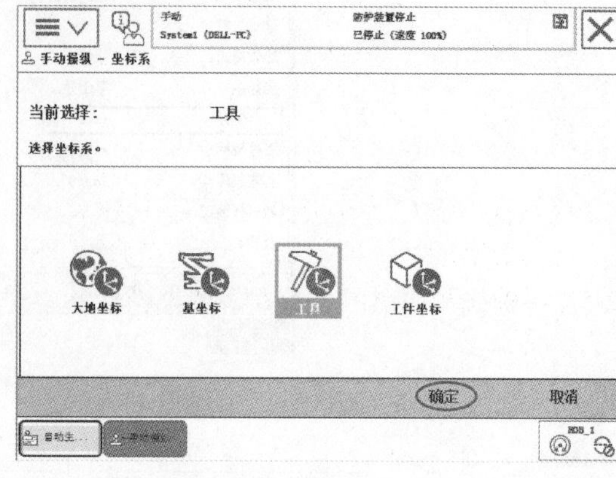

图 2-21 选择“工具”

5）按下使能按钮，进入电动机开启状态，并在状态栏中确认，如图 2-22 所示。

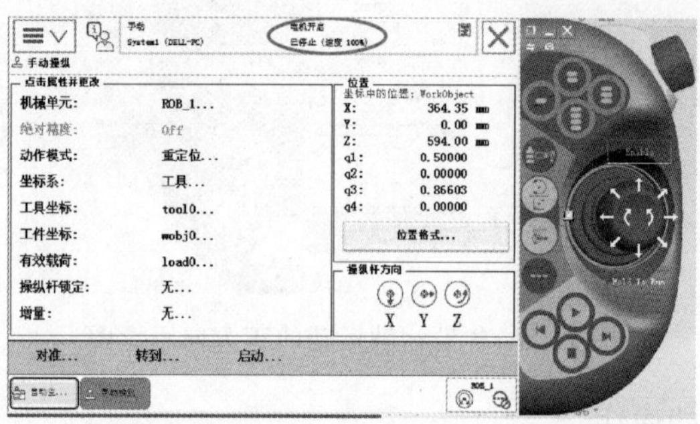

图 2-22 开启电动机

6）操作示教器的操纵杆，使机器人绕着工具的 TCP 点做姿态调整的运动，“操纵杆方向”栏中的 X、Y、Z 的箭头方向代表各坐标轴运动的正方向，如图 2-23 所示。

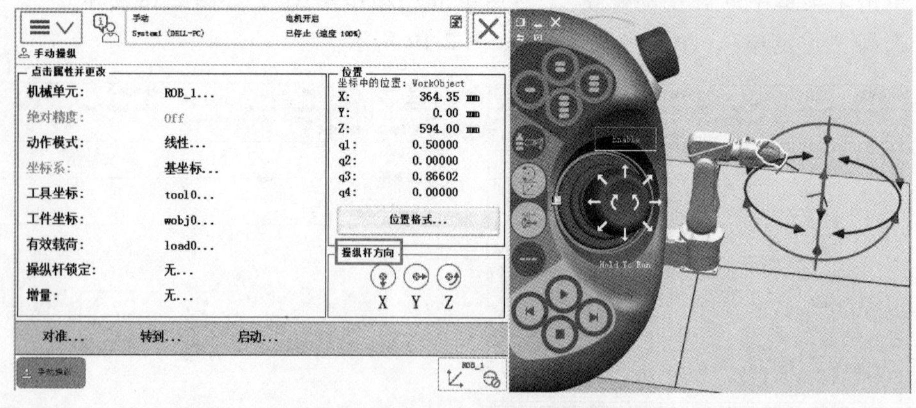

图 2-23 各坐标轴运动的正方向示意图

4. 转数计数器的更新

工业机器人六个关节都有机械原点。出现以下情况时，需对机械原点的位置进行转数计数器的更新操作：

1）更换伺服电动机转数计数器的电池后。

2）当转数计数器发生故障，修复后。

3）转数计数器与测量板之间断开过。

4）断电后，机器人关节轴发生了移动。

5）当系统报警提示“10036 转数计数器未更新”时。

转数计数器的更新操作步骤如下：

1）使用手动操作让机器人各关节轴运动到机械原点的刻度位置，各轴运动的顺序是：4-5-6-1-2-3。各轴机械原点的位置在机器人各轴的轴身上。各轴回到原点后的姿态如图 2-24 所示。

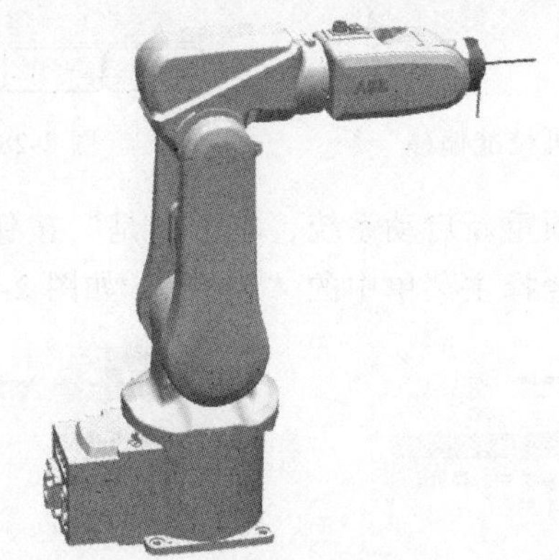

图 2-24　机器人各轴机械原点位置示意图

2）单击主菜单中的“校准”，如图 2-25 所示。

3）单击“ROB_ 1 校准”，如图 2-26 所示。

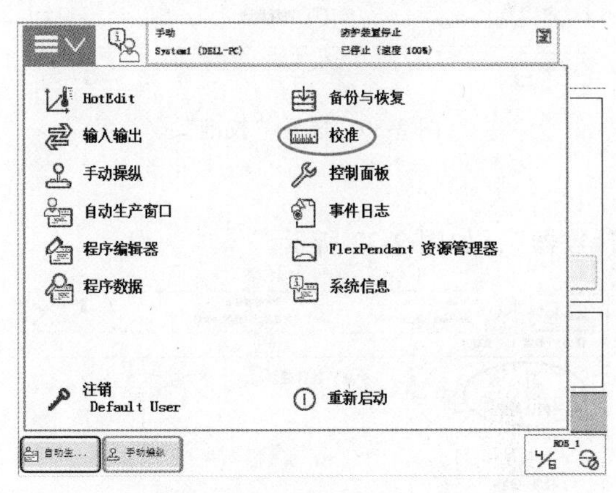

图 2-25　单击“校准”

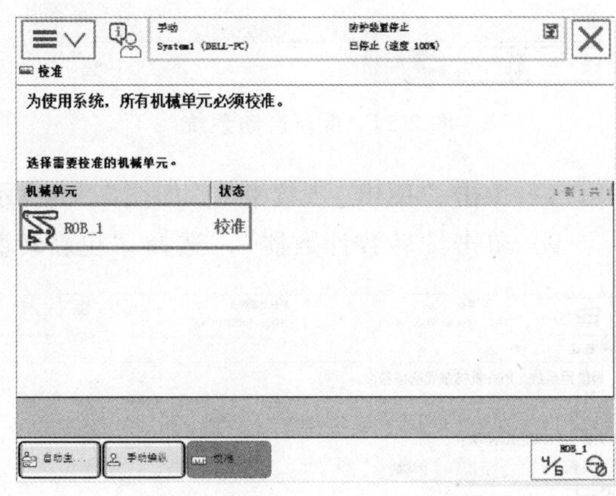

图 2-26　单击“ROB_ 1 校准”

4）选择“校准参数”，单击“编辑电机[㊀]校准偏移”，如图 2-27 所示。

5）将机器人本体上的电动机校准偏移记录下来，填入校准参数 rob1_1～rob1_6 的偏移值中，单击“确定”按钮。若示教器中显示的数值与机器人本体上的标签数值一致，则无

㊀　本书与图对应的“电机”不改为“电动机”，但其均指电动机。

须修改，单击“确定”按钮即可，如图 2-28 所示。

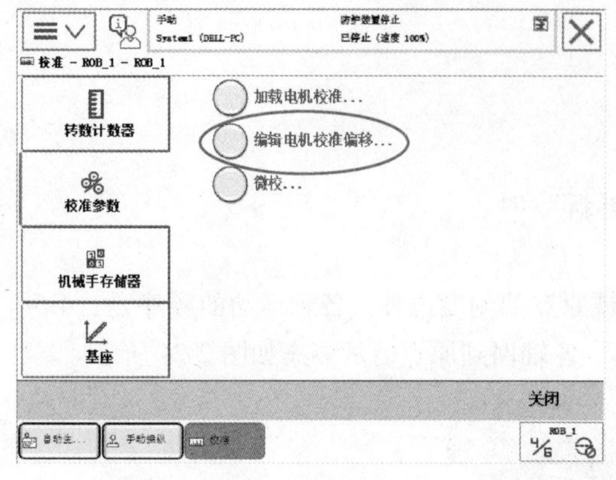

图 2-27　选择“编辑电机校准偏移”

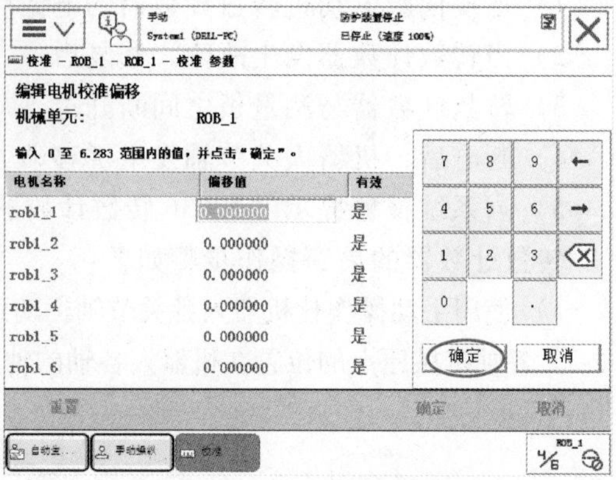

图 2-28　修改电动机校准偏移参数

6）要使参数生效，必须重新启动系统，单击“是”按钮，如图 2-29 所示。

7）重新启动系统后，选择主菜单中的“校准”，如图 2-30 所示。

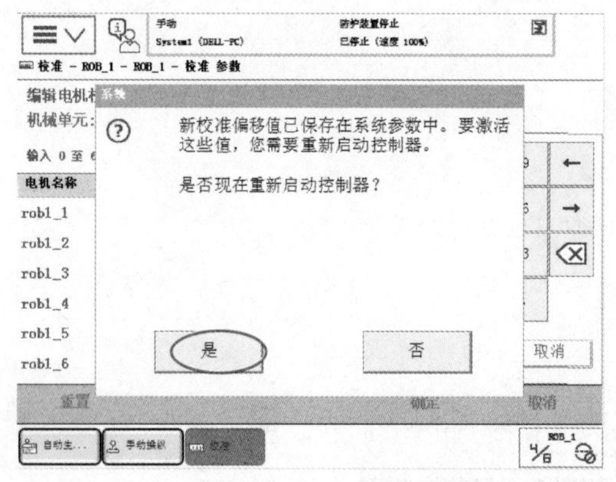

图 2-29　重新启动系统

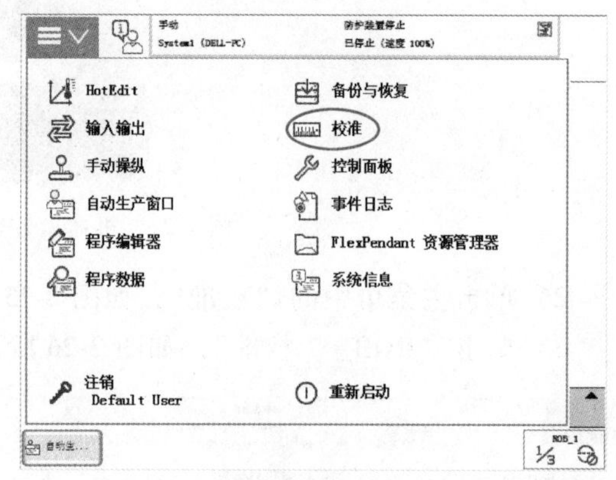

图 2-30　选择“校准”

8）单击“ROB_ 1 校准”，如图 2-31 所示。

9）单击“转数计数器”，选择“更新转数计数器”，如图 2-32 所示。

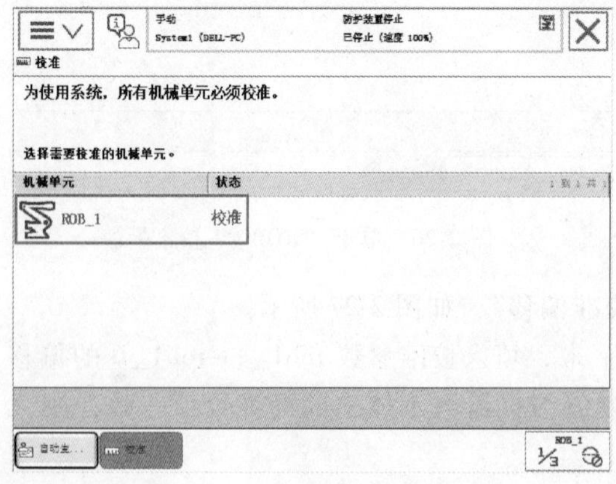

图 2-31　单击“ROB_ 1 校准”

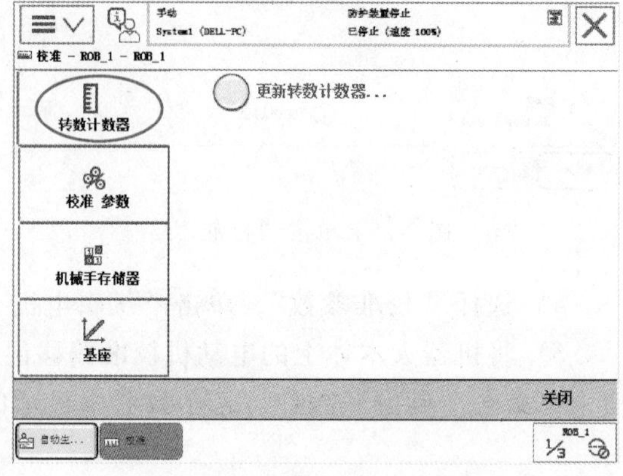

图 2-32　单击“转数计数器”

10）系统提示是否更新转数计数器，单击“是”按钮，如图 2-33 所示。

11）单击“全选”，六个轴同时进行更新操作。若机器人由于安装位置的原因，无法让六个轴同时到达机械原点，则可以逐一进行转数计数器的更新，如图 2-34 所示。

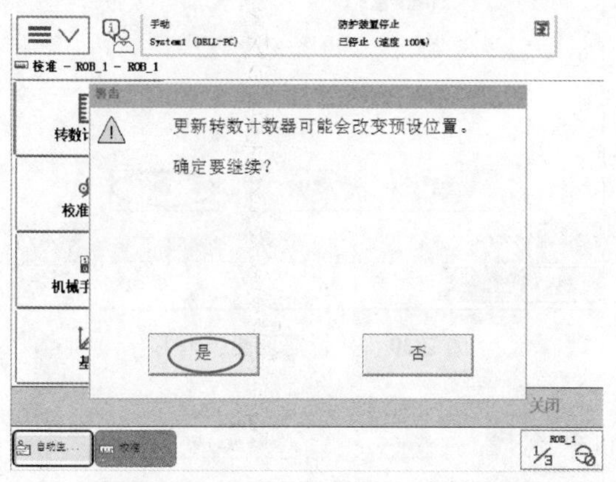

图 2-33　系统提示是否更新转数计数器

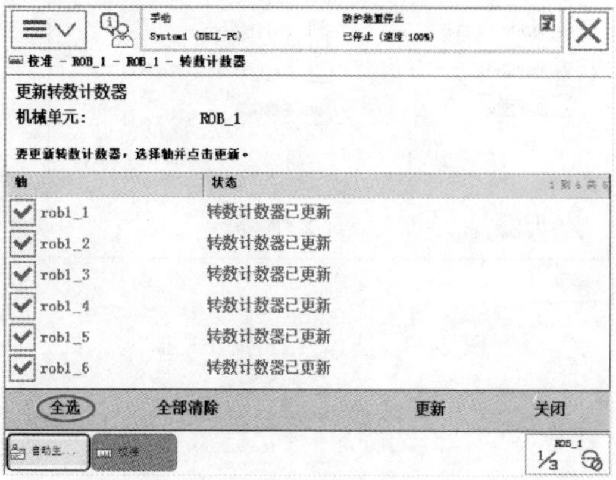

图 2-34　全选中机器人六个轴

12）单击“更新”按钮，如图 2-35 所示。

13）转数计数器更新完成，单击“确定”按钮，如图 2-36 所示。

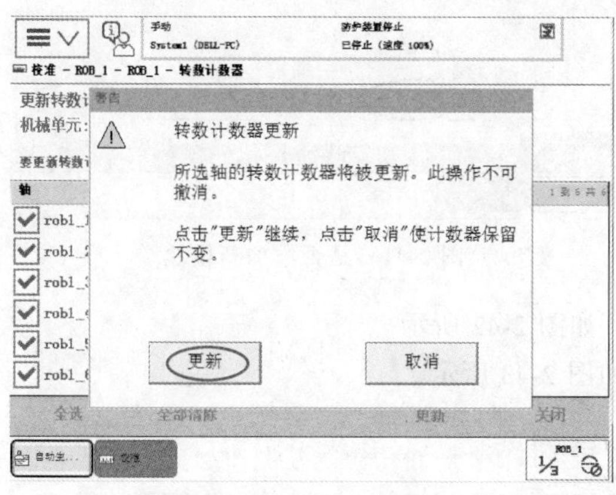

图 2-35　单击“更新”按钮

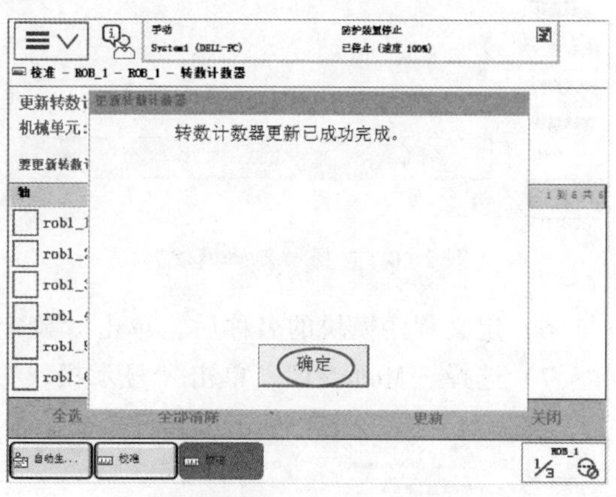

图 2-36　转数计数器更新完成

5. 建立基本 RAPID 程序

建立基本 RAPID 程序的操作步骤如下：

1）确定工作要求。编写一个从 p10 点运动到 p20 点的小程序，如图 2-37 所示。

2）在主菜单中选择“程序编辑器”，如图 2-38 所示。

3）单击“取消”按钮，如图 2-39 所示。

4）单击“文件”→“新建模块”，如图 2-40 所示。

5）单击“是”按钮确定添加新模块，如图2-41 所示。

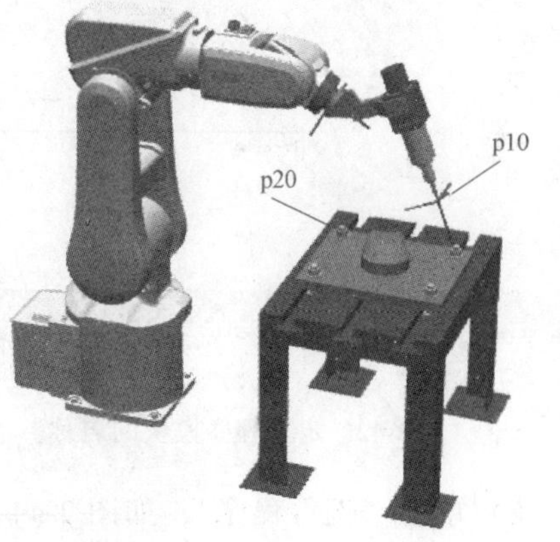

图 2-37　工作任务图

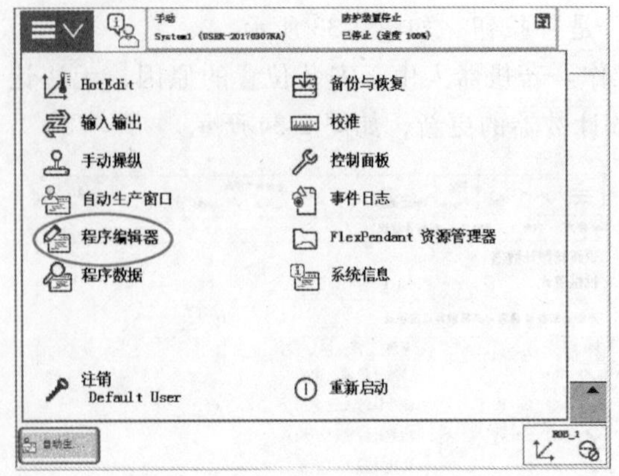

图 2-38 选择“程序编辑器”

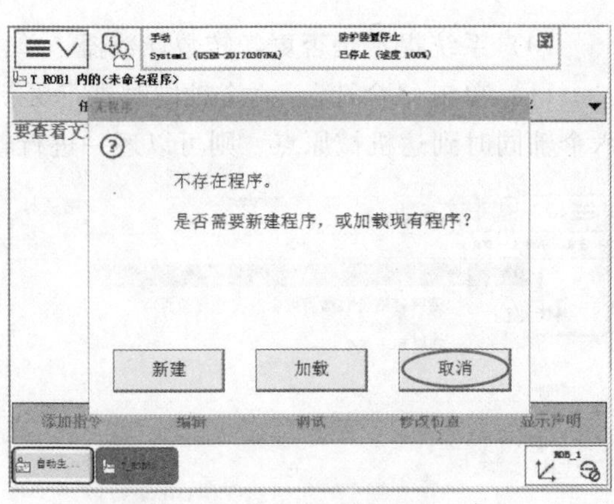

图 2-39 是否需要更新程序

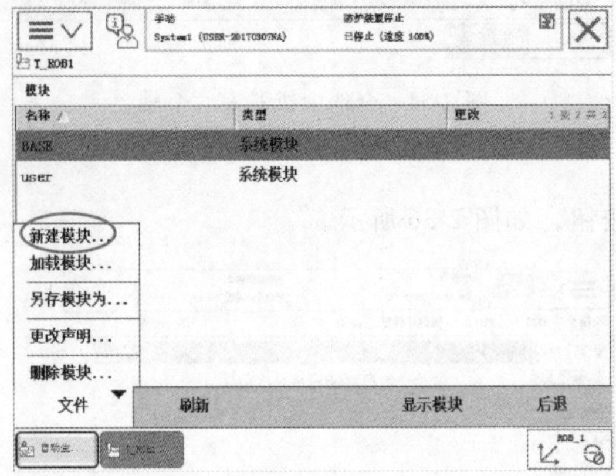

图 2-40 选择“新建模块”

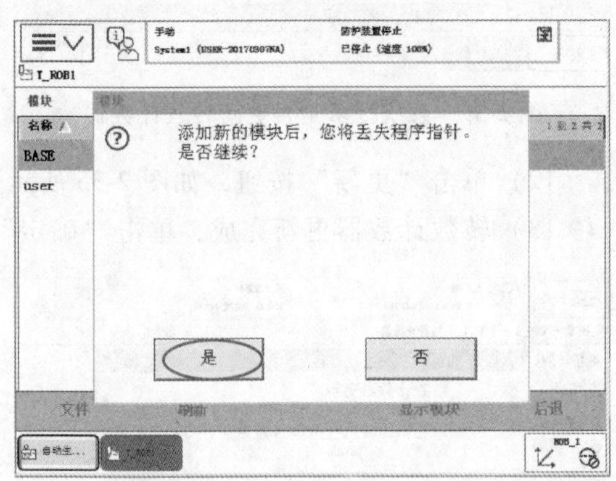

图 2-41 是否添加新模块

6）定义程序模块的名称后，单击“确定”，如图 2-42 所示。

7）选择“Module1”，单击“显示模块”，如图 2-43 所示。

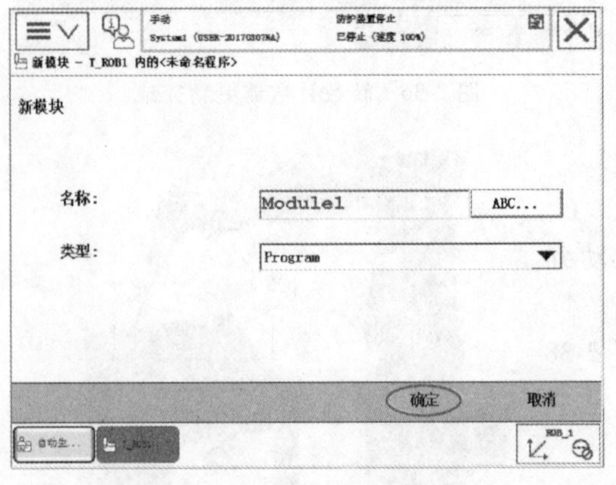

图 2-42 定义程序模块的名称

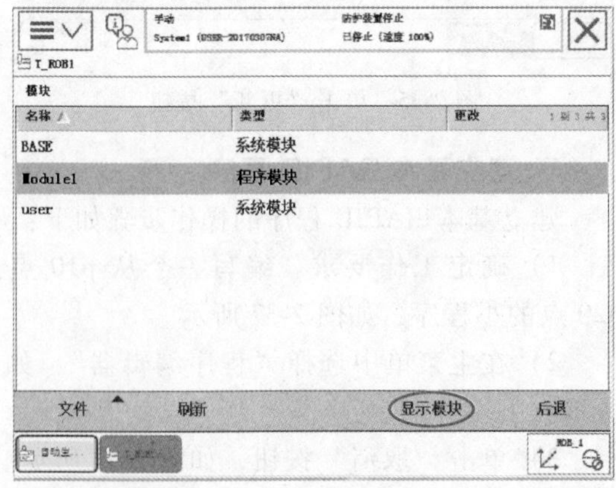

图 2-43 选择“Module1”

8）单击“例行程序”，如图 2-44 所示。

9）单击“文件”→“新建例行程序”，如图 2-45 所示。

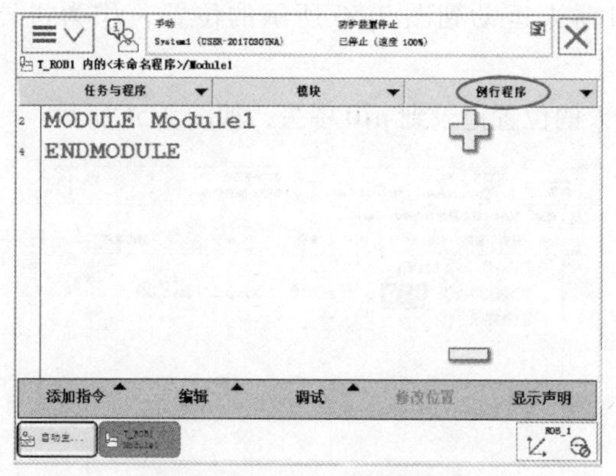

图 2-44 单击“例行程序”

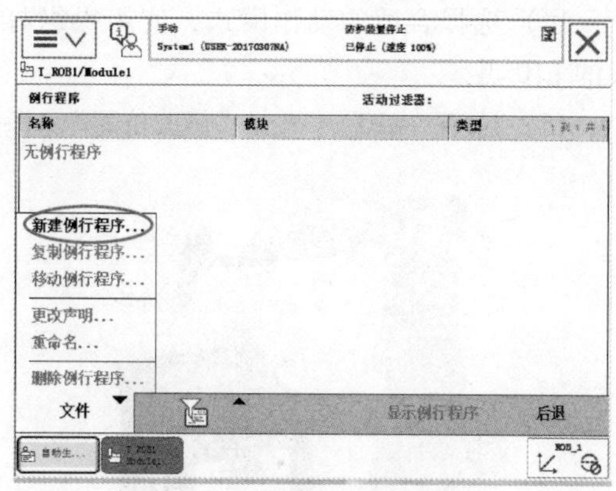

图 2-45 新建例行程序

10）建立一个程序“main”，单击“确定”，如图 2-46 所示。

11）回到程序编辑器菜单，单击“添加指令”，打开指令列表。选择“<SMT>”为插入程序的位置，在指令列表中选择“MoveJ”，在指令列表中选择相应的指令进行编程，如图 2-47 所示。

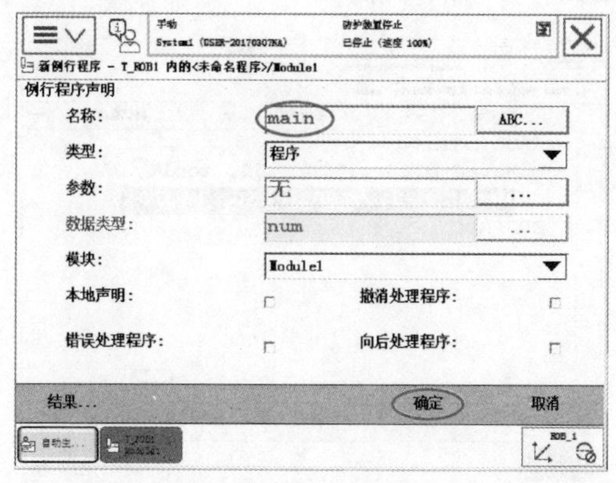

图 2-46 建立程序“main”

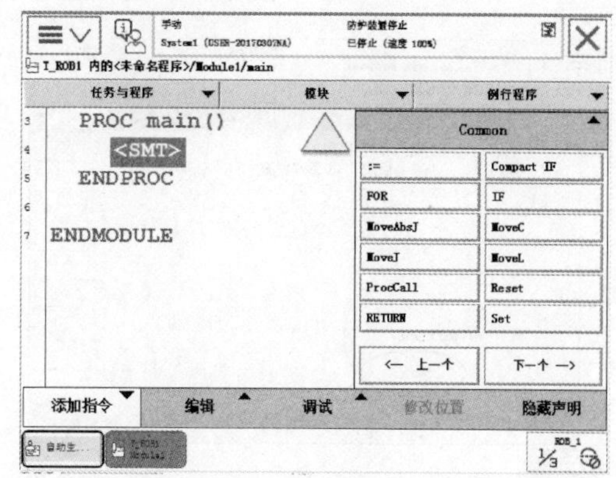

图 2-47 选择指令编程

12）双击“＊”号，进入参数修改界面，如图 2-48 所示。

13）通过新建或选择对应的参数数据，设定为如图 2-49 所示的值。

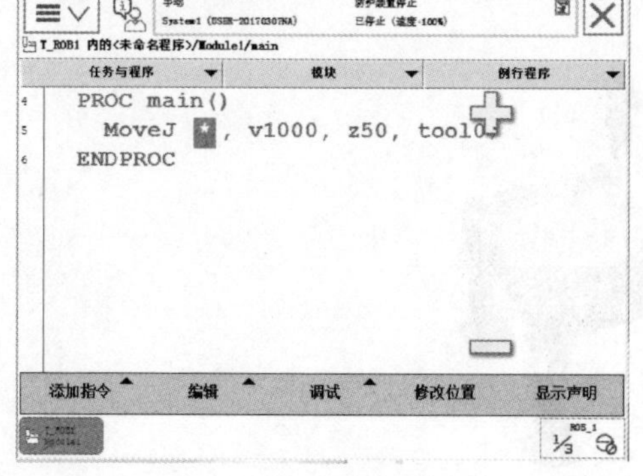

图 2-48 修改参数

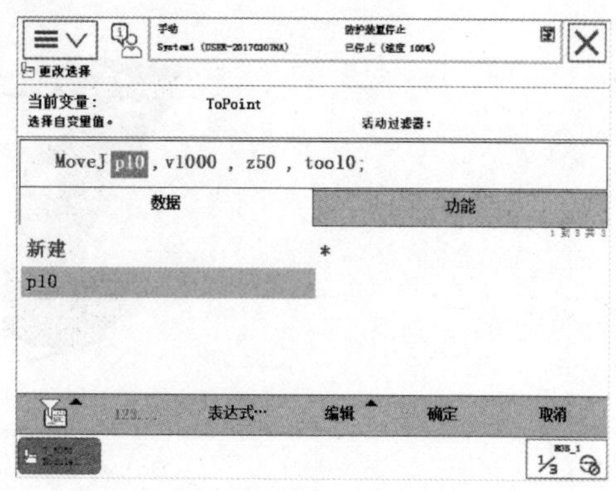

图 2-49 选择对应的参数数据

14）选择合适的动作模式，使用操纵杆将机器人运动到图 2-50 所示的位置，作为机器人的 p10 点。

15）选择“p10”，单击“修改位置”，将机器人的位置记录到 p10 中去，如图 2-51 所示。

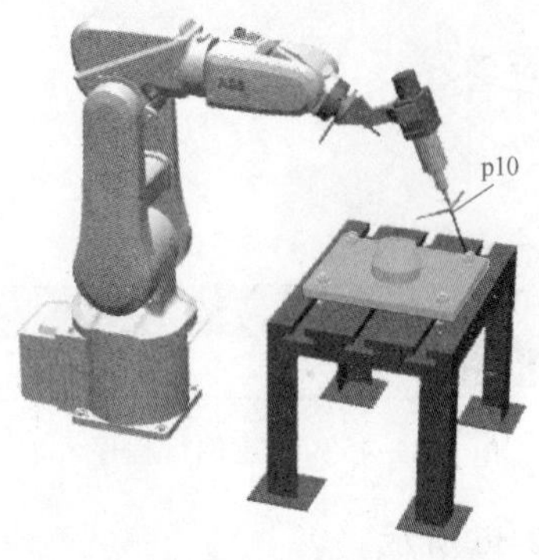

图 2-50　移动机器人到 p10 点

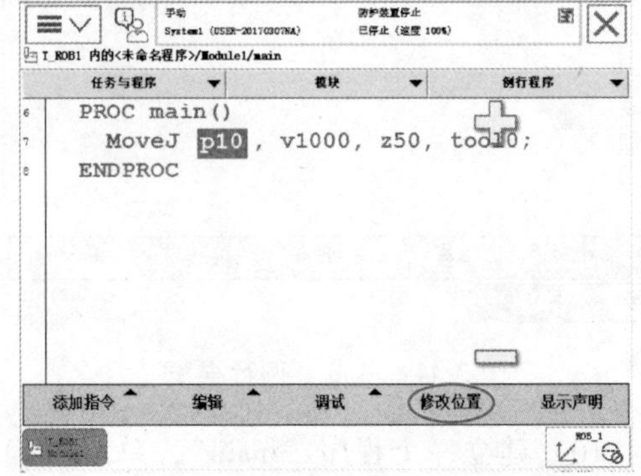

图 2-51　单击“修改位置”

16）单击“修改”按钮进行位置确认，如图 2-52 所示。

17）添加“MoveL”指令，并将参数设定为如图 2-53 所示的值。

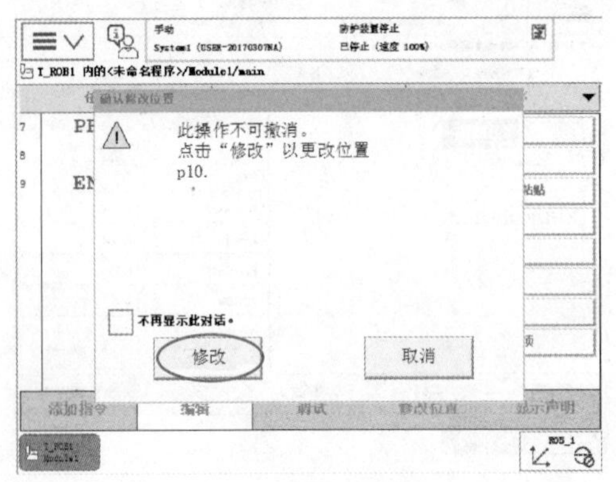

图 2-52　位置确认

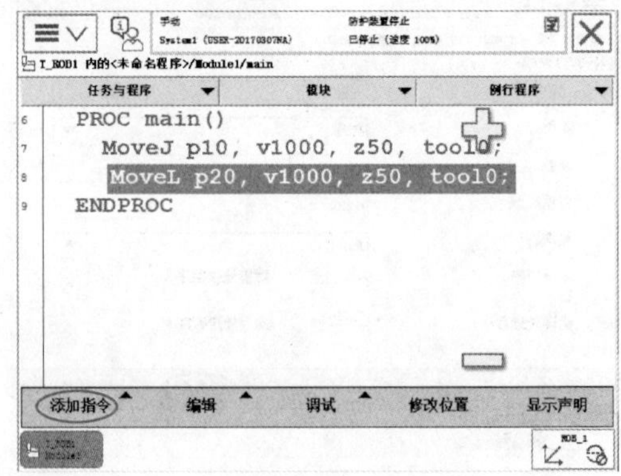

图 2-53　添加“MoveL”指令

18）选择合适的动作模式，使用操纵杆将机器人运动到图 2-54 所示的位置，作为机器人的 p20 点。

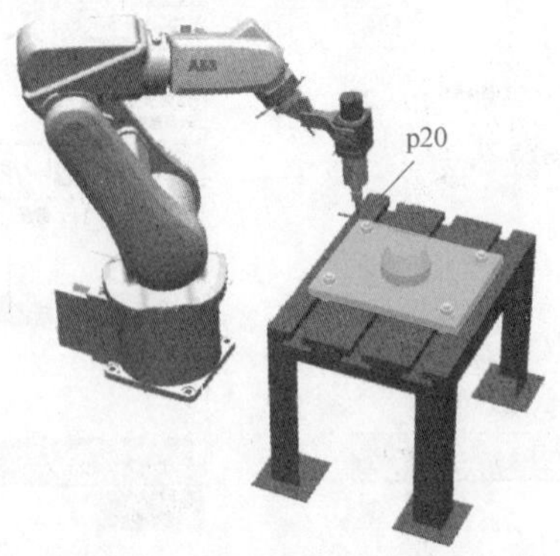

图 2-54　移动机器人到 p20 点

19）选择“p20”，单击“修改位置”，将机器人的当前位置记录到 p20 中去，如图 2-55 所示。

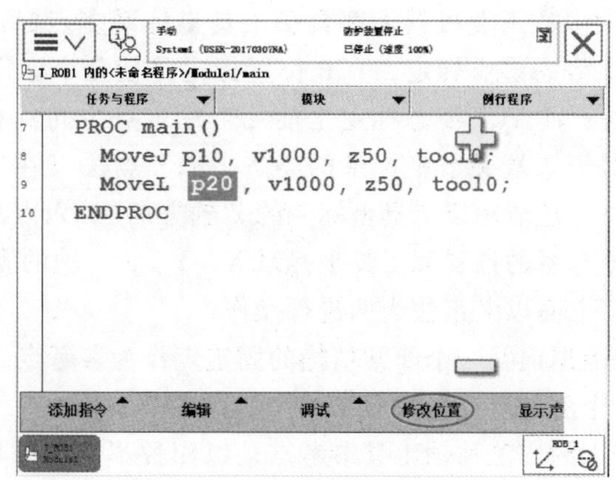

图 2-55 单击“修改位置”

问题探究

一、工具数据 tooldata 的建立

工具数据 tooldata 用于描述安装在机器人第六轴上工具的 TCP、质量、重心等参数数据。

工业机器人是通过末端安装不同的工具完成各种作业任务的。要想让机器人正常工作，就要让机器人末端工具能够精确地到达某一确定位置，并能够始终保持这一姿态。从机器人运动学角度理解，就是在工具中心点固定一个坐标系，控制其相对于机器人坐标系或世界坐标系的位姿，此坐标系称为末端执行器控制坐标系（Tool/Terminal Control Frame，TCF），也就是工具坐标系。因此，工具坐标系的准确度直接影响机器人的轨迹准确度。默认工具坐标系的原点位于机器人安装法兰的中心，当安装不同的工具时，工具需获得一个用户定义的直角坐标系，其原点在用户定义的参考点（TCP）上，如图 2-56 所示，这一过程的实现就是工具坐标系的标定。

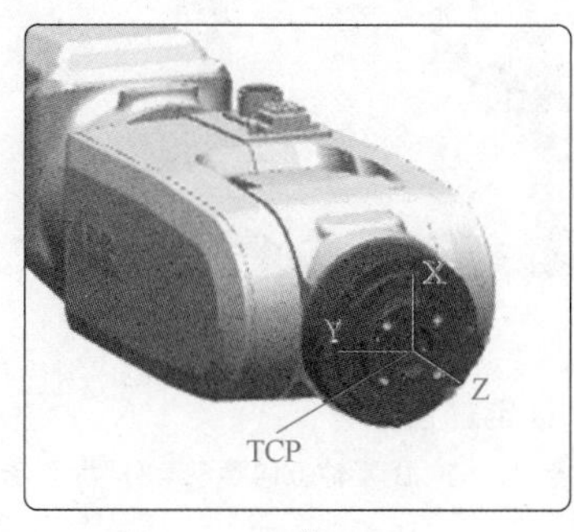

a)

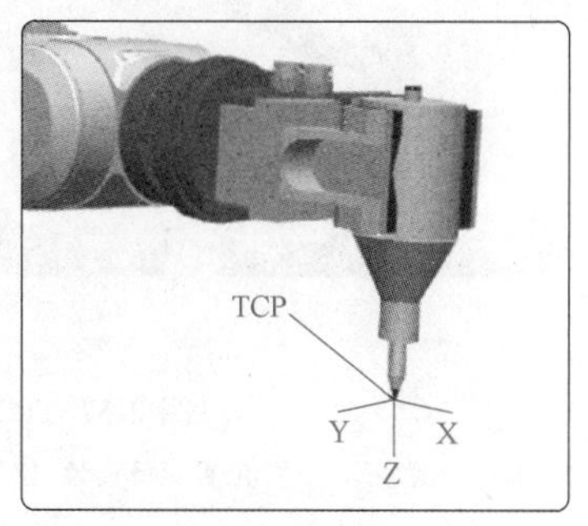

b)

图 2-56 工具坐标系的标定

a）未标定 TCP b）已标定 TCP

工业机器人工具坐标系的标定是指将 TCP 的位姿传输给机器人，指出它与机器人末端关节坐标系的关系。目前，机器人工具坐标系的标定方法主要有外部基准标定法和多点标定法。

（1）外部基准标定法　只需将工具对准某一测定好的外部基准点，便可完成标定，标定过程快捷简便。但这类标定方法依赖机器人外部基准。

（2）多点标定法　大多数工业机器人都具备工具坐标系多点标定功能。这类标定包含TCP位置多点标定和TCF姿态多点标定。TCP位置标定是使几个标定点TCP位置重合，从而计算出TCP，如四点法；而TCF姿态标定是使几个标定点之间具有特殊的方位关系，从而计算出工具坐标系相对于末端关节坐标系的姿态，如五点法（在四点法的基础上，除能确定工具坐标系的位置外，还能确定工具坐标系的Z轴方向）、六点法（在四点法、五点法的基础上，能确定工具坐标系的位置和工具坐标系X、Y、Z三轴的姿态）。

为获得准确的TCP，下面以六点法为例进行操作。

1）在机器人的动作范围内找一个非常精确的固定点作为参考点。

2）在工具上确定一个参考点（最好是工具中心点TCP）。

3）按手动操作机器人的方法移动工具参考点，以四种不同的工具姿态尽可能与固定点刚好碰上。第四点是用工具的参考点垂直于固定点，第五点是工具参考点从固定点向将要设定的TCP的X方向移动，第六点是工具参考点从固定点向将要设定的TCP的Z方向移动，如图2-57所示。

4）机器人控制器通过前四个点的位置数据即可计算出TCP的位置，通过后两个点即可确定TCP的姿态。

5）根据实际情况设定工具的质量和重心位置数据。

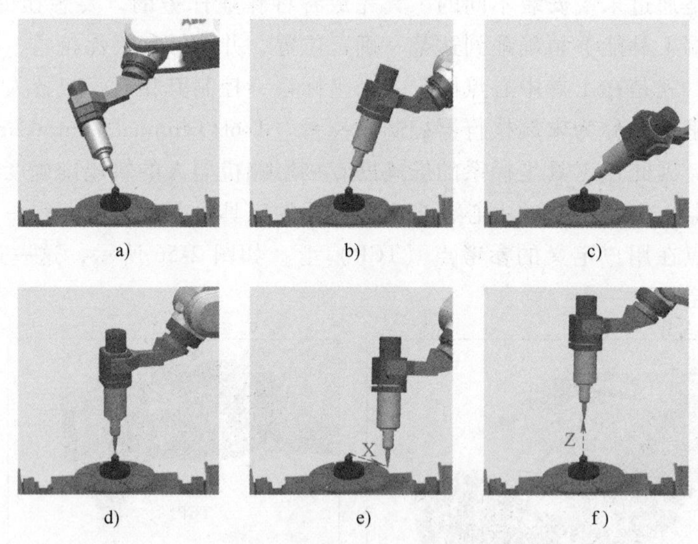

图2-57　TCP标定过程

a）位置点1　b）位置点2　c）位置点3　d）位置点4　e）沿X轴方向移动　f）沿Z轴方向移动

二、工件坐标 wobjdata 的建立

工件坐标wobjdata是工件相对于大地坐标或其他坐标的位置坐标。工业机器人可以拥有若干工件坐标，或者表示不同工件，或者表示同一工件在不同位置的若干副本。对工业机器人进行编程就是在工件坐标中创建目标和路径。利用工件坐标进行编程，重新定位工作站中的工件时，只需要更改工件坐标的位置，所有路径将随之更新。

在对象的平面上只需要定义三个点，就可以建立一个工件坐标，X1 点确定工件坐标的原点；X1、X2 点确定工件坐标 X 的正方向；Y1 确定工件坐标 Y 的正方向，如图 2-58 所示。

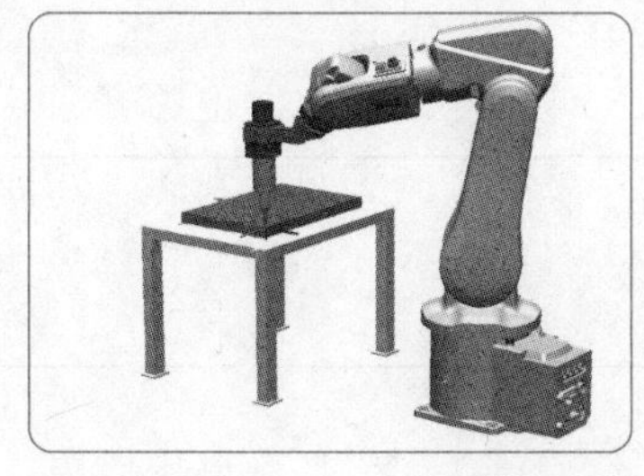
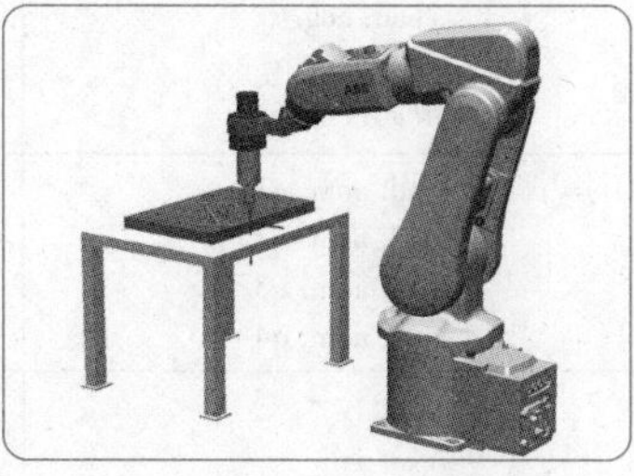
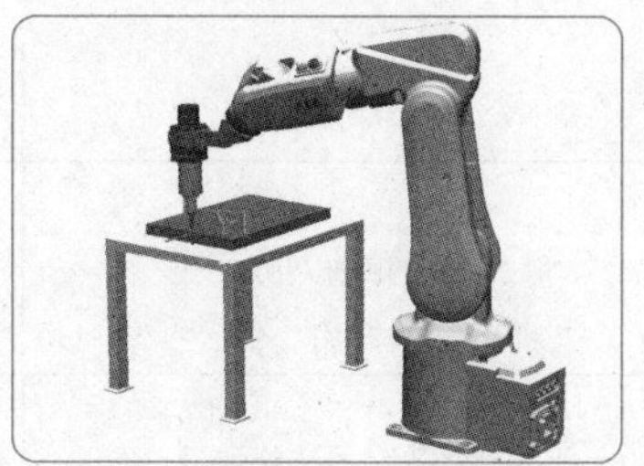

图 2-58　工件坐标的建立

三、有效载荷 loaddata 的设定

1）单击“有效载荷”，如图 2-59 所示。

2）单击“新建”，如图 2-60 所示。

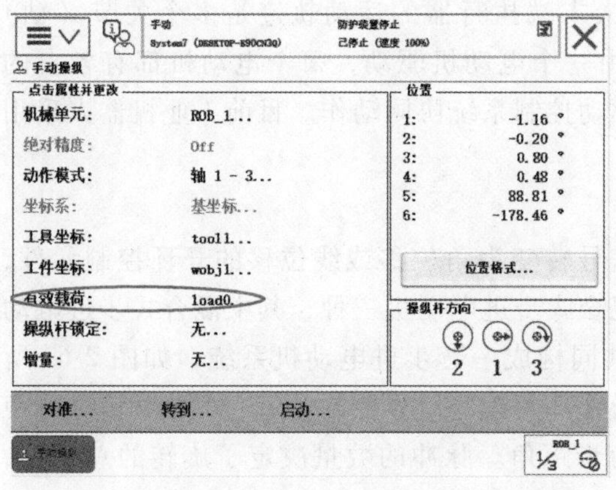

图 2-59　单击“有效载荷”　　图 2-60　单击“新建”

3）单击“编辑”→“更改值”，如图 2-61 所示。

4）对程序数据进行设定，如图 2-62 所示，各参数代表的含义见表 2-4。

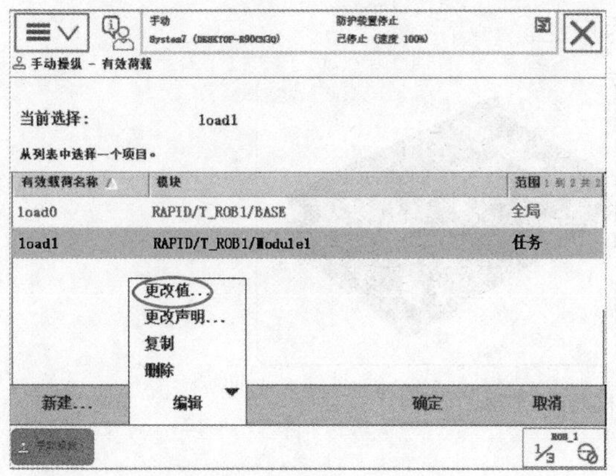

图 2-61　单击“更改值”

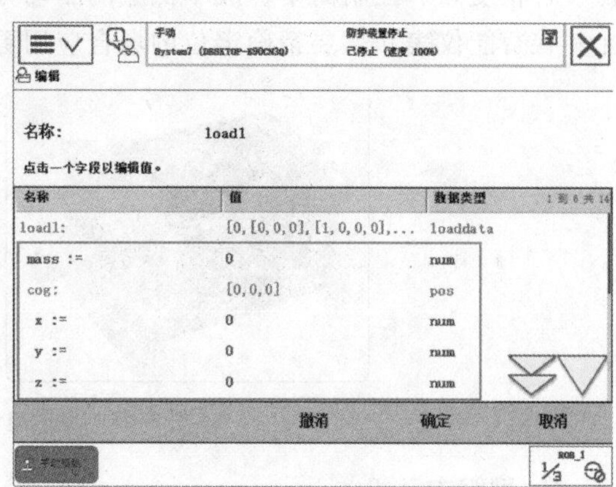

图 2-62　设定程序数据

表 2-4 有效载荷参数

名　称	参　数	单　位
有效载荷质量	load. mass	kg
有效载荷重心	load. cog. x load. cog. y load. cog. z	mm
力矩轴方向	load. aom. q1 load. aom. q2 load. aom. q3 load. aom. q4	
有效载荷的转动惯量	ix iy iz	kg · m^2

知识拓展

运动控制电动机及驱动

机器人的核心技术是运动控制技术。机器人末端执行器的运动轨迹是多个关节（轴）协同动作的结果，而每个关节（轴）的运动都由一个电动机驱动，每个电动机都有各自的驱动控制系统。机器人控制器则负责指挥各个驱动控制系统协同动作。目前工业机器人采用的电动机主要有步进电动机和伺服电动机两类。

1. 步进电动机

步进电动机（stepping motor）是将电脉冲信号转变为角位移或线位移的开环控制元件，分为反应式步进电动机、永磁式步进电动机和混合式步进电动机三种，其中混合式步进电动机的应用最为广泛，与其相匹配的步进驱动器共同构成一套步进电动机系统，如图 2-63 所示。它的运行需要驱动电源，驱动电源的输出受外部的脉冲信号控制，每一个脉冲信号可使步进电动机旋转一个固定的角度，这个角度称为步距角。脉冲的数量决定了旋转的总角度，脉冲的频率决定了电动机旋转的速度，改变绕组的通电顺序可以改变电动机旋转的方向。在数字控制系统中，它既可以用作驱动电动机，也可以用作伺服电动机。步进电动机有周期性位置误差，无累计误差，具有自锁力。在控制电动机领域，与伺服电动机相比，步进电动机是一种精度高、控制简单、成本低廉的驱动方案，它在工业过程控制中得到了广泛的应用，尤其在智能仪表和需要精确定位的场合应用更为广泛。

图 2-63　步进电动机与步进驱动器

2. 伺服电动机

随着全数字式交流伺服系统的出现，伺服驱动技术有了较快的发展，交流伺服电动机也越来越多地应用于数字控制系统中，各国著名电气厂商相继推出各自的交流伺服电动机和伺服驱动器系列产品，并不断完善和更新。伺服电动机（servo motor）是指在伺服系统中控制机械元件运转的电动机，它作为执行元件，把接收到的电信号转化成电动机轴上的角位移或角速度输出。伺服电动机可分为直流伺服电动机和交流伺服电动机两大类。其主要特点是：当信号电压为零时无自转现象，转速随着转矩的增加而匀速下降。伺服电动机与其相配套的伺服驱动器共同构成一套伺服系统，如图 2-64 所示。在交流伺服电动机发展早期，直流伺服电动机有低速平稳性好的特点，但随着交流伺服技术和矢量控制技术的发展，交流伺服电动机在低速的情况下也可获得同样的平稳性。同直流伺服电动机相比，交流伺服电动机的主要优点有：①无电刷和换向器，因此工作可靠，对维护和保养要求低。②定子绕组散热比较方便。③惯量小，易于提高系统的快速性。④适应于高速大转矩工作状态。⑤同功率下有较小的体积和质量。目前，精度较高的工业机器人均采用交流伺服电动机。

图 2-64 伺服电动机与伺服驱动器

评价反馈

基本素养（30 分）				
序号	评估内容	自评	互评	师评
1	纪律（无迟到、早退、旷课）（10 分）			
2	安全规范操作（10 分）			
3	团结协作能力、沟通能力（10 分）			
理论知识（25 分）				
序号	评估内容	自评	互评	师评
1	认识示教器（10 分）			
2	工业机器人 TCP 的标定方法（5 分）			
3	步进电动机系统（5 分）			
4	伺服电动机系统（5 分）			
技能操作（45 分）				
序号	评估内容	自评	互评	师评
1	单轴运动的手动操作（10 分）			
2	线性运动的手动操作（10 分）			
3	重定位运动的手动操作（10 分）			
4	转数计数器的更新（7 分）			
5	建立 RAPID 程序的步骤（8 分）			
综合评价				

练习与思考题

练习与思考题二

一、填空题

1. 示教器的主要组成部分为______________、______________、______________和______________。

2. 工业机器人工具坐标系的标定是指将 TCP 的______________和______________传输给机器人，指出它与机器人末端______________的关系。

3. 机器人工具坐标系的标定方法主要有______________和______________。

4. 步进电动机是将______________转变为______________或______________的开环控制元件，分为______________、______________和______________三种。

5. 步进电动机每一个脉冲信号可使步进电动机旋转一个固定的角度，这个角度称为______________。

二、简答题

1. 简述转数计数器在什么情况下需进行更新操作。

2. 与直流伺服电动机相比，交流伺服电动机的主要优点有哪些？

3. 简述六点法标定 TCP 的操作步骤。

项目三 ABB RobotStudio 离线编程与操作

项目三辅助资料

学习目标

1. 掌握工业机器人工作站的布局方法。
2. 掌握使用 ABB RobotStudio 建模的方法。
3. 掌握添加、安装工具的方法。
4. 掌握使用 ABB RobotStudio 创建机器人系统的方法。
5. 掌握关键程序数据的设定方法。
6. 掌握 ABB RobotStudio 中 Smart 组件的建立方法。
7. 掌握工业机器人 I/O 配置的设定方法。
8. 学会使用 ABB RobotStudio V6.03.01 进行工业机器人编程。

工作任务

1. 工作任务的背景

在 RobotStudio 中建立工作站，使用工业机器人多功能综合实训系统（BNRT-MTS120）在棋盘台上完成“博诺”汉字的仿真书写。本项目依次完成工作站建模、创建机器人系统、建立 Smart 组件、创建程序数据、I/O 配置、程序编写，最终完成整个仿真编程任务。

2. 需达到的技术要求

1）机器人在书写汉字过程中，应按照汉字的书写笔画完成文字书写任务。

2）控制机器人在汉字书写板中下笔的深度，防止机器人与汉字书写板发生碰撞。

3. 所需要的设备

ABB RobotStudio 离线编程与操作使用的设备包括 ABB RobotStudio V6.03.01 仿真软件、工业机器人多功能综合实训系统三维模型、汉字书写板模型等，如图 3-1 所示。

实践操作

一、知识储备

1. ABB RobotStudio 简介

ABB RobotStudio 是 ABB 机器人的仿真软件，是 ABB 公司开发的一款适用于各类 ABB 工业机器人的 PC 应用软件，用于机器人单元的建模、离线编程和仿真。ABB RobotStudio 的离线仿真功能可使用户在实际构建机器人系统之前先进行设计和试运行，以可视化及可确定的解决方案和布局降低风险，并通过创建更加精确的路径来获得更高的部件质量。图 3-2 所示为在 RobotStudio 仿真软件中建立的机器人柔性制造生产线。

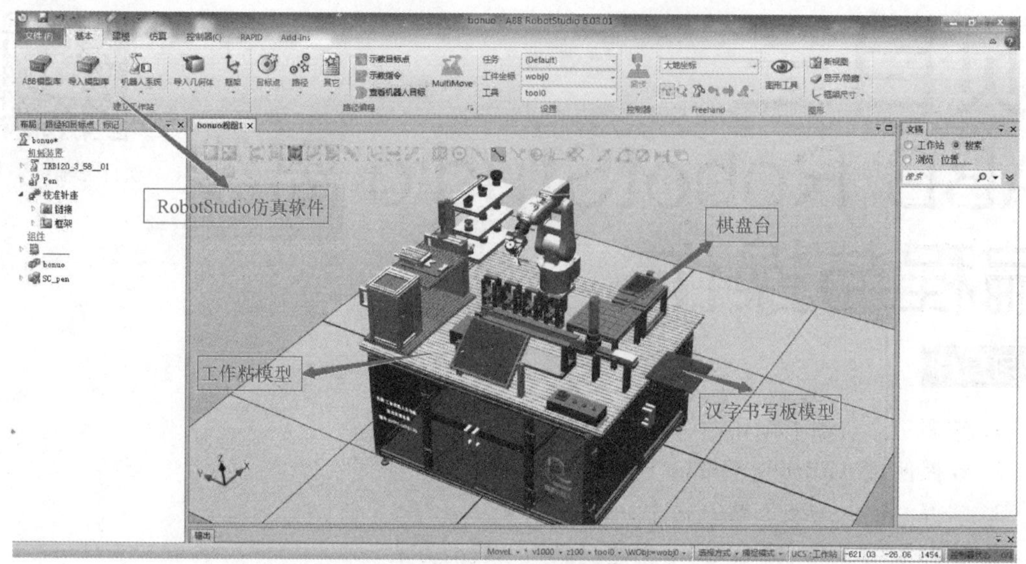

图 3-1 所需设备

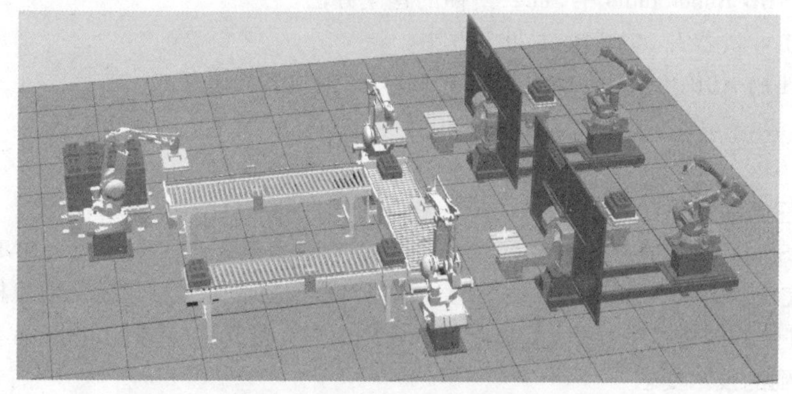

图 3-2 机器人柔性制造生产线

ABB RobotSudio 以 ABB VirtualController 为基础，与机器人在实际生产中运行的软件完全一致，所用程序和配置文件也完全相同，借助 ABB RobotStudio 进行离线编程，如同将真实的工业机器人搬到 PC 中。在 ABB RobotStudio 中可以实现以下主要功能：

（1）导入 CAD 数据 在 ABB RobotStudio 中，可方便地以各种主流的 CAD 格式导入数据，包括 IGES、STEP、VRML、VDAFS、ACIS 和 CATIA。通过使用精确的 3D 模型，机器人程序设计员可以编写更为精确的机器人程序，从而提高产品质量。

（2）自动生成路径 自动生成路径是 ABB RobotStudio 最节省时间的功能之一。通过使用待加工部件的 CAD 模型，可在数分钟内自动生成跟踪曲线所需的机器人位置；如果人工执行此项任务，则可能需要数小时或数天。

（3）自动分析伸展能力 此便捷功能可让操作者灵活移动机器人或工件，直至所有位置均可达到；可在短短几分钟内验证和优化工作单元布局。

（4）检测碰撞 在 ABB RobotStudio 中，可以对机器人在运动过程中是否可能与周边设备发生碰撞进行验证与确认，以确保机器人离线编程得出的程序的正确性。

（5）在线作业　使用 ABB RobotStudio 与真实的机器人进行连接通信，对机器人进行便捷的监控、程序修改、参数设定、文件传送及备份恢复的操作，使调试与维护工作更轻松。

（6）模拟仿真 根据设计要求，可在 ABB RobotStudio 中进行工业机器人工作站的动作模拟以及周期节拍的仿真，为工程的实施提供真实的验证。

（7）应用功能包　ABB RobotStudio 针对不同的应用提供了功能强大的工艺功能包，将机器人更好地与工艺应用进行有效的融合。

（8）二次开发　ABB RobotStudio 提供了功能强大的二次开发平台，使机器人应用实现更多的可能，满足机器人的科研需要。

2. ABB RobotStudio 界面介绍

启动 ABB RobotStudio 进入软件界面。界面上有“文件”“基本”“建模”“仿真”“控制器”“RAPID”“Add-Ins”七个选项卡，如图 3-3 所示。

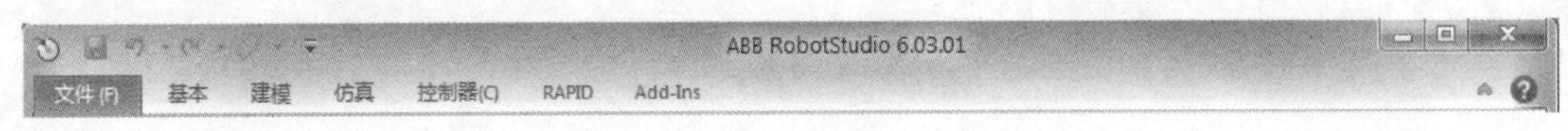

图 3-3　选项卡

1）“文件”选项卡包括新建工作站、连接到控制器、创建并制作机器人系统、共享和 RobotStudio 选项等功能，如图 3-4 所示。

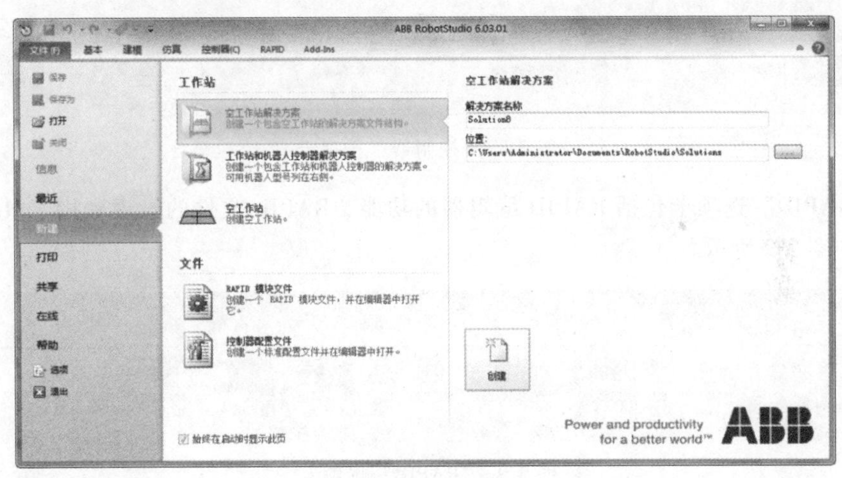

图 3-4　“文件”选项卡

2）“基本”选项卡包括建立工作站、路径编程、坐标系选择、移动物体所需要的控件等，如图 3-5 所示。

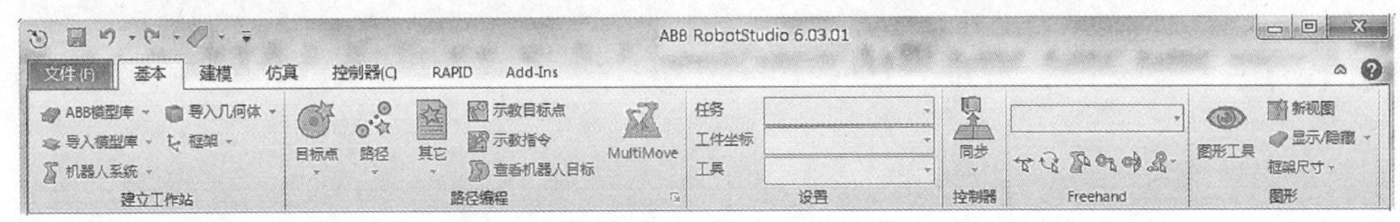

图 3-5　“基本”选项卡

3）“建模”选项卡包括创建工作站组件、建立实体、导入几何体、测量、创建机械装置和工具以及相关 CAD 操作所需的控件，如图 3-6 所示。

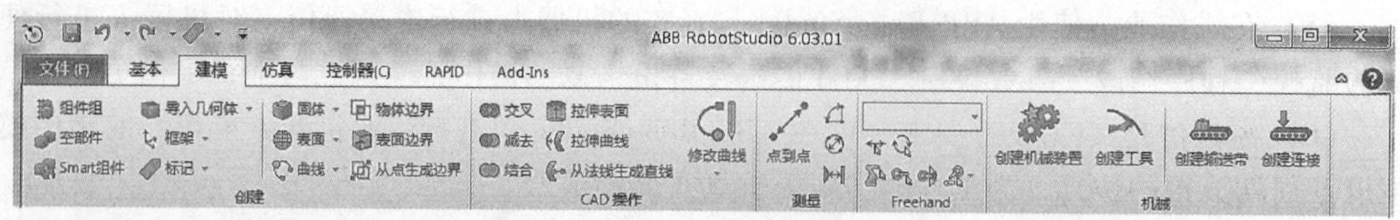

图 3-6 “建模”选项卡

4）“仿真”选项卡包括碰撞检测、仿真配置、控制、监控、信号分析、录制短片等控件，如图 3-7 所示。

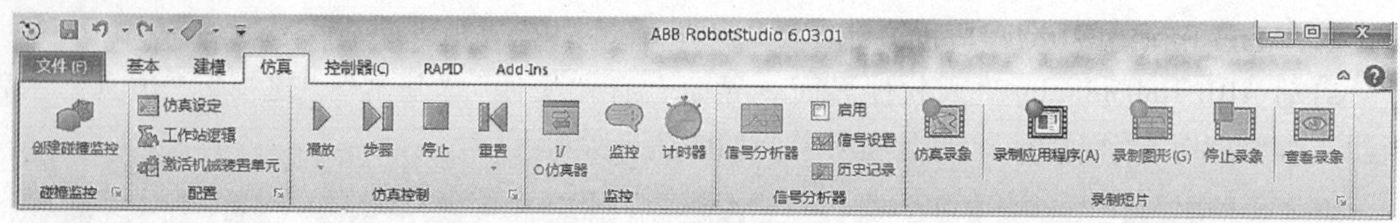

图 3-7 “仿真”选项卡

5）“控制器”选项卡包括控制器的添加、控制器工具、控制器的配置所需的控件，如图 3-8 所示。它包含用于虚拟控制器和真实控制器的控制功能。

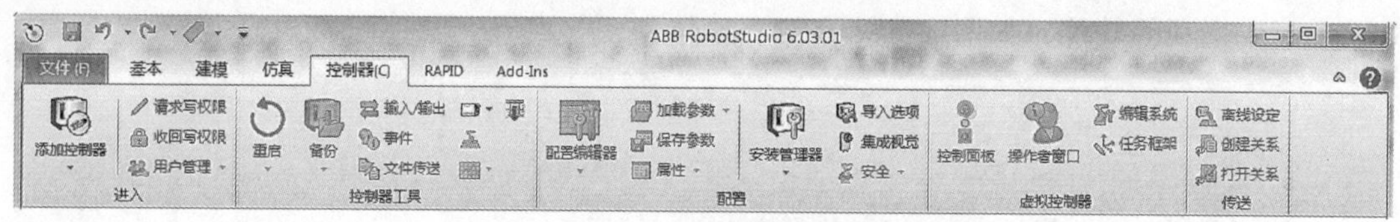

图 3-8 “控制器”选项卡

6）“RAPID”选项卡包括 RAPID 编辑器的功能、RAPID 文件的管理和用于 RAPID 编程的控件，如图 3-9 所示。

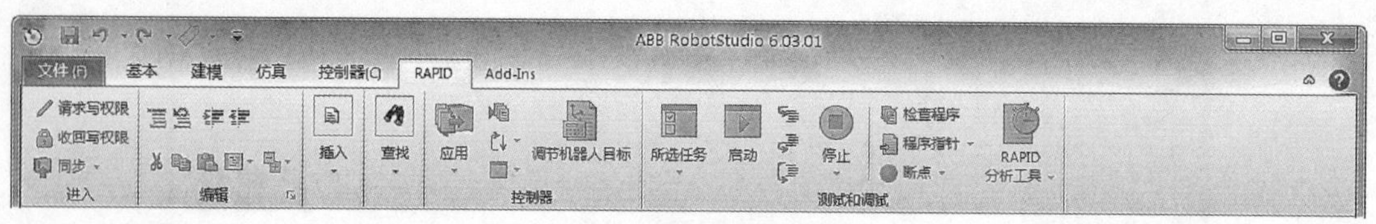

图 3-9 “RAPID”选项卡

7）“Add-Ins”选项卡包括 RobotApps 社区、RobotWare 的安装和迁移等控件，如图3-10 所示。

图 3-10 “Add-Ins”选项卡

3. 基本操作

ABB RobotStudio 软件的基本操作可以由键盘和鼠标组合操作实现。软件基本操作见表 3-1。

表 3-1 软件基本操作

目的	使用键盘/鼠标组合	说明
选择项目	鼠标左键	单击需要选择的项目
旋转工作站	<Ctrl>+<Shift>+鼠标左键	按住<Ctrl>+<Shift>+鼠标左键的同时拖动鼠标对工作站进行旋转
平移工作站	<Ctrl>+鼠标左键	按住<Ctrl>+鼠标左键的同时,拖动鼠标左键对工作站进行平移
缩放工作站	<Ctrl>+鼠标右键或鼠标滑轮	按住<Ctrl>+鼠标右键的同时,将鼠标拖至左侧(右侧)可以缩小(放大)工作站,或滑动鼠标滑轮实现缩小、放大工作站

二、建立仿真工作站

1. 创建工作站

如图 3-11 所示，进入 RobotStudio 后，单击“文件”→“新建”→“空工作站”→“创建”，创建一个新的空工作站。

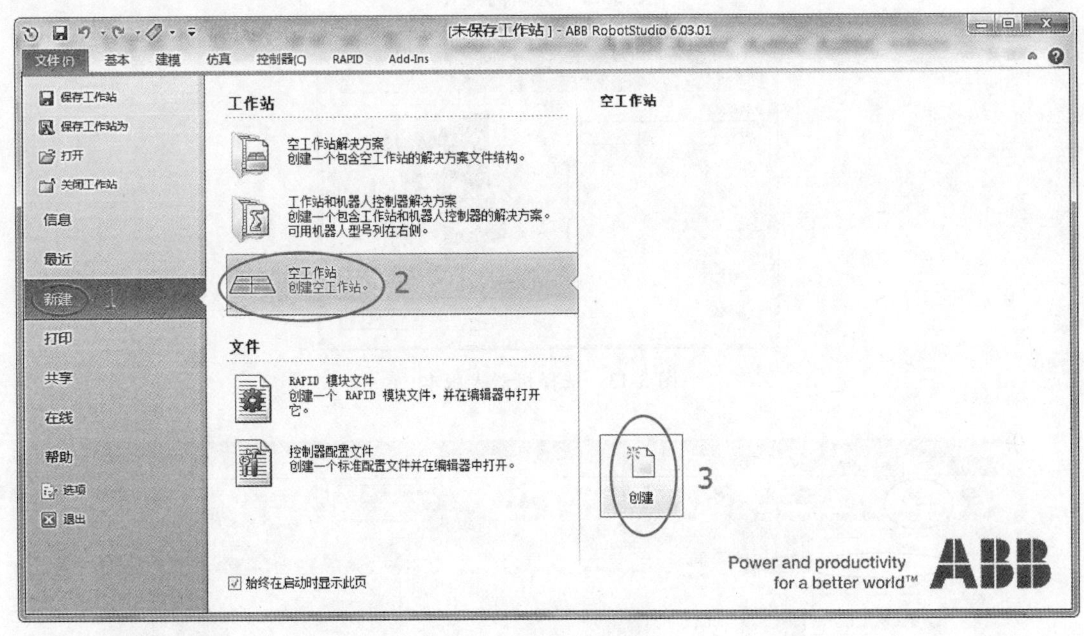

图 3-11 创建工作站

2. 导入机器人

1）在“基本”选项卡下打开“ABB 模型库”，选择机器人型号，以选择“IRB120”为例，如图 3-12 所示。

2）按照实际需要选择具体机器人版本，单击“确定”按钮完成机器人的导入，如图 3-13所示。

3. 安装机器人工具

1）在“基本”选项卡下，打开“导入模型库”，在“设备”和“用户库”中选择需要的工具。“设备”中的工具为 ABB RobotStudio 中自带工具，“用户库”中的工具为用户按照需要自行导入的工具。此处选择加载“设备”中的“Pen”，如图 3-14 所示。

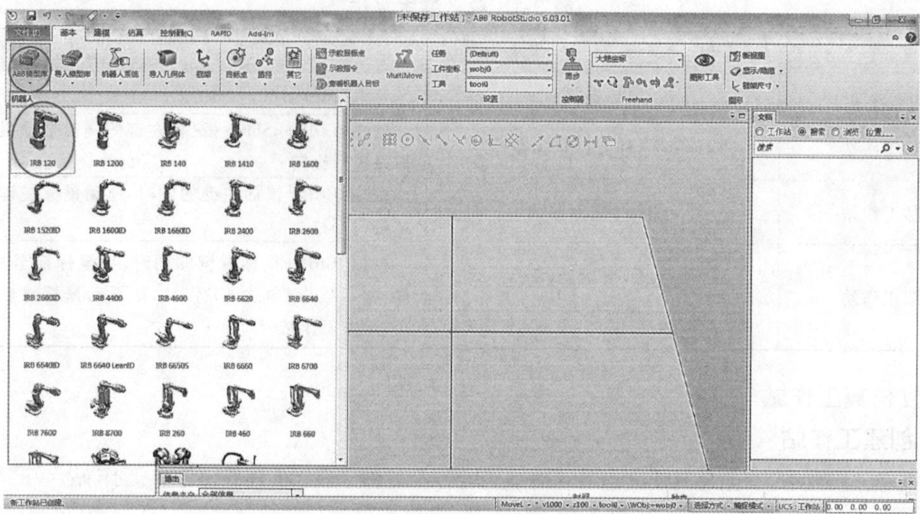

图 3-12　选择机器人

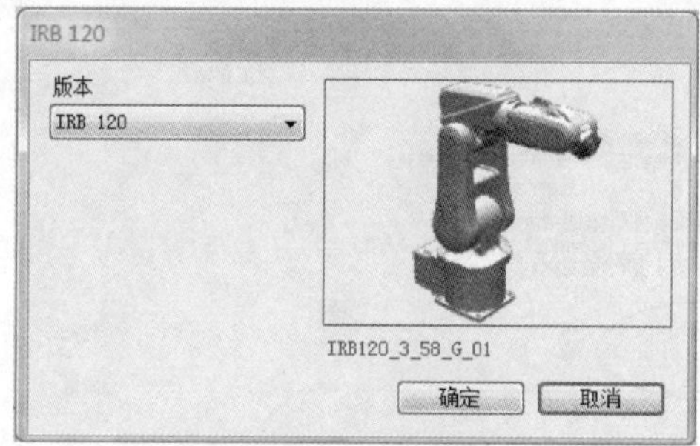

图 3-13　选择机器人版本

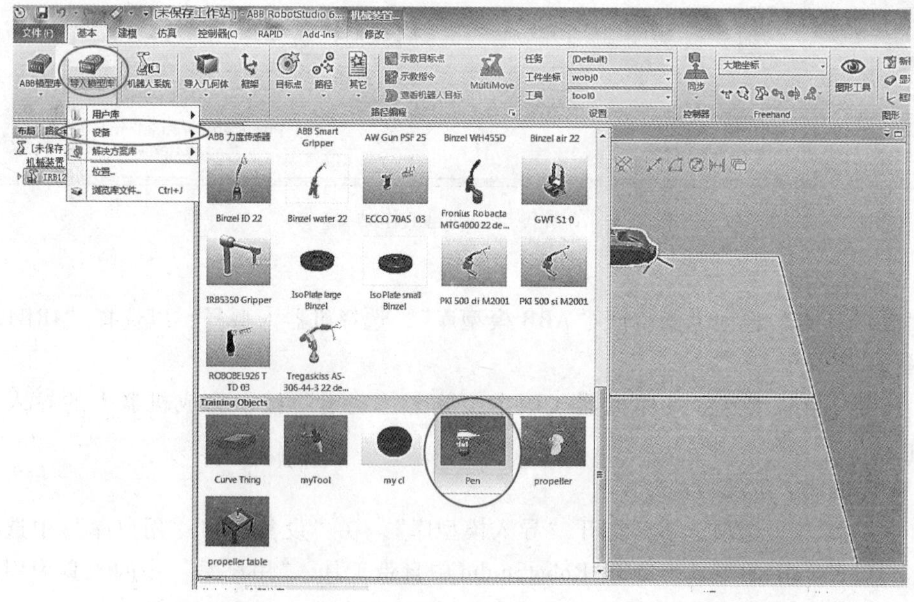

图 3-14　选择工具

2）选择“Pen”后按住鼠标左键，将“Pen”拖到“IRB120_ 3_ 58_ 01”后松开鼠标，在“更新位置”对话框中单击“是”按钮，完成机器人工具的安装，如图 3-15～图3-17所示。

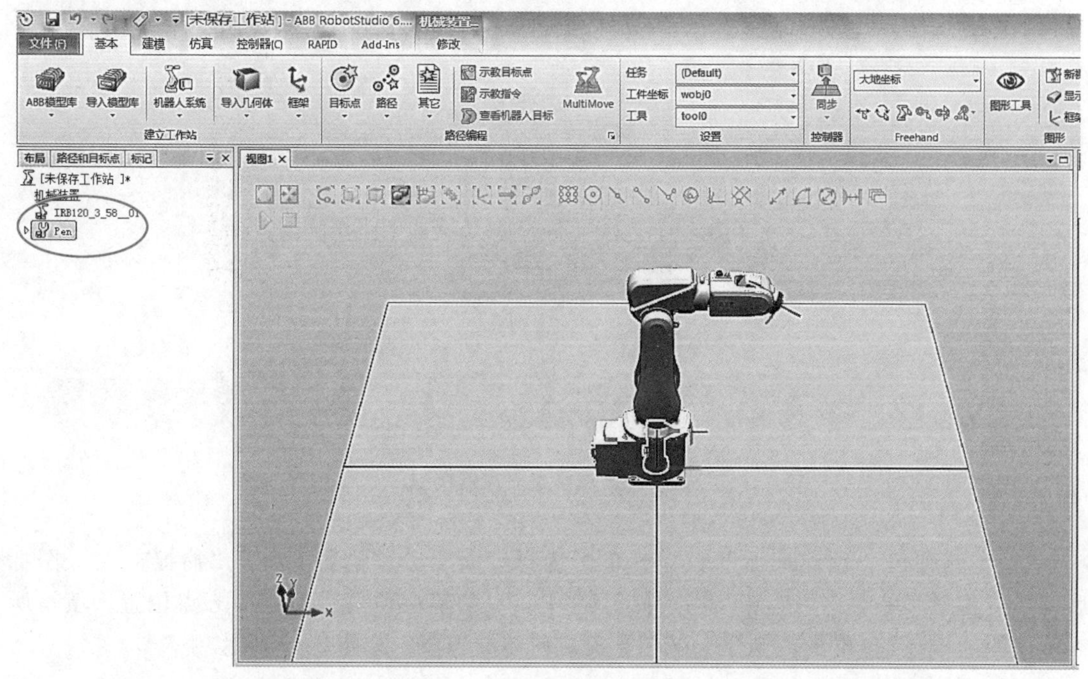

图 3-15　安装工具

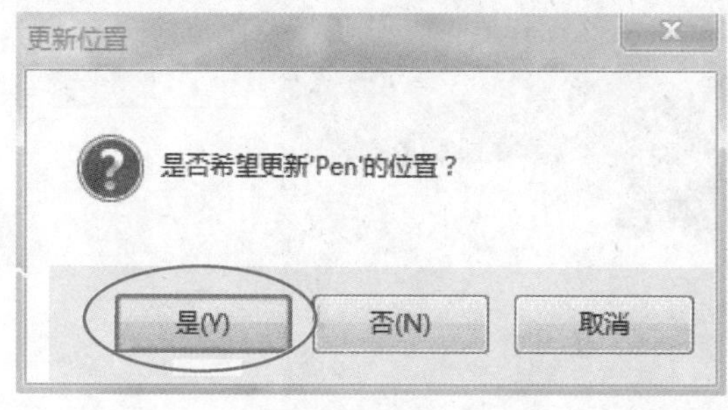

图 3-16　更改位置

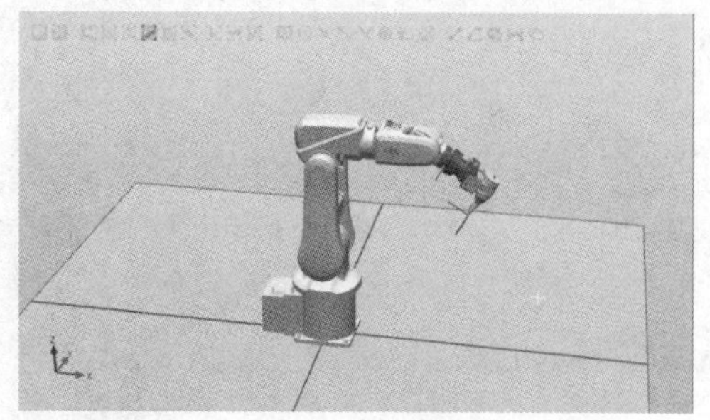

图 3-17　完成工具安装

三、机器人工作站建模

使用 RobotStudio 进行机器人的仿真验证时，如果对周边模型要求不是非常细致，可以使用 ABB RobotStudio 建立数字模型；如果周边模型较复杂，可以通过第三方的建模软件进行建模，完成建模后将几何体导入 RobotStudio 即可。

1. 建立基本模型

为了在仿真时能够更形象地模拟书写的效果，在工具“Pen”的笔尖处建立球体，模拟笔尖的笔迹。

1）单击“建模”→“固体”→“球体”，如图 3-18 所示。

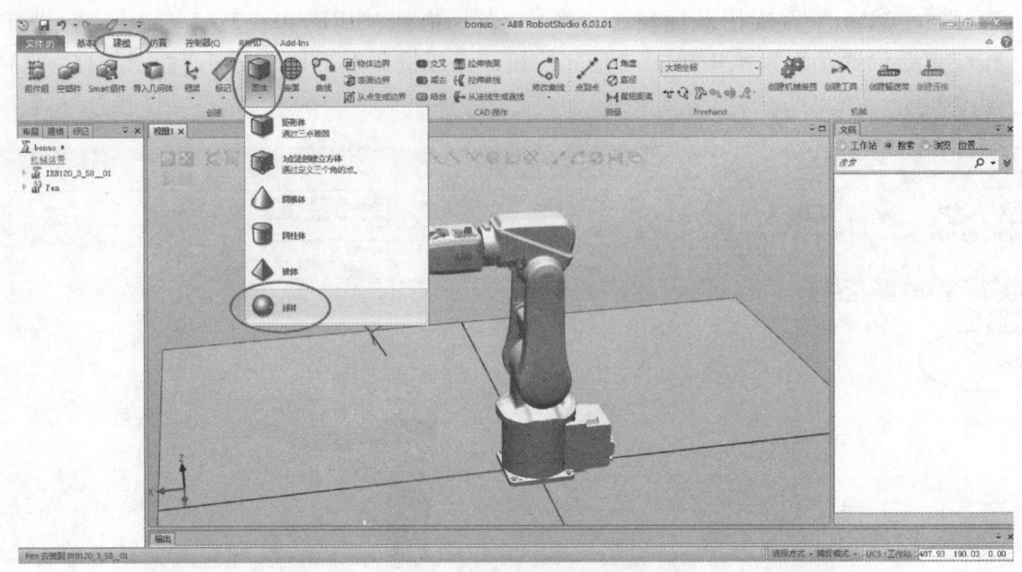

图 3-18　选择建立球体模型

2）左侧弹出“创建球体”菜单，单击选择界面上方“选择物体”“捕捉末端”图标后，单击左侧菜单中“中心点”，选择工具“Pen”的笔尖位置，确定中心点位置。填写所需球体的“半径”，单击“创建”按钮，完成球体的建模，如图 3-19 所示。

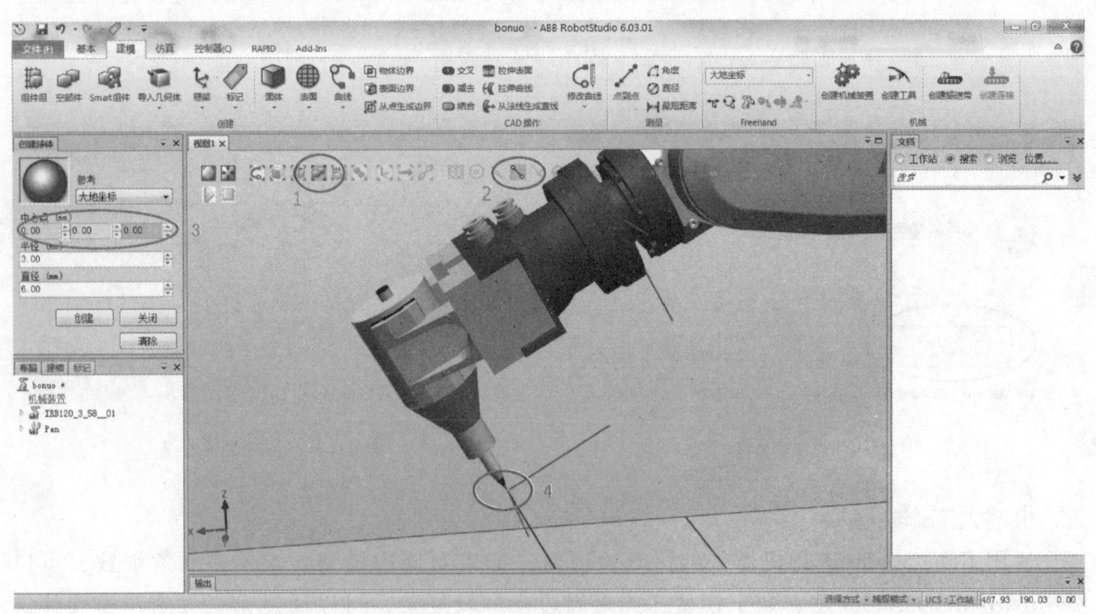

图 3-19　设置球体的位置和半径

3）在“布局”下选择新建的球体，单击鼠标右键，将球体重命名为“pen1”，选择建立的球体“pen1”，将其拖至工具“Pen”上松开，在“更新位置”对话框中单击“否”按钮，将球体安装到工具上，如图 3-20、图 3-21 所示。

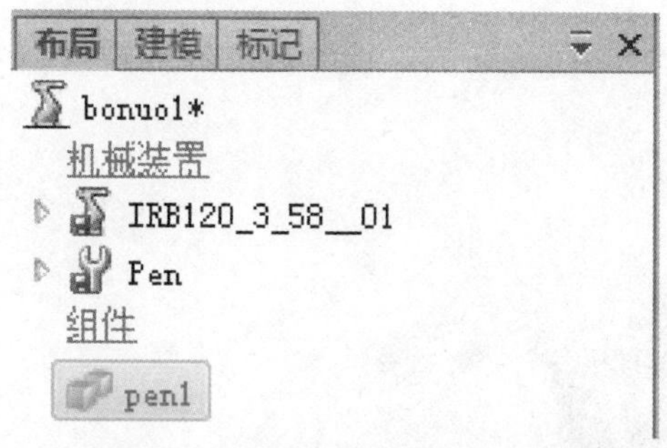

图 3-20　将球体安装到工具 Pen 上

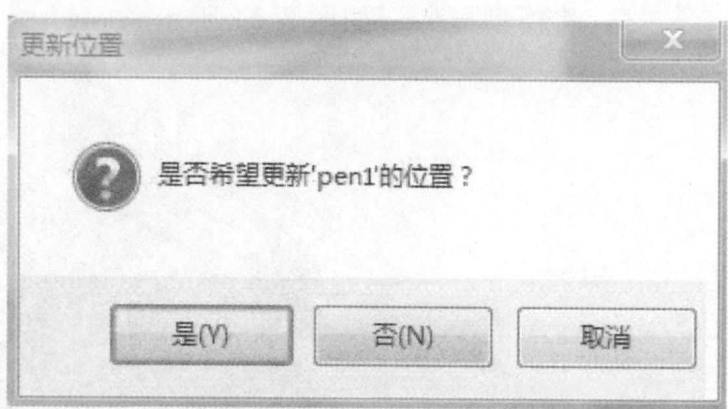

图 3-21　选择是否更新位置

2. 导入几何体

1）单击“建模”→“导入几何体”→“浏览几何体”，如图 3-22 所示。

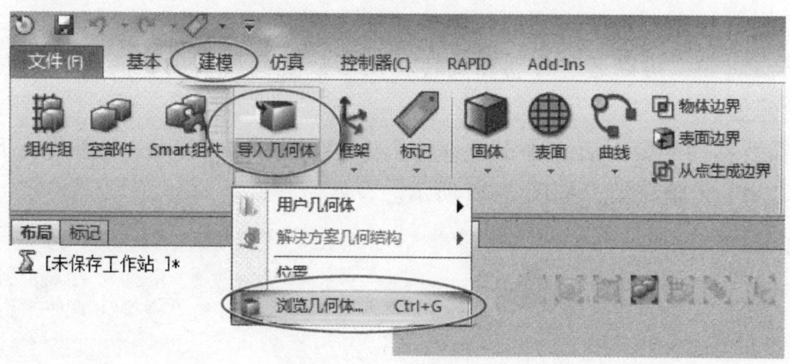

图 3-22　导入几何体

2）找到需要导入的几何体的路径，单击“打开”按钮，将模型导入 RobotStudio 中，如图 3-23 所示。

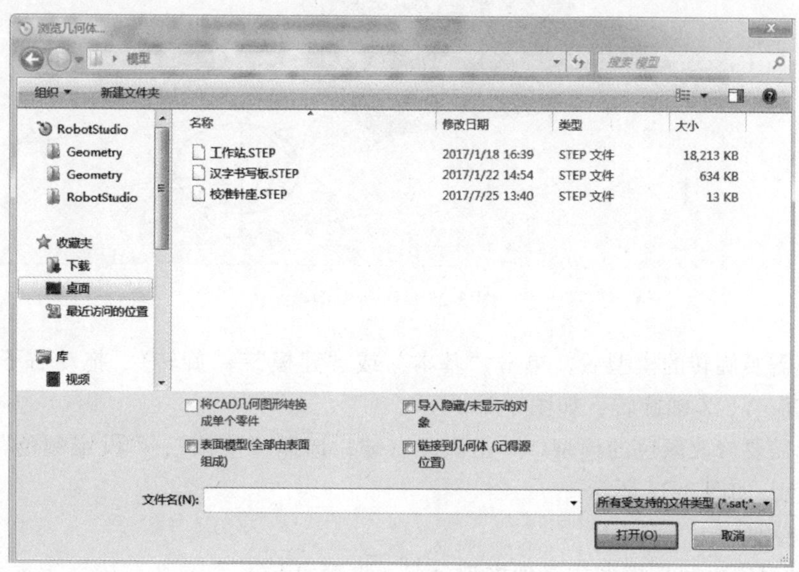

图 3-23　选择需导入的几何体

3）将模型导入，如图 3-24 所示。

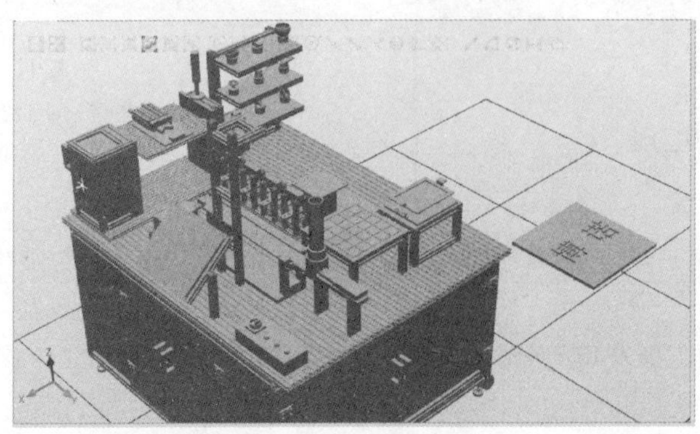

图 3-24　导入模型

3. 移动、旋转模型和修改模型的颜色

在 RobotStudio 中，可以通过移动和旋转将模型放置到所需的位置上，同时也可以为模型设置不同的颜色。

1）选择需要移动的模型后，单击“基本”或“建模”→“移动”，拖动右下角的箭头可以使模型沿 X、Y、Z 轴移动，如图 3-25 所示。

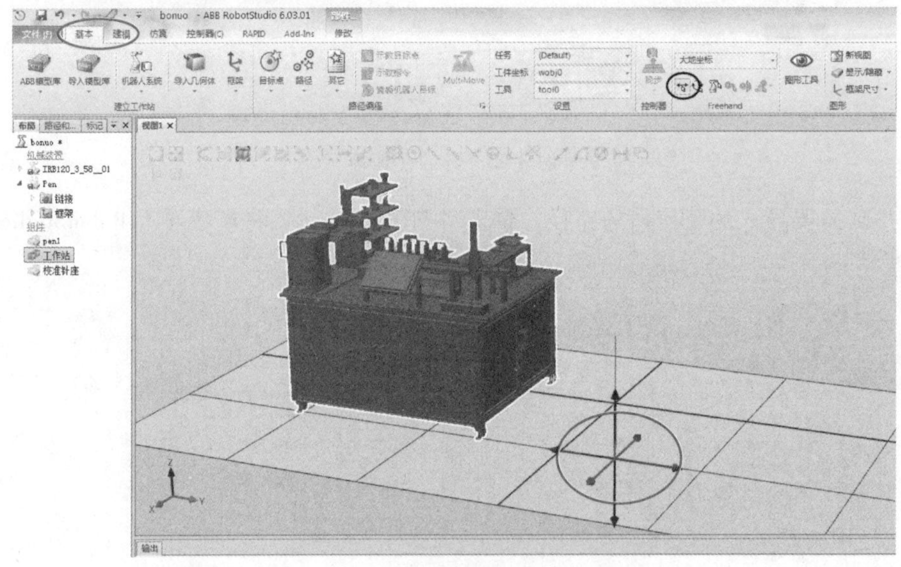

图 3-25　移动模型

2）选择需要旋转的模型后，单击“基本”或“建模”→“旋转”，拖动右下角的箭头可以使模型沿 X、Y、Z 轴旋转，如图 3-26 所示。

3）选择需要修改颜色的模型，单击鼠标右键，选择“修改”→“设定颜色”，为模型设定所需的颜色，如图 3-27 所示。

4. 放置模型

将导入的汉字书写板模型放置到棋盘台上，步骤如下：

1）将模型导入到 RobotStudio 中，如图 3-28 所示。

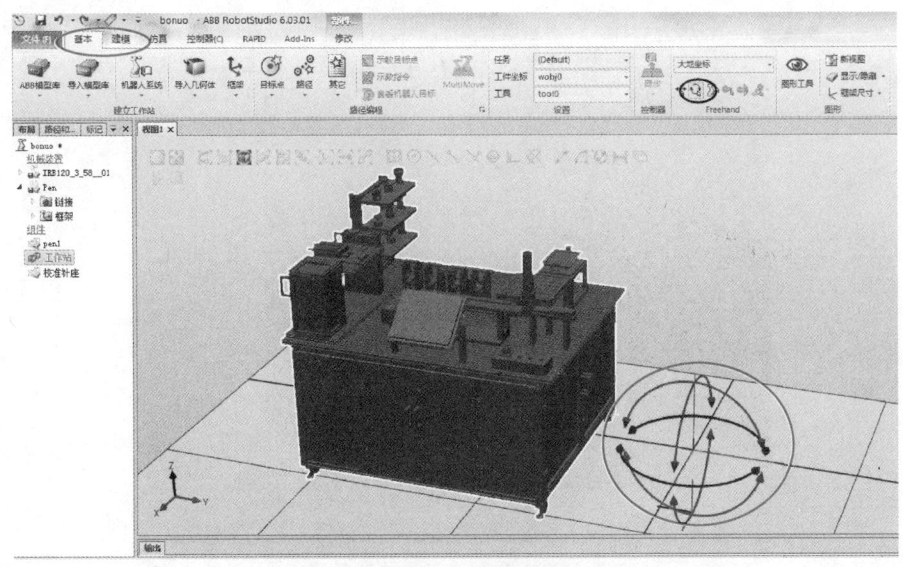

图 3-26　旋转模型

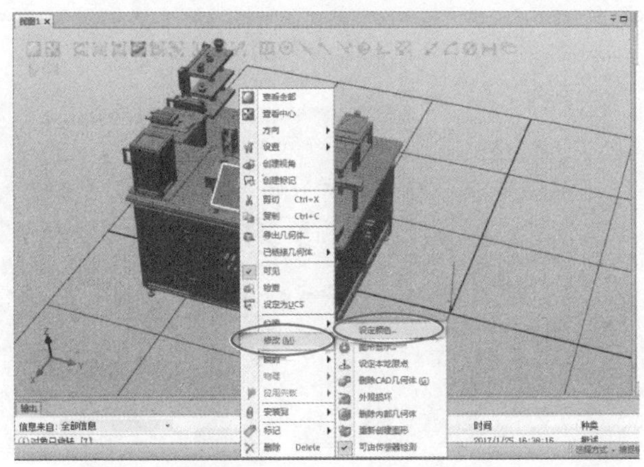

图 3-27　修改模型颜色

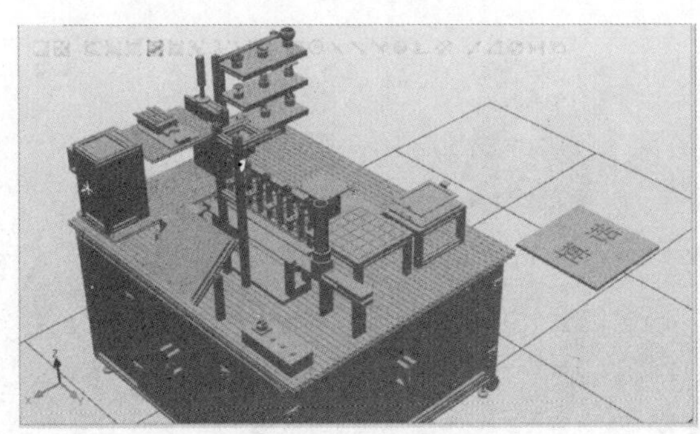

图 3-28　导入模型

2）选择模型，单击鼠标右键，选择“位置”→“放置”→“三点法”，如图 3-29 所示。

3）单击界面左端的“主点-从”后，选择图中位置点，如图 3-30 所示。

4）单击界面左端的“主点-到”后，选择图中位置点，如图 3-31 所示。

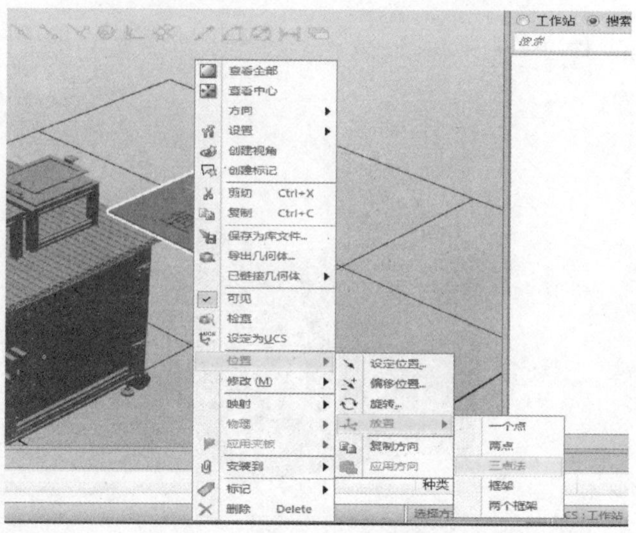

图 3-29 选择三点法放置模型

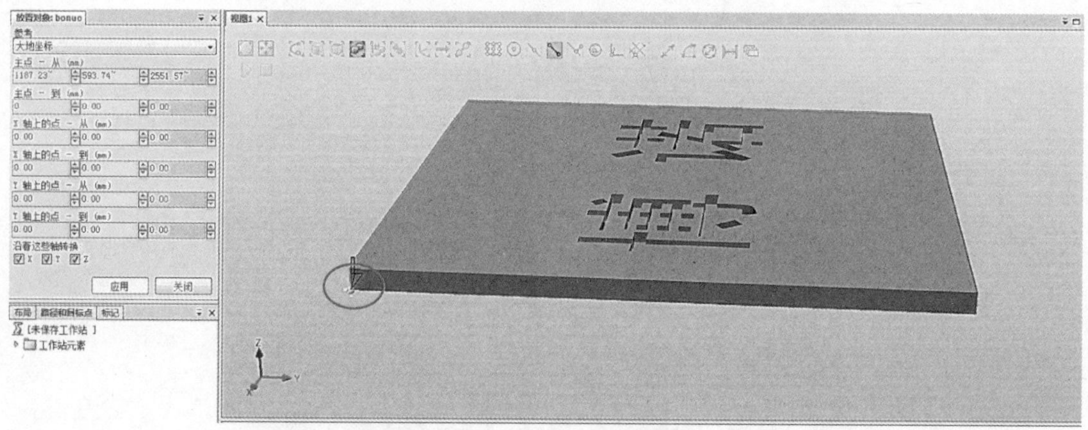

图 3-30 选择主点起点

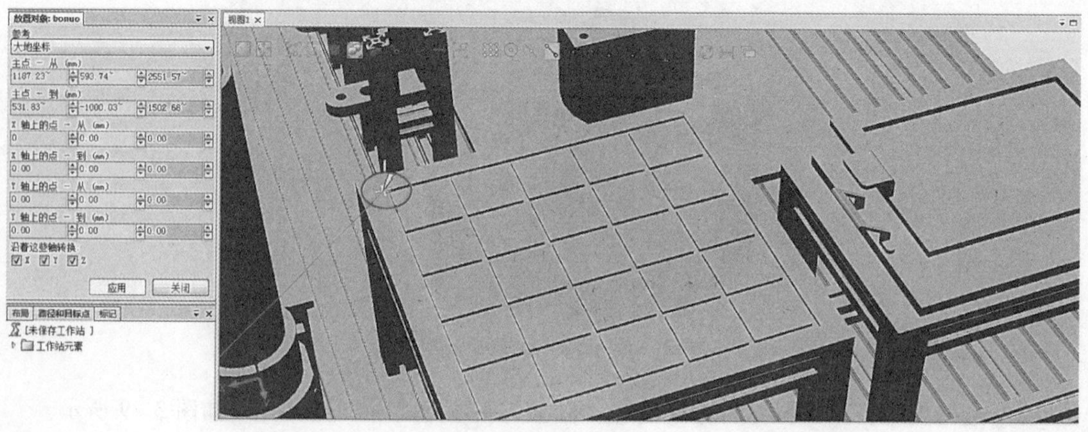

图 3-31 选择主点终点

5）单击界面左端的“X 轴上的点-从”后，选择图中位置点，如图 3-32 所示。

图 3-32 选择 X 轴上的点的起点

6）单击界面左端的“X 轴上的点-到”后，选择图中位置点，如图 3-33 所示。

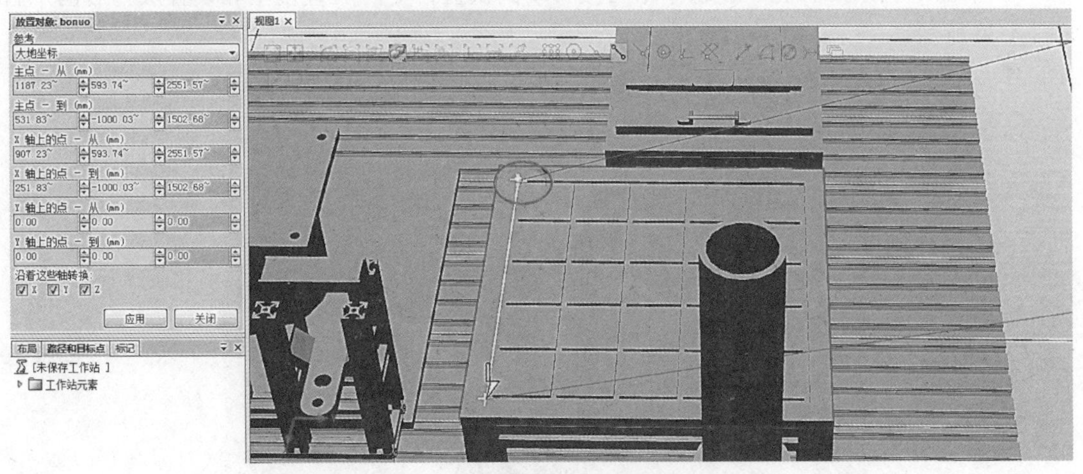

图 3-33 选择 X 轴上的点的终点

7）单击界面左端的“Y 轴上的点-从”后，选择图中位置点，如图 3-34 所示。

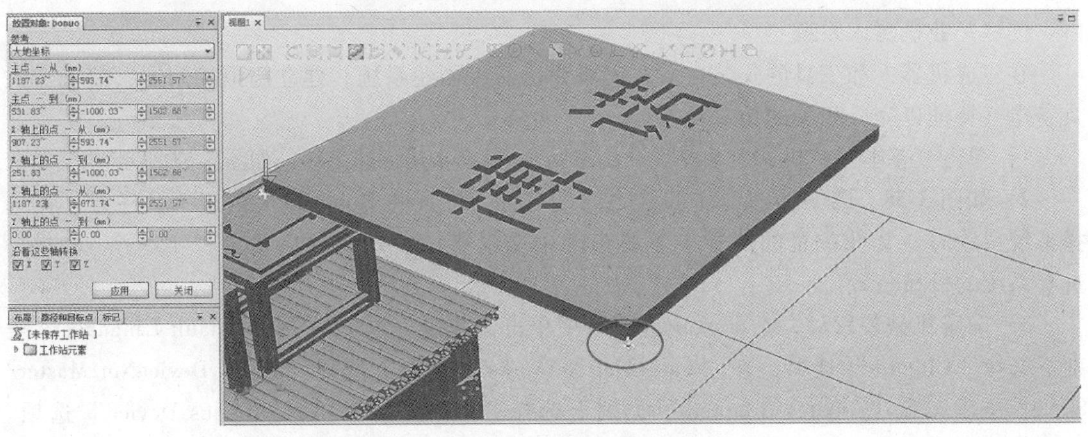

图 3-34 选择 Y 轴上的点的起点

8）单击界面左端的“Y 轴上的点-到”后，选择图中位置点，如图 3-35 所示。

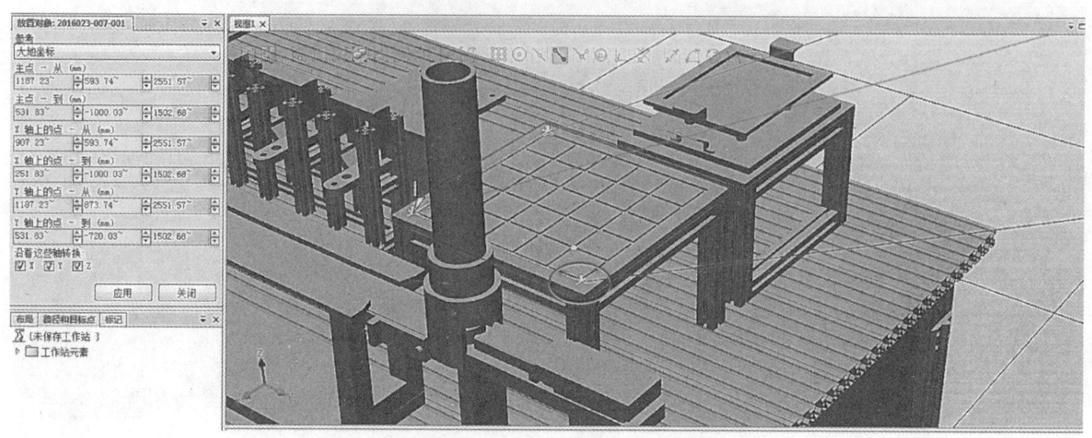

图 3-35　选择 Y 轴上的点的终点

9）单击“应用”按钮，将汉字书写板移动到棋盘台上。放置模型和设置颜色后的平台如图 3-36 所示。

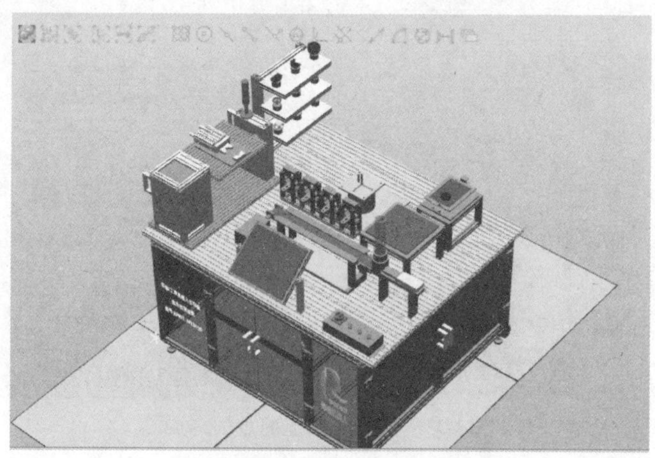

图 3-36　设置完成后的平台

四、创建工业机器人系统

在完成机器人和工具的安装之后，需要为机器人创建系统，建立虚拟控制器，使机器人具备电气特征以完成相关的仿真操作。

1）单击“基本”→“机器人系统”→“从布局”，根据布局创建系统，如图 3-37 所示。

2）如图 3-38、图 3-39 所示，设定系统的名称、位置和 RobotWare 的版本。注意：在选择系统位置时，文件位置的路径中不要出现中文汉字。设定完成后单击“下一个”按钮，选择系统的机械装置。

3）确定机械装置后，在“系统选项”中单击“选项”按钮，在“Default Language”类别下选择“Chinese”选项，在“Industrial Networks”类别下选择“709-1 DeviceNet Master/Slave”选项，在“Anybus Adapters”类别下选择“840-2 PROFIBUS Anybus Device”选项。选择后单击“完成”按钮，等待系统创建完成。操作步骤如图 3-40～图 3-45 所示。

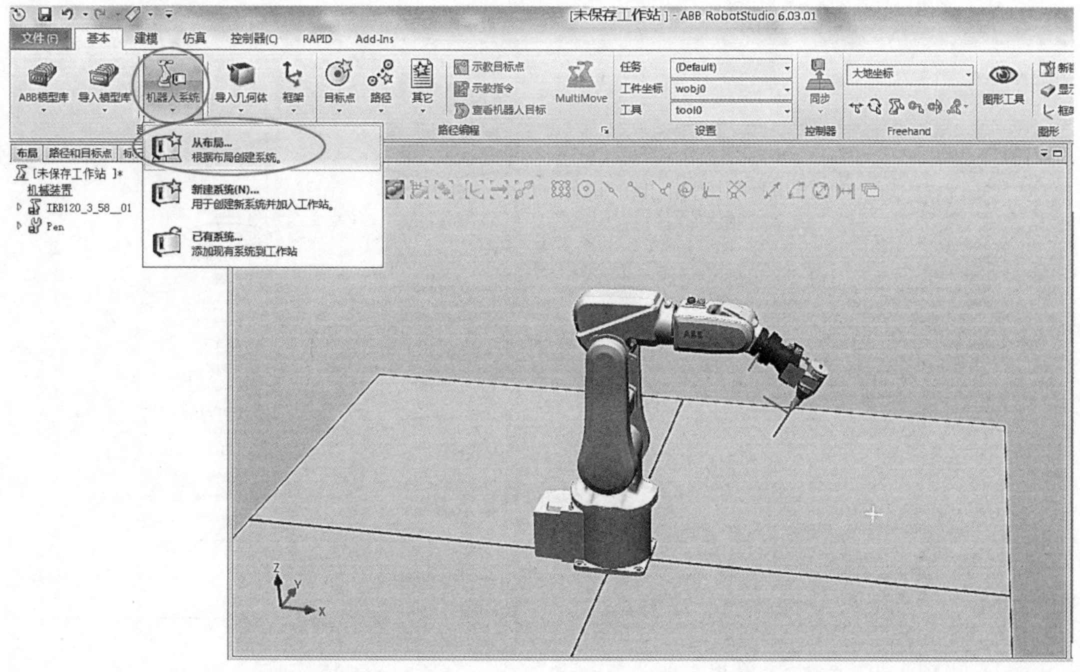

图 3-37　选择从布局创建系统

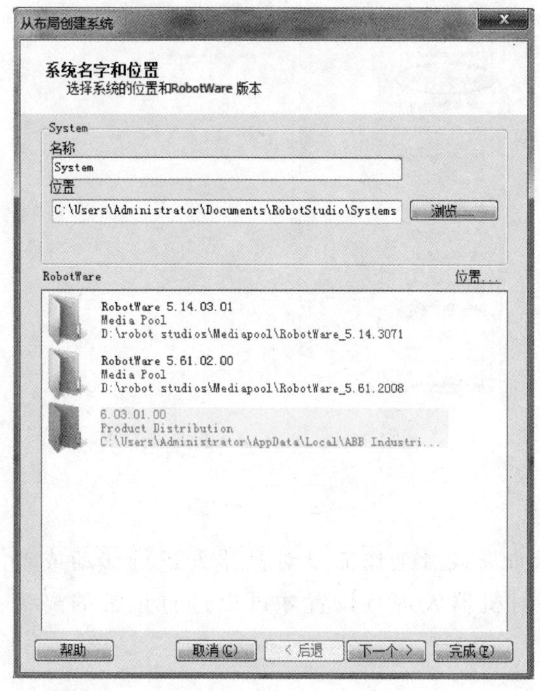

图 3-38　系统名称和位置

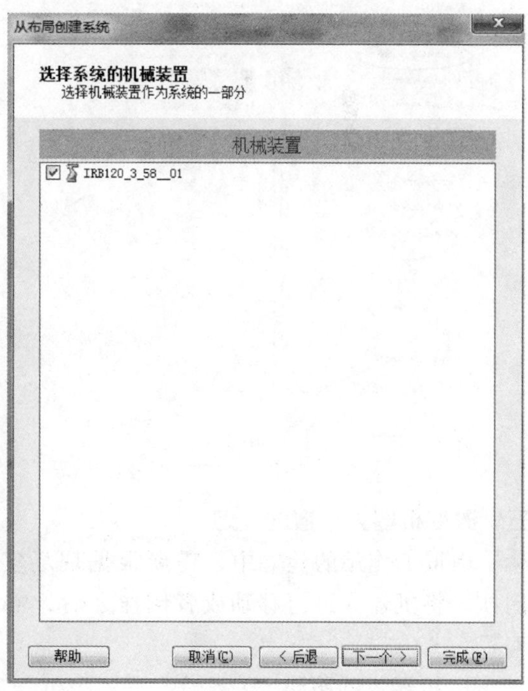

图 3-39　选择系统的机械装置

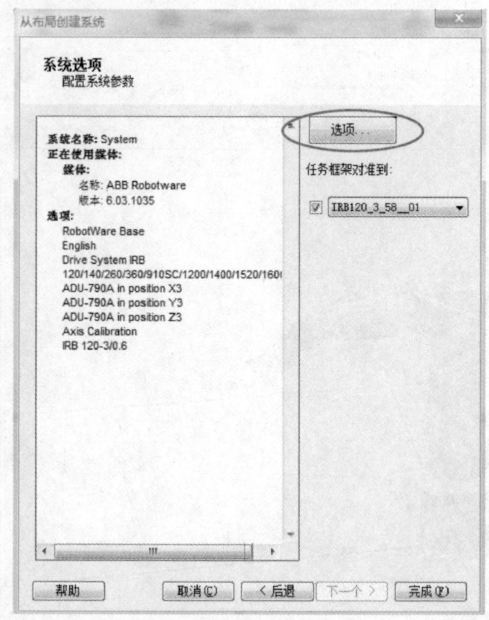

图 3-40　选择系统选项

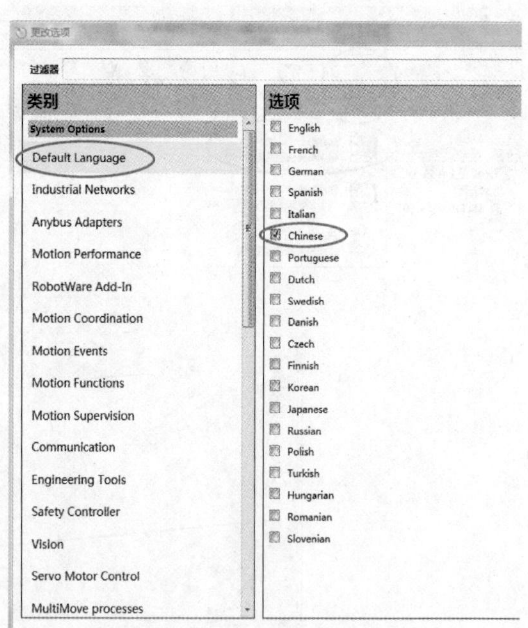

图 3-41　Default Language

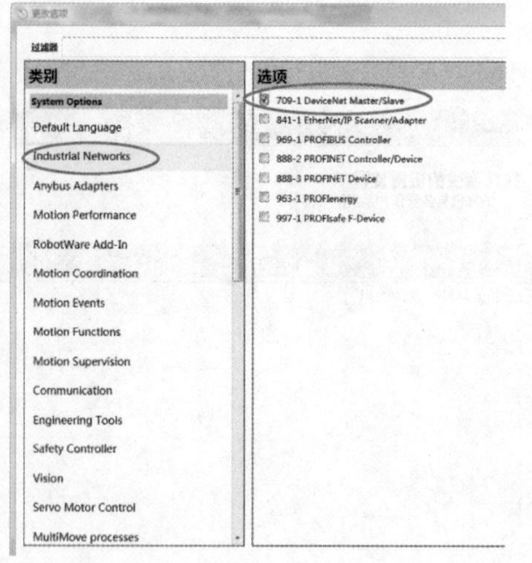

图 3-42　Industrial Networks

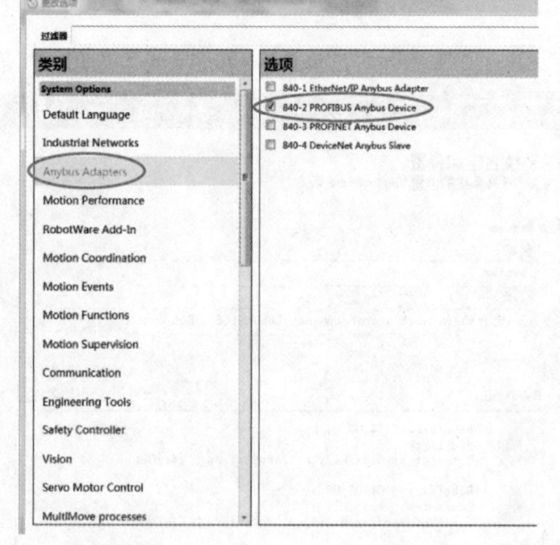

图 3-43　Anybus Adapters

五、改变机器人位置的设定

虚拟工作站的建立中，需要根据现场实际布局或者工作需要对机器人进行移动或者倒挂。将机器人进行移动或者倒挂之后，需要对机器人进行设置才可以进行正常的离线编程。

1. 机器人的移动

如图 3-46 所示，在建立的工作站中，需要将机器人放置到工作台上完成整个工作台的搭建。

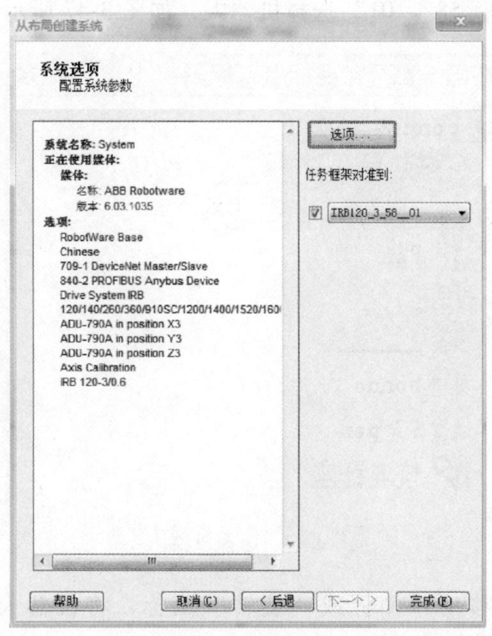

图 3-44 单击“完成”按钮

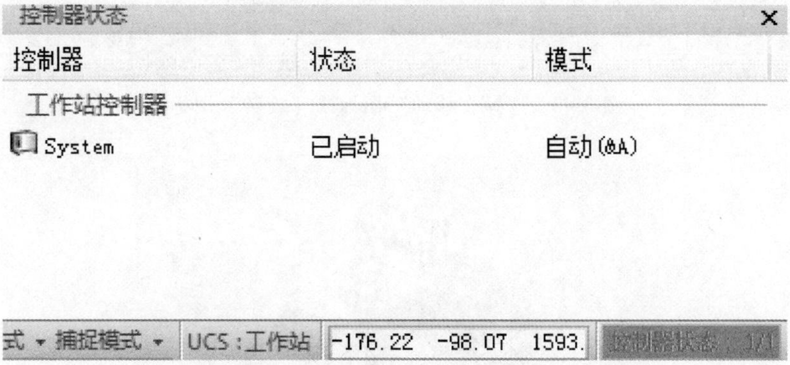

控制器状态

控制器	状态	模式
工作站控制器		
System	已启动	自动(AA)

式 ▾ 捕捉模式 ▾ | UCS:工作站 | -176.22 -98.07 1593. | 控制器状态: 1/1

图 3-45 完成系统创建

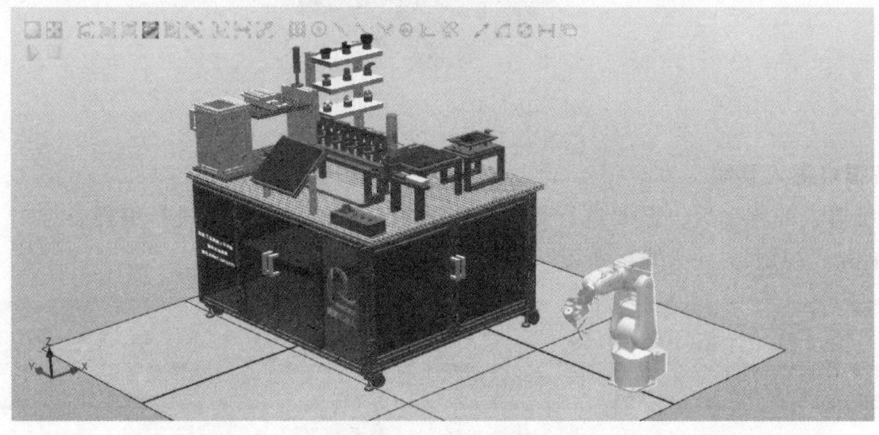

图 3-46 机器人的移动

1）单击“IRB120_ 3_ 58 __ 01”选择机器人，如图 3-47 所示。

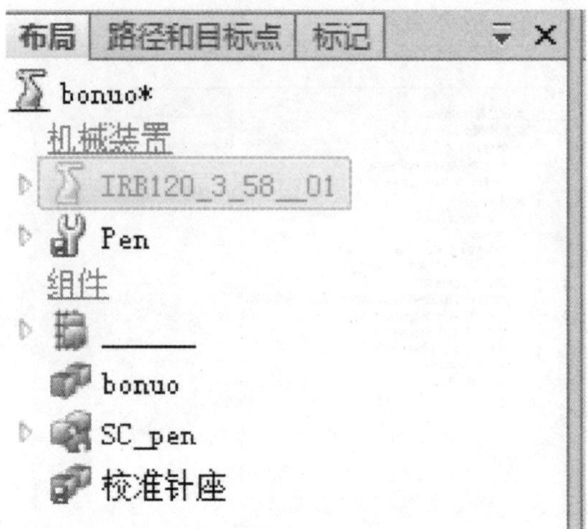

图 3-47 选择机器人

2）单击“基本”→“移动”图标或“旋转”图标，将机器人移动至工作台上，如图 3-48、图 3-49 所示。

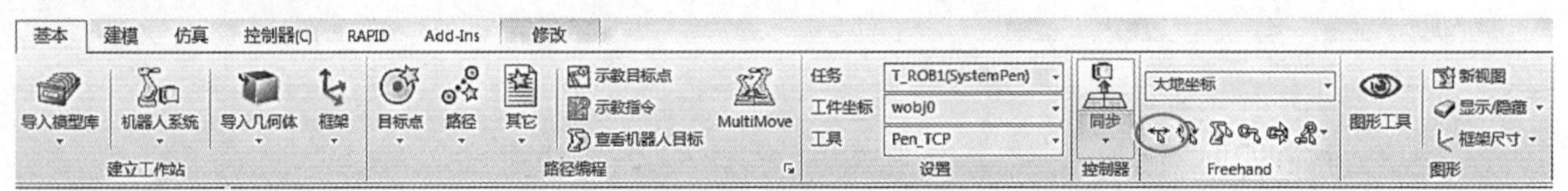

图 3-48 选择“移动”图标或“旋转”图标

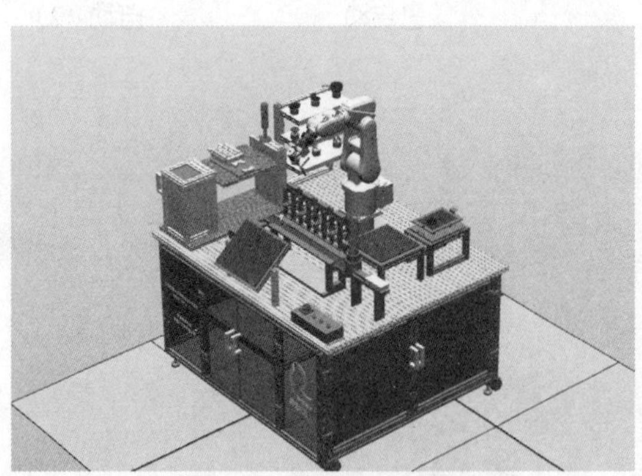

图 3-49 完成机器人的移动

2. 编辑机器人系统

完成机器人的移动后，需要进行系统配置才能正常地对机器人进行编程。

1）单击“控制器”→“编辑系统”，如图 3-50 所示。

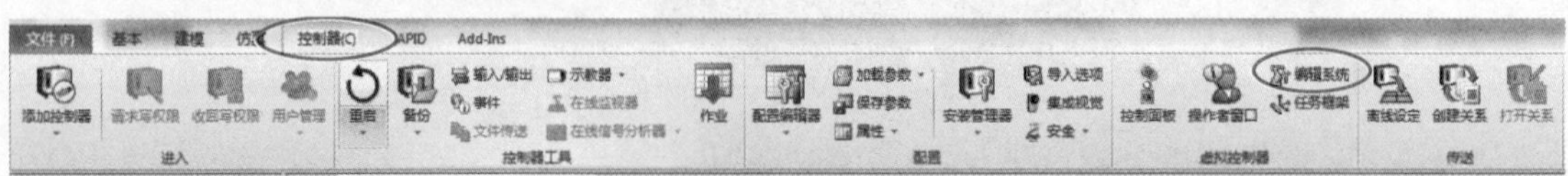

图 3-50 选择“编辑系统”

2）在“系统配置”对话框中单击“ROB_ 1”，并在“ROB_ 1”菜单下选择“使用当前工作站数值”，单击“确定”按钮完成机器人系统配置，如图 3-51 所示。

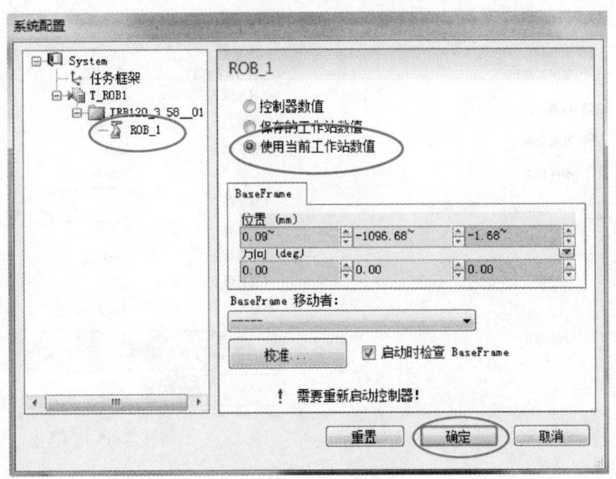

图 3-51　系统配置

六、关键程序数据的设定

在进行正式编程之前，需要将工具数据 tooldata、工件坐标 wobjdata 进行定义，构建必要的编程环境。

1. 工具数据 tooldata 的设定

工业机器人的 tooldata 通过 TCP 标定，并且将 TCP 的标定数据保存在 tooldata 程序数据中，即可被程序调用。

下面以六点法为例，介绍 tooldata 数据的建立步骤。

1）单击“控制器”→“示教器”→“虚拟示教器”，如图 3-52 所示。

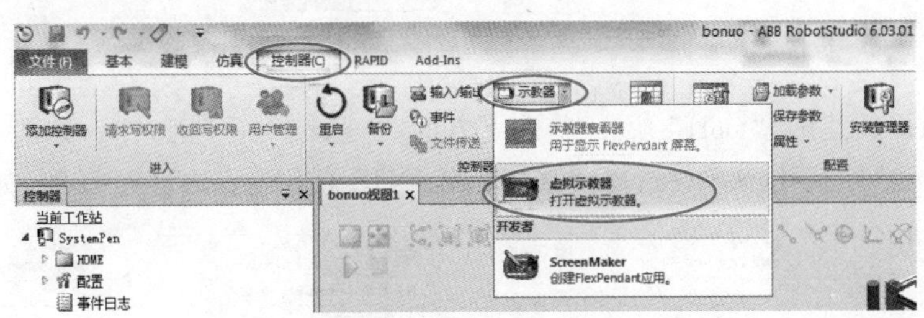

图 3-52　打开虚拟示教器

2）单击主界面左上方按钮，如图 3-53 所示。

3）在主菜单上单击“手动操纵”，如图 3-54 所示。

4）在“手动操纵”界面中单击“工具坐标 tool0”，如图 3-55 所示。

5）工具坐标界面内单击左下角的“新建”，如图 3-56 所示。

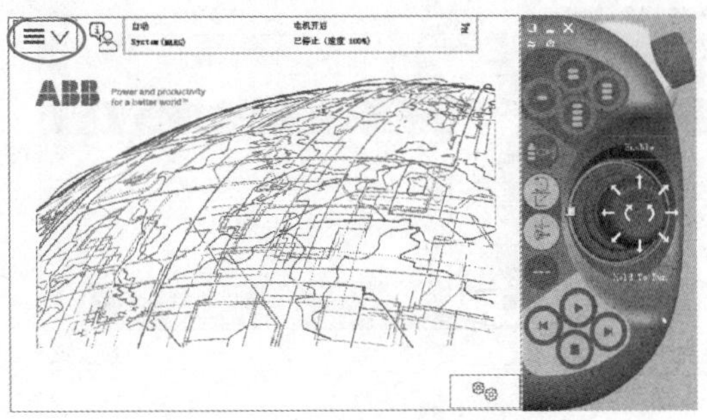

图 3-53　进入示教器界面

6）在图 3-57 所示界面内对工具数据的“名称”“范围”“存储类型”“任务”等属性进行设定，设定完成后单击右下角“确定”。

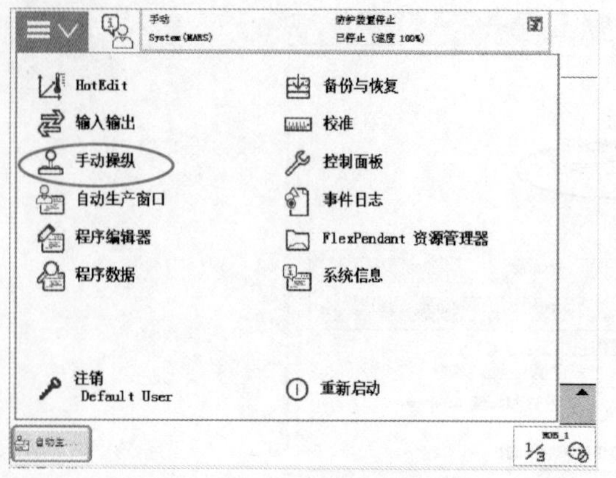

图 3-54 选择“手动操作”

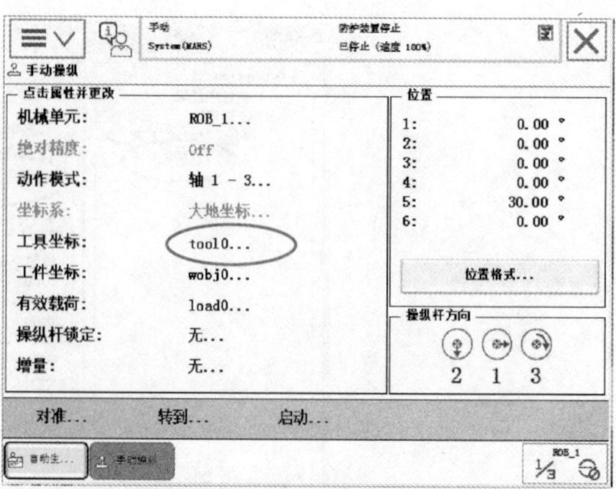

图 3-55 单击“工具坐标”

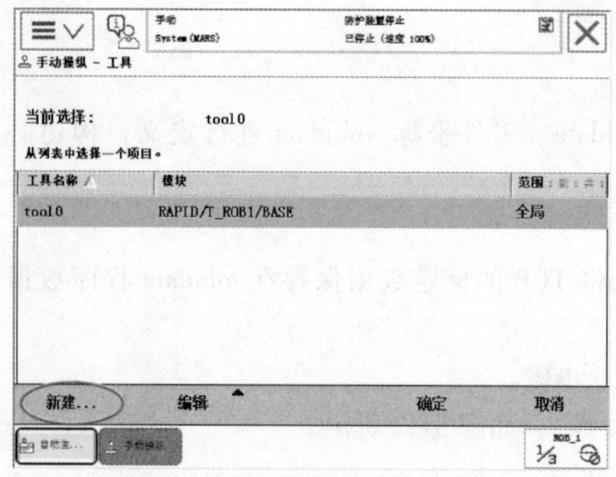

图 3-56 新建工具坐标

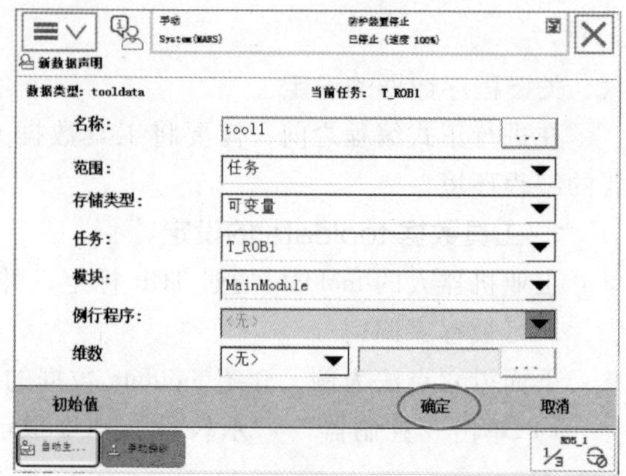

图 3-57 设定工具数据

7）选择前面新建的“tool1”后，单击下方的“编辑”→“定义”，如图 3-58 所示。

8）在“方法”的下拉菜单中选择“TCP 和 Z，X”，使用六点法设定 TCP，如图 3-59 所示。

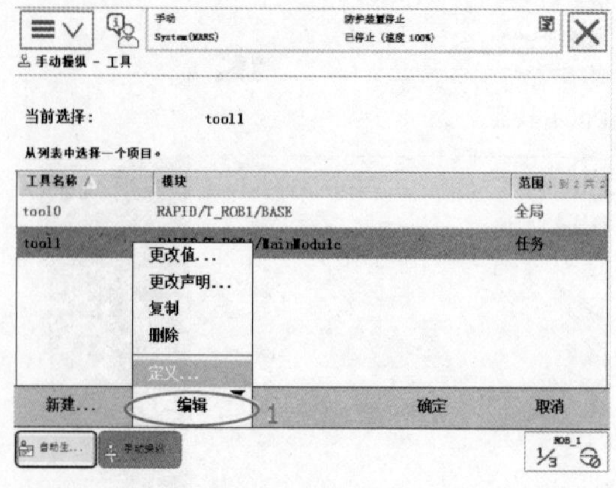

图 3-58 定义 tool1

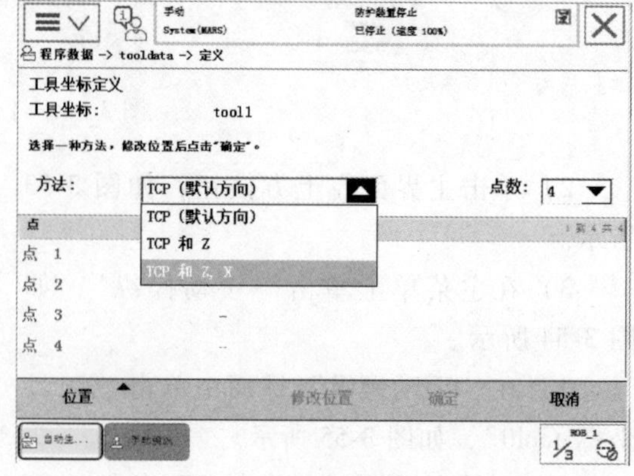

图 3-59 选择定义方法

9）在手动操纵下，使用虚拟示教器，移动机器人的工具参考点靠到固定点上，作为第一个点，如图 3-60 所示。

10）在“工具坐标定义”界面选择“点 1”后，单击下方的“修改位置”，将当前位置记录为“点 1”的状态，如图 3-61 所示。

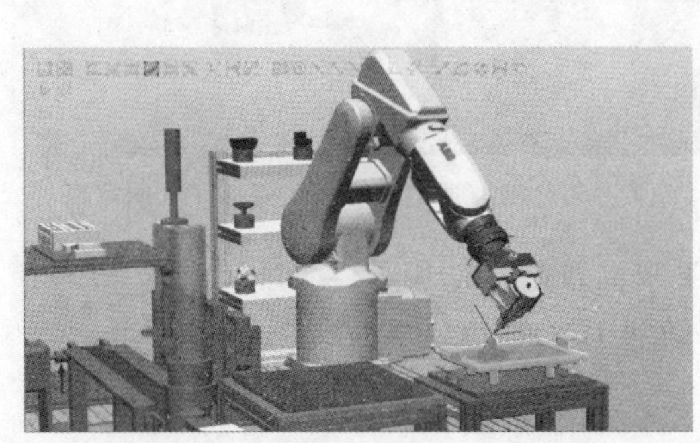

图 3-60　以第一种姿态靠上固定点

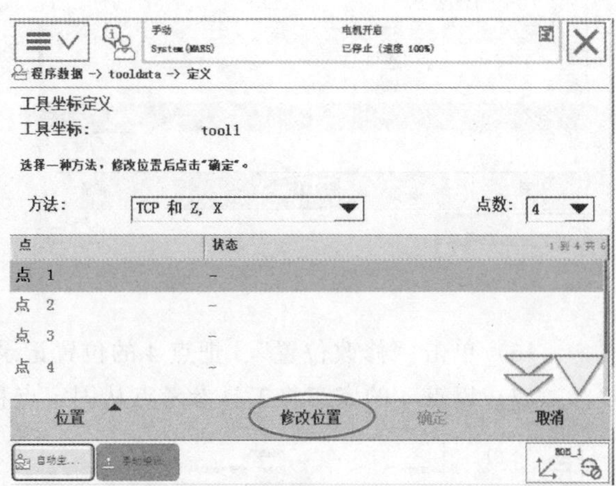

图 3-61　修改“点 1”位置

11）改变工具参考点的姿态，同样靠上固定点，如图 3-62 所示。

12）回到“工具坐标定义”界面选择“点 2”后，单击下方的“修改位置”，将点 2 的位置记录下来，如图 3-63 所示。

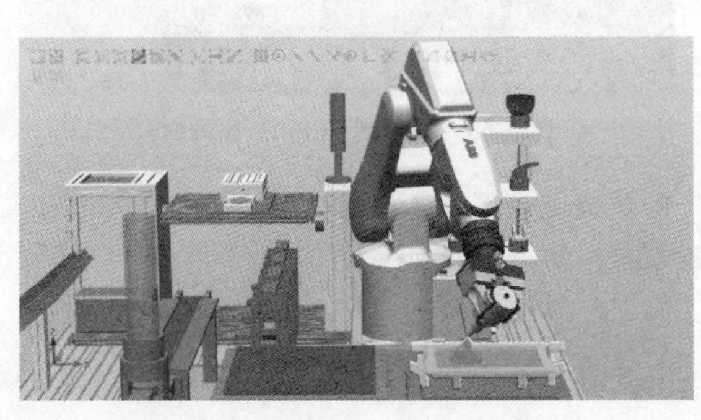

图 3-62　以第二种姿态靠上固定点

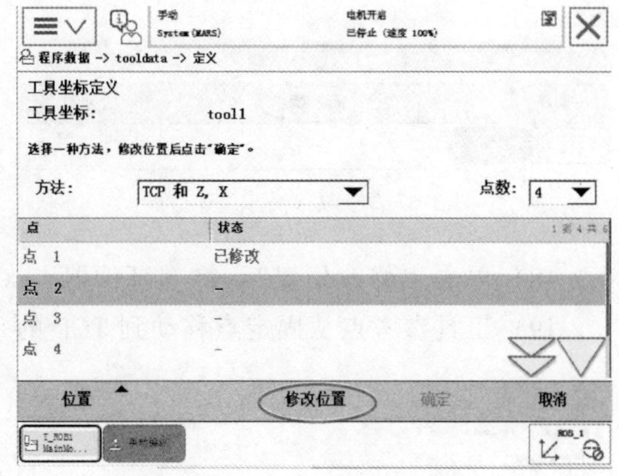

图 3-63　修改“点 2”位置

13）变换工具参考点姿态靠上固定点，如图 3-64 所示。

14）在“工具坐标定义”界面选择“点 3”后，单击“修改位置”，将点 3 的位置记录下来，如图 3-65 所示。

15）以工具参考点垂直于固定点的姿态靠上固定点，如图 3-66 所示。

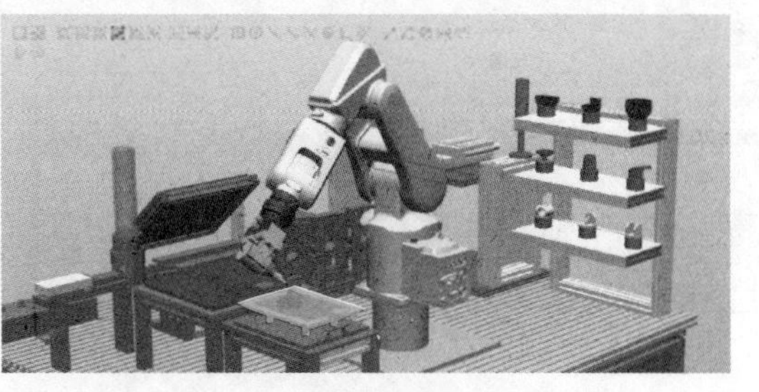

图 3-64　以第三种姿态靠上固定点

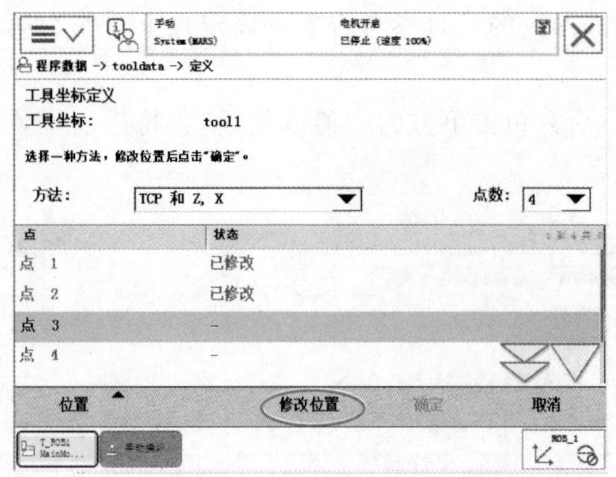

图 3-65 修改“点 3”位置

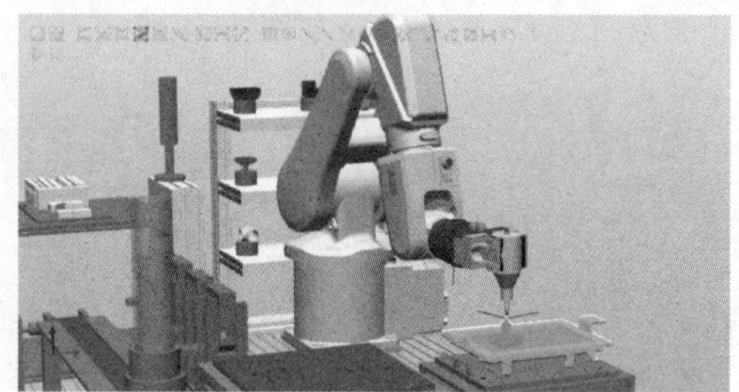

图 3-66 以垂直于固定点的姿态靠上固定点

16）单击“修改位置”，把点 4 的位置记录下来，如图 3-67 所示。

17）以点 4 的姿态将工具参考点从固定点移动到 TCP 的+X 方向，如图 3-68 所示。

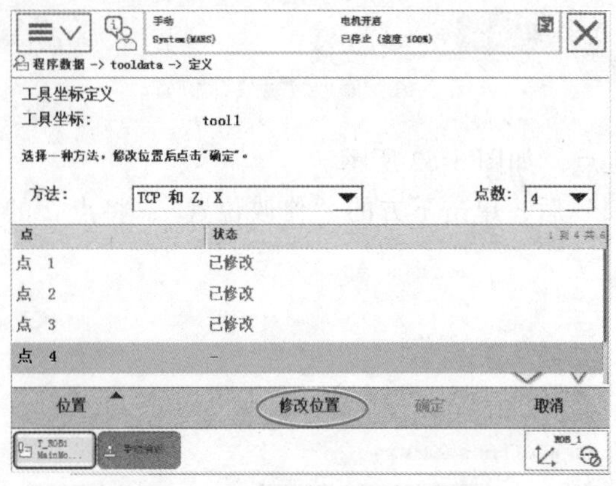

图 3-67 修改“点 4”位置

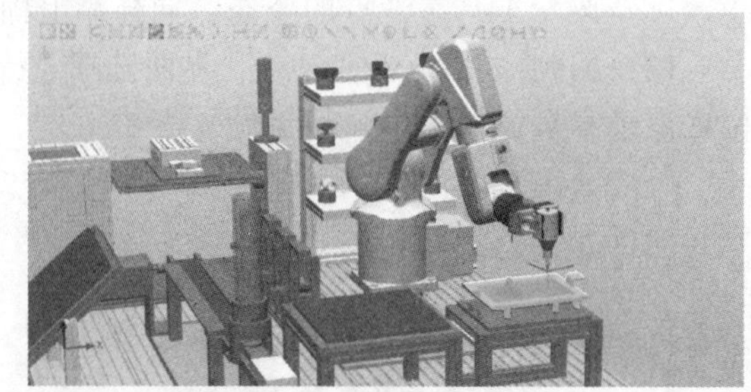

图 3-68 移动到 TCP 的+X 方向

18）单击“修改位置”，将“延伸器点 X”的位置记录下来，如图 3-69 所示。

19）工具参考点从固定点移动到 TCP 的+Z 方向，如图 3-70 所示。

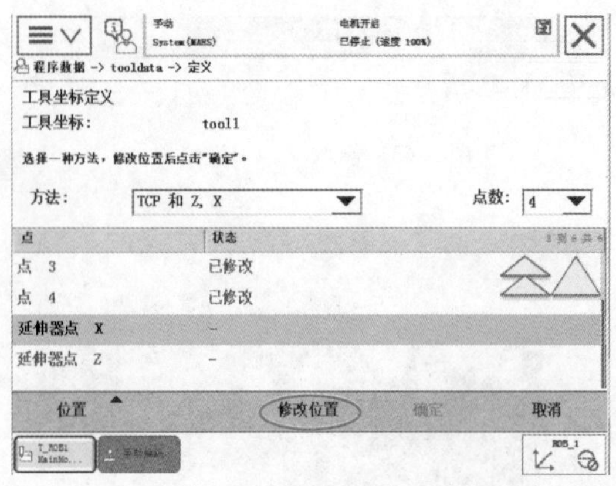

图 3-69 修改“延伸器点 X”的位置

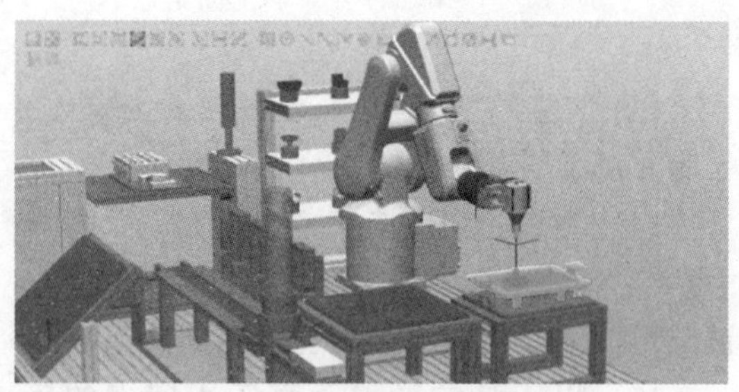

图 3-70 移动到 TCP 的+Z 方向

20）单击“修改位置”，将“延伸器点 Z”的位置记录下来。之后，单击“确定”完成设定，如图 3-71 所示。

21）确认生成的工具坐标系结果后，单击“确定”，如图 3-72 所示。

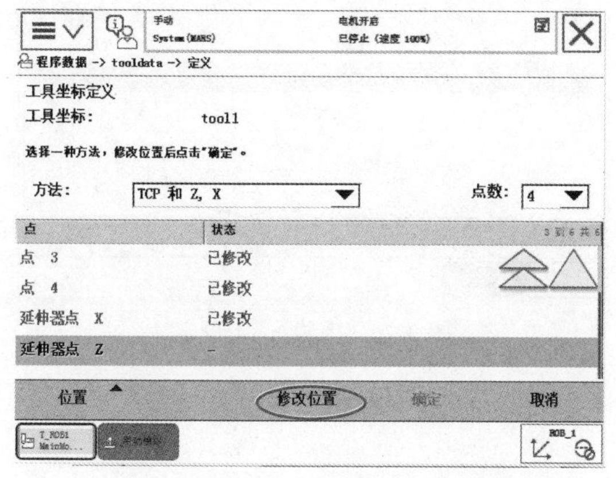

图 3-71　修改“延伸器点 Z”的位置

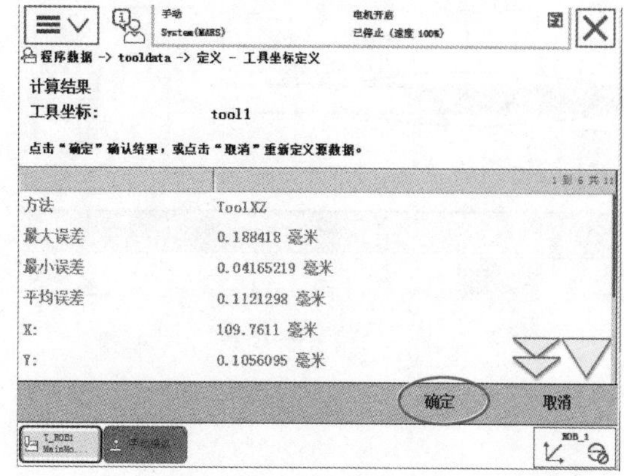

图 3-72　确定 tool1 结果

22）选择“tool1”，单击下方的“编辑”→“更改值”，如图 3-73 所示。

23）根据实际情况设定工具的重心位置数据（单位为 mm）和质量（mass，单位为 kg），单击“确定”，如图 3-74、图 3-75 所示。

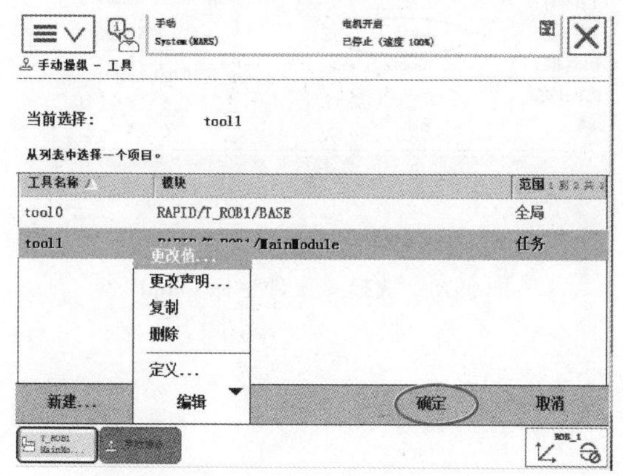

图 3-73　更改 tool1 的值

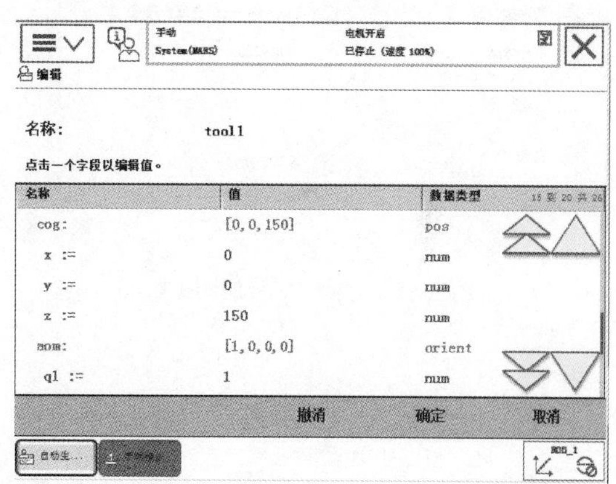

图 3-74　设定重心位置

24）选择“tool1”，单击“确定”，如图 3-76 所示。

2. 建立工件坐标

1）在主菜单中，单击“手动操纵”，如图 3-77 所示。

2）选择“工件坐标 wobj0”，如图 3-78 所示。

3）单击左下角“新建”，如图 3-79 所示。

4）设定工件坐标数据属性后单击“确定”，如图 3-80 所示。

5）单击“编辑”→“定义”，如图 3-81 所示。

6）将“用户方法”设定为“3 点”，如图 3-82 所示。

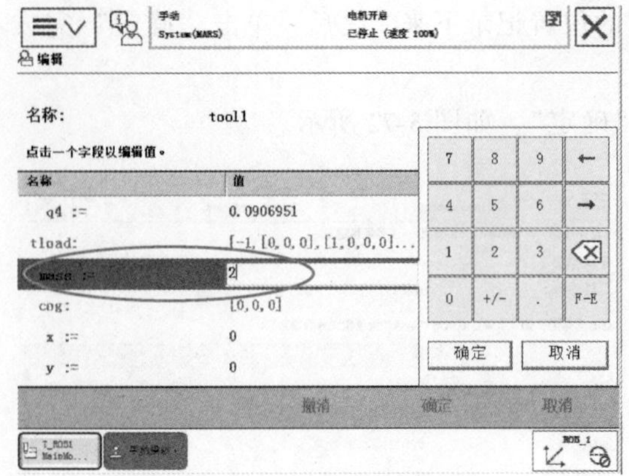

图 3-75 设定质量

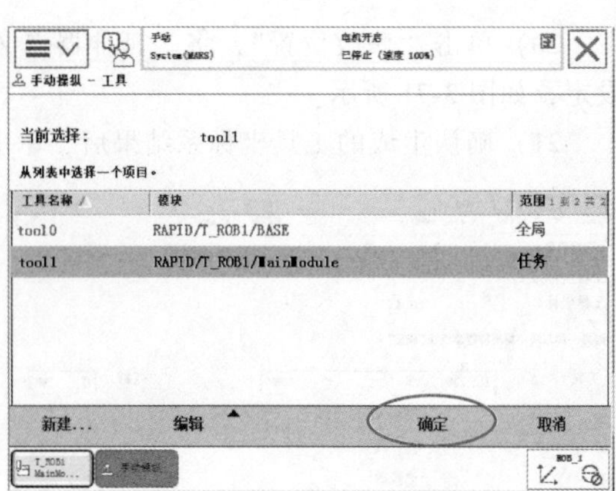

图 3-76 完成 tool1 设定

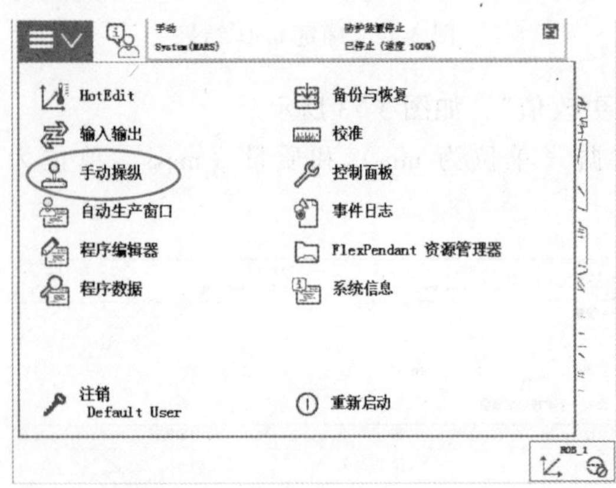

图 3-77 选择“手动操纵”

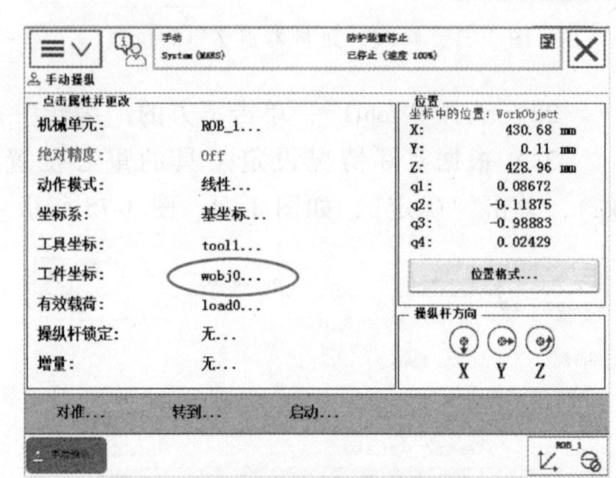

图 3-78 选择“工件坐标 wobj0”

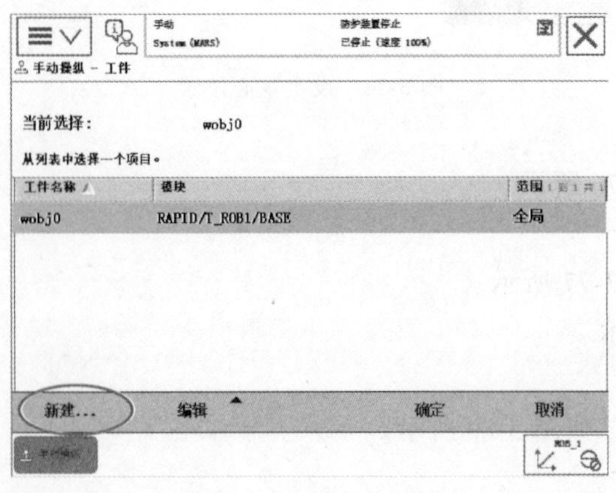

图 3-79 选择“新建”

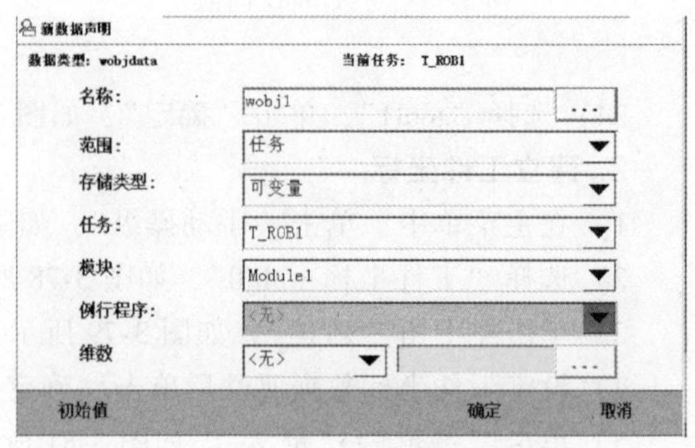

图 3-80 设定工件坐标数据属性

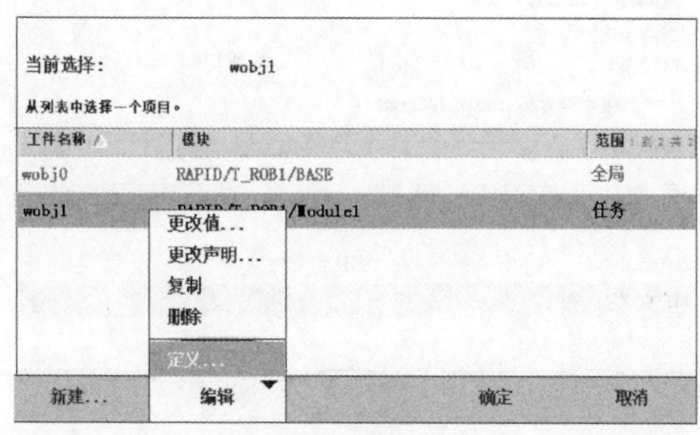

图 3-81　定义工件坐标

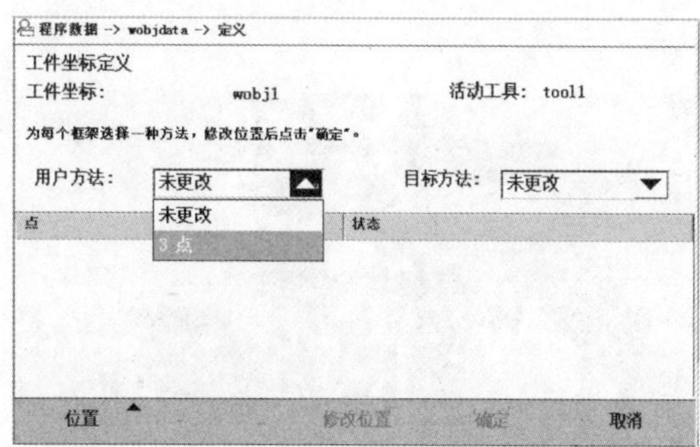

图 3-82　选择定义方法

7）手动操纵机器人的工具参考点靠近定义工件坐标系的 X1 点，如图 3-83 所示。

8）单击“修改位置”，将“用户点 X1”记录下来，如图 3-84 所示。

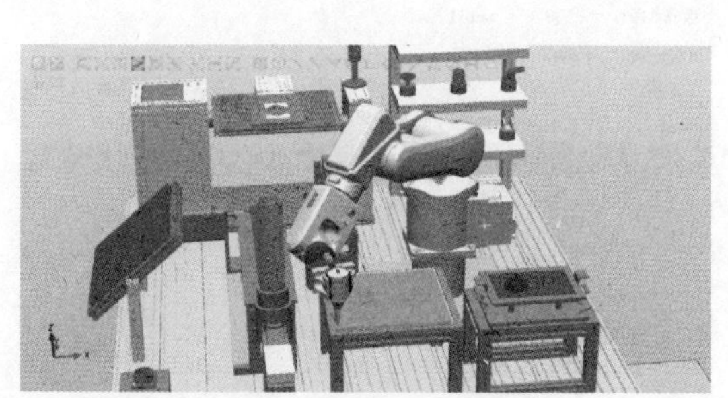

图 3-83　机器人靠上 X1 点

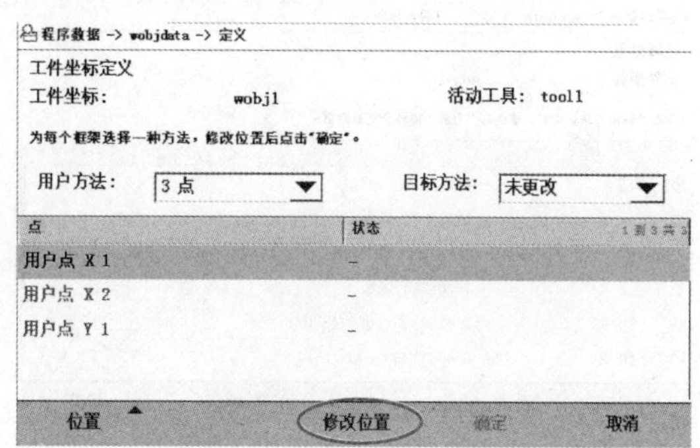

图 3-84　修改“用户点 X1”位置

9）手动操纵机器人的工具参考点靠近定义工件坐标系的 X2 点，如图 3-85 所示。

10）单击“修改位置”，将“用户点 X2”记录下来，如图 3-86 所示。

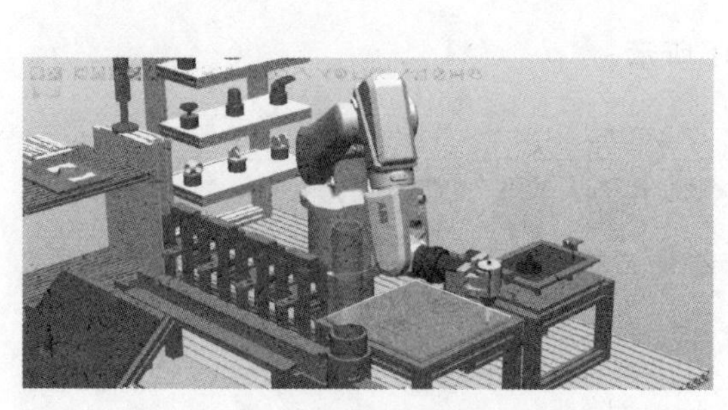

图 3-85　机器人靠上 X2 点

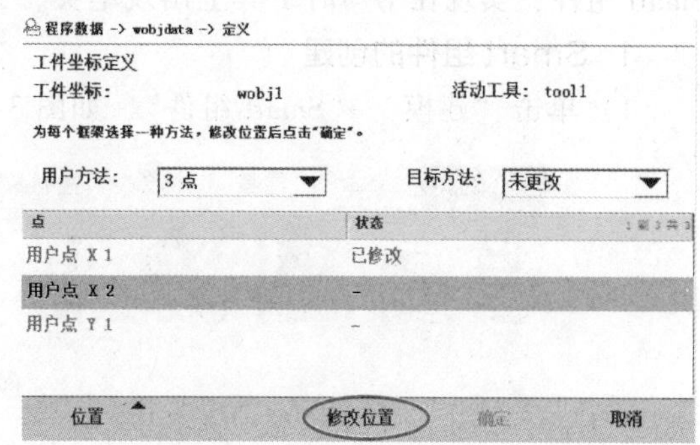

图 3-86　修改“用户点 X2”位置

11）手动操纵机器人的工具参考点靠近定义工件坐标系的 Y1 点，如图 3-87 所示。

12）单击“修改位置”，将“用户点 Y1”记录下来。记录下来后，单击“确定”，如图 3-88 所示。

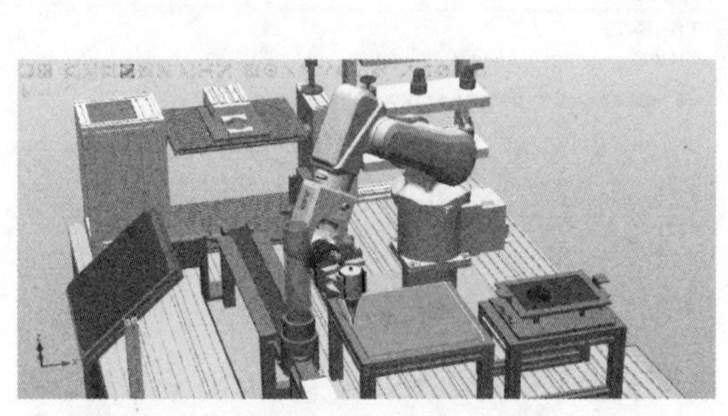

图 3-87　机器人靠上 Y1 点

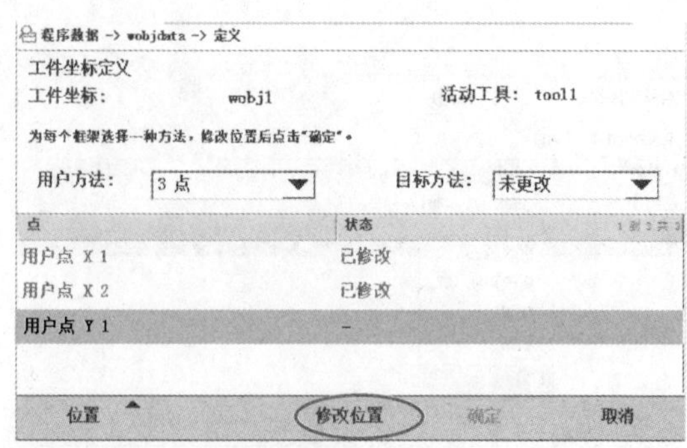

图 3-88　修改“用户点 Y1”位置

13）确认生成的工件坐标数据，单击“确定”，如图 3-89 所示。

14）选择“wobj1”后，单击“确定”，如图 3-90 所示。

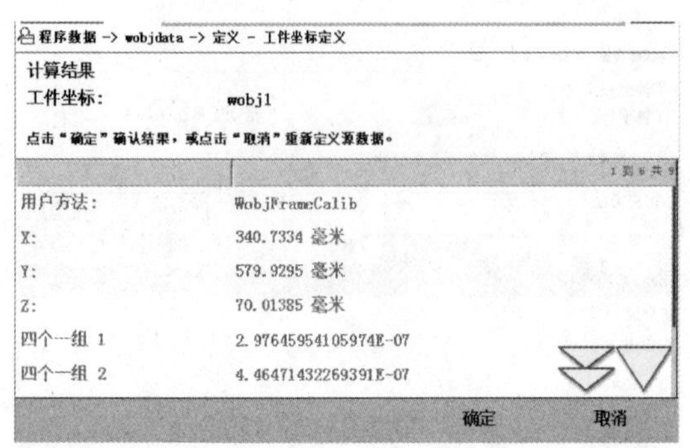

图 3-89　确认工件坐标数据

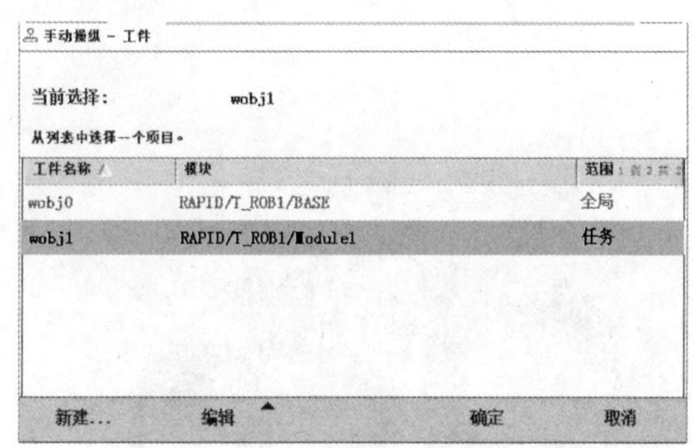

图 3-90　选择新建的工件坐标系

七、Smart 组件的应用

Smart 组件是在 RobotStudio 中实现动画效果的高效工具。下面创建工具 Pen 笔尖的 Smart 组件，实现在书写时工具上出现笔尖，完成书写后笔尖消失的动画效果。

1. Smart 组件的创建

1）单击“建模”→“Smart 组件”，如图 3-91 所示。

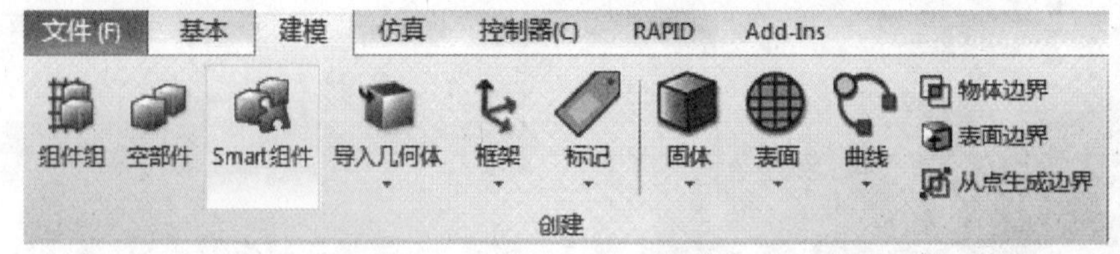

图 3-91　选择“Smart 组件”

2）在“布局”中选择新建的 Smart 组件，单击鼠标右键，选择“重命名”，将 Smart 组件命名为“SC_ Pen”，如图 3-92 所示。

3）选择“pen1”后按住鼠标左键，将“pen1”拖到“SC_ Pen”后松开鼠标，如图 3-93所示。

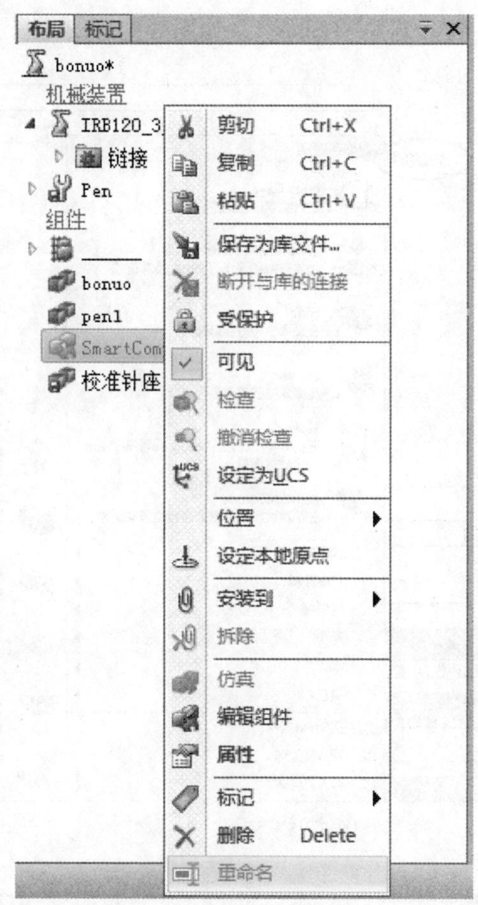

图 3-92 重命名组件

4）在 Smart 组件菜单下，选择之前拖入的模型“pen1”后，单击鼠标右键，在弹出的菜单中选择“设定为 Role”，如图 3-94 所示。

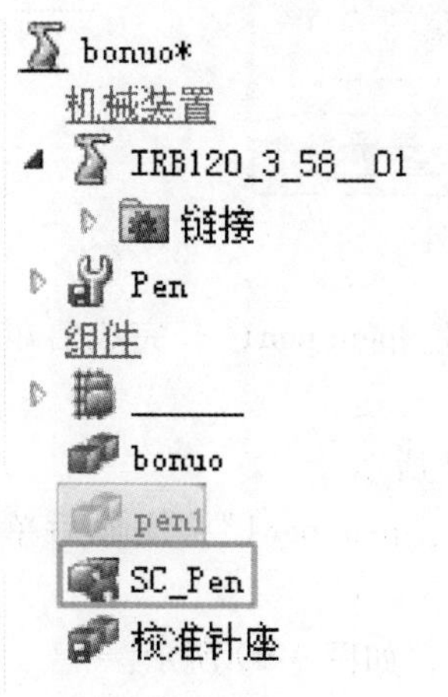

图 3-93 拖动“pen1”

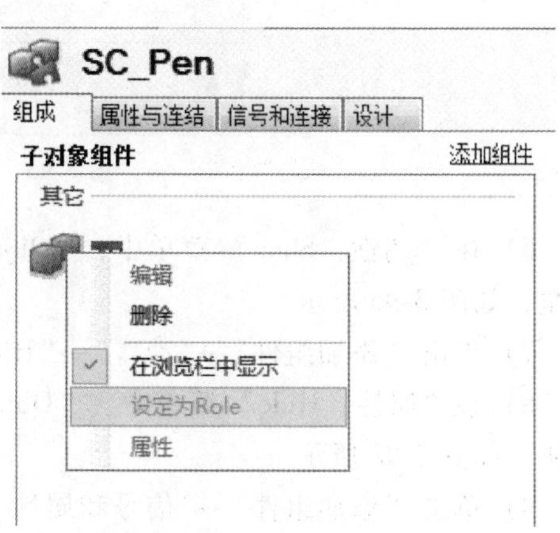

图 3-94 设定为 Role

5）单击“添加组件”→“动作”→“Show”，如图 3-95 所示。

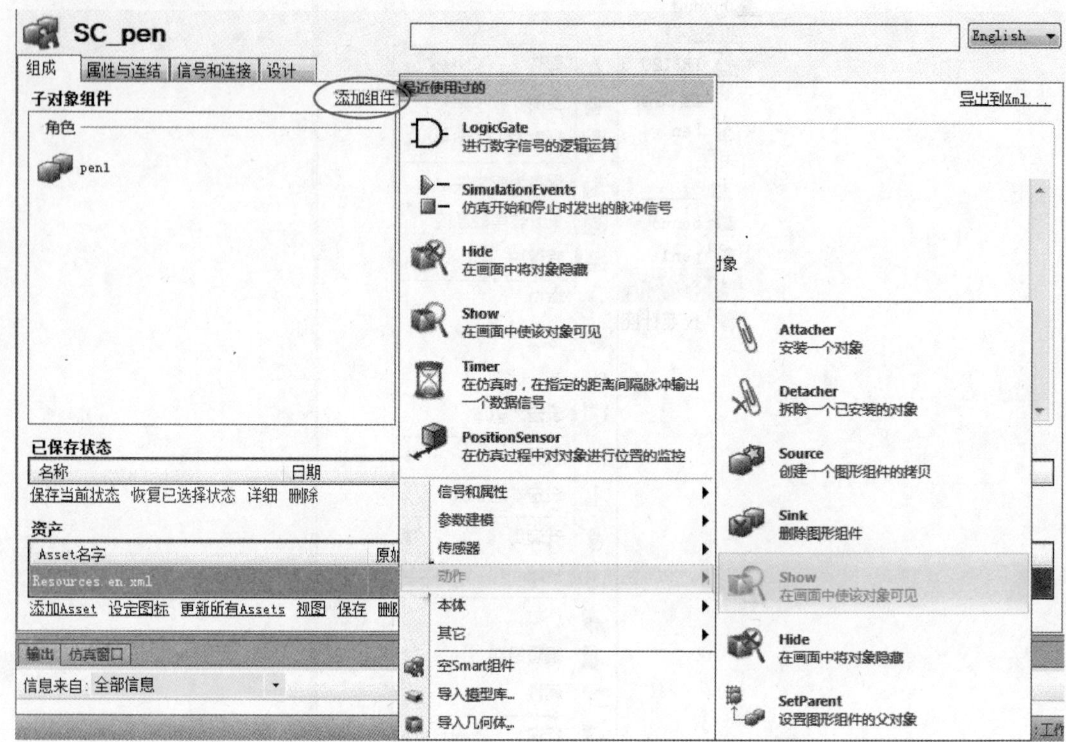

图 3-95　添加“Show”

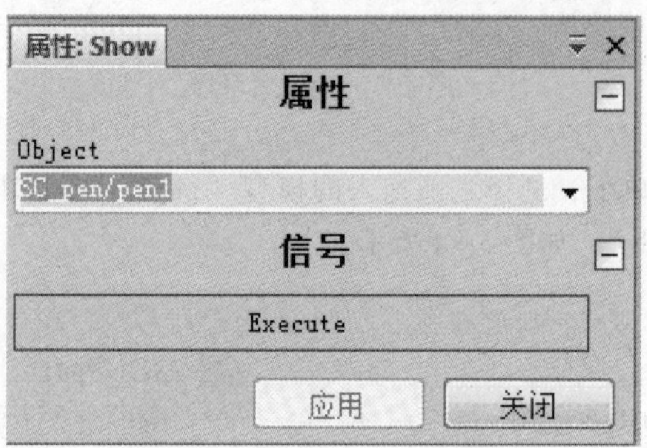

图 3-96　设定“Show”属性

6）在“属性：Show”菜单中，“Object”选为“SC_ pen/pen1”，完成后单击“应用”按钮，如图 3-96 所示。

7）单击“添加组件”→“动作”→“Hide”，如图 3-97 所示。

8）在“属性：Hide”菜单中，“Object”选为“SC_ pen/pen1”，完成后单击“应用”按钮，如图 3-98 所示。

9）单击“添加组件”→“信号和属性”→“LogicGate”，如图 3-99 所示。

10）在“属性：LogicGate”［NOT］菜单中，“Operator”选为“NOT”，完成后单击

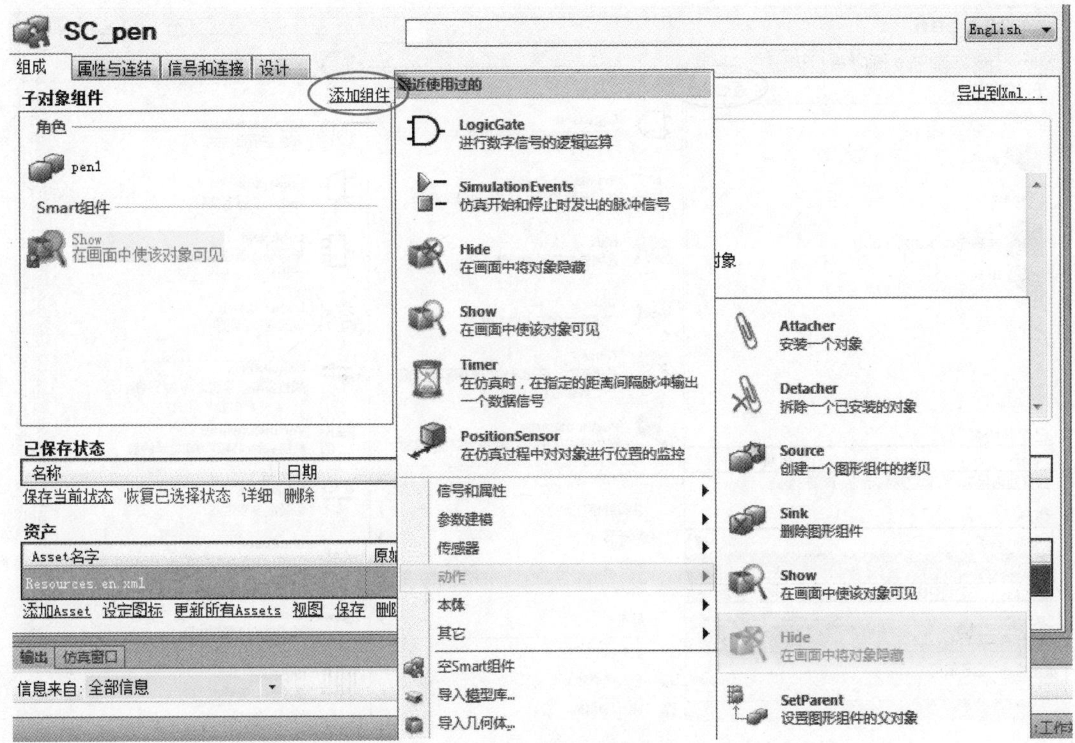

图 3-97　添加“Hide”

图 3-98　设定“Hide”属性

“应用”按钮，如图 3-100 所示。

2. 创建信号与连接

I/O 信号指的是在本工作站中自行创建的数字信号，用于与各个 Smart 子组件进行信号交互。

I/O 连接指的是设定创建的 I/O 信号与 Smart 子组件信号的连接关系，以及各 Smart 子组件之间的信号连接关系。

1）进入“信号和连接”选项卡，单击“添加 I/O Signals”，如图 3-101 所示。

2）设置“信号类型”为“DigitalInput”，编辑“信号名称”为“dipen”，“信号值”为“0”，“信号数量”为“1”，完成设置后，单击“确定”按钮，如图 3-102 所示。

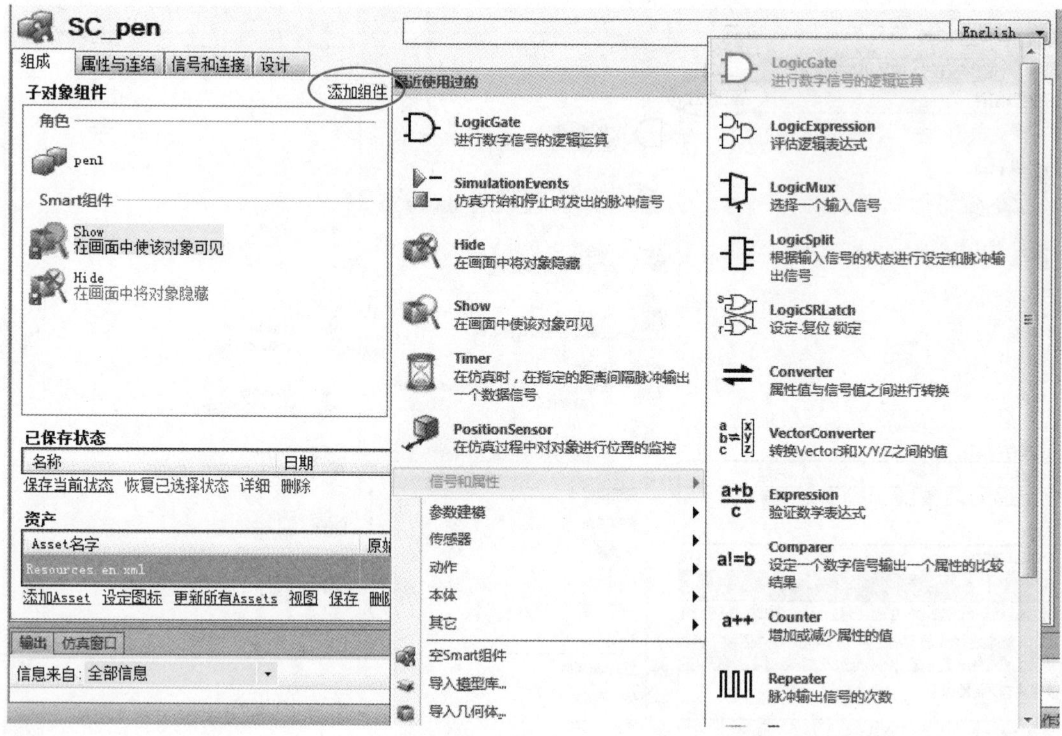

图 3-99　添加“LogicGate”

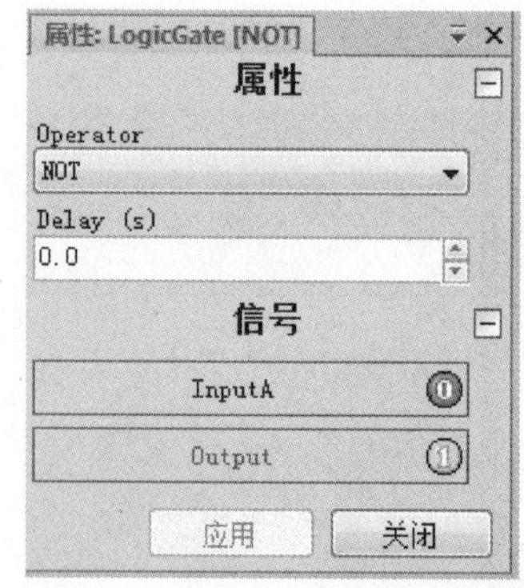

图 3-100　设定“LogicGate”属性

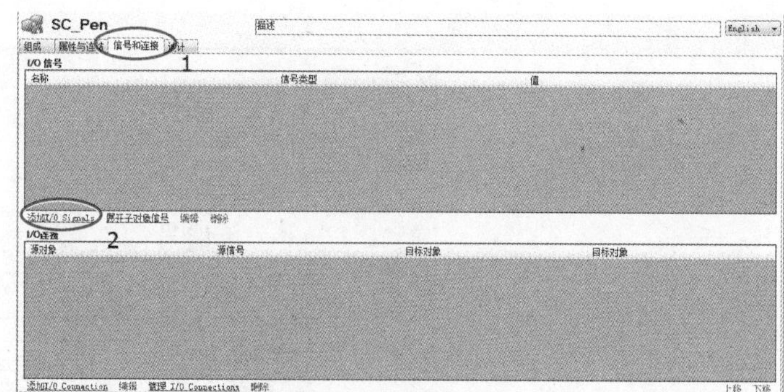

图 3-101　添加 I/O Signals

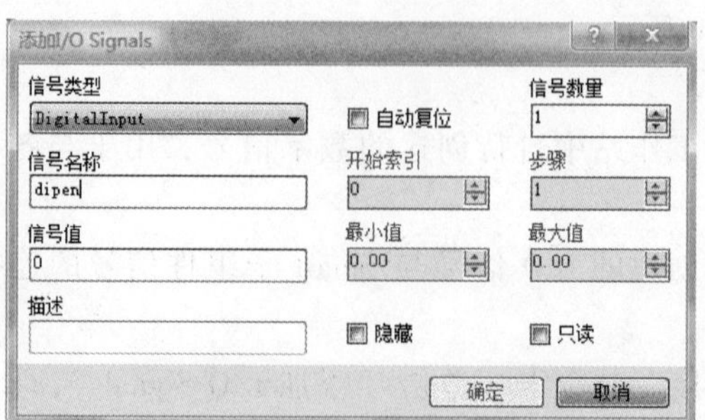

图 3-102　建立“dipen”

3）建立 I/O 连接。单击左下角“添加 I/O Connection”，如图 3-103 所示。

4）用创建的 dipen 去触发 Show，在工具 Pen 上出现圆球笔迹，设置如图 3-104 所示。

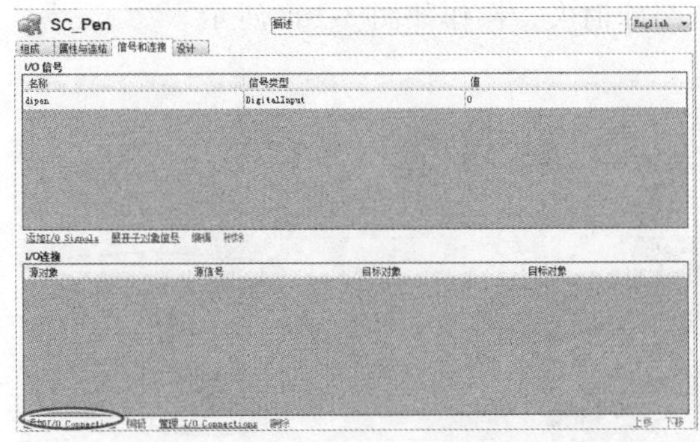

图 3-103　添加 I/O Connection

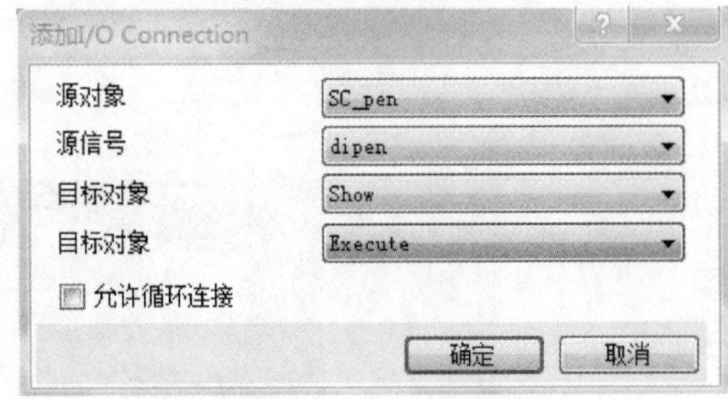

图 3-104　用 dipen 触发 show

5）将创建的 dipen 与非门进行连接，设置如图 3-105 所示。

6）用非门的输出信号去触发 Hide 的执行，实现的效果为工具 Pen 的笔尖圆球的消失，设置如图 3-106 所示。

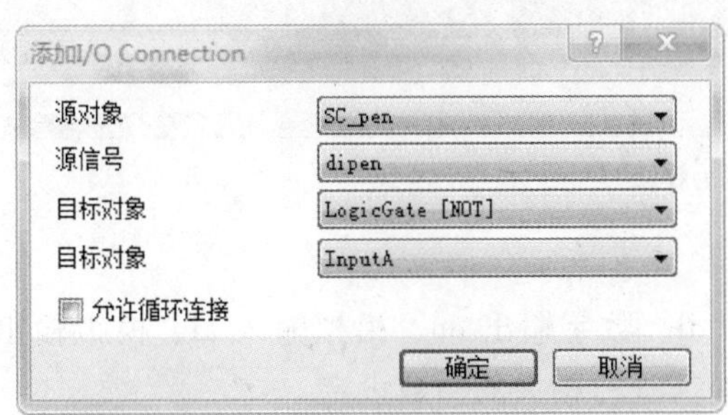

图 3-105　dipen 与非门连接

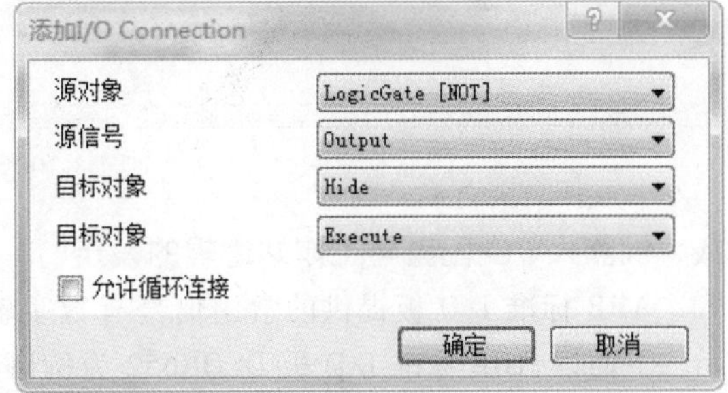

图 3-106　用非门的输出信号触发 Hide

7）完成 I/O 信号设置、I/O 连接，如图 3-107 所示。

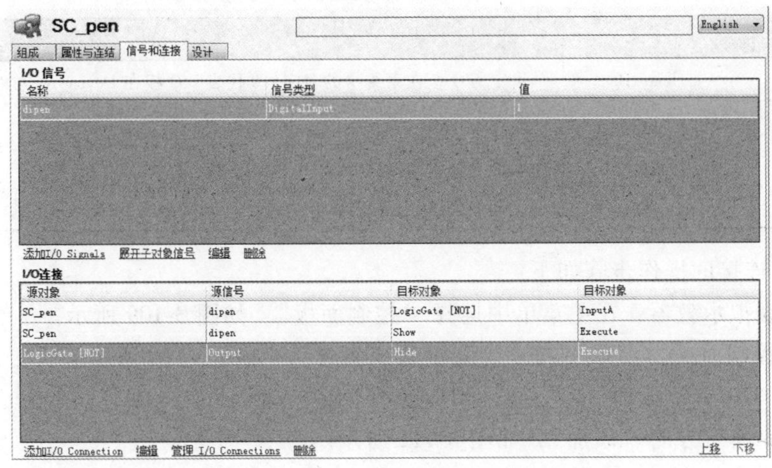

图 3-107　完成 I/O 信号设置、I/O 连接

3. 效果验证

单击“仿真”→“I/O 仿真器”，在“选择系统”处选择“SC_ pen”，在“输入”菜单下单击“dipen”，在笔尖处出现圆球，再次单击圆球消失，操作如图 3-108 所示。

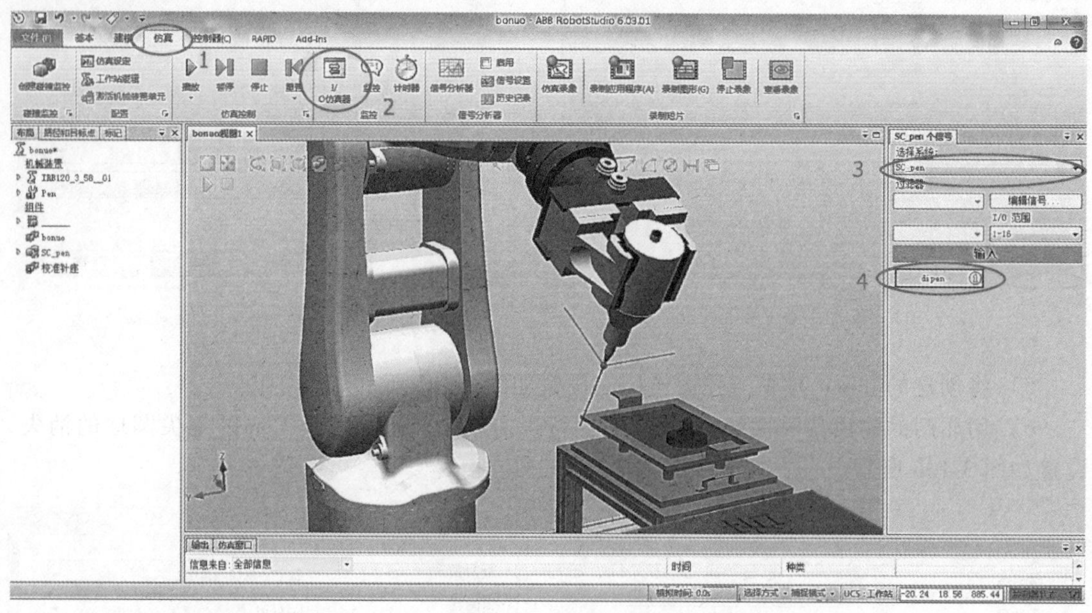

图 3-108　验证效果

八、机器人 I/O 配置与工作站逻辑的设定

ABB 标准 I/O 板提供的常用信号有数字输入 di、数字输出 do、模拟输入 ai、模拟输出 ao。下面以 ABB 标准 I/O 板 DSQC652 为例讲解如何进行相关的参数设定。

1. 定义 DSQC652 板的总线连接

DSQC652 板主要提供 16 个数字输入信号和 16 个数字输出信号的处理。DSQC652 板的总线连接的相关参数说明见表 3-2。

表 3-2　DSQC652 板的总线连接的相关参数说明

参数名称	设定值	说　明
Name	board10	设定 I/O 板在系统中的名字，10 代表 I/O 板在 DeviceNet 总线上的地址是 10
Type of Unit	D652	设定 I/O 板的类型
Connected to Bus	DeviceNet	设定 I/O 板连接的总线(系统默认值)
DeviceNet Address	10	设定 I/O 板在总线中的位置

定义总线连接的操作步骤如下：

1）打开虚拟示教器，在主菜单中选择“控制面板”，如图 3-109 所示。

2）在“控制面板”菜单中选择“配置系统参数”，如图 3-110 所示。

3）双击“DeviceNet Device”，进行 DSQC652 板的设定，如图 3-111 所示。

4）单击界面下方的“添加”，如图 3-112 所示。

5）按照表 3-2 中的参数填写，填写完成后单击“确定”，如图 3-113 所示。

6）单击“是”按钮重新启动控制器，完成 DSQC652 板的总线连接设置，如图 3-114 所示。

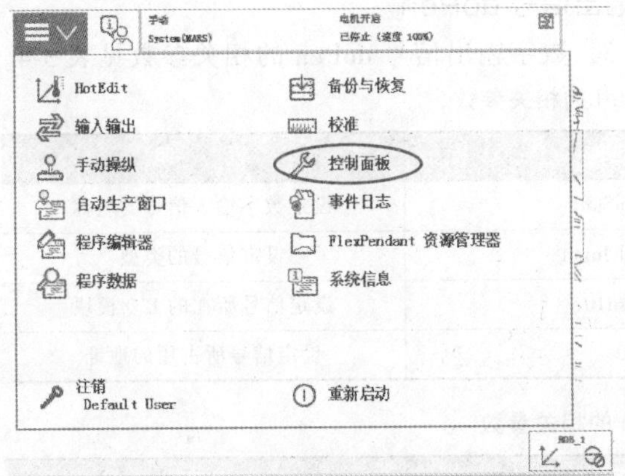

图 3-109　选择“控制面板”

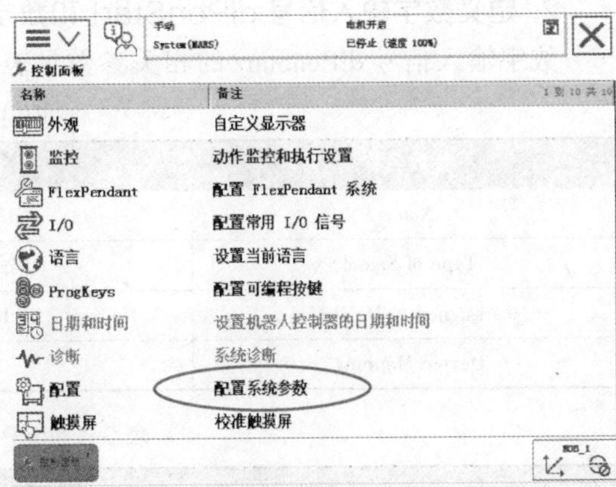

图 3-110　选择“配置系统参数”

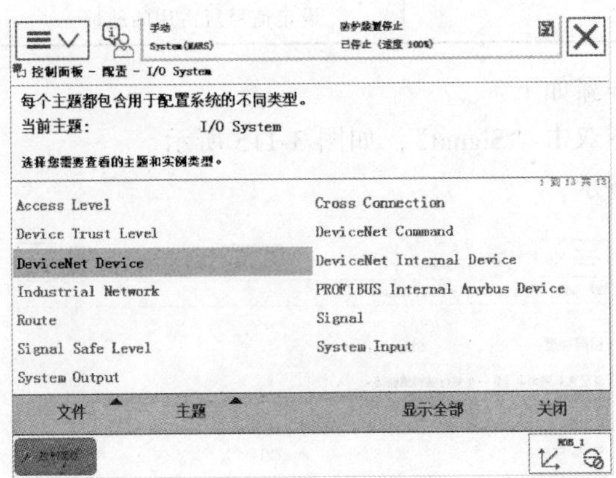

图 3-111　进入“DeviceNet Device”

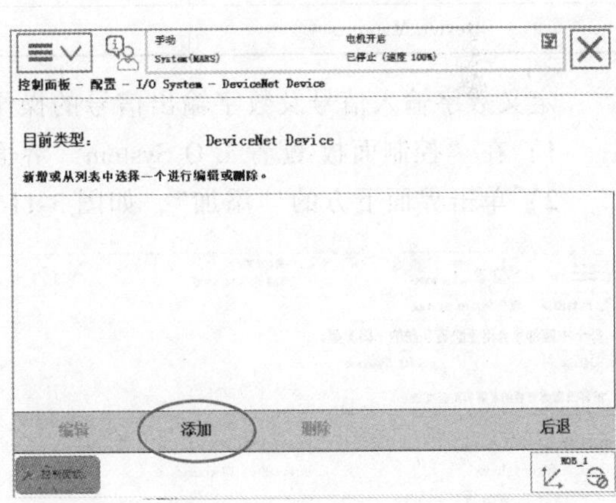

图 3-112　添加“DeviceNet Device”

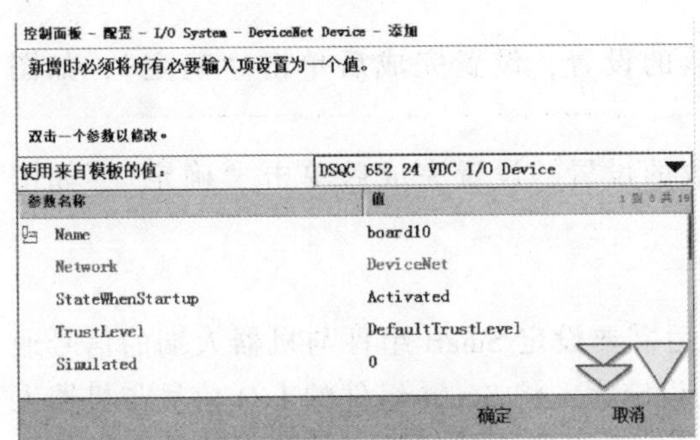

图 3-113　DSQC652 板总线连接设置

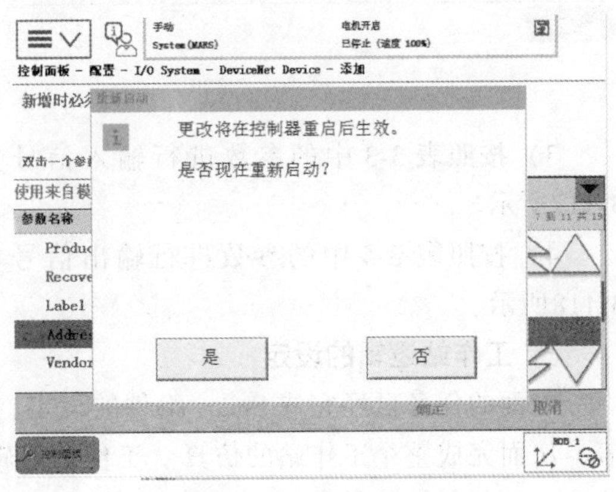

图 3-114　重启控制器

2. 定义数字输入信号 diPenStart 和数字输出信号 doPen

数字输入信号 diPenStart 的相关参数见表 3-3，数字输出信号 doPen 的相关参数见表 3-4。

表 3-3　diPenStart 的相关参数

参数名称	设定值	说　明
Name	diPenStart	设定数字输入信号的名称
Type of Signal	Digital Input	设定信号的类型
Assigned to Device	board10	设定信号所在的 I/O 模块
Device Mapping	0	设定信号所占用的地址

表 3-4　doPen 的相关参数

参数名称	设定值	说明
Name	doPen	设定数字输出信号的名称
Type of Signal	Digital Output	设定信号的类型
Assigned to Device	board10	设定信号所在的 I/O 模块
Device Mapping	32	设定信号所占用的地址

定义数字输入信号及数字输出信号的操作步骤如下：

1）在“控制面板-配置 I/O System”界面下双击“Signal”，如图 3-115 所示。

2）单击界面下方的“添加”，如图 3-116 所示。

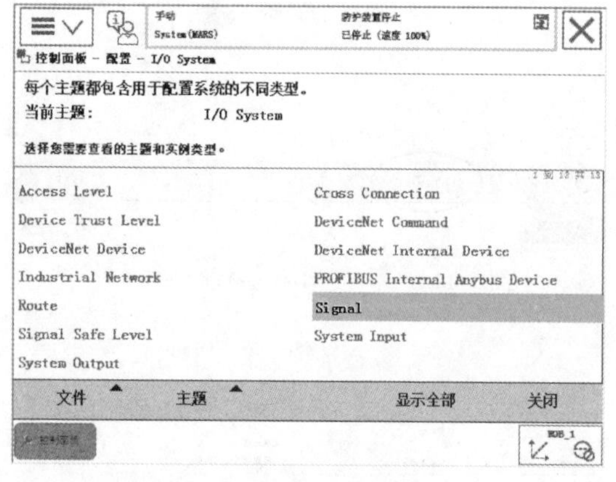

图 3-115　进入“Signal”

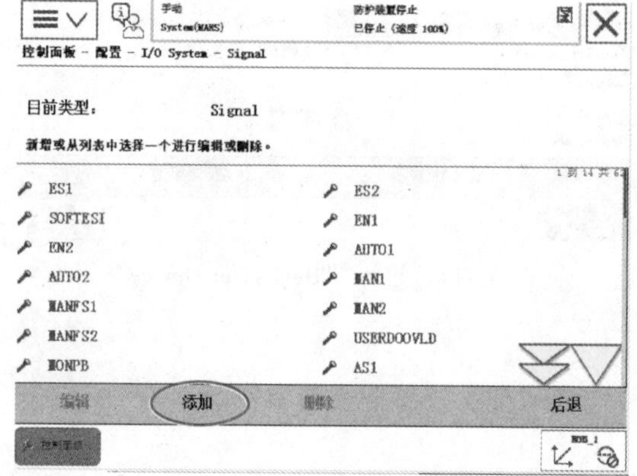

图 3-116　添加“Signal”

3）按照表 3-3 中的参数进行输入信号参数的设置，设置完成后单击“确定”，如图 3-117所示。

4）按照表 3-4 中的参数进行输出信号参数的设置，设置完成后单击“确定”，如图 3-118所示。

3. 工作站逻辑的设定

前面的任务已经完成 Smart 组件的设定，然后需要设定 Smart 组件与机器人端的信号通信，从而完成整个工作站的仿真。工作站逻辑的设定为：将 Smart 组件的 I/O 信号与机器人端的 I/O 信号做信号关联；Smart 组件的输出信号作为机器人端的输入信号，机器人端的输出信号作为 Smart 组件的输入信号。

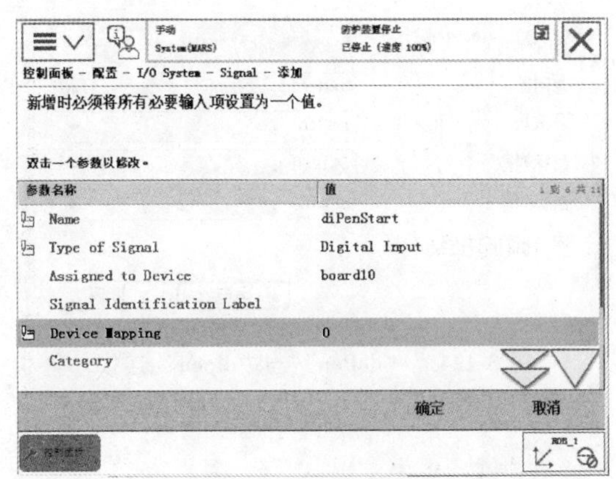

图 3-117　设置输入信号参数

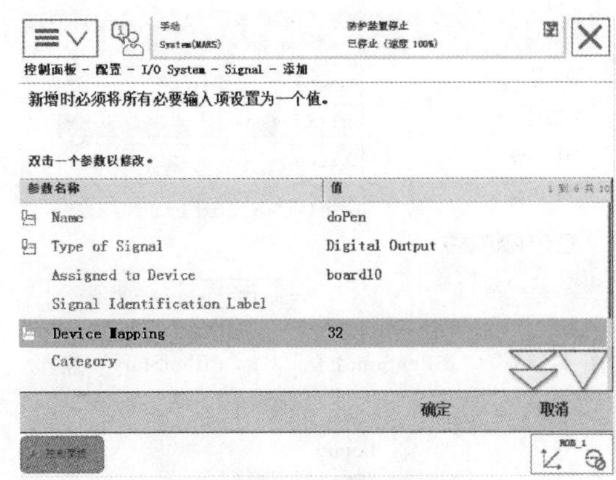

图 3-118　设置输出信号参数

设定工作站逻辑的过程如下：

1）单击“仿真”→“工作站逻辑”，如图 3-119 所示。

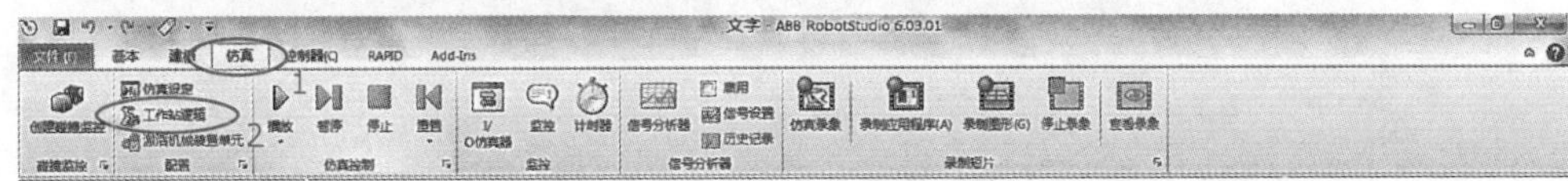

图 3-119　选择“工作站逻辑”

2）进入“信号和连接”选项卡后，单击“添加 I/O Signals”，如图 3-120 所示。

3）设置“信号类型”为“DigitalInput”，“信号名称”为“diPenSimulate”，“信号值”为“0”，“信号数量”为“1”，如图 3-121 所示，完成后单击“确定”按钮。

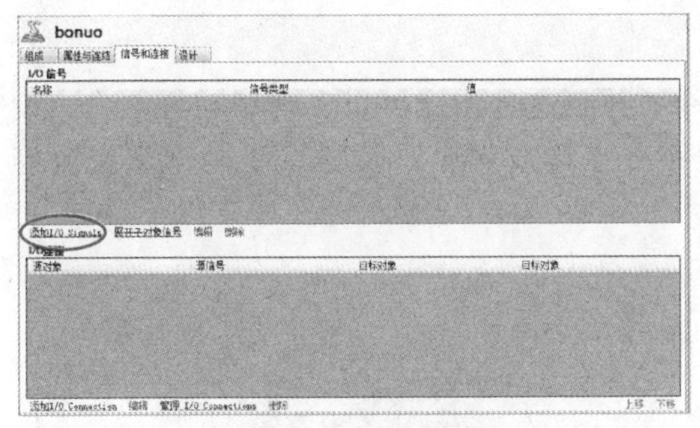

图 3-120　添加 I/O Signals

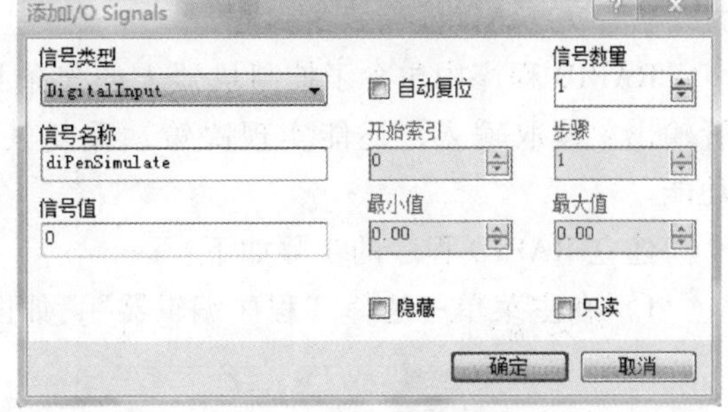

图 3-121　添加“diPenSimulate”

4）同样在“信号和连接”选项卡下，单击“添加 I/O Connection”，如图 3-122 所示。

5）选择将工作站“bonuo”的“diPenSimulate”与机器人系统的“diPenStart”连接，设置如图 3-123 所示。

6）选择工作站机器人系统的“doPen”与组件“SC_ pen”的“dipen”连接，如图 3-124 所示。

7）工作站逻辑设定完成后如图 3-125 所示。

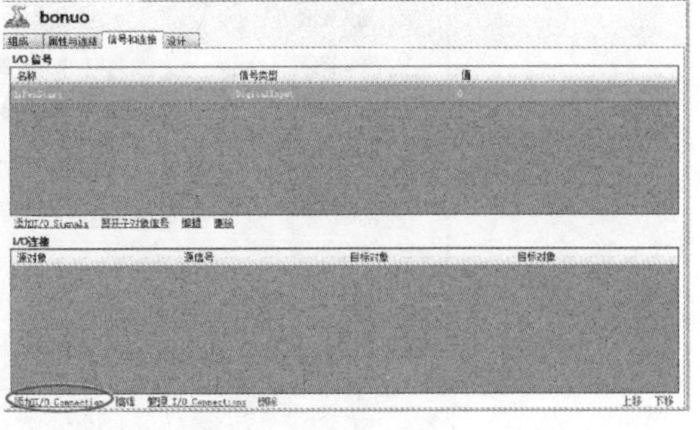

图 3-122　添加 I/O Connection

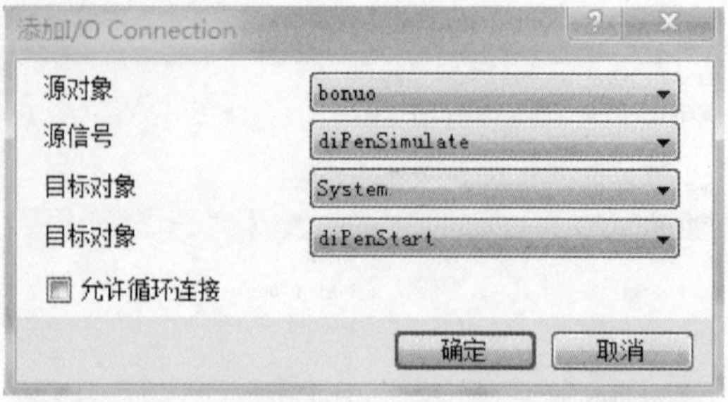

图 3-123 “diPenSimulate” 与 “diPenStart” 连接

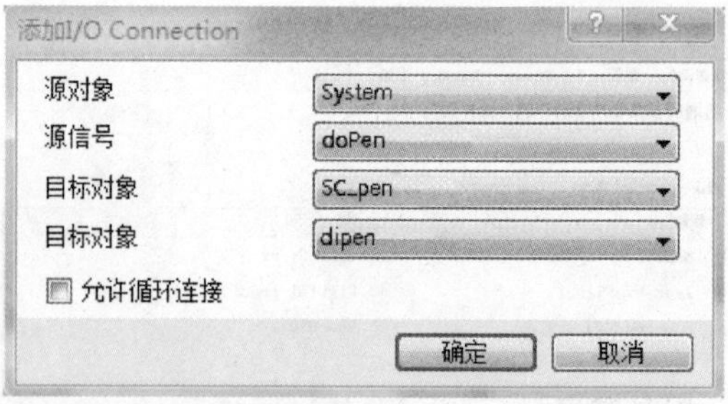

图 3-124 “doPen” 与 “dipen” 连接

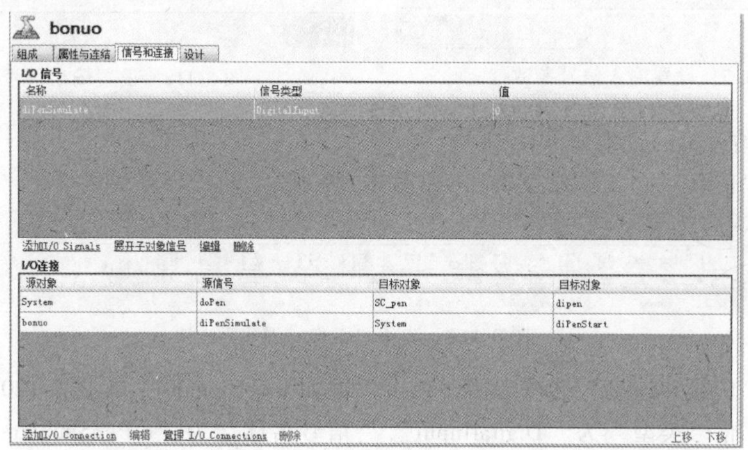

图 3-125 完成工作站逻辑设定

九、机器人 RAPID 程序的建立

RAPID 程序中包含了控制机器人的多条指令，执行这些指令可以实现移动机器人、设置输出、读取输入，还能实现决策、重复其他指令、构造程序以及与系统操作员交流等功能。

建立 RAPID 程序的步骤如下：

1）在主菜单中选择“程序编辑器”，如图 3-126 所示。

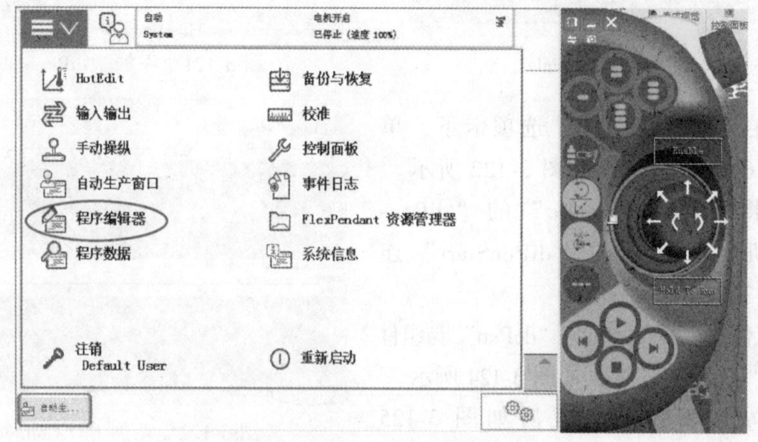

图 3-126 选择“程序编辑器”

2）如果系统中不存在程序，会出现如图 3-127 所示的对话框，单击“取消”按钮。

3）单击“文件”→“新建模块”，如图 3-128 所示。本例程序比较简单，所以只需新建一个程序模块。

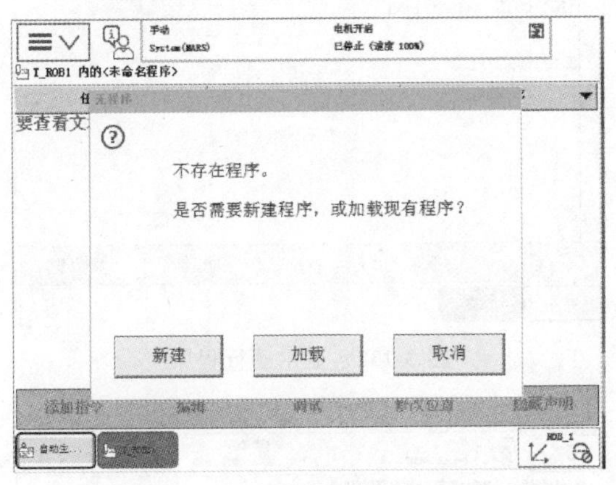

图 3-127 单击“取消”按钮

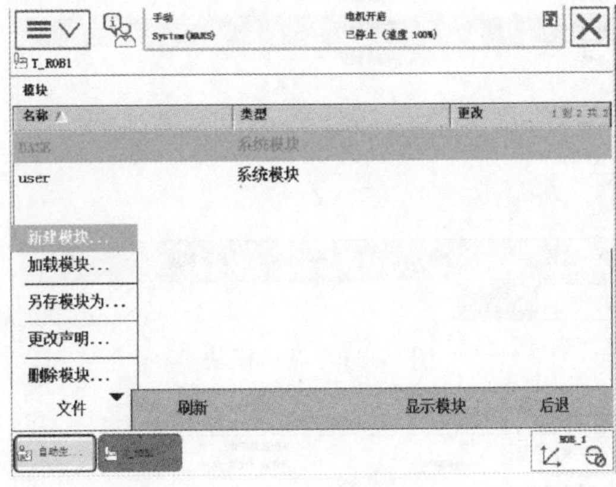

图 3-128 新建模块

4）在图 3-129 所示的对话框中单击“是”按钮。

5）定义程序模块的名称，然后单击“确定”，如图 3-130 所示。程序模块的名称可以根据需要自行定义，以方便管理。

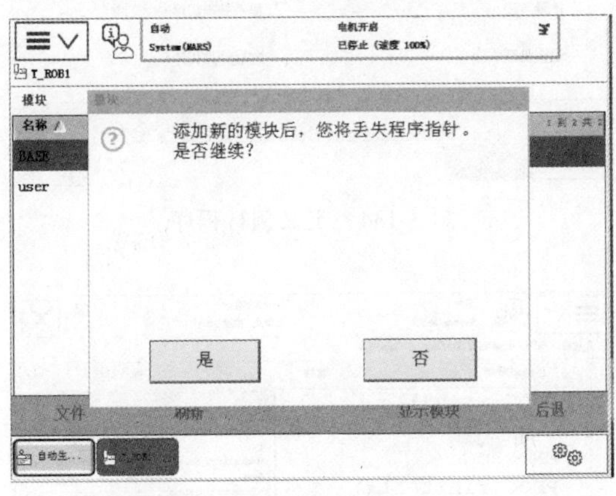

图 3-129 添加新的模块

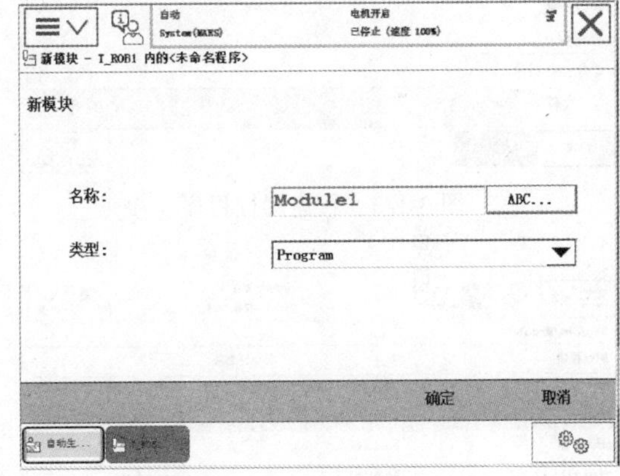

图 3-130 定义程序模块名称

6）选择“Module1”，单击“显示模块”，如图 3-131 所示。

7）单击界面右上方“例行程序”，如图 3-132 所示。

8）在手动模式下，单击“文件”→“新建例行程序”，如图 3-133 所示。

9）在图 3-134 所示的界面中定义例行程序的名称，完成后单击“确定”。

10）分别建立一个如图 3-135 所示的 4 个例行程序。main 是主程序，rHome 程序用于机器人回等待位，rInitALL 程序用于初始化，rPen 程序用于存放书写汉字所编写的程序。

11）回到程序编辑器，单击“添加指令”，打开指令列表。选择“<SMT>”为插入指令的位置，在指令列表选择所需指令进行添加，如图 3-136 所示。

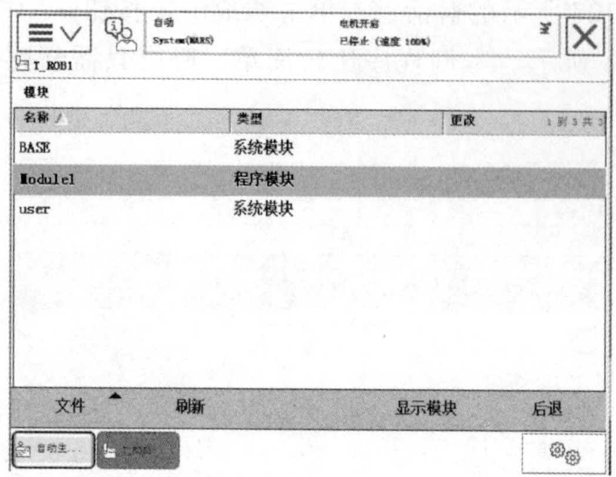

图 3-131　显示模块

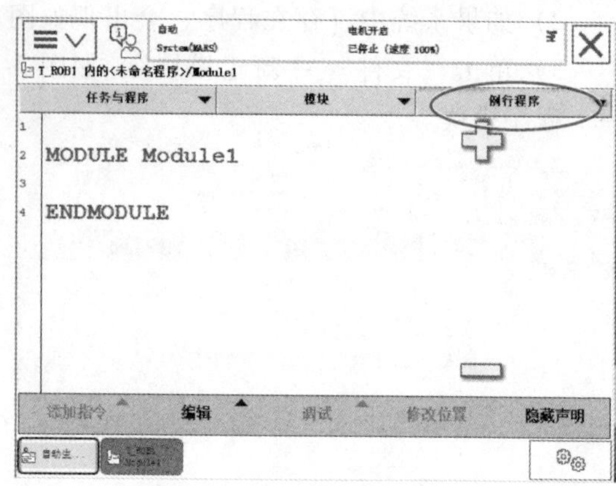

图 3-132　显示例行程序

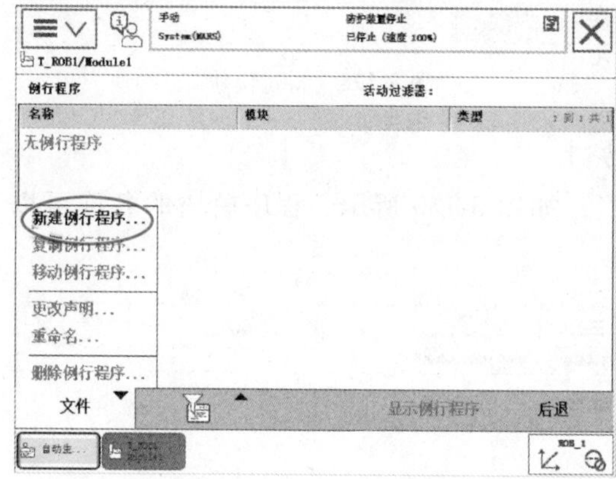

图 3-133　新建例行程序

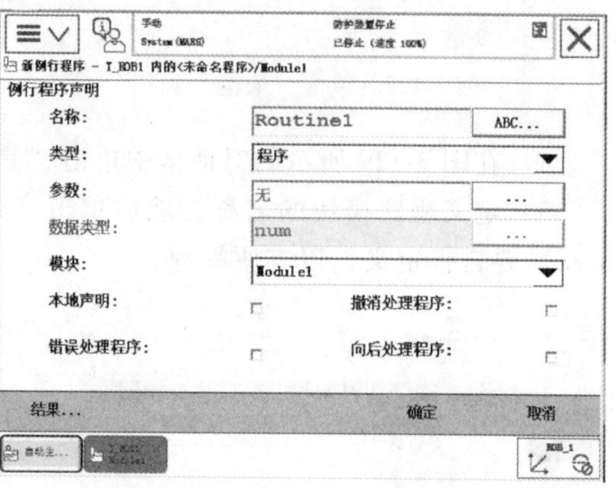

图 3-134　定义例行程序

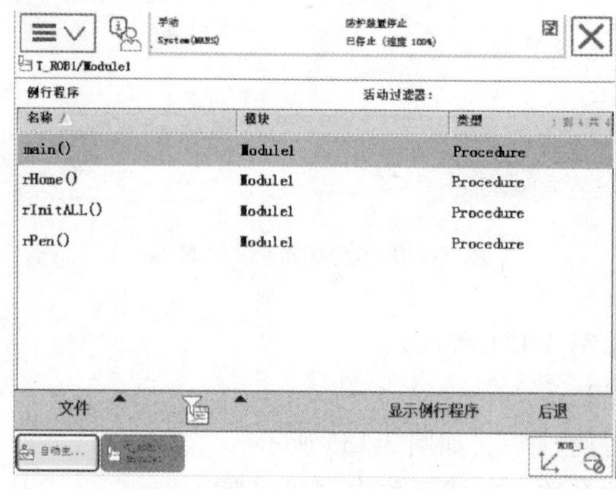

图 3-135　建立例行程序

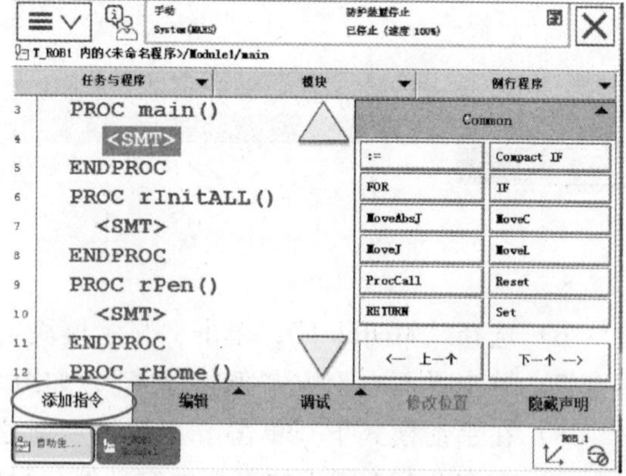

图 3-136　添加指令

问题探究

RobotStudio 与机器人的连接

将网线的一端连接到计算机的网络端口，并将计算机设置成自动获取 IP，另一端与机器人控制器的专用网线端口进行连接，如图 3-137 所示。

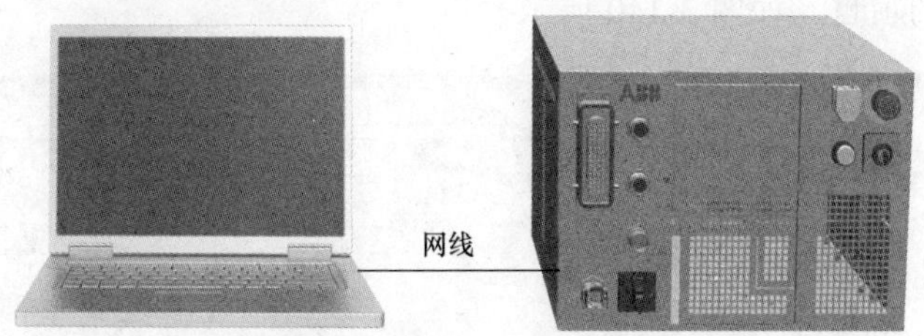

图 3-137　连接计算机与控制器

单击“控制器”→“添加控制器”→“添加控制器”，如图 3-138 所示。

图 3-138　添加控制器

选择已连接上的机器人控制器，然后单击“确定”按钮，如图 3-139 所示。

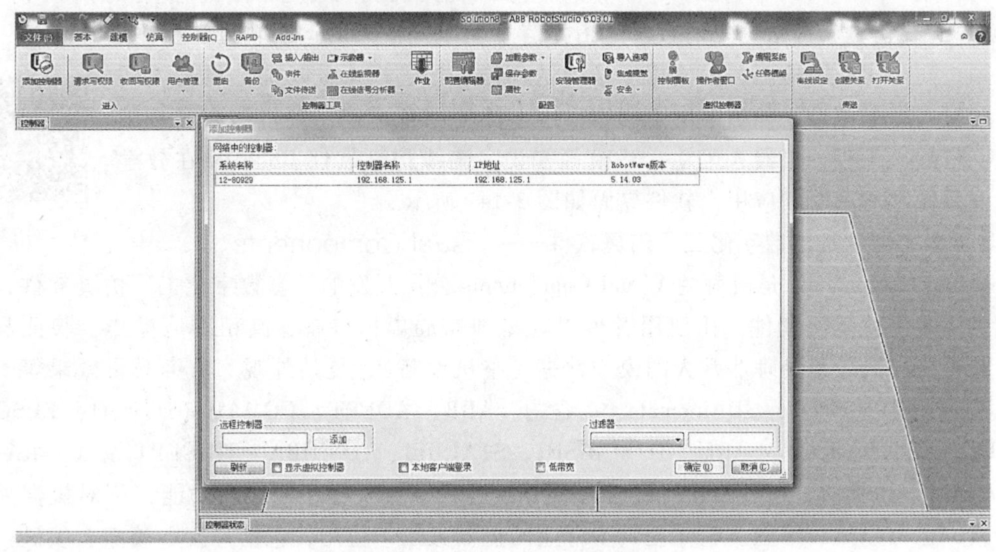

图 3-139　选择连接控制器

单击“控制器”状态标签，可以查看到当前连接的控制器的情况，并且在“控制器”栏中可以查看所需的项目，如图 3-140 所示。

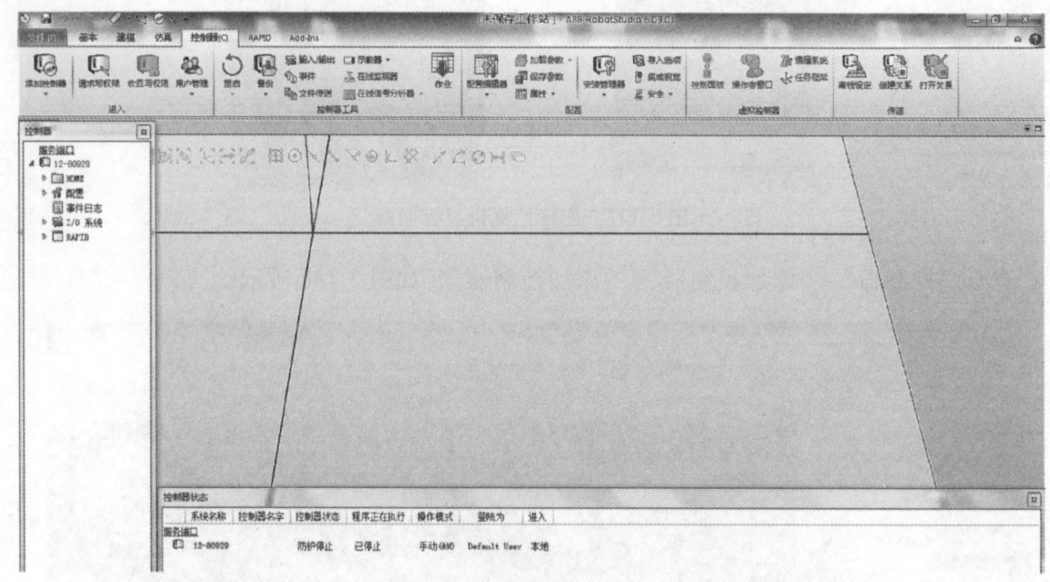

图 3-140　查看控制器

RobotStudio 与机器人连接后，可用 RobotStudio 的在线功能对机器人进行监控与查看，同时也可以通过 RobotStudio 在线对机器人进行 RAPID 程序的编写、I/O 信号的编辑以及其他参数的设定与修改。

RoboDK
应用视频

知识拓展

一、多品牌工业机器人离线仿真软件——RoboDK

离线仿真软件 RoboDK 是一个多平台多功能的机器人离线仿真软件，RoboDK 支持 ABB、KUKA、FANUC、YASKAWA、COMAU、汇博、埃夫特等多种品牌机器人的离线仿真。RoboDK 离线仿真软件根据几何数模的拓扑信息生成机器人的运动轨迹，实现轨迹仿真、路径规划，同时集碰撞检测、生成相应品牌的离线程序、Python 功能、机器人运动学建模、场景渲染、动画输出于一体，可以让使用者迅速掌握机器人的基础操作、机器人编程、机器人运动学建模等知识。离线仿真软件 RoboDK 在教学和工业领域都有广泛的应用，软件界面如图 3-141 所示。

VC 应用视频

二、3D 智能型全方位数字化工厂仿真软件——Visual Components

Visual Components 是由荷兰 Visual Components 公司开发的一套数字化工厂仿真软件，软件提供了数字化工厂套件，让使用者可以轻易地布局虚拟设备，高精准地操作、验证与分析；甚至可以高效地处理非常大的模型数据（整机设备）、复杂外观、渲染光影效果等。其中，Visual Components 3DAutomate 包含了 ABB、ADEPT、COMAU、DENSO、EPSON、FANUC、KUKA、KAWASAKI、MITSUBISHI、STAUBLI、TOSHIBA、TRICEPT 及 YASKAWA 等 17 种以上品牌的、超过 800 种机器人模型，具有机器人程序的编辑功能，可对机器人进行示教，也可以离线编程。软件提供多行业的机器人工艺应用，包括焊接、喷漆、喷砂、去

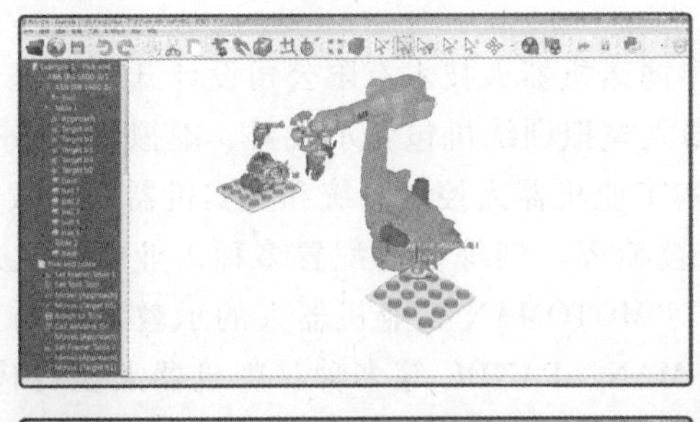

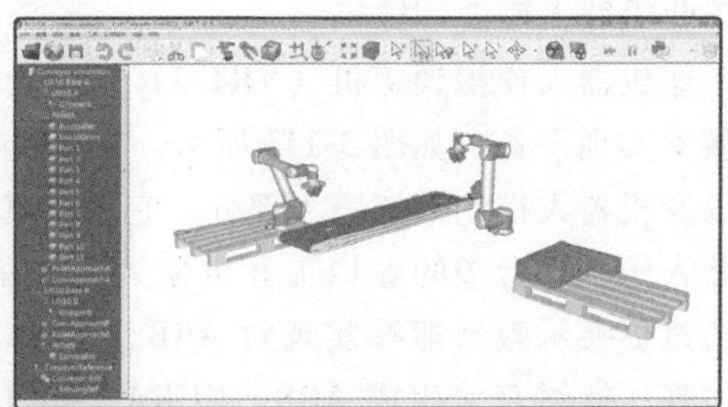

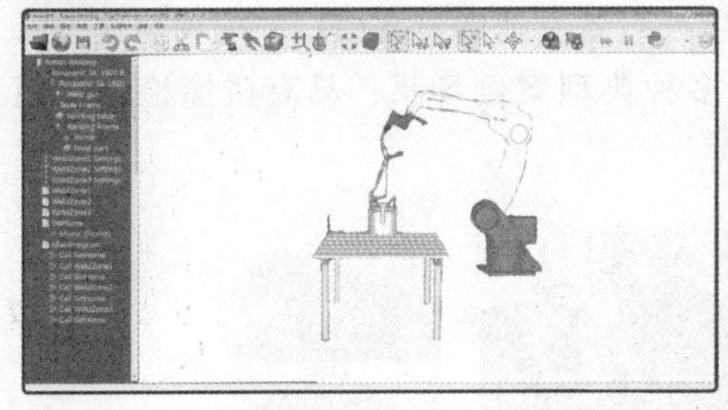

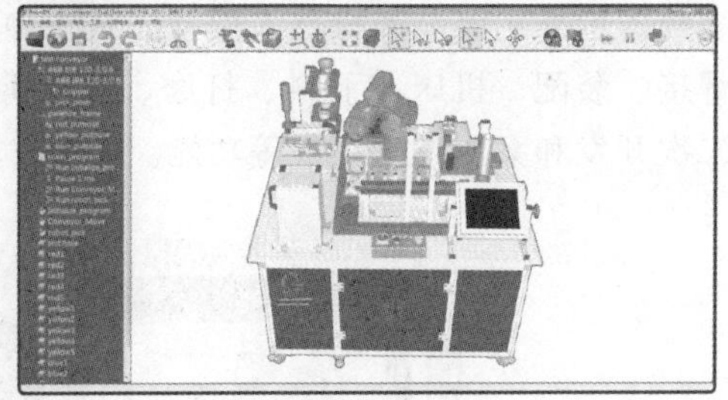

图 3-141　RoboDK 软件界面

毛刺及打磨等，并且都具有较完整的功能，方便用户直接调用。同时支持第三方 CAD 软件绘制模型数据导入、快速创建、定义及测试机器人元件、实时观测系统运行结果。它适合数字化智能制造工厂的规划设计与模拟仿真，科研院所与高校智能制造工厂实验室建设方案设计，学生学习智能制造工厂的设计与模拟仿真。利用 Visual Components 软件建立的仿真工厂与实验室建设方案如图 3-142 所示。

图 3-142　Visual Components 案例

三、工业机器人模拟训练机

工业机器人模拟训练机（VRT-3）是由天津博诺机器人技术有限公司设计开发的虚拟机器人教学实训设备，如图 3-143 所示。工业机器人模拟训练机包含示教器、虚拟机器人仿真平台以及机器人控制系统三大部分。它采用真实工业机器人控制系统和真实机器人示教器控制机器人仿真平台中的虚拟工业机器人完成示教编程。训练机可配置多种工业机器人示教器，通过更换示教器能够实现对 ABB、FANUC、MOTOMAN 工业机器人的示教编程与运动过程仿真，能够直接生成 ABB、KUKA、MOTOMAN、FANUC 等多种品牌机器人执行代码；具备多种国内外主流品牌机器人模型、数十种生产设备及辅助设备模型；配置轨迹运动、搬运、焊接、装配、机床上下料、打磨、喷涂等多种典型案例场景；具有碰撞检测、模型导入、二次开发和案例场景拓展等功能。

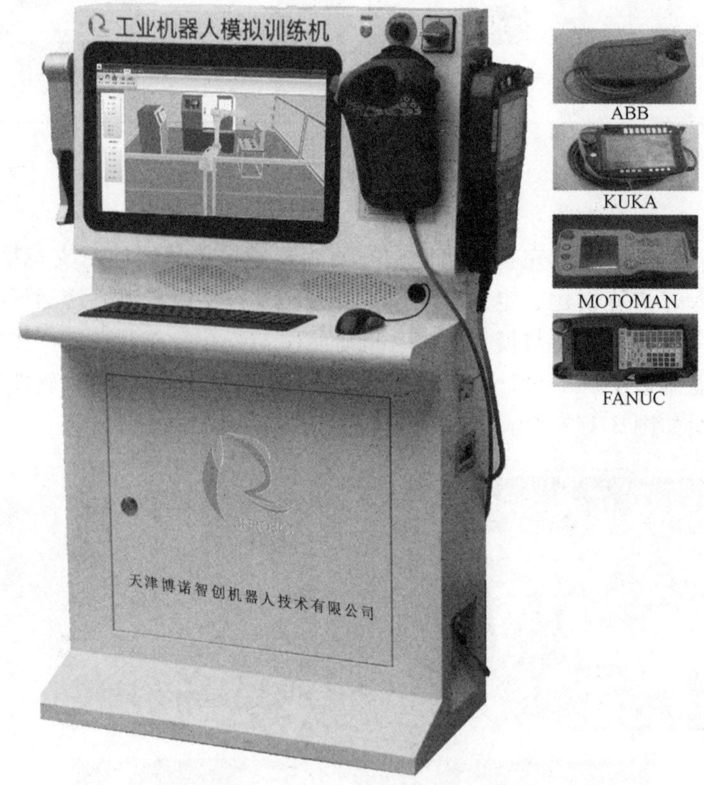

图 3-143　工业机器人模拟训练机

评价反馈

基本素养(30 分)				
序号	评估内容	自评	互评	师评
1	纪律(无迟到、早退、旷课)(10 分)			
2	安全规范操作(10 分)			
3	团结协作能力、沟通能力(10 分)			

（续）

技能操作（70 分）				
序号	评估内容	自评	互评	师评
1	熟练完成工作站布局的建立（10 分）			
2	简单建模的方法（10 分）			
3	建立机器人系统的方法（10 分）			
4	完成工件坐标系、工具坐标系的建立（10 分）			
5	用 Smart 组件创建笔尖笔迹（10 分）			
6	I/O 通信的设定和工作站逻辑的设定（10 分）			
7	掌握机器人的编程方法（10 分）			
综合评价				

练习与思考题

练习与思考题三

一、填空题

1. RobotStudio 可以实现的主要功能有________、________、________、________、________、________、________和二次开发。

2. 在进行正式的编程之前，必须构建必要的编程环境。有三个必需的关键程序数据需要在编程前进行定义，分别是________、________和负荷数据 loaddata。

3. ABB 的标准 I/O 板提供的常用信号有________、________、________和________，DSQC652 板主要提供________个数字输入信号和________个数字输出信号的处理。

4. 工作站逻辑的设定即将 Smart 组件的 I/O 信号与机器人端的 I/O 信号做信号关联。Smart 组件的________信号作为机器人端的________信号，机器人端的________信号作为 Smart 组件的________信号。

二、简答题

1. 简述用六点法建立机器人工具数据 tooldata 的过程。

2. 简述使用 RobotStudio 建立汉字书写工作站的步骤。

三、操作题

完成汉字书写板模型中“诺”字的仿真书写。

项目四 工业机器人搬运编程与操作

学习目标

1. 掌握工业机器人搬运的基本知识。
2. 掌握工业机器人搬运常用 I/O 信号的配置。
3. 掌握工业机器人搬运的特点及编程方法。

工作任务

1. 工作任务的背景

ABB 工业机器人在搬运方面有众多成熟的解决方案，在 3C、食品、医药、化工、金属加工、太阳能等领域均有广泛的应用，涉及物流输送、周转、仓储等。图 4-1 所示为搬运机器人在食品包装业的应用，图 4-2 所示为搬运机器人在数控机床上下料中的应用。采用机器人搬运取代人工搬运，可大幅提高生产效率，节省劳动力成本，提高定位精度，降低搬运过程中的产品损坏率。

本任务利用 ABB-IRB120 机器人将三角块从搬运编码模块 A 搬运到编码模块 B 上，需要依次完成 I/O 配置、程序数据创建、目标点示教、程序编写及调试，最终完成整个搬运工作任务。

a)

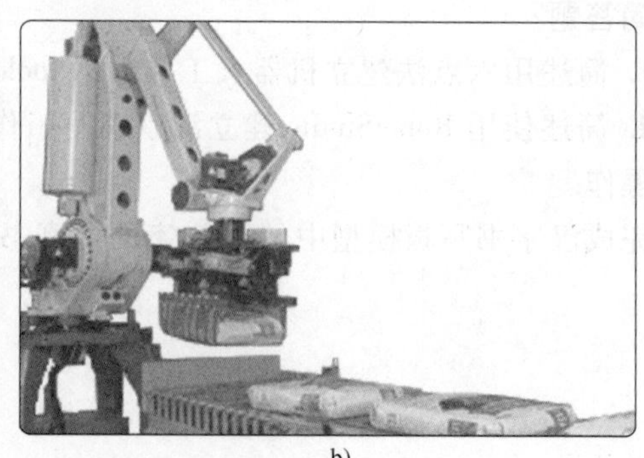
b)

图 4-1　搬运机器人在食品包装业的应用

2. 需达到的技术要求

1）物料的移动都需要对物料的尺寸、形状、重量和移动路径进行分析。

2）搬运应按顺序，避免迂回往返以降低成本，这体现了合理化的概念。优良的搬运路线可以减少机器人搬运工作量，提高搬运效率。

3）示教取点过程中，保证抓取工具与物料的间隙，避免碰撞、损坏产品。可在移动过

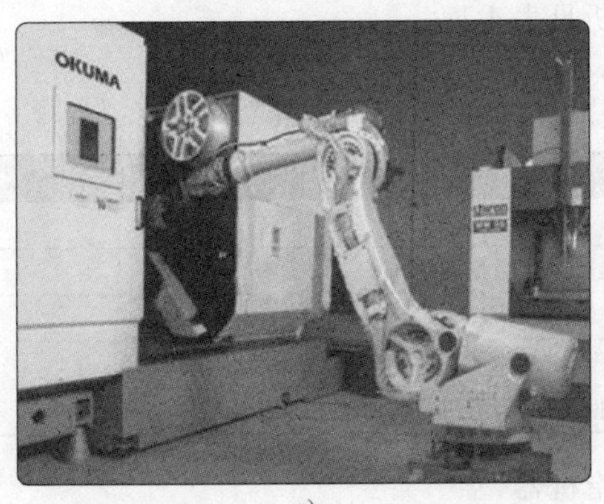
a)

b)

图 4-2　搬运机器人在数控机床上下料中的应用

程中设置中间点，提供缓冲。

4）在追求效率的同时，要考虑到产品的质量，不要损坏产品。

3. 所需要的设备

工业机器人搬运编程与操作所需要的设备为机器人本体、控制系统、示教器、真空吸盘、搬运编码模块，如图 4-3 所示。

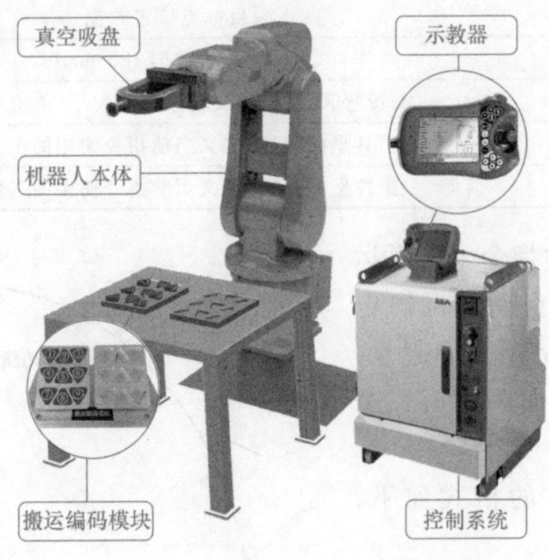

图 4-3　搬运机器人设备组成

实践操作

一、知识储备

1. 常用的运动指令

（1）MoveJ：关节运动指令　关节运动指令用于在对路径准确度要求不高的情况下，定义工业机器人的 TCP 点从一个位置移动到另一个位置的运动，两个位置之间的路径不一定是直线，如图 4-4 所示。

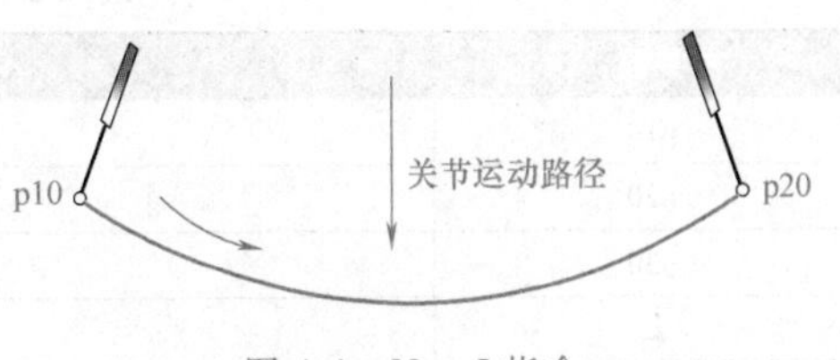

图 4-4　MoveJ 指令

关节运动指令 MoveJ 的格式如下，指令解析见表 4-1。

MoveJ p20, v1000, z50, tool1 \ Wobj: =wobj1;

表 4-1 MoveJ 指令解析

参数	含　义
p20	目标点位置数据
v1000	运动速度数据 1000mm/s
z50	转弯区数据,定义转弯区的大小,单位为 mm
tool1	工具坐标数据,定义当前指令使用的工具坐标
wobj1	工件坐标数据,定义当前指令使用的工件坐标

（2）MoveL：线性运动指令　线性运动是指机器人的 TCP 从起点到终点之间的路径保持为直线。一般在涂胶、焊接等路径要求较高的场合常使用线性运动指令 MoveL，如图 4-5 所示。

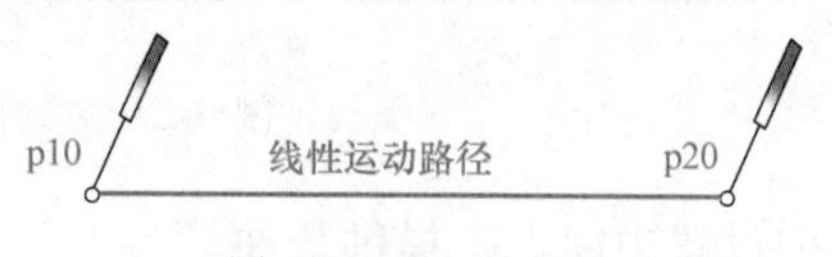

图 4-5　MoveL 指令

MoveL 指令如下，指令解析见表 4-2。

MoveL p20, v1000, z50, tool1 \ Wobj: =wobj1;

表 4-2 MoveL 指令解析

参　数	含　义
p20	目标点位置数据
v1000	运动速度数据 1000mm/s
z50	转弯区数据,定义转弯区的大小,单位为 mm
tool1	工具坐标数据,定义当前指令使用的工具坐标
wobj1	工件坐标数据,定义当前指令使用的工件坐标

（3）MoveC：圆弧运动指令　圆弧运动指令在机器人可到达的空间范围内定义三个位置点，第一个点是圆弧的起点，第二个点用于定义圆弧的曲率，第三个点是圆弧的终点，如图 4-6 所示。

圆弧运动指令 MoveC 的格式如下，指令解析见表 4-3。

MoveL p10, v1000, z50, tool1 \ Wobj: =wobj1;

MoveC p20, p30, v1000, z2, tool1 \ Wobj: =wobj1;

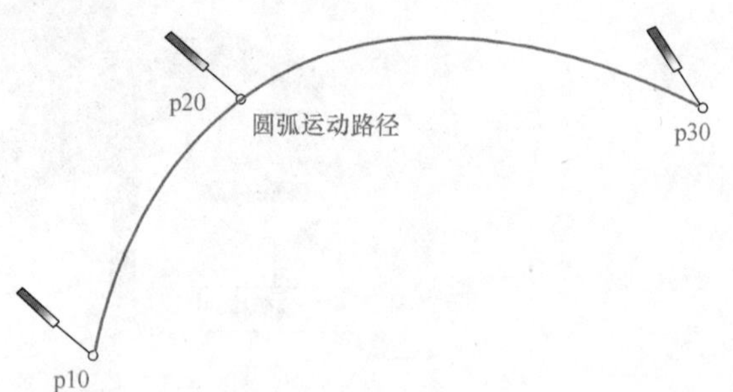

图 4-6　MoveC 指令

表 4-3 MoveC 指令解析

参数	含　义
p10	圆弧的第一个点
p20	圆弧的第二个点
p30	圆弧的第三个点
z2	转弯区数据

2. 常用逻辑控制指令

WHILE 条件判断指令：如果条件满足，重复执行对应程序。示例程序如下：

```
WHILE reg1<reg2 DO
reg1: =reg1+1
ENDWHILE
```

！如果变量 reg1<reg2 条件一直成立，则重复执行 reg1 加 1，直至 reg1<reg2 条件不成立为止。

3. Offs 偏移功能

以选定的目标点为基准，沿着选定工件坐标系的 X、Y、Z 轴方向偏移一定的距离。

```
MoveL Offs(p10,0,0,10),v1000,z50,tool0/WObj:=wobjl;
```

！将机器人 TCP 移动至以 p10 为基准点、沿着 wobj1 的 Z 轴正方向偏移 10mm 的位置。

4. 常用 I/O 控制指令

1）Set：将数字输出信号置为 1。格式如下：

Set Do1；将数字输出信号 Do1 置为 1。

2）Reset：将数字输出信号置为 0。格式如下：

Reset Do1；将数字输出信号 Do1 置为 0。

5. 调用例行程序指令

ProcCall 指令用于调用例行程序，如 ProcCall rInitAll，调用初始化例行程序。

6. 标准 I/O 板配置

本任务中使用真空吸盘来抓取工件，真空吸盘的打开与关闭需通过 I/O 信号控制。ABB 工业机器人控制系统提供了完备的 I/O 通信接口，可以方便地与周边设备进行通信。ABB 标准 I/O 板都是下挂在 DeviceNet 总线上的设备，常用的型号有 DSQC651（8 个数字输入，8 个数字输出，2 个模拟输出）、DSQC652（16 个数字输入，16 个数字输出）。在系统中配置标准 I/O 板，至少需要设置四项参数，见表 4-4。

表 4-4 Unit 参数设定

参数名称	参数说明
Name	I/O 单元名称
Type of Unit	I/O 单元类型
Connected to Bus	I/O 单元所在总线
DeviceNet Address	I/O 单元所占用总线地址

7. 数字 I/O 配置

在 I/O 单元上面创建一个数字 I/O 信号，至少需要设置四项参数，见表 4-5。

表 4-5 信号参数设定

参数名称	参数说明
Name	I/O 信号名称
Type of Signal	I/O 信号类型
Assigned to Unit	I/O 信号所在 I/O 单元
Unit Mapping	I/O 信号所占用单元地址

8. 系统 I/O 配置

系统输入：将数字输入信号与机器人系统的控制信号关联起来，就可以通过输入信号对系统进行控制（如电动机上电、程序启动等）。

系统输出：机器人系统的状态信号也可以与数字输出信号关联起来，将系统的状态输出给外围设备作控制之用（如系统运行模式、程序执行错误等）。

二、运动规划

机器人搬运的动作可分解为抓取工件、移动工件、放置工件等一系列子任务，还可以进一步分解为移动到工件正上方点、靠近工件等一系列动作。

搬运任务图如图 4-7 所示。

三、搬运任务

采用在线示教的方式编写搬运的作业程序。本任务以搬运一个三角块为例，规划了 5 个程序点作为三角块搬运点，每个程序点的用途见表 4-6，搬运运动轨迹如图 4-8 所示。最终搬运结果为将九个三角块从搬运编码模块 A 搬到搬运编码模块 B。

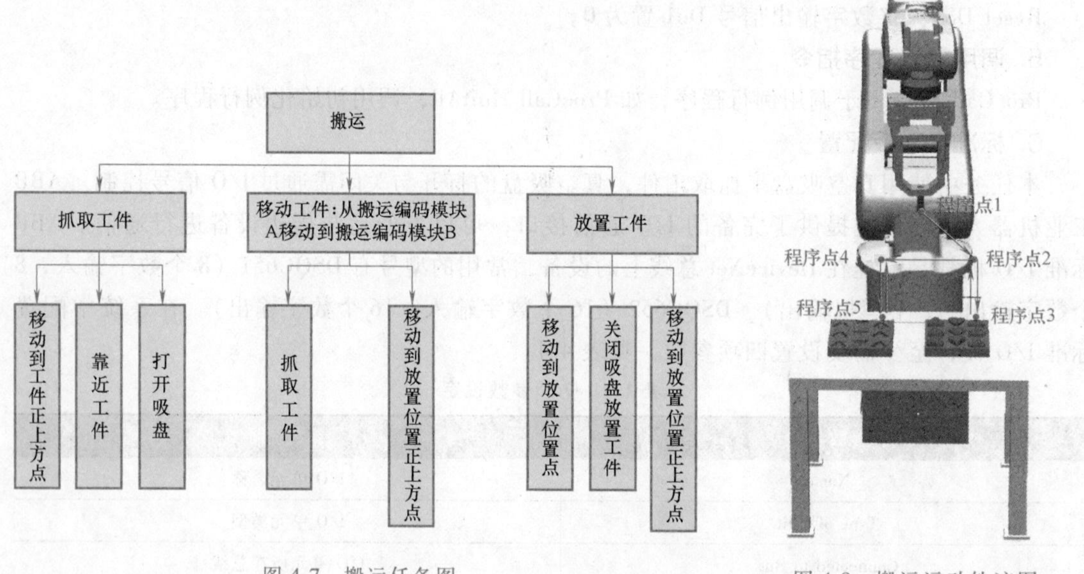

图 4-7　搬运任务图　　图 4-8　搬运运动轨迹图

表 4-6　程序点说明

程序点	说　明	程序点	说　明
程序点 1	Home 点	程序点 4	放置位置正上方点
程序点 2	抓取位置正上方点	程序点 5	放置位置点
程序点 3	抓取位置点		

四、示教前的准备

1. 配置 I/O 单元

根据表 4-7 的参数配置 I/O 单元。

表 4-7 I/O 单元参数

Name	Type of Unit	Connected to Bus	DeviceNet Address
Board10	D652	DeviceNet1	10

2. 配置 I/O 信号

根据表 4-8 的参数配置 I/O 信号。

表 4-8 I/O 信号参数

Name	Type of Signal	Assigned to Unit	Unit Mapping	I/O 信号注释
do00_xipan	Digital Output	Board10	0	控制吸盘
di07_MotorOn	Digital Input	Board10	7	电动机上电(系统输入)
di08_Start	Digital Input	Board10	8	程序开始执行(系统输入)
di09_Stop	Digital Input	Board10	9	程序停止执行(系统输入)
di10_StartAtMain	Digital Input	Board10	10	从主程序开始执行(系统输入)
di11_EstopReset	Digital Input	Board10	11	急停复位(系统输入)
do05_AutoOn	Digital Output	Board10	5	电动机上电状态(系统输出)
do06_Estop	Digital Output	Board10	6	急停状态(系统输出)
do07_CycleOn	Digital Output	Board10	7	程序正在运行(系统输出)
do08_Error	Digital Output	Board10	8	程序报错(系统输出)

五、建立程序

1）建立如图 4-9 所示的例行程序，例行程序的功能见表 4-9。

2）选择“rInitAll”，单击“显示例行程序”，如图 4-10 所示。

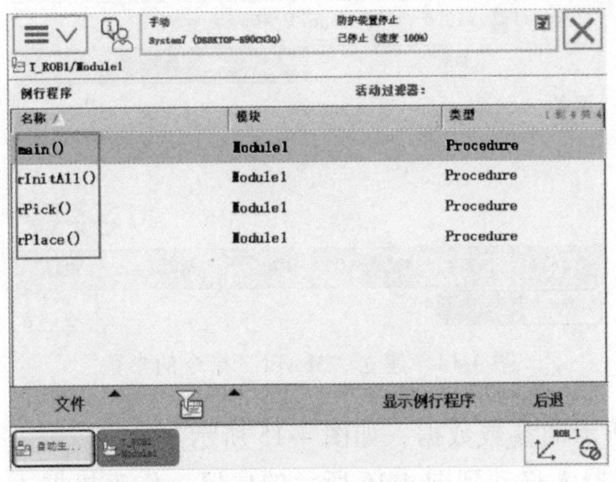

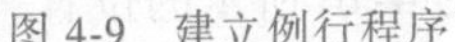
图 4-9 建立例行程序

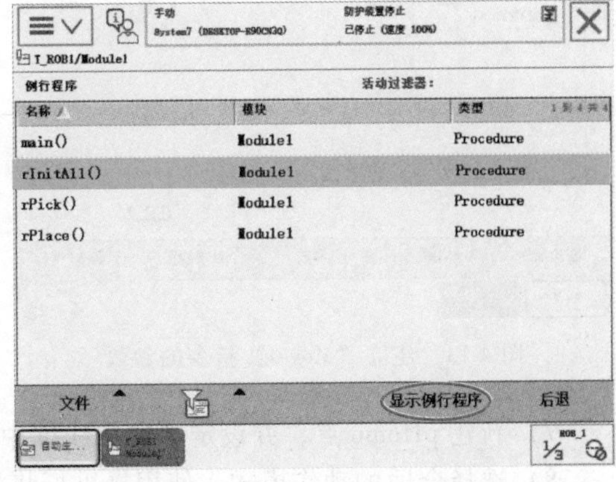

图 4-10 选择“rInitAll”例行程序

表 4-9 例行程序说明

程序	说明
main	主程序
rInitAll	初始化例行程序
rPick	抓取例行程序
rPlace	放置例行程序

3）在手动操纵界面内，确认已选择要使用的工具坐标与工件坐标，如图 4-11 所示。

4）回到程序编辑器，选择“<SMT>”为插入指令的位置，单击“添加指令”，在指令列表中选择“MoveJ”，如图 4-12 所示。

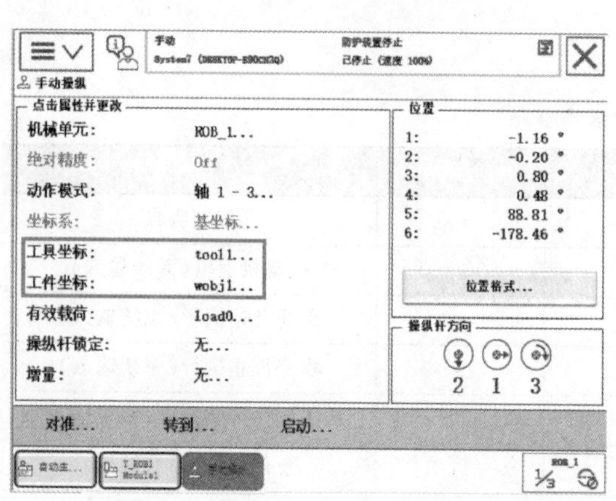

图 4-11　确认工具坐标与工件坐标

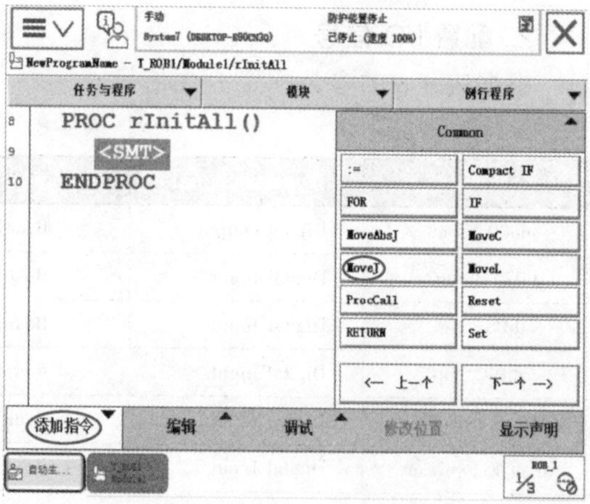

图 4-12　添加“MoveJ”指令

5）系统弹出图 4-13 所示的窗口，双击“*”号，进入指令参数修改界面，如图 4-14 所示。

6）通过新建或选择对应的参数数据，设定为图 4-14 所示的值。

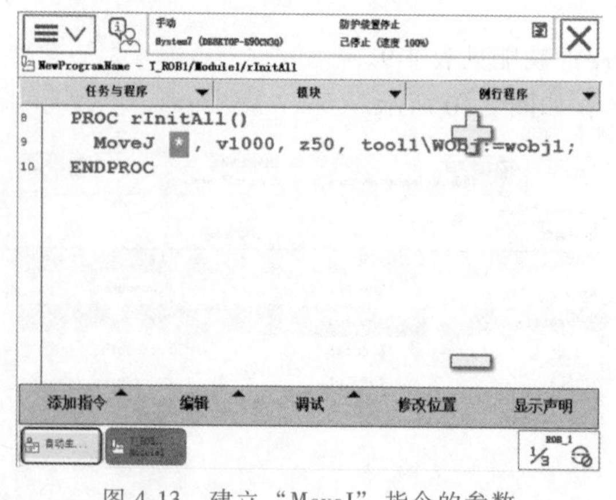

图 4-13　建立“MoveJ”指令的参数

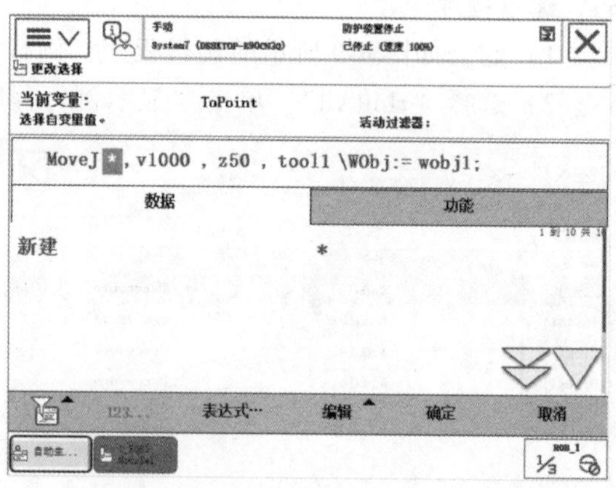

图 4-14　建立“MoveJ”指令的参数

7）新建 pHome 点，并设定为图中线框中所示的参数数据，如图 4-15 所示。

8）选择合适的动作模式，使用操纵杆将机器人移动到图 4-16 所示的位置，作为机器人的 pHome 点。

9）选择“pHome”目标点，单击“修改位置”，将机器人的当前位置数据记录下来，如图 4-17 所示。

10）单击“修改”按钮进行位置确认，如图 4-18 所示。

11）单击“添加指令”，选择“Reset”指令，如图 4-19 所示。

12）系统弹出图 4-20 所示的窗口，选择已建立好的输出信号“do00_ xipan”，单击“确定”。目的是信号初始化，复位吸盘信号，关闭真空。

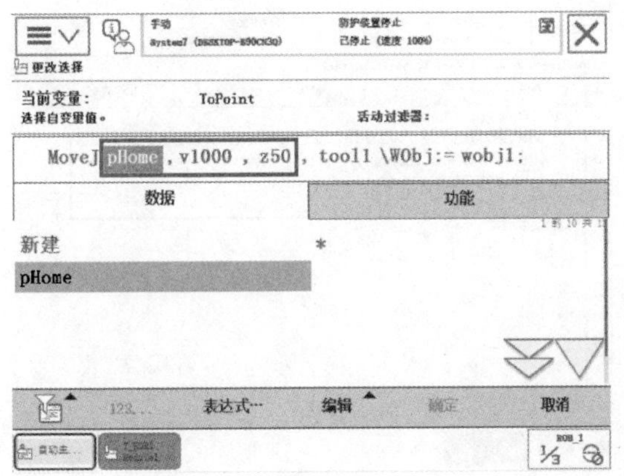

图 4-15 建立“pHome”点

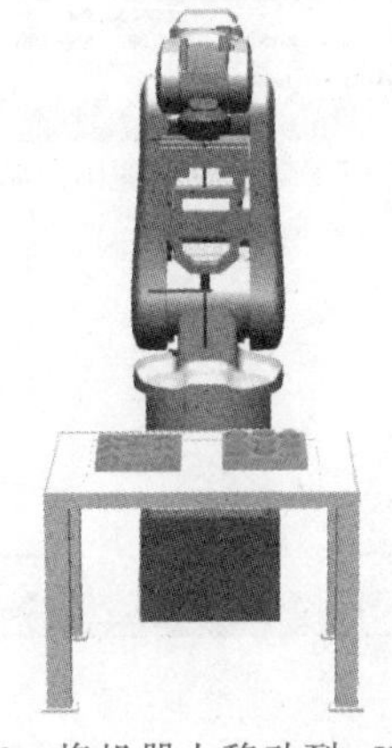

图 4-16 将机器人移动到 pHome 点

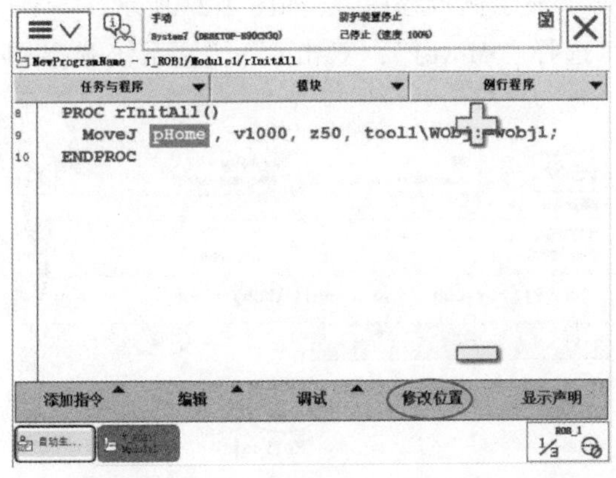

图 4-17 修改“pHome”点位置数据

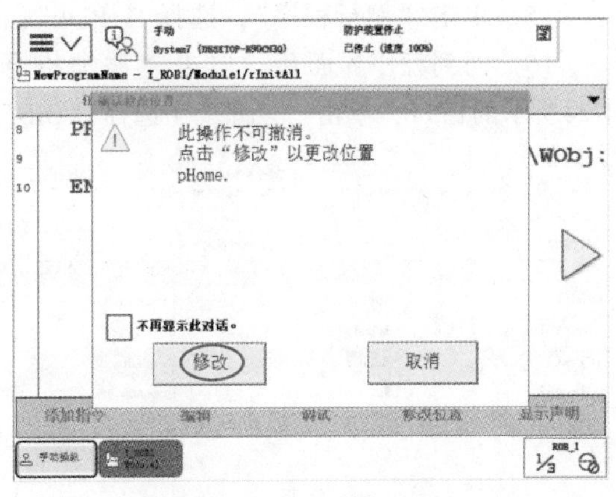

图 4-18 确认“pHome”点

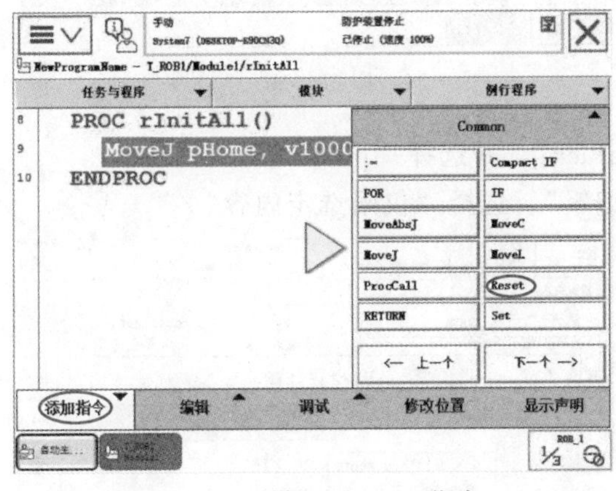

图 4-19 添加“Reset”指令

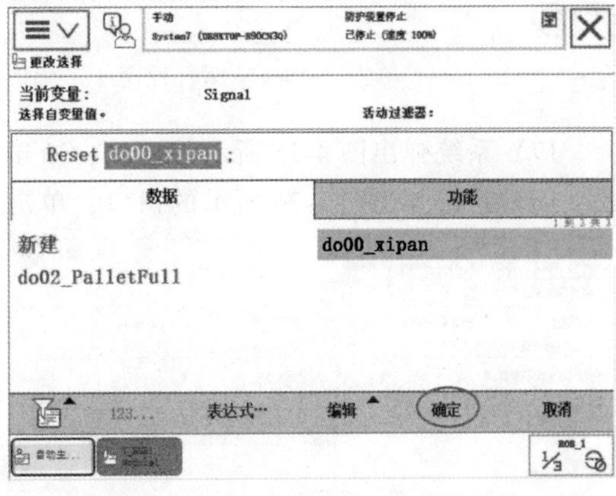

图 4-20 建立“Reset”指令的参数

13）系统弹出图 4-21 所示的窗口，单击“下方”按钮。

14）继续添加指令，建立的初始化例行程序如图 4-22 所示。在此例行程序中，加入在程序正式运行前需要初始化的内容，如速度限定、吸盘复位等，具体根据实际需要添加。在此例行程序 rInitAll 中增加了吸盘复位指令和两条速度控制的指令。

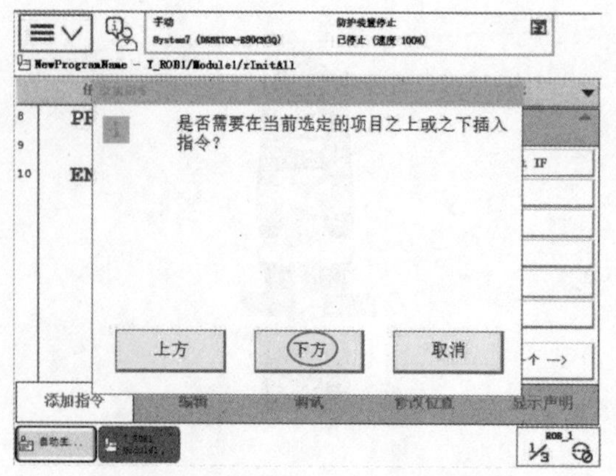

图 4-21　建立“Reset”指令的参数

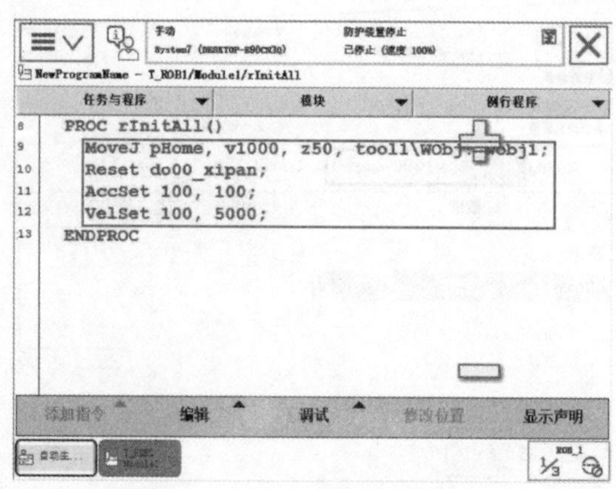

图 4-22　建立初始化例行程序

15）单击“例行程序”，选择“rPick”，单击“显示例行程序”，如图 4-23 所示。

16）回到程序界面后，单击“添加指令”，选择“MoveJ”，双击“＊”，系统弹出图 4-24所示的窗口，单击“功能”，选择“Offs”。

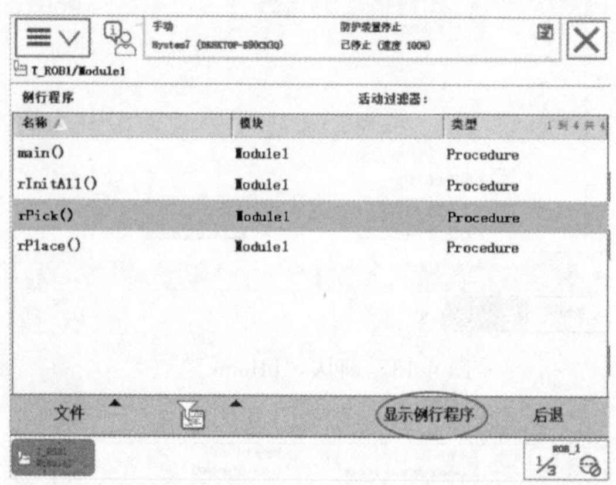

图 4-23　单击“rPick”例行程序

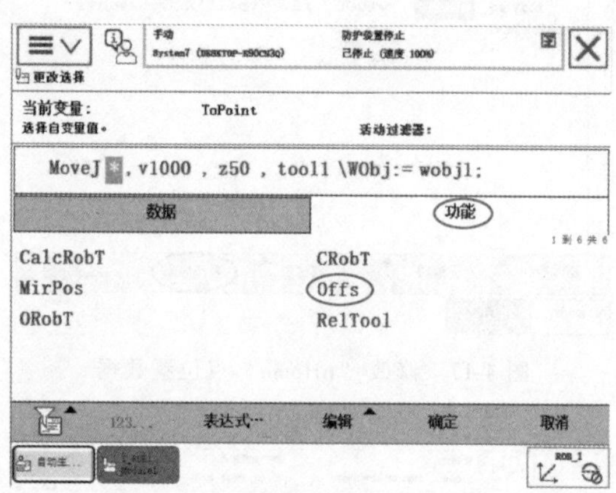

图 4-24　添加“MoveJ”指令

17）系统弹出图 4-25 所示的窗口，新建“pPick”，并选择“pPick”。

18）系统弹出图 4-26 所示的窗口，单击“编辑”，选择“仅限选定内容”。

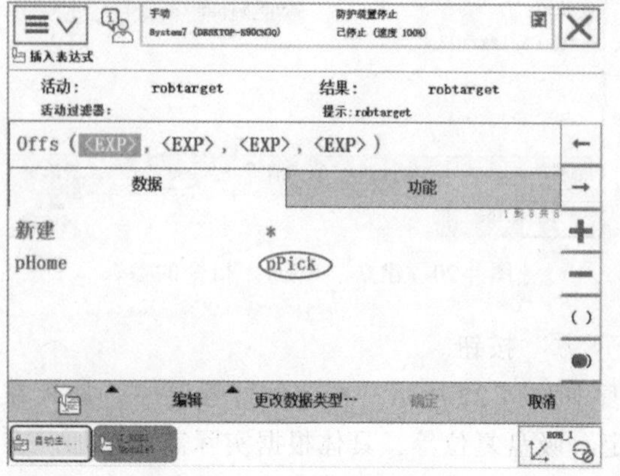

图 4-25　Offs 参数 1pPick

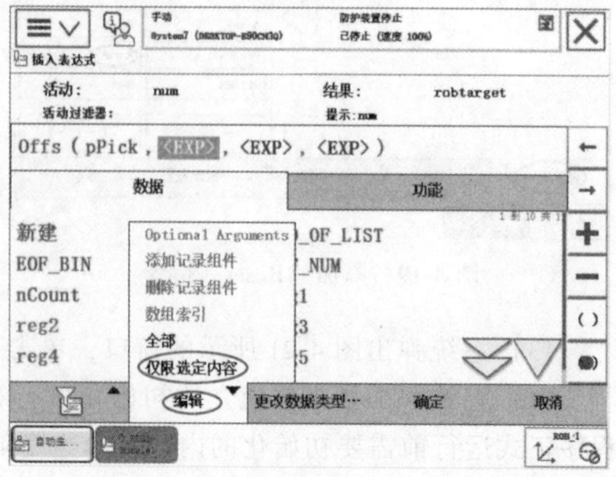

图 4-26　Offs 参数 2 仅限选定内容

19）系统弹出图 4-27 所示的窗口，输入“0”，单击“确定”。

20）利用同样的方法，设置括号里面的其余参数，如图 4-28 所示，完成后单击“确定”。

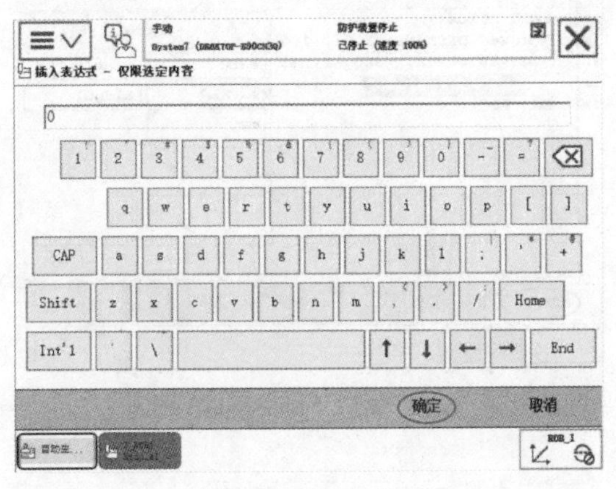

图 4-27　输入“0”

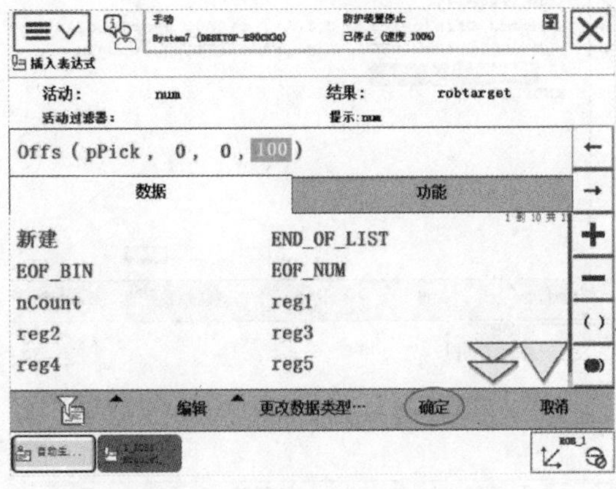

图 4-28　设置括号里其余的参数

21）系统弹出图 4-29 所示的窗口，设置所有的参数，单击“确定”。利用 MoveJ 指令移至拾取位置 pPick 点正上方 Z 轴正方向 100mm 处。

22）添加“MoveL”指令，并将参数设定为图 4-30 所示值，利用 MoveL 指令移至拾取位置 pPick 点处。

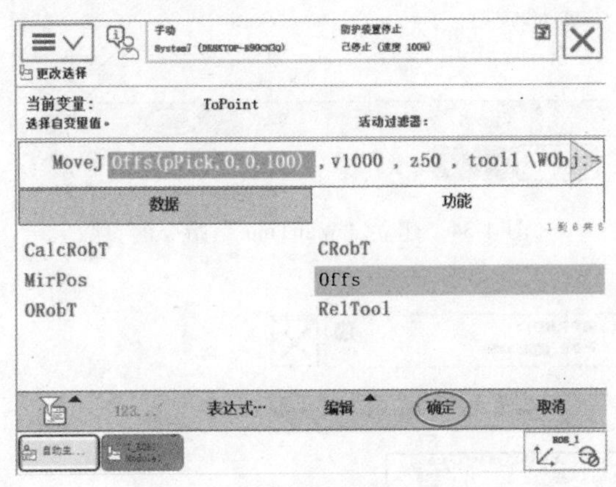

图 4-29　设置其余所有的参数

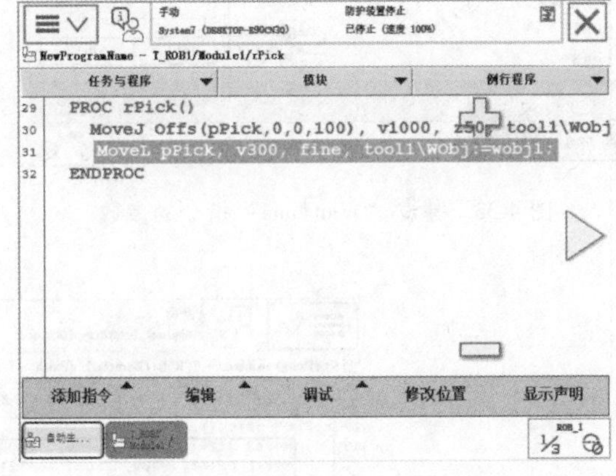

图 4-30　添加“MoveL”指令

23）添加“Set”指令，并将参数设定为图 4-31 所示值，置位吸盘信号，抓取三角块。

24）单击“添加指令”，选择“WaitTime”，如图 4-32 所示。

25）系统弹出图 4-33 所示的窗口，单击“123”，在右面数字栏中输入“0.3”，单击“确定”按钮。

26）系统弹出图 4-34 所示的窗口，单击“确定”，完成指令的添加。上述操作可防止在不满足机器人动作情况下程序扫描过快，造成 CPU 过负荷。

27）继续添加指令，建立的抓取例行程序，如图 4-35 所示。表 4-10 所列为抓取例行程序部分程序的注释。

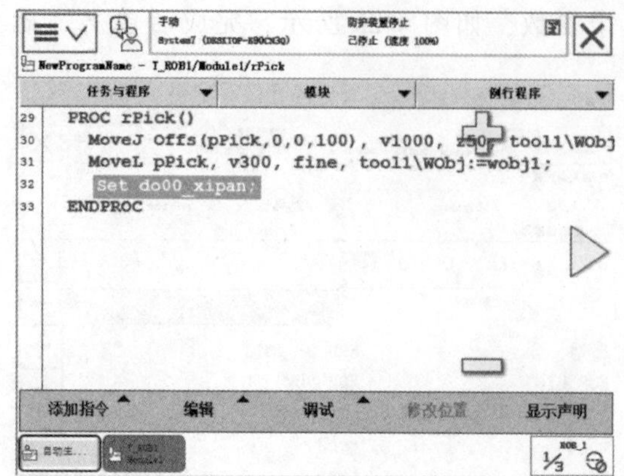

图 4-31　添加 “Set” 指令

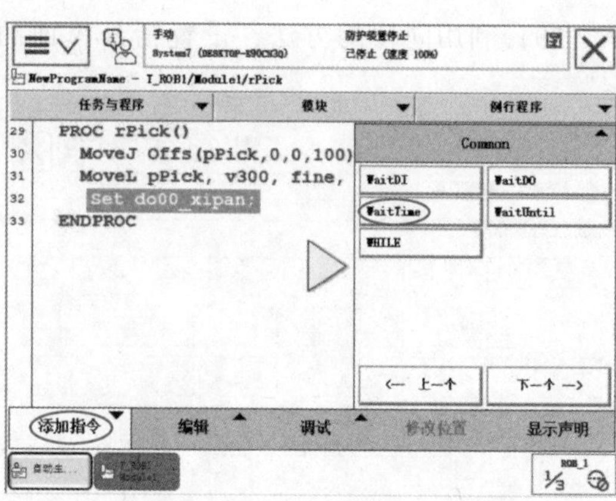

图 4-32　添加 “WaitTime” 指令

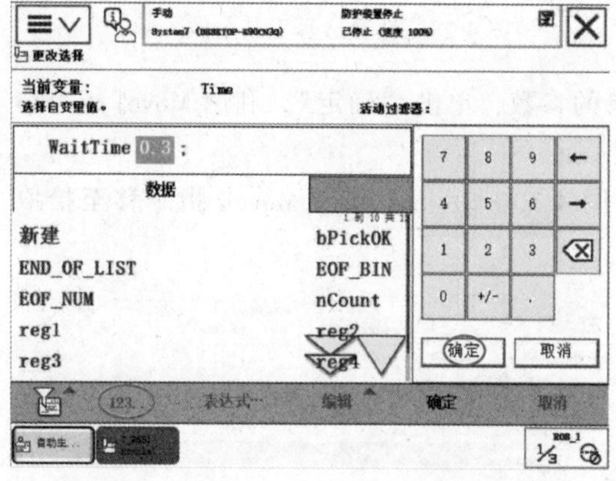

图 4-33　建立 “WaitTime” 指令的参数

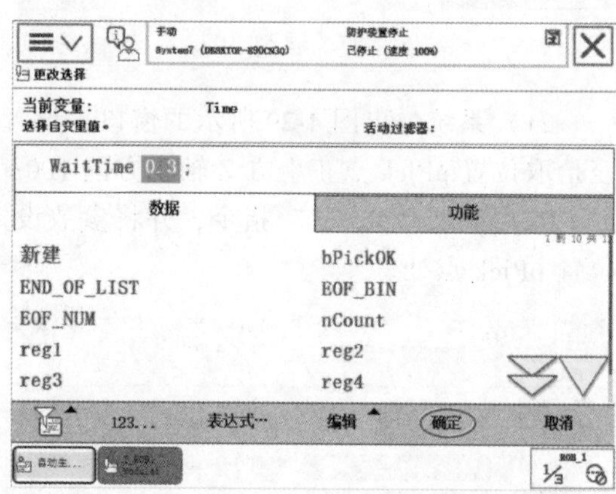

图 4-34　建立 “WaitTime” 指令的参数

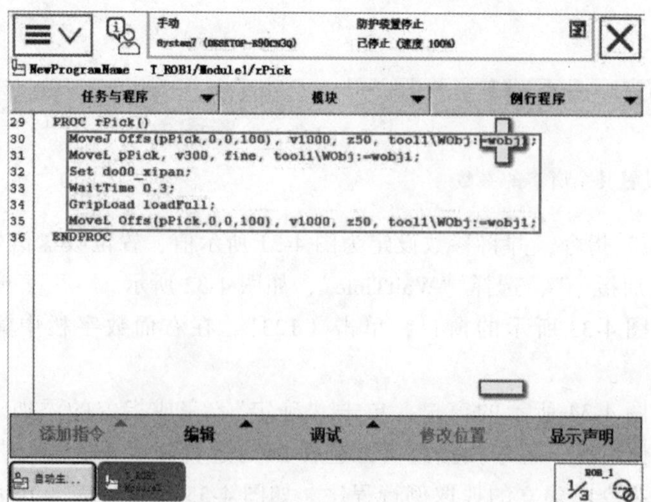

图 4-35　建立的抓取例行程序

表 4-10 抓取例行程序部分程序注释

程　　序	注　　释
GripLoad loadFull	加载载荷数据 loadFull
MoveL Offs(pPick,0,0,100) , v1000, z50,tool1\WObj: = wobj1	利用 MoveL 移至抓取位置 pPick 点正上方 100mm 处

28）单击“例行程序”，选择“rPlace”，单击“显示例行程序”，如图 4-36 所示。

29）添加指令，建立放置例行程序，如图 4-37 所示。表 4-11 所列为此例行程序的注释。

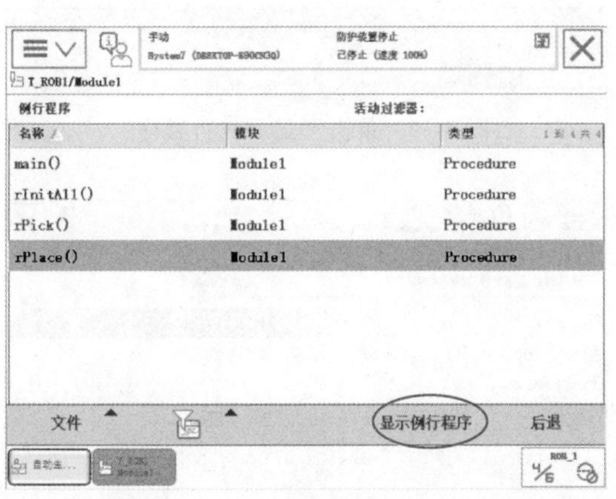

图 4-36 选择“rPlace”例行程序

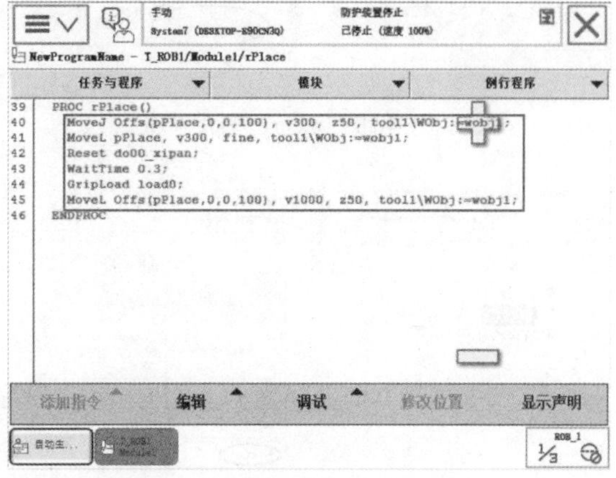

图 4-37 建立放置例行程序

表 4-11 放置例行程序注释

程　　序	注　　释
MoveJ Offs(pPlace,0,0,100) , v300, z50, tool1\WObj: = wobj1	利用 MoveJ 移至抓取位置 pPlace 点正上方 100mm 处
MoveL pPlace, v300, fine, tool1\WObj: = wobj1	利用 MoveL 移至抓取位置 pPlace 点处
Reset do00_xipan	复位吸盘信号,放下三角块
WaitTime 0. 3	等待 0. 3s,以保证吸盘已将产品完全放下
GripLoad load0	加载载荷数据 Load0
MoveL Offs(pPlace,0,0,100) ,v1000, z50, tool1\WObj: = wobj1	利用 MoveL 移至抓取位置 pPlace 点正上方 100mm 处

30）单击“例行程序”，进入图 4-38 所示的界面，选择“main”，单击“显示例行程序”，进入图 4-39 所示的界面。

31）如图 4-40 所示，单击“添加指令”，选择“ProcCall”，进入图 4-41 所示的界面。选择要调用的例行程序“rInitAll”，单击“确定”，进入图 4-42 所示的界面，调用初始化例行程序。

32）单击“添加指令”，选择“WHILE”，利用 WHILE 循环将初始化程序隔开，即只在第一次运行时需要执行初始化程序，之后循环执行抓取放置动作，如图 4-43 所示。

33）系统弹出图 4-44 所示的窗口，双击“<EXP>”。

34）系统弹出图 4-45 所示的窗口，选择“TRUE”，单击“确定”。

35）继续添加指令，建立其余的主程序，如图 4-46 所示。

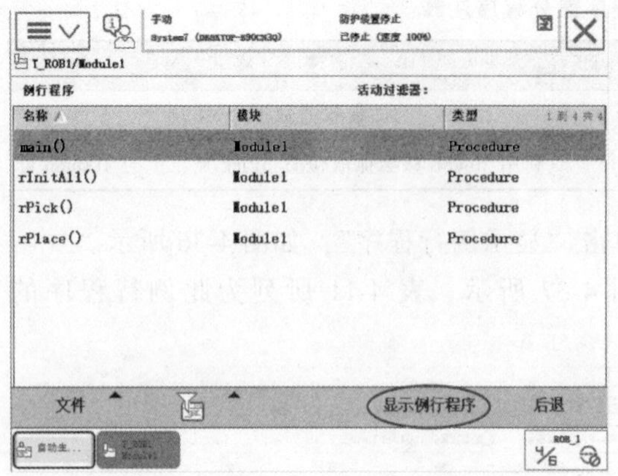

图 4-38 单击“main”例行程序

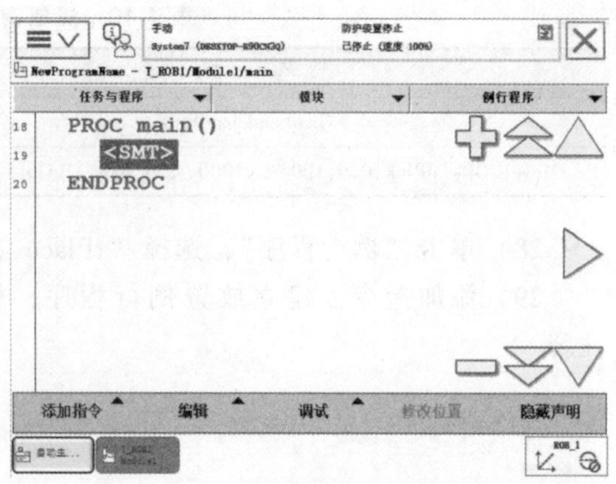

图 4-39 单击“显示例行程序”

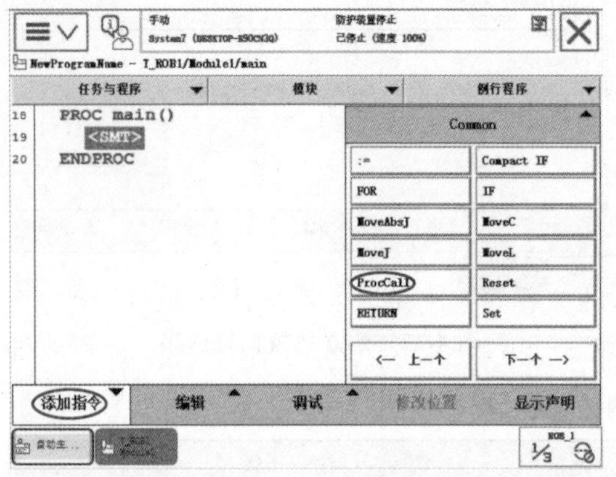

图 4-40 添加“ProcCall”指令

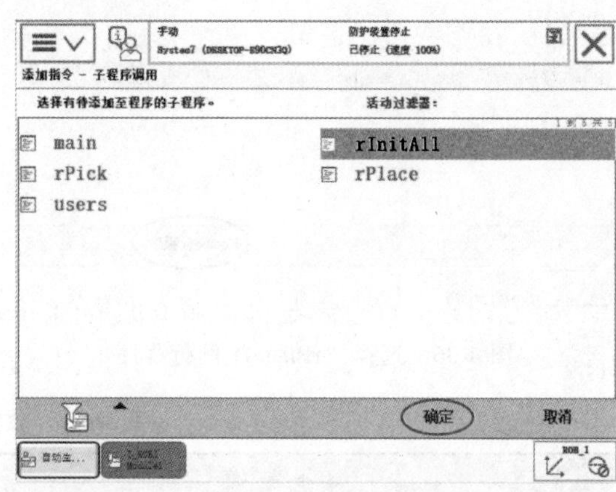

图 4-41 建立“ProcCall”例行程序

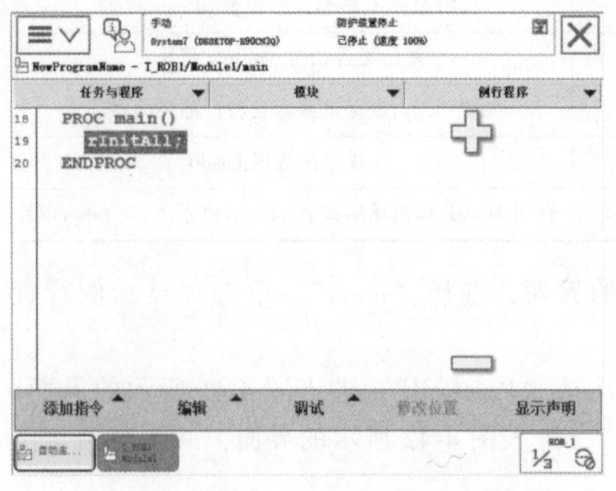

图 4-42 建立“ProcCall”指令的参数

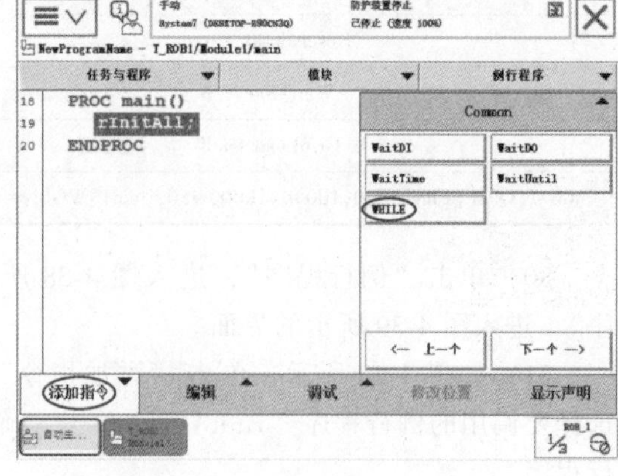

图 4-43 添加“WHILE”指令

36）打开调试菜单，单击“检查程序”，对程序进行检查。

六、程序调试

程序编辑完成后，需对程序进行调试，调试的目的如下：

1）检查程序的位置点是否正确。

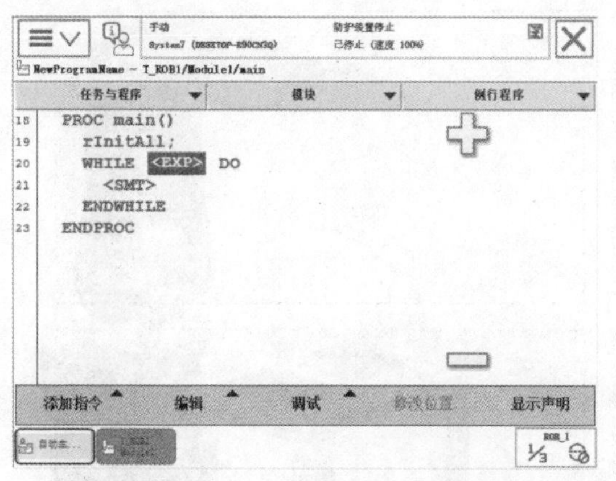

图 4-44　建立“WHILE”指令的参数

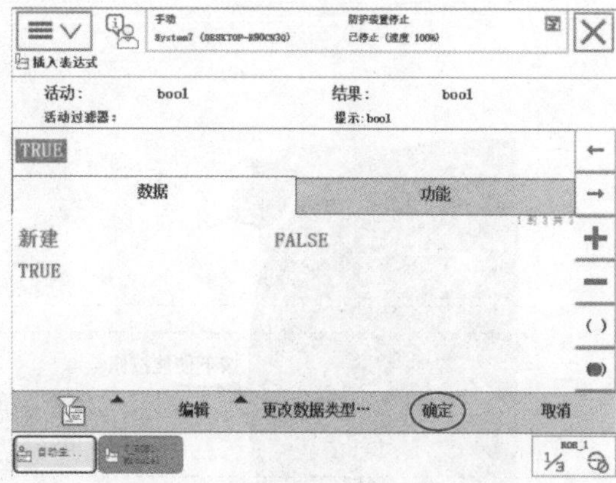

图 4-45　建立“WHILE”指令的参数

2）检查程序的逻辑控制是否有不完善的地方。

调试主程序的步骤如下：

1）打开“调试”菜单，单击“PP 移至 Main”，如图 4-47 所示。

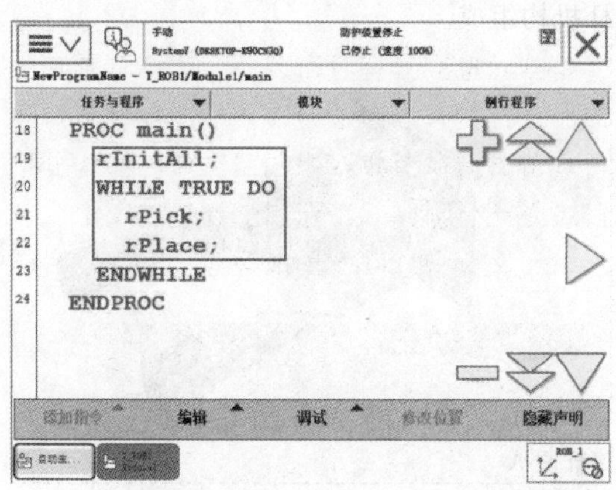

图 4-46　建立其余的主程序

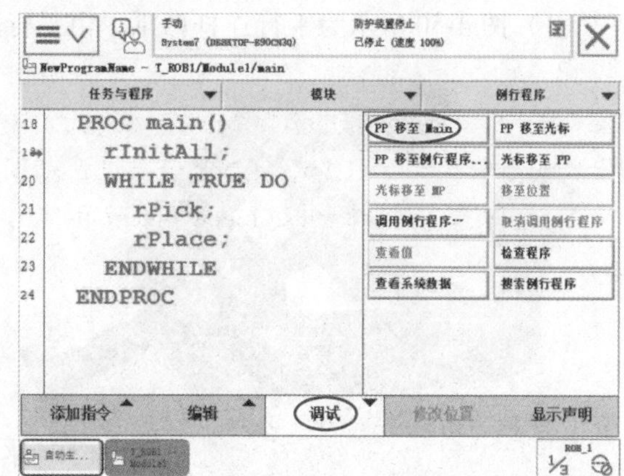

图 4-47　调试主程序

2）PP 便会自动指向主程序的第一条指令。

3）按下使能按钮，进入电动机开启状态，如图 4-48 所示。

4）按一下程序启动按钮，并注意观察机器人的移动，再按下程序停止按钮后，才可松开使能按钮。

注意：本书中调试例行程序以调试主程序为例，其他例行程序的调试步骤与上述调试步骤相同。

5）最终搬运结果如图 4-49 所示。

问题探究

一、多种机器人手爪夹持形式

机器人手爪是实现类似人手功能的机器人部件，是重要的执行机构之一。机器人手爪的夹持形式有以下几种：

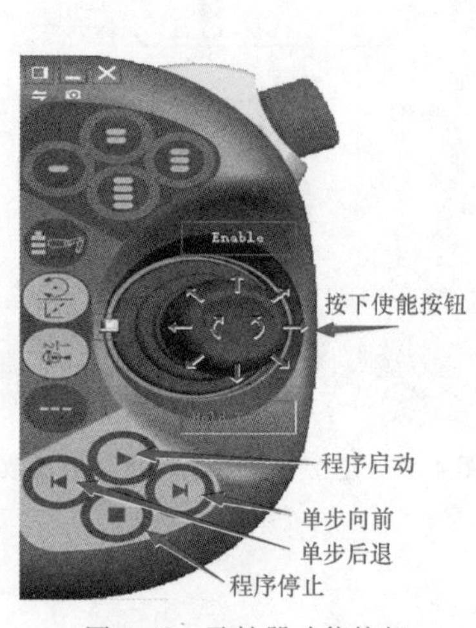

图 4-48 示教器功能按钮

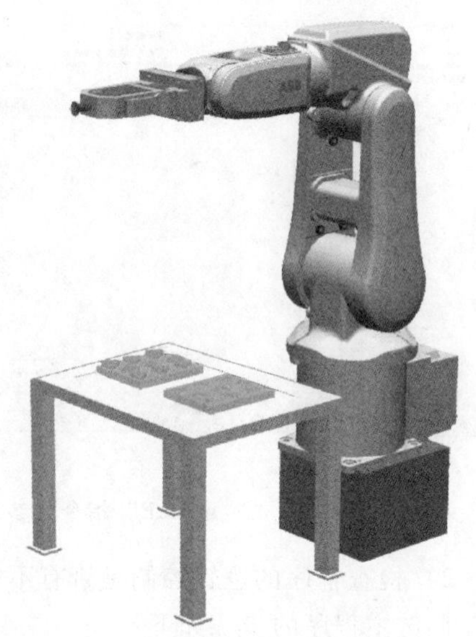

图 4-49 搬运结果

1）图 4-50 所示为平行连杆两爪，由平行连杆机构组成。

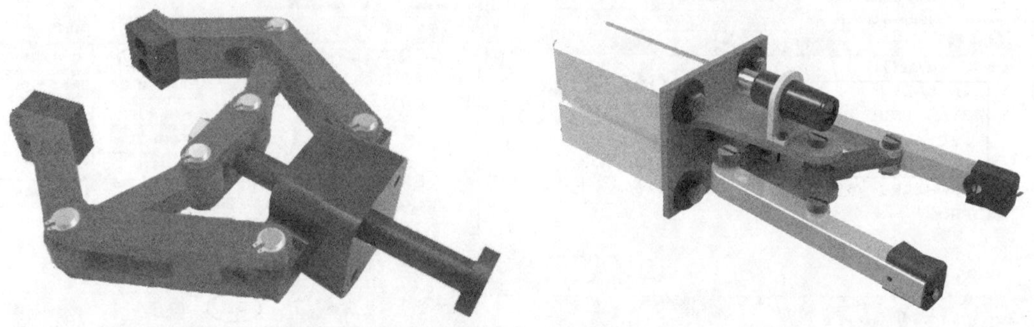

图 4-50 平行连杆两爪

2）图 4-51 所示为三爪外抓手爪，且为外抓方式。

图 4-51 三爪外抓手爪

3）图 4-52 所示为三爪内撑手爪，通过内撑的方式来抓取物体。

4）图 4-53 所示为连杆四爪手爪。

5）图 4-54 所示为柔性自适应手爪，可抓取空间几何形状复杂的物体。

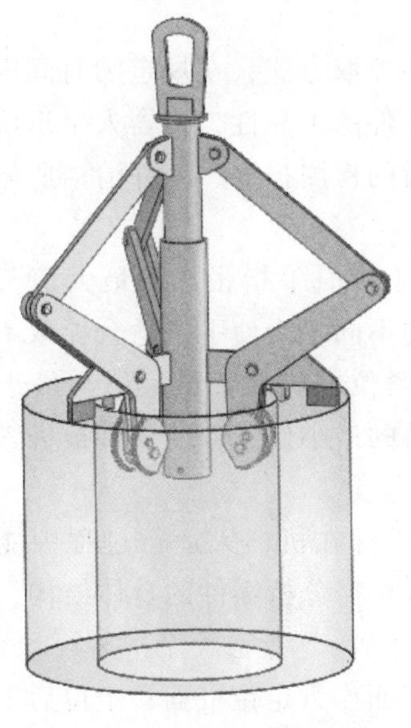

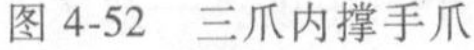
图 4-52　三爪内撑手爪

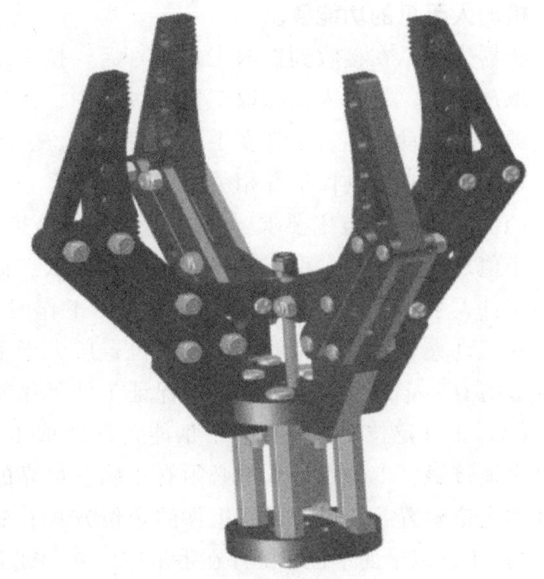

图 4-53　连杆四爪手爪

6）图 4-55 所示为真空吸盘手爪，利用真空吸盘来抓取物体。

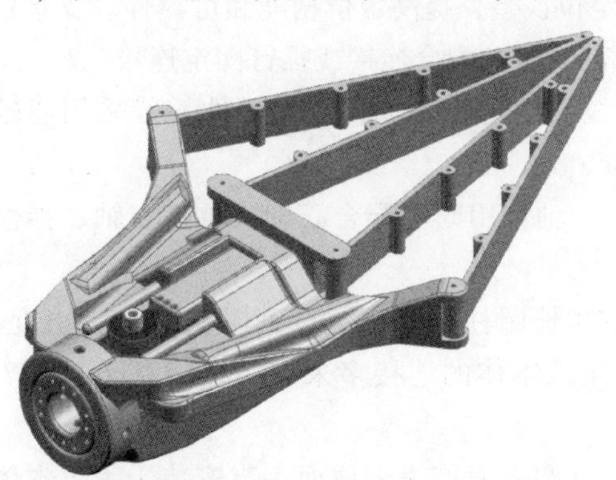

图 4-54　柔性自适应手爪

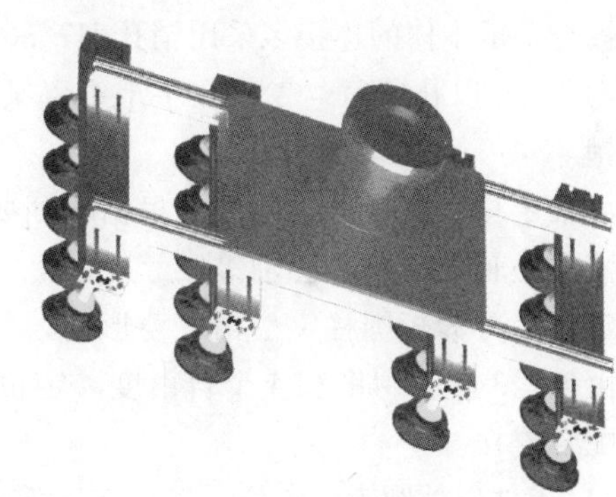

图 4-55　真空吸盘手爪

7）图 4-56 所示为仿生机械手爪，利用仿生学原理制造而成，是具有多个自由度的多指灵巧手爪，其抓取的工件多为不规则、圆形等轻便物体。

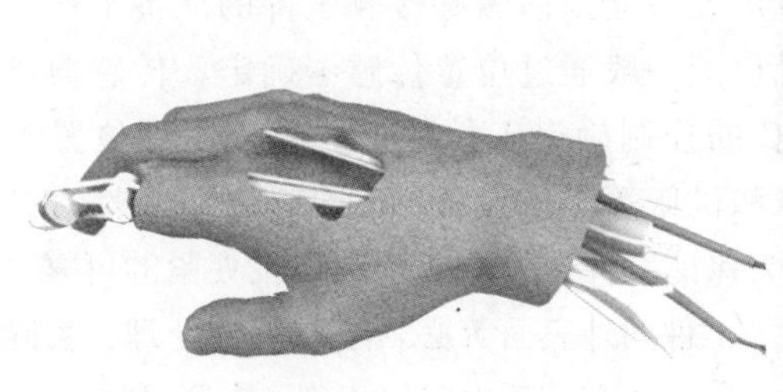

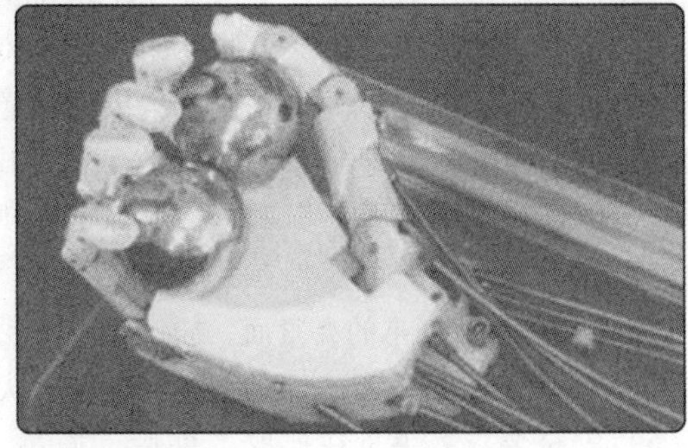

图 4-56　仿生机械手爪

二、机器人手爪的功能要求

机器人手爪在接收到抓取工件信号后，按指定的路径和抓取方式，在规定的时间内完成工件取放动作。机器人在抓取工件的过程中，为保证抓取工件的可靠性，机器人手爪应具备一定的抓取运动范围、工件在手爪中可靠定位、工件抓取后的检测报警、工件清洁所需的气管、机器人手爪断电保护等相关功能。

（1）抓取运动范围要求　抓取运动范围是指手爪抓取工件时手指张开的最大值与收缩的最小值之间的差值。由于工件的大小、形状、抓取位置的不同，为使手爪适合抓取不同规格的工件，手爪的运动范围应有所不同。工作时，工件夹紧位置应处于最大值与最小值之间，在工件夹紧后，手指的实际夹紧位置应大于手指收缩后的最小位置，使工件被夹紧后夹紧气缸能有一定的预留夹紧行程，保证工件可靠夹紧。

（2）工件定位要求　为使手爪能正确抓取工件，保证工件在机器人运行过程中能与手爪可靠地接触，工件在手爪中必须有正确、可靠的定位要求。需分析零件的具体结构，确定零件的定位位置及定位方式。工件的定位方式有如下几种：

1）工件以平面定位。工件在手爪中以外形或某个已加工面作为定位平面，定位后工件在手爪中具有确定的位置。为保证工件可靠定位，需限制工件的 6 个自由度：一般大平面限制 3 个自由度，一个侧面限制 2 个自由度，另一个侧面限制 1 个自由度。定位元件一般采用支承钉或支承板，并在手爪中以较大距离布置，以减少定位误差，提高定位精度和可靠性。支承钉或支承板与手爪本体的连接多采用销孔 H7/n6 或 H7/r6 过盈配合连接或螺钉固定连接。

2）工件以孔定位。工件在手爪中以某孔轴线作为定位基准，定位元件一般采用心轴或定位销。

心轴定位限制 4 个自由度。根据不同要求，心轴可用间隙配合心轴、锥度心轴、弹性心轴、液塑心轴及自定心心轴等。

定位销分为短圆柱定位销、菱形销、圆锥销和长圆柱定位销，分别限制 2 个自由度、1 个自由度、3 个自由度和 4 个自由度。定位销与手爪本体的连接多采用销孔 H7/n6 或 H7/r6 过盈配合连接。

3）工件以外圆表面定位。工件在手爪中以某外圆表面作为定位面，与安装于手爪本体上的套筒、卡盘或 V 形块定位。采用 V 形块定位，对中性好，可用于非完整外圆的表面定位。长 V 形块限制 4 个自由度，短 V 形块限制 2 个自由度。套筒、卡盘分别限制 2 个自由度。

（3）工件位置检测要求　机器人手爪抓取工件后按照工艺流程和 PLC 程序执行下一步动作，在执行此动作前，需告知工件在手爪中的位置是否正确，并将该结果以电信号的形式发送给机床和相关专用设备，以使机床和相关专用设备能提前做好接收工件的准备工作，如松开夹头、清洁定位面等。工件在手爪中的位置检测一般通过位置传感器确定，传感器可采用接近开关、光电开关等与 PLC 连接，通过 PLC 的控制确定工件的位置。若工件位置不符合要求，PLC 将不执行下一步工作，以保证手爪和机床等工作设备的安全性和可靠性。

（4）工件清洁要求　工件在手爪中定位时，为保证工件位置的正确和定位夹紧的可靠，手爪中工件的定位面、夹爪的夹紧面、插销的定位孔、工件的外表面等必须予以清洁处理，去除定位面、夹紧面、定位孔、外表面的灰尘或垃圾，从而使工件在手爪中定位正确、夹紧可靠。

（5）安全要求　手爪在抓取工件后，通过手爪手指的夹紧力将工件与手爪可靠地连接在一起。为保证工件与手爪在机器人运行过程中安全可靠，要求机器人手爪在运行过程中若夹钳体突然断气或断电，手爪手指仍能可靠地夹紧工件，保证工件抓取后运行的可靠性和安全性。这是手爪必须具备的安全功能，是机器人手爪的重要性能和参数。

知识拓展

机器人助力机床上下料

工业机器人上下料工作站由上下料机器人、数控机床、PLC、控制器及输送线等组成。具有以下特点：

1）高柔性：只要修改机器人的程序和手爪夹具，就可以迅速投产。

2）高效率：可以控制节拍，避免人为因素降低工效，机床利用率可以提升25%以上。

3）高质量：机器人控制系统规范了整个工件加工过程，从而避免了人工的误操作，保证了产品的质量。

图4-57所示为上下料工业机器人。上下料工业机器人可以替代人工实现数控机床在加工过程中工件搬运、取件、装卸等上下料作业，以及工件翻转和工序转换。其工作流程如下：

1）当载有待加工工件的托盘输送到上料位置后，机器人将工件搬运到数控机床的加工台上。

2）数控机床进行加工。

3）加工完成，机器人将工件搬运到输送线上料位置的托盘上。

4）上料输送线将载有已加工工件的托盘向装配工作站输送。

由人机界面发布命令，采用两个无线通信模块分别连接PLC和小型控制器DVP，实现信息的交流与控制，PLC主要控制CNC的工件加工，DVP小型控制器主要控制伺服系统与上下料机器人协同配合，小车在线自动走位，到达CNC工位自动取换料，无须人员操作，为用户减轻了负担。以前需1名操作员看守1台CNC，项目导入后，1名操作员可看守10台CNC，节省人力高达90%，如图4-58所示。伺服旋转上下料输送机将待加工工件运送至机器人抓取位置，机器人通过行走导轨将工件搬运至每台CNC进行加工，待加工完成后将工件搬运到伺服旋转上下料输送机，由操作员将加工好的工件运至成品区。同时，还可搭配AGV无人搬运小车，真正实现无人看守，大幅减少人力。

图4-57 上下料工业机器人

图4-58 加工中心上下料机器人系统

评价反馈

基本素养(30 分)				
序号	评估内容	自评	互评	师评
1	纪律(无迟到、早退、旷课)(10 分)			
2	安全规范操作(10 分)			
3	团结协作能力、沟通能力(10 分)			
理论知识(30 分)				
序号	评估内容	自评	互评	师评
1	各种指令的应用(10 分)			
2	搬运工艺流程(5 分)			
3	I/O 单元和 I/O 信号的配置(5 分)			
4	搬运机器人手爪的认知(5 分)			
5	机器人在机床上下料应用的认知(5 分)			
技能操作(40 分)				
序号	评估内容	自评	互评	师评
1	独立完成搬运程序编写(10 分)			
2	程序校验(10 分)			
3	执行机器人程序实现搬运示教(10 分)			
4	程序运行示教(10 分)			
综合评价				

练习与思考题

练习与思考题四

一、填空题

1. 常用的运动指令有____________、____________和____________。

2. Offs 偏移功能是以选定的____________为基准，沿着选定工件坐标系的____________、____________、____________轴方向偏移一定的距离。

3. ABB 标准 I/O 板都是下挂在____________总线上的设备，常用的型号有____________(____个数字输入，____个数字输出，____个模拟输出)、____________(____个数字输入，____个数字输出)。

4. Set 是将数字输出信号置为____，Reset 是将数字输出信号置为____。

5. 机器人在抓取工件的过程中，为保证抓取工件的可靠性，机器人手爪应具备一定的____________、____________、____________、____________、____________等相关功能。

6. 为使手爪能正确抓取工件，保证工件在机器人运行过程中能与手爪可靠地接触，工件在手爪中必须有____________、____________的定位要求。需分析零件的____________，确定零件的____________及____________。

7. 工业机器人上下料工作站由____________、____________、____________、____________、____________等组成。

二、简答题

1. 简述搬运机器人的特点和应用场合。
2. 简述机器人搬运的技术要求。
3. 简述程序调试的目的。
4. 简述工件的定位方式。
5. 简述工业机器人上下料的工作流程。

三、操作题

编写程序，将物块从 A 点搬至 B 点，如图 4-59 所示。

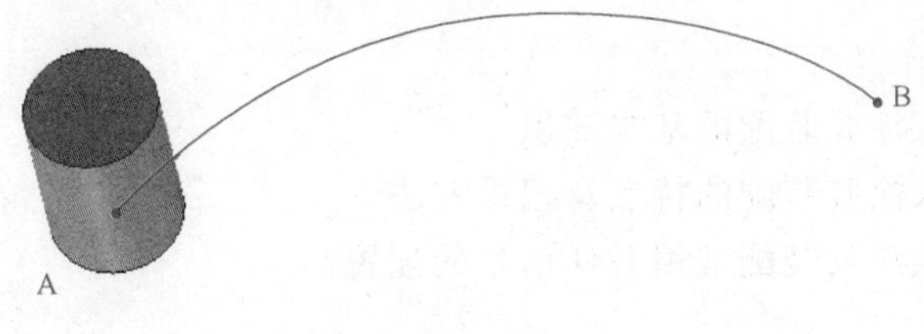

图 4-59

项目五
工业机器人涂胶装配编程与操作

项目五
辅助资料

学习目标

1. 掌握工业机器人涂胶装配的基本知识。
2. 掌握工业机器人涂胶装配的特点及编程方法。
3. 掌握工业机器人涂胶装配常用 I/O 信号的配置。

工作任务

1. 工作任务的背景

涂胶机器人作为一种典型的涂胶自动化装备，具有工件涂层均匀、重复精度好、通用性强、工作效率高等优点，能够将工人从有毒、易燃、易爆的工作环境中解放出来，已在汽车、工程机械制造、3C 产品及家具建材等领域得到了广泛应用。玻璃涂胶机器人如图 5-1 所示。

图 5-1　玻璃涂胶机器人

装配是生产制造业的重要环节，而随着生产制造结构复杂程度的提高，传统装配已不能满足日益增长的产量要求。装配机器人将代替传统人工装配成为装配生产线上的主力军，可胜任大批大量、重复性的工作。多家工业机器人厂商都抓住机遇研究出了相应的装配机器人产品，如图 5-2 所示。

装配机器人在行业中以三自由度直角坐标机器人和六自由度串联机器人的应用最为广

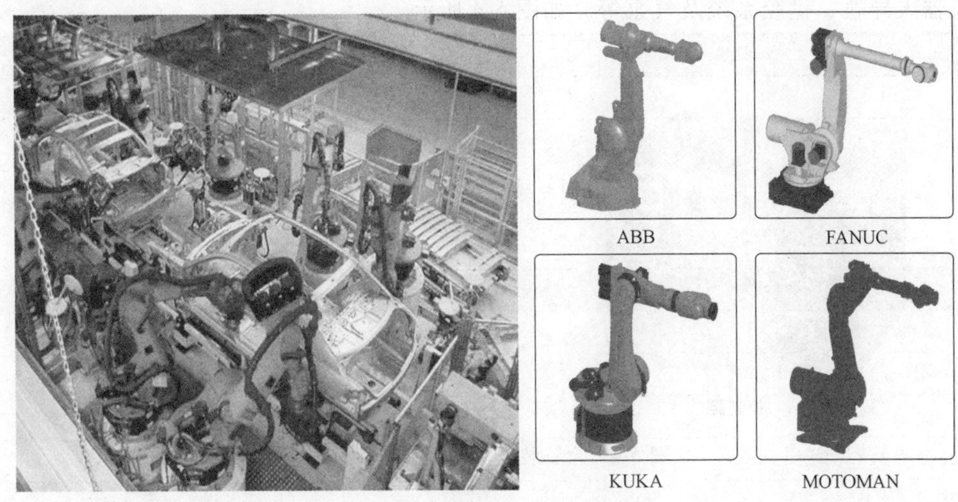

图 5-2 装配机器人

泛。三自由度直角坐标机器人可基本满足多数的涂胶装配任务，六自由度串联机器人在各行业中则具有更大的优势，不仅能到达工作空间内的任一位置，还可根据需要自由调整末端姿态（图 5-3)，因此其应用领域更广、涂胶效果更佳、装配更加灵活。通过本任务的学习，学生应掌握机器人涂胶装配的 I/O 配置、程序数据的创建、目标点示教、程序编写及调试，最终完成整个涂胶装配任务。

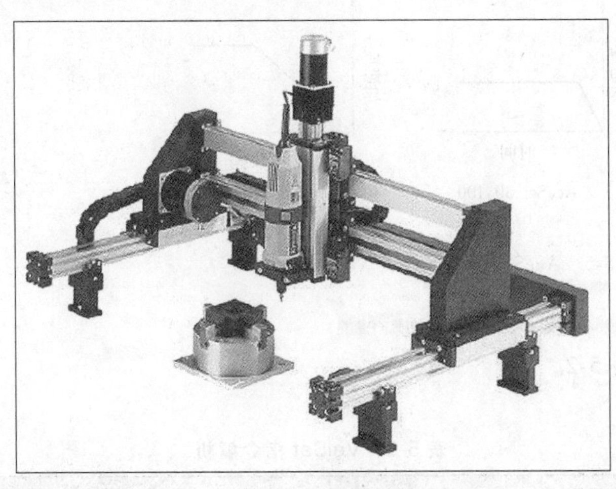

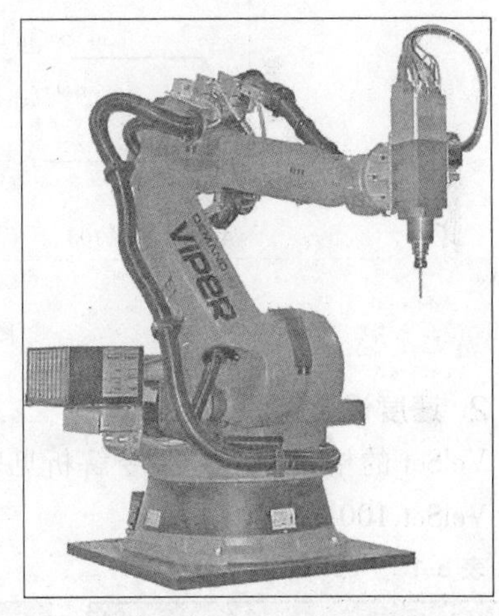

图 5-3 三自由度与六自由度机器人

2. 需达到的技术要求

1）机器人具备较高的运行速度。

2）涂胶轨迹精度高。

3）准确地控制涂胶量。

4）保证工件涂层均匀。

3. 所需要的设备

工业机器人涂胶装配编程与操作所需的设备有：涂装机器人、控制器、自动胶枪、吸盘、机器人导轨、供胶系统及气泵等，如图 5-4 所示。

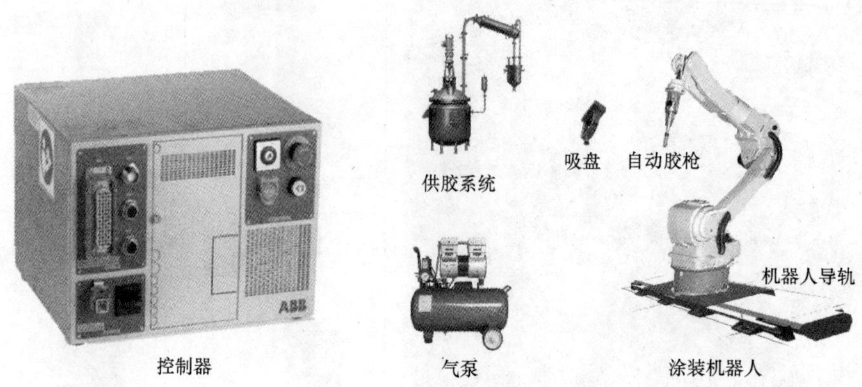

图 5-4 涂胶装配机器人系统的组成

实践操作

一、知识储备

1. 加速度设置指令 AccSet

AccSet 的格式如下，指令解析见表 5-1，两个参数对加速度的影响可参考图 5-5。

AccSet 100，100；

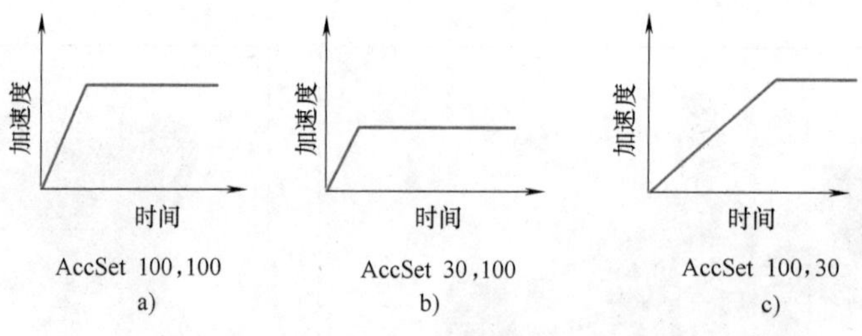

图 5-5 AccSet 指令图像

2. 速度设置指令 VelSet

VelSet 的格式如下，指令解析见表 5-2。

VelSet 100，1000；

表 5-1 AccSet 指令解析

参数	含义
参数 1	加速度最大值百分比
参数 2	加速度坡度值

表 5-2 VelSet 指令解析

参数	含义
参数 1	速度百分比，其针对的是各个运动指令中的速度数据
参数 2	线速度最高限值，即机器人运动线速度不能超过 1000mm/s

说明：此条指令运行之后，机器人所有的运动指令均受其影响，直至下一条 VelSet 指令执行。此速度设置与示教器端速度百分比设置并不冲突，两者相互叠加。例如，示教器端机器人运行速度百分比为 50%，VelSet 设置的百分比为 50%，则机器人实际运动速度为两者的乘积，即 25%。另外，在运动过程中，一味地只加大或减小速度有时并不能明显改变机器人的运行速度，因为机器人在运动过程中涉及加速、减速。

二、运动规划

工业机器人拾取胶枪，在装配盘各工件装配槽内按轨迹进行涂胶作业，涂胶完成后，工业机器人再拾取真空吸盘工具，将指定工件装配至对应位置，工件装配完毕，吸附箱盖进行加盖作业。涂胶和装配流程如图 5-6 所示。

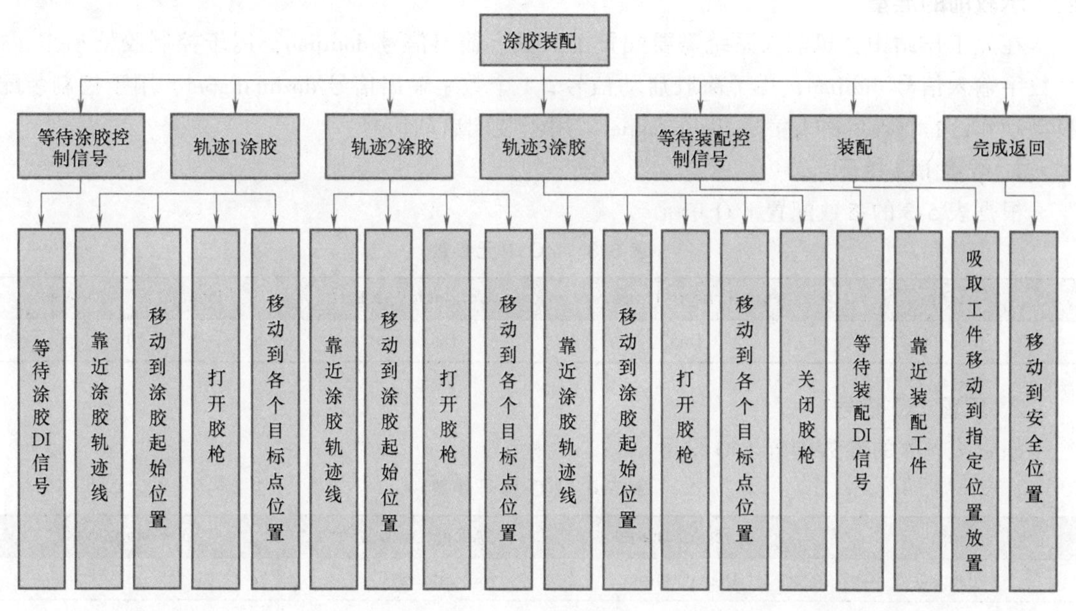

图 5-6 运动规划

三、涂胶装配任务

机器人接收到涂胶信号时，运动到涂胶起始位置点，胶枪打开，沿着图 5-7 中的轨迹 1

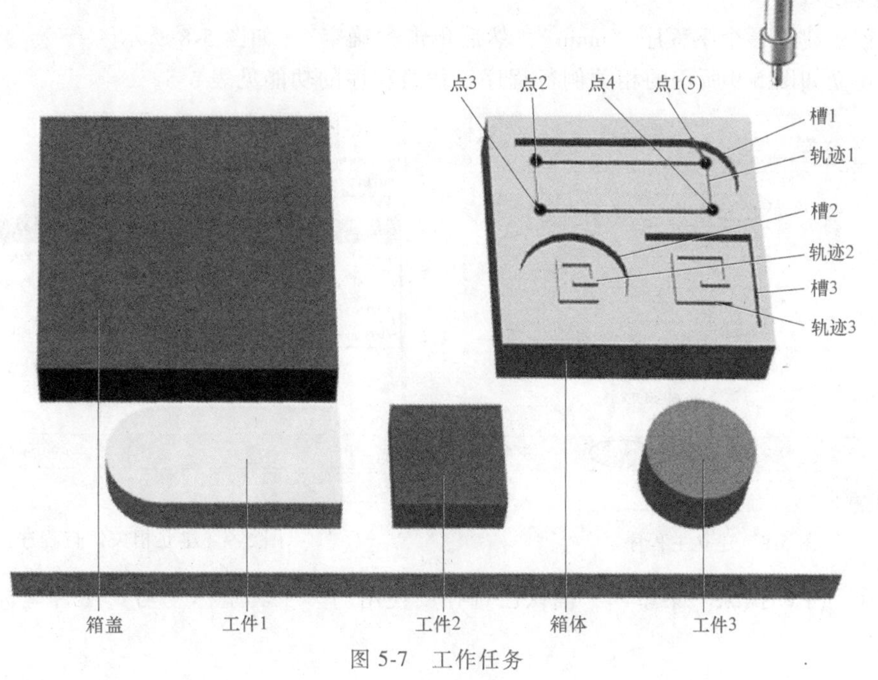

图 5-7 工作任务

(1-2-3-4-5)涂胶，然后依次完成轨迹 2、轨迹 3 的涂胶任务，最后回到机械原点。机器人接收到装配信号时，运动到装配起始位置点，末端吸盘开启，分别把图 5-7 中的工件放置到对应的槽内，再把黑色的箱盖装配到箱体上。装配完成后机器人回到机械原点，完成涂胶装配任务。

四、示教前的准备

在此工作站中，机器人系统需要配置 1 个数字输出信号 dotujiao，用于控制胶枪动作；1 个数字输入信号 ditujiao，用于涂胶启动信号；1 个数字输出信号 dozhuangpei，用于控制装配吸盘动作；1 个数字输入信号 dizhuangpei，用于装配启动信号。

1. 配置 I/O 单元

根据表 5-3 的参数配置 I/O 单元。

表 5-3 I/O 单元参数

Name	Type of Unit	Connected to Bus	DeviceNet Address
Board10	D652	DeviceNet1	10

2. 配置 I/O 信号

根据表 5-4 的参数配置 I/O 信号。

表 5-4 I/O 信号参数

Name	Type of Signal	Assigned to Unit	Unit Mapping
dotujiao	Digital Output	Board10	0
ditujiao	Digital Input	Board10	0
dozhuangpei	Digital Output	Board10	1
dizhuangpei	Digital Input	Board10	1

五、建立程序

1）首先建立一个主程序“main”，然后单击“确定”，如图 5-8 所示。

2）建立如图 5-9 所示的相关例行程序，例行程序的功能见表 5-5。

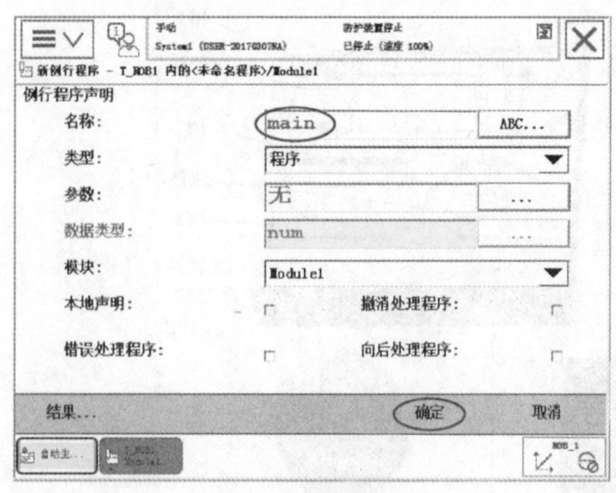

图 5-8 建立主程序

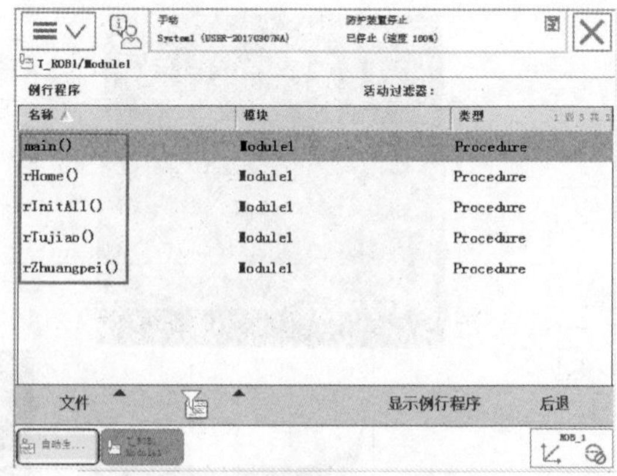

图 5-9 建立相关例行程序

3）在“手动操纵”菜单内，确认已选择要使用的“工具坐标”与“工件坐标”，如图 5-10 所示。

表 5-5　例行程序说明

程序	说明
main	主程序
rInitAll	初始化例行程序
rHome	机器人回等待位
rTujiao	涂胶例行程序
rZhuangpei	装配例行程序

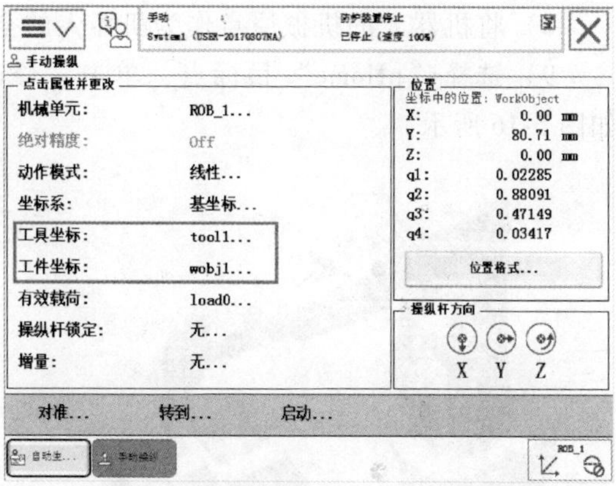

图 5-10　选择工具坐标系和工件坐标系

4）回到程序编辑器菜单，进入“rHome”例行程序，选择“<SMT>”为插入指令的位置，如图 5-11 所示。

5）单击“添加指令”，添加“MoveJ”指令，并双击“*”，如图 5-12 所示。

6）进入指令参数修改界面（选择相应示教点），如图 5-13 所示。

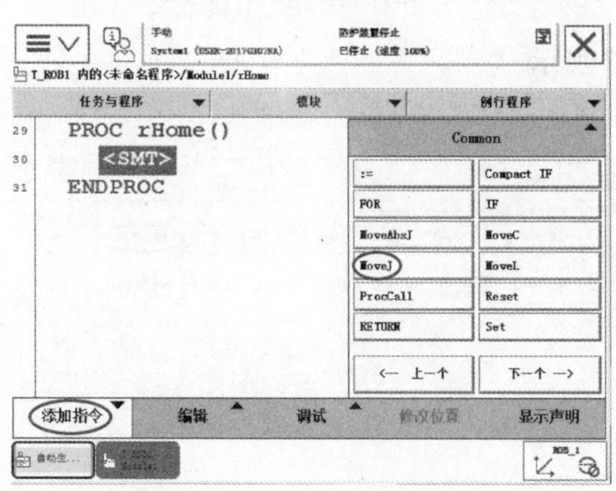

图 5-11　程序编辑器菜单

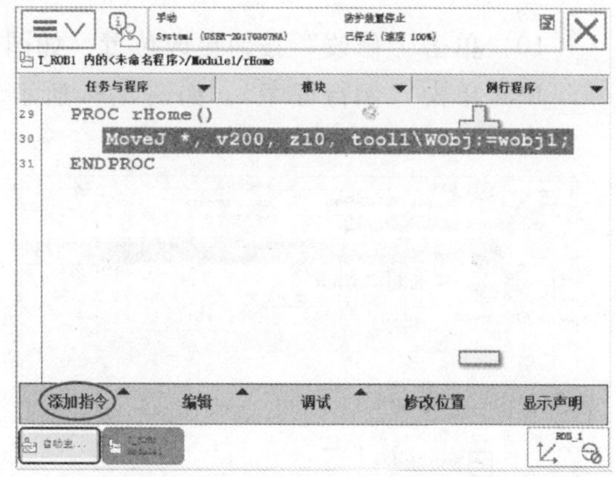

图 5-12　添加“MoveJ”指令

7）通过新建或选择对应的参数数据，设定为图 5-14 所示值。

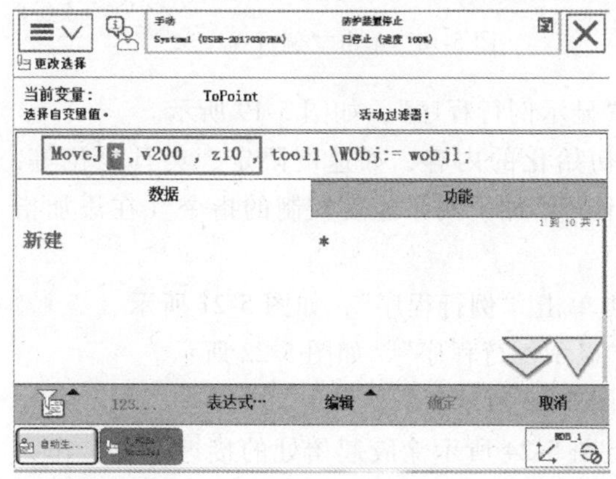

图 5-13　修改指令参数

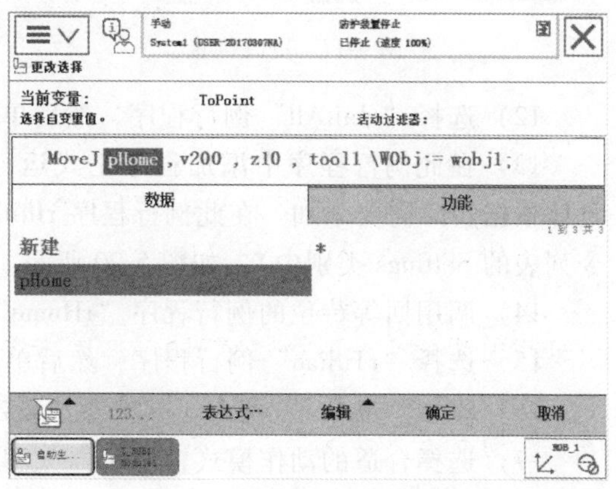

图 5-14　选择对应的参数数据

8）将机器人的机械原点作为机器人的空闲等待点（pHome），如图 5-15 所示。

9）选择“pHome”目标点，单击“修改位置”，将机器人的当前位置数据记录下来，如图 5-16 所示。

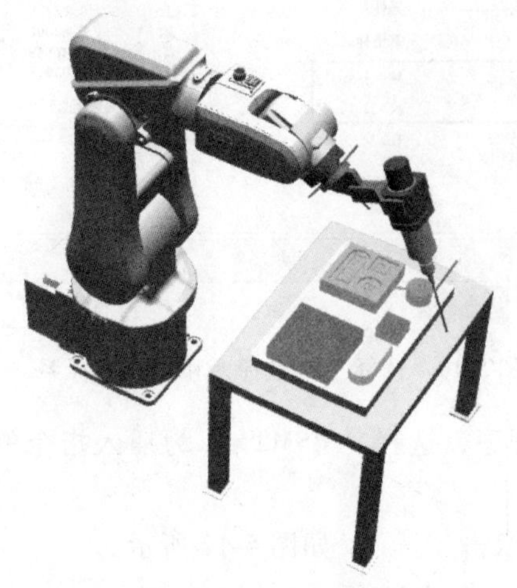

图 5-15　机器人机械原点

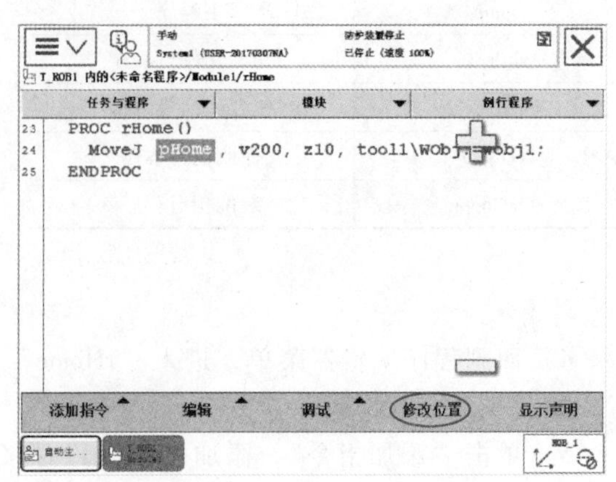

图 5-16　选择“pHome”目标点

10）单击“修改”按钮更改位置，如图 5-17 所示。

11）单击“例行程序”，如图 5-18 所示。

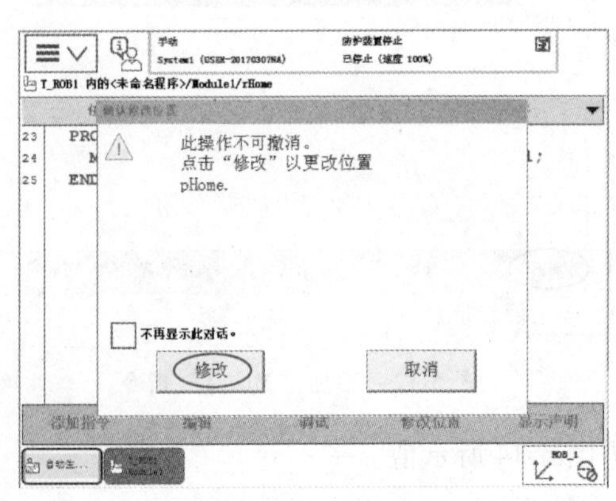

图 5-17　更改位置

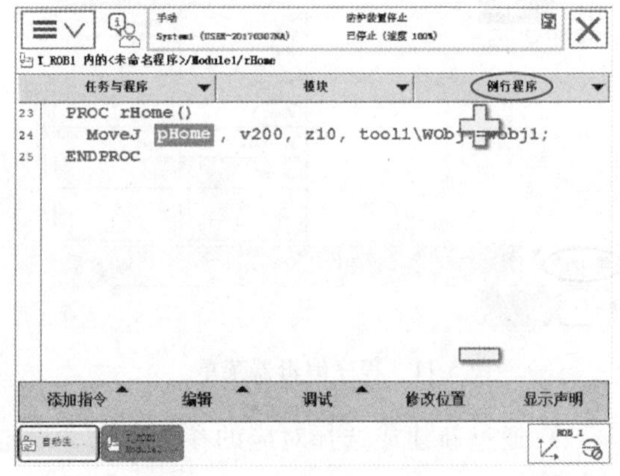

图 5-18　单击“例行程序”

12）选择“rInitAll”例行程序，然后单击“显示例行程序”，如图 5-19 所示。

13）在此例行程序中添加程序正式运行前初始化的内容，如速度限定、夹具复位等，具体根据实际需要添加。在此例行程序 rInitAll 中只增加了两条速度控制的指令（在添加指令列表的 Settings 类别中），如图 5-20 所示。

14）调用回等待位的例行程序“rHome”，再单击“例行程序”，如图 5-21 所示。

15）选择“rTujiao”例行程序，然后单击“显示例行程序”，如图 5-22 所示。

16）添加“MoveJ”指令，并将参数设定为图 5-23 所示值。

17）选择合适的动作模式，使机器人移动至图 5-24 所示涂胶起始处的接近位置，作为机器人的 p10 点。

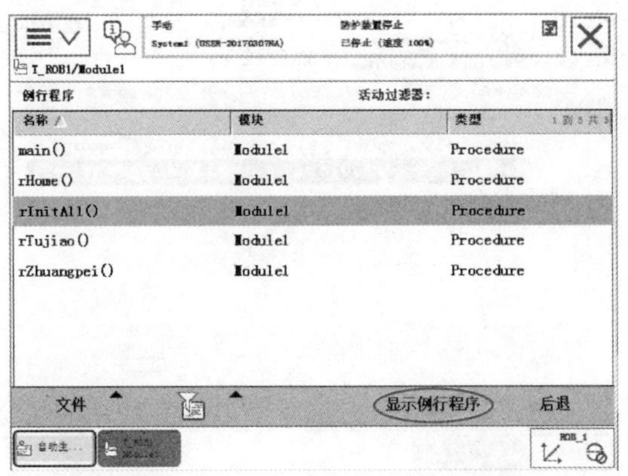

图 5-19 选择“rIniAll”例行程序

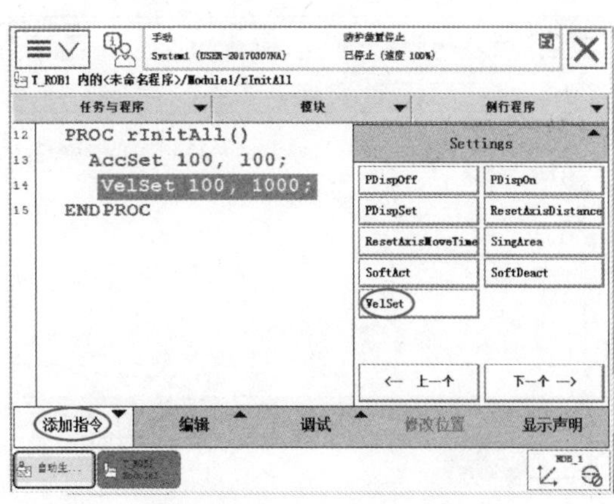

图 5-20 添加初始化程序

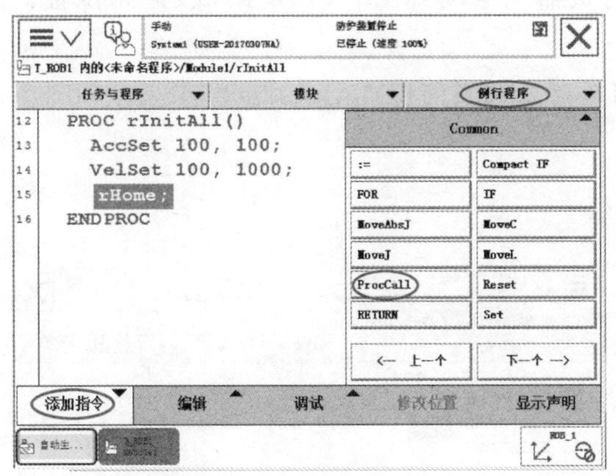

图 5-21 调用例行程序

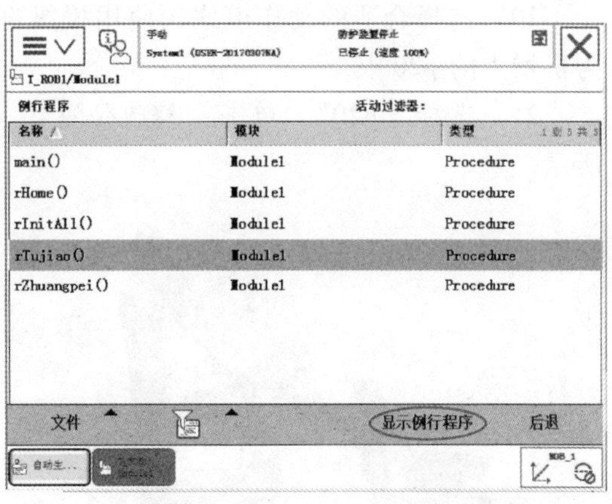

图 5-22 选择“rTujiao”例行程序

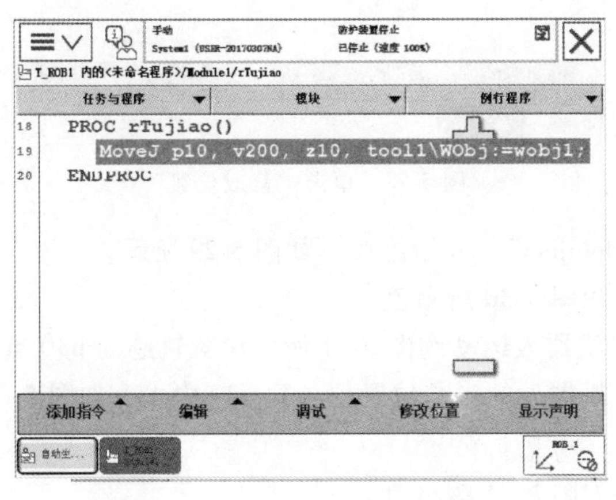

图 5-23 添加“MoveJ”指令

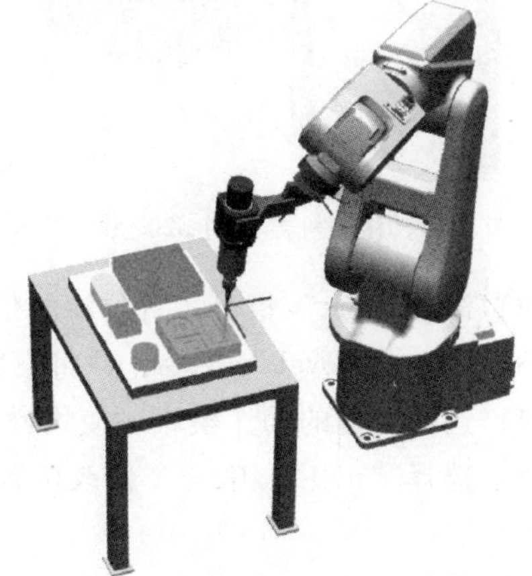

图 5-24 涂胶起始处接近位置

18）选择“p10”，单击“修改位置”，将机器人的当前位置记录到 p10 中去，如图 5-25 所示。

19）添加“MoveL”指令，并将参数设定为图 5-26 所示值。

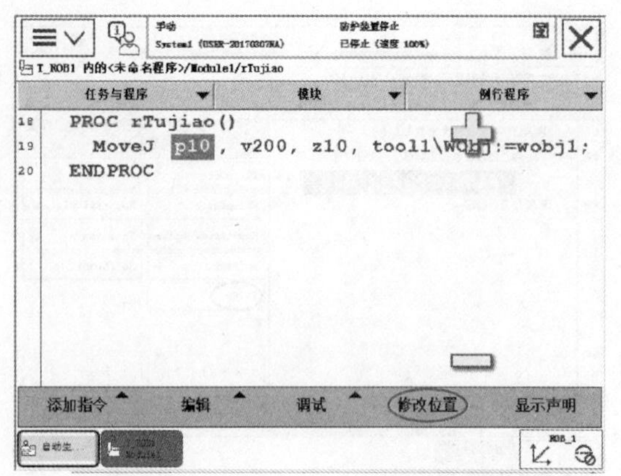

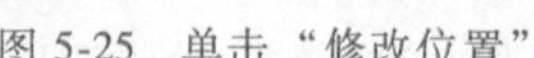
图 5-25　单击“修改位置”

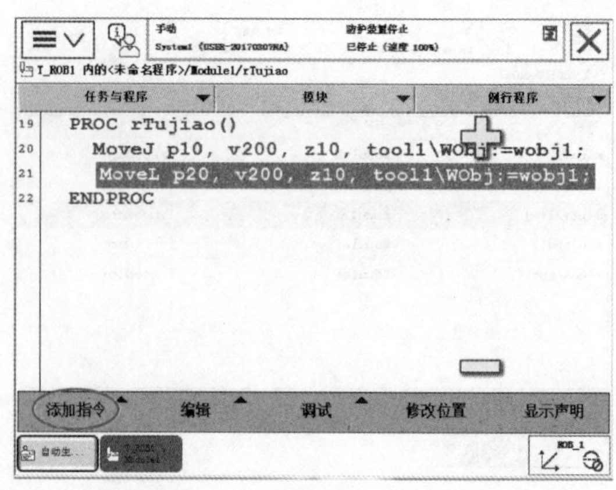

图 5-26　添加“MoveJ”指令

20）选择合适的动作模式，使用操纵杆将机器人运动到图 5-27 所示涂胶起始位置，作为机器人的 p20 点。

21）选择“p20”，单击“修改位置”，将机器人的当前位置记录到 p20 中去，如图 5-28 所示。

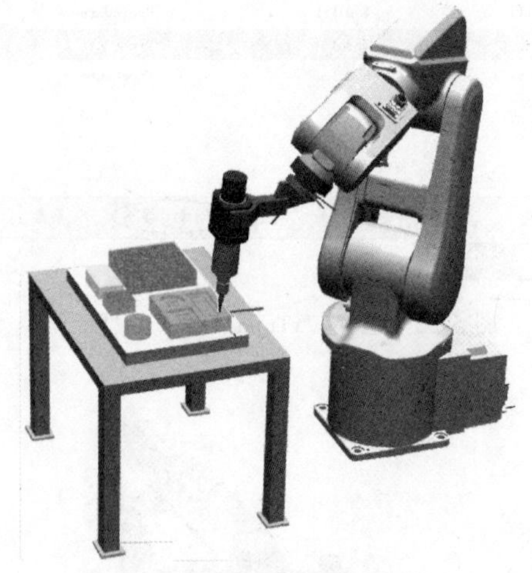
图 5-27　移动机器人到 p20 点

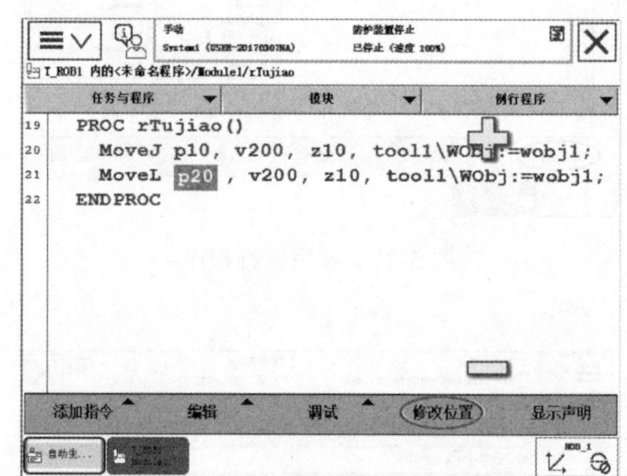

图 5-28　单击“修改位置”

22）添加“Set”指令，置位涂胶信号“dotujiao”，开始涂胶，如图 5-29 所示。

23）添加“MoveL”指令，并将参数设置为图 5-30 所示值。

24）选择合适的动作模式，使用操纵杆将机器人运动到图 5-31 所示涂胶轨迹的 p30 点。

25）选择“p30”，单击“修改位置”，将机器人的当前位置记录到 p30 中去，如图 5-32 所示。

26）添加“MoveL”指令，并将参数设置为图 5-33 所示值。

27）选择合适的动作模式，使用操纵杆将机器人运动到图 5-34 所示涂胶轨迹的 p40 点。

28）选择“p40”，单击“修改位置”，将机器人的当前位置记录到 p40 中去，如图 5-35 所示。

29）添加“MoveL”指令，并将参数设置为图 5-36 所示值。

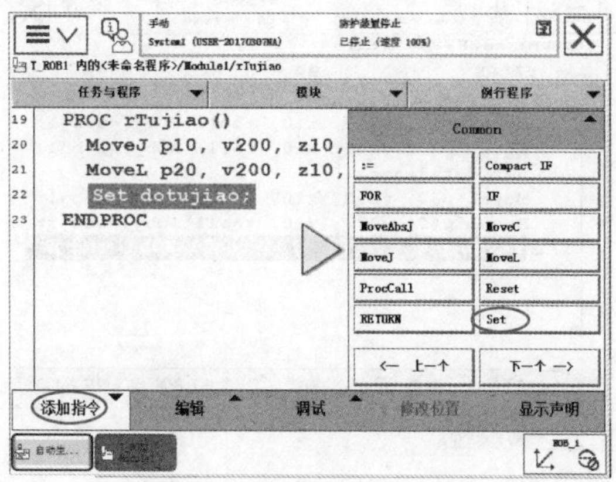

图 5-29　添加 “Set” 指令

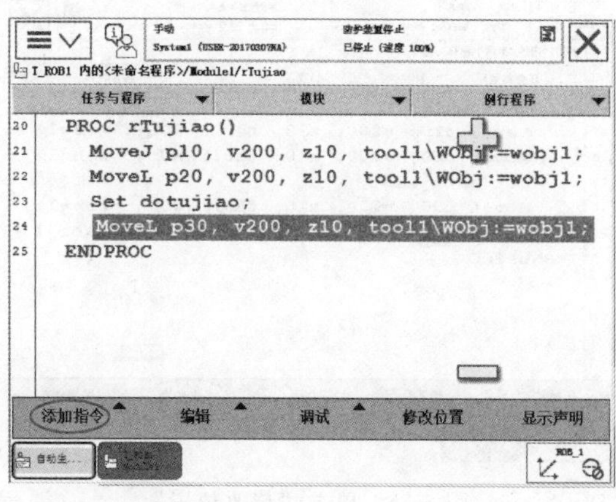

图 5-30　添加 “MoveL” 指令

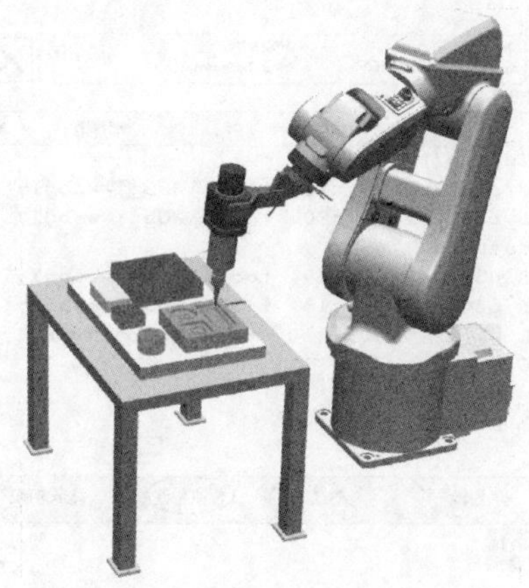

图 5-31　移动机器人到 p30 点

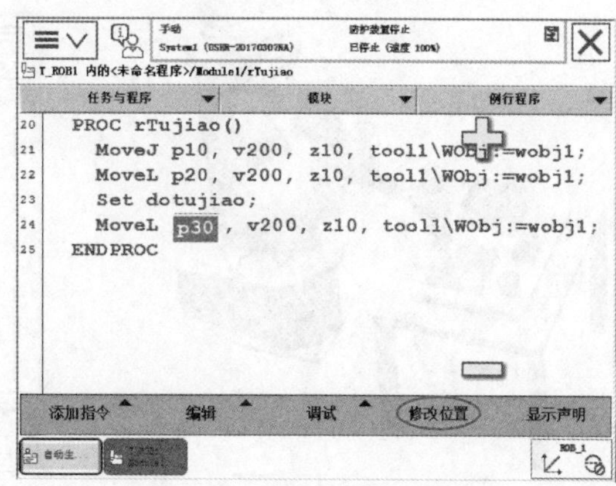

图 5-32　单击 “修改位置”

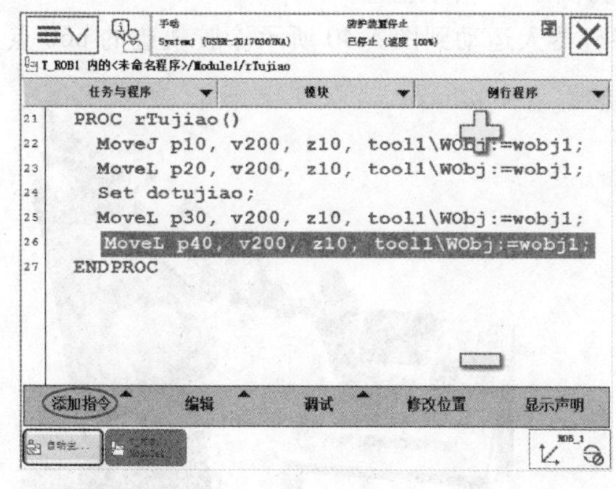

图 5-33　添加 “MoveL” 指令

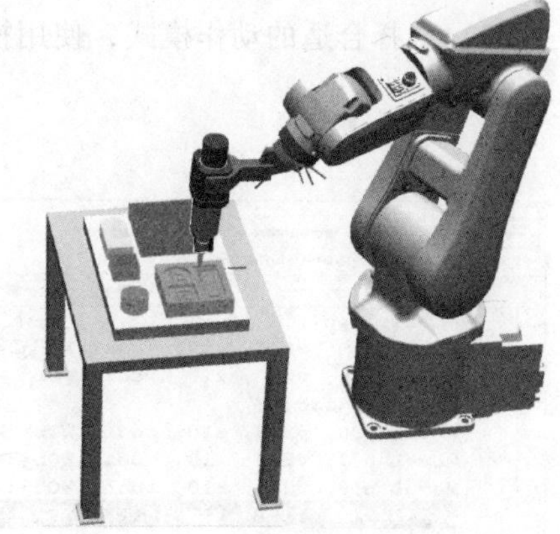

图 5-34　移动机器人到 p40 点

30）选择合适的动作模式，使用操纵杆将机器人运动到图 5-37 所示涂胶轨迹的 p50 点。

31）选择 “p50”，单击 “修改位置”，将机器人的当前位置记录到 p50 中去，如图 5-38 所示。

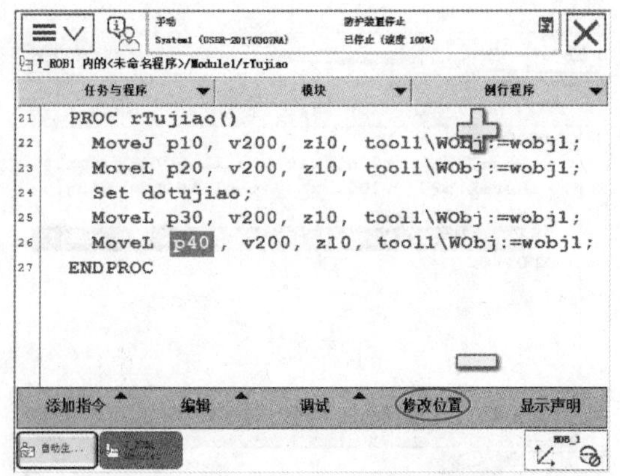

图 5-35　单击“修改位置”

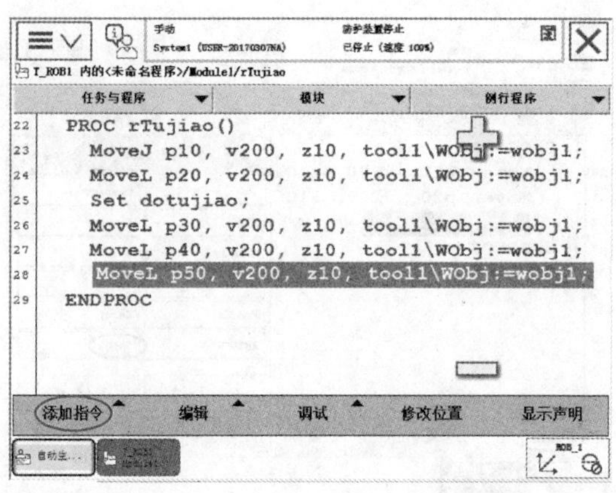

图 5-36　添加“MoveL”指令

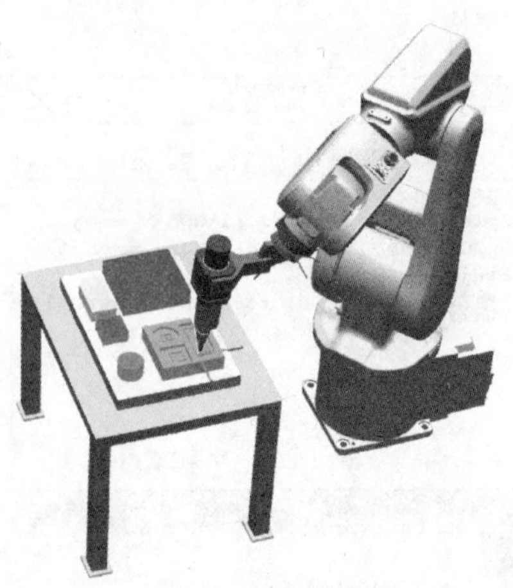

图 5-37　移动机器人到 p50 点

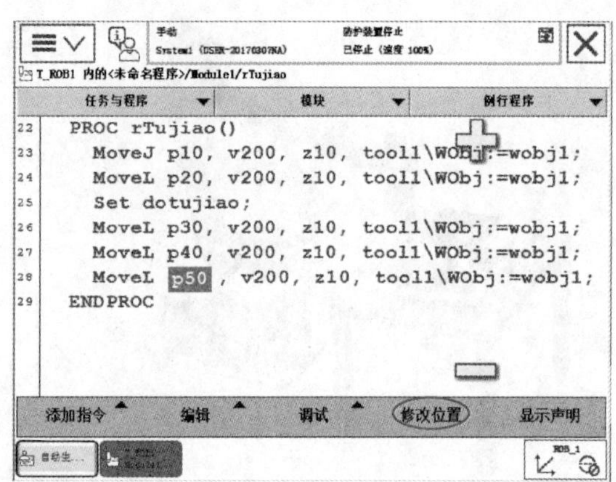

图 5-38　单击“修改位置”

32）添加“MoveL”指令，并将参数设置为图 5-39 所示值。

33）选择合适的动作模式，使用操纵杆将机器人运动到图 5-40 所示涂胶轨迹的 p60 点。

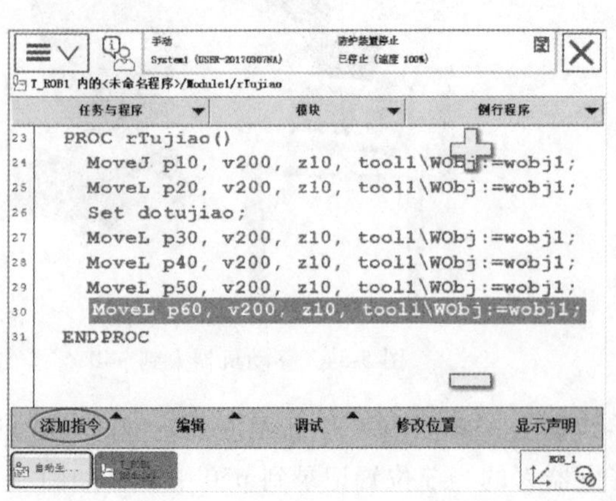

图 5-39　添加“MoveL”指令

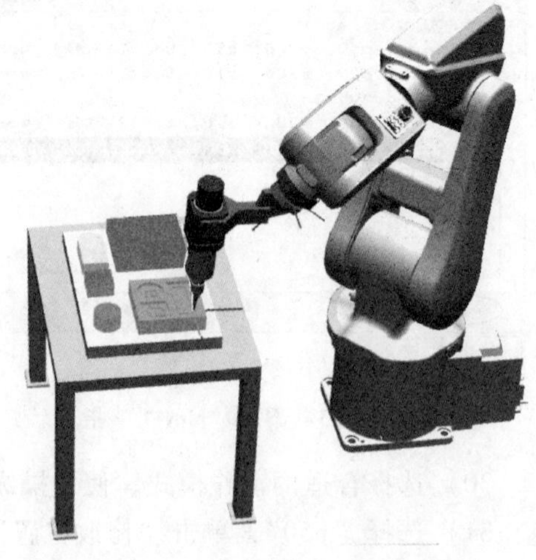

图 5-40　移动机器人到 p60 点

34）选择“p60”，单击“修改位置”，将机器人的当前位置记录到 p60 中去，如图 5-41 所示。

35）添加“Reset”指令，复位“dotujiao”，停止涂胶，如图 5-42 所示。

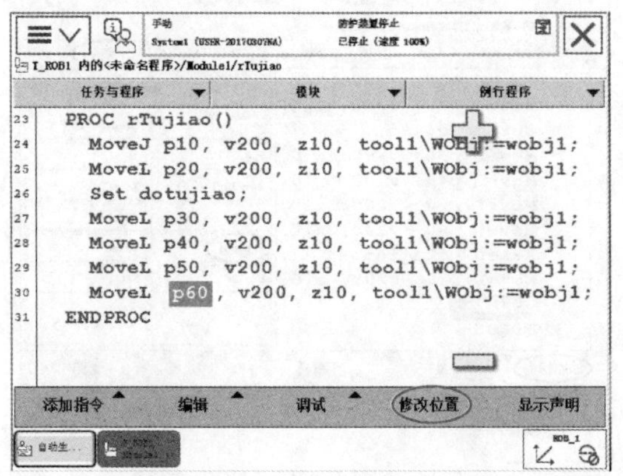

图 5-41 单击“修改位置”

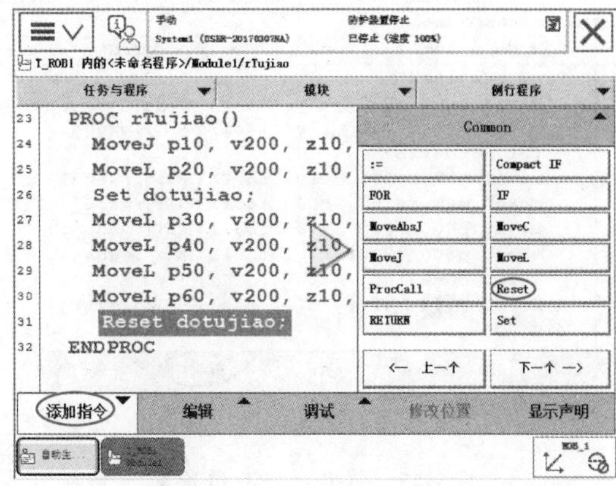

图 5-42 添加“Reset”指令

36）添加“MoveL”指令，并将参数设置为图 5-43 所示值。

37）选择合适的动作模式，使用操纵杆将机器人运动到图 5-44 所示的 p70 点，涂胶结束，离开工件，移动至涂胶终点的上方。

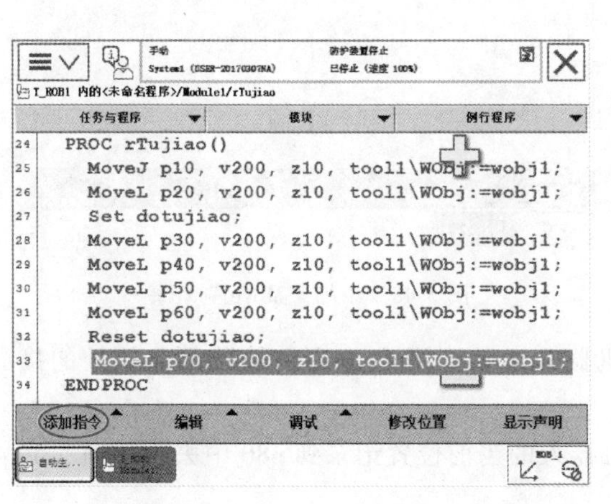

图 5-43 添加“MoveL”指令

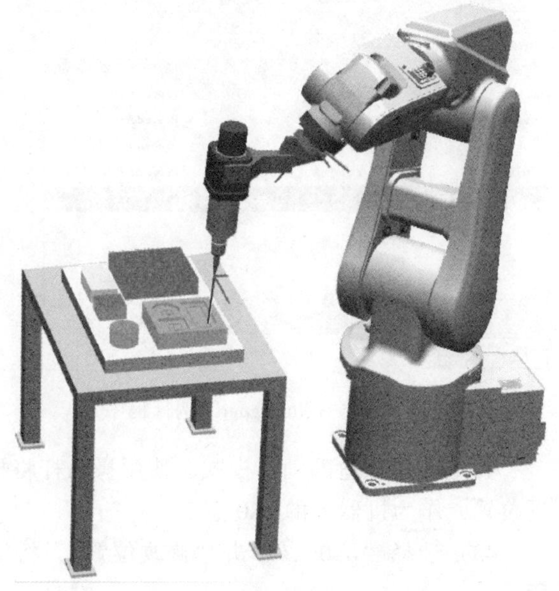

图 5-44 移动机器人到 p70 点

38）选择“p70”，单击“修改位置”，将机器人的当前位置记录到 p70 中去，如图 5-45 所示。

39）添加“ProcCall”指令，调用“rHome”程序，机器人移动到工作原位，如图 5-46 所示。

初步完成了涂胶轨迹 1 的编程与操作，涂胶轨迹 2、3 按照涂胶轨迹 1 的步骤进行编程与操作，这里不再一一进行介绍。涂胶完成以后，ABB 工业机器人接收到装配信号，机器人进行装配工作。下面介绍装配的编程与操作。

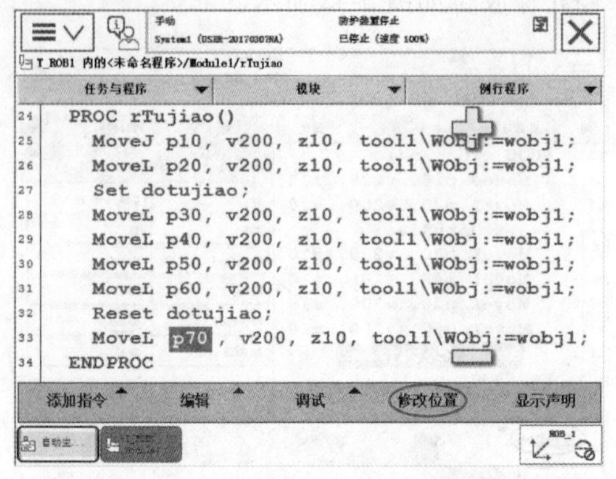

图 5-45　单击“修改位置”

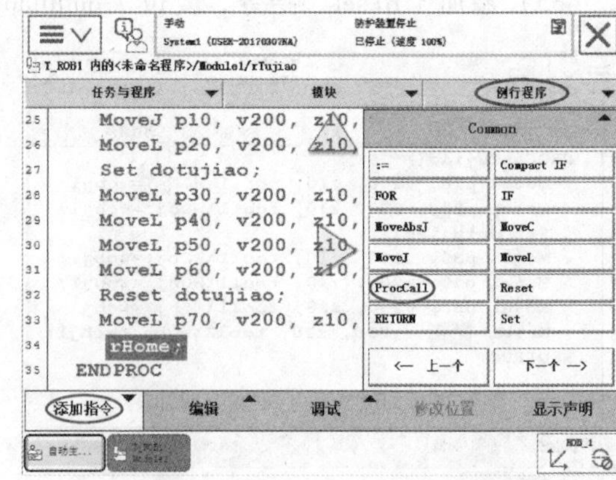

图 5-46　添加“ProcCall”指令

40）单击图 5-46 中的“例行程序”，再选择图 5-47 中的“rZhuangpei”例行程序，然后单击“显示例行程序”。

41）添加“MoveJ”指令，并将参数设置为图 5-48 所示值。

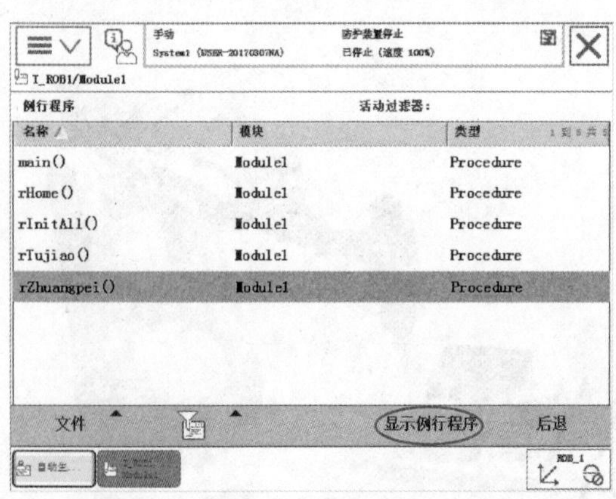

图 5-47　选择“rZhuangpei”例行程序

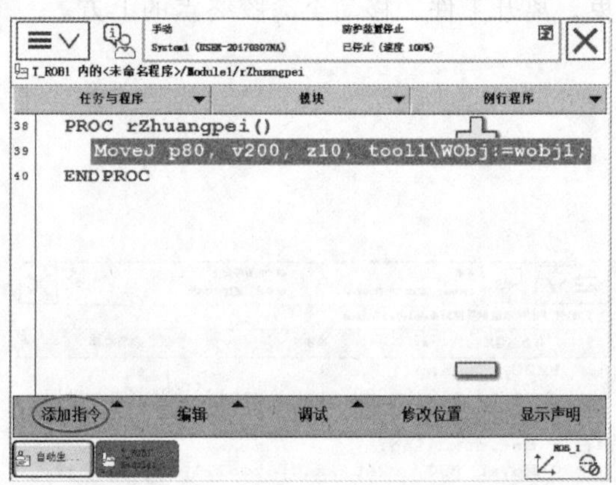

图 5-48　添加“MoveJ”指令

42）选择合适的动作模式，使用操纵杆将机器人运动到图 5-49 所示的装配起始处的接近位置，作为机器人的 p80 点。

43）选择“p80”，单击“修改位置”，将机器人的当前位置记录到 p80 中去，如图 5-50 所示。

44）添加“MoveL”指令，并将参数设置为图 5-51 所示值。

45）选择合适的动作模式，使用操纵杆将机器人末端的吸盘接触到箱盖，作为机器人的 p90 点，如图 5-52 所示。

46）选择“p90”，单击“修改位置”，将机器人的当前位置记录到 p90 中去，如图 5-53 所示。

47）添加“Set”指令，置位装配信号“dozhuangpei”，开始装配，如图 5-54 所示。

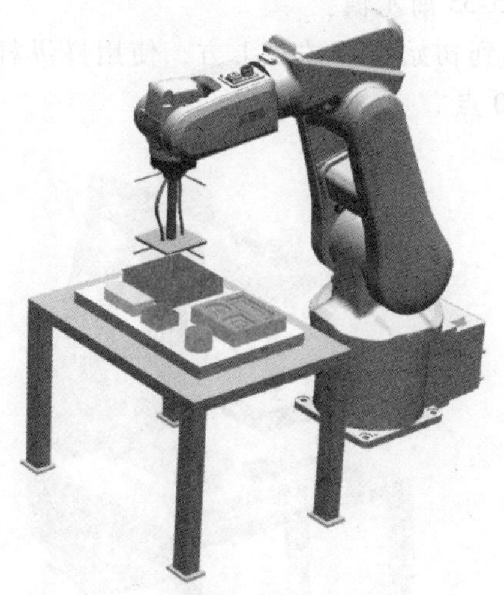

图 5-49　移动机器人到 p80 点

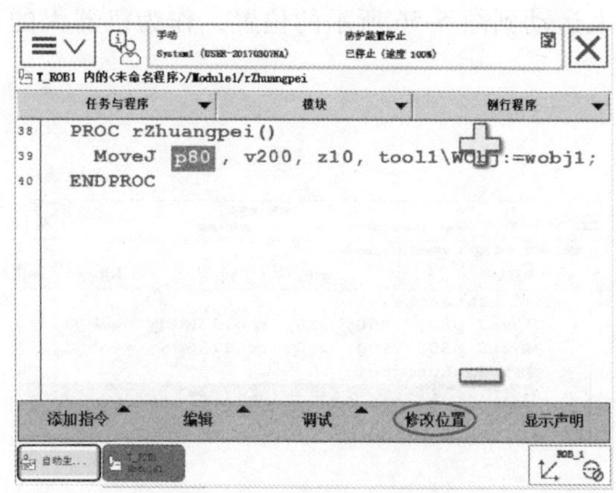

图 5-50　单击“修改位置”

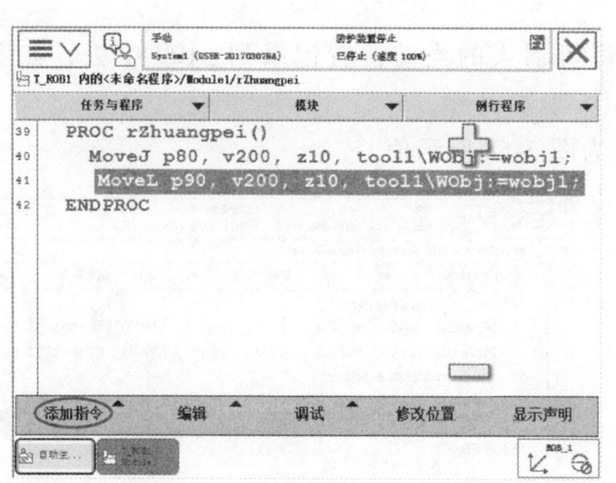

图 5-51　添加“MoveL”指令

图 5-52　移动机器人到 p90 点

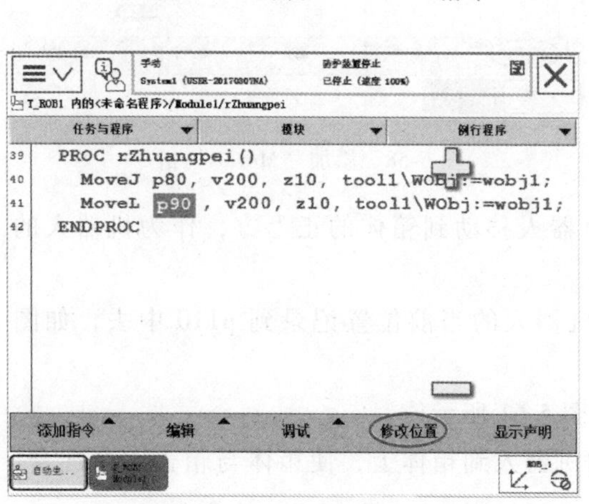

图 5-53　单击“修改位置”

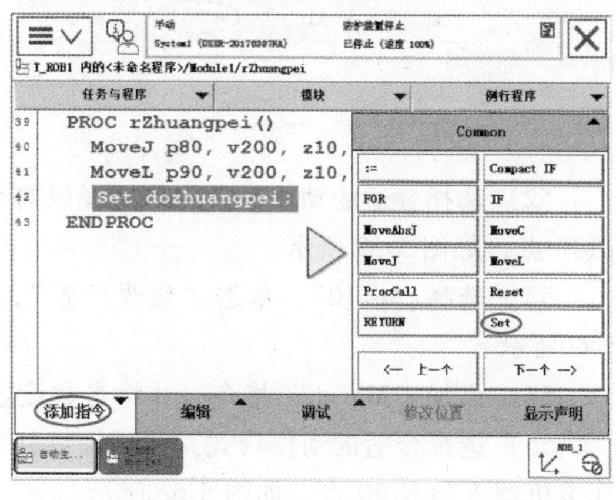

图 5-54　添加“Set”指令

48）添加“MoveL”指令，并将参数设置为图 5-55 所示值。

49）选择合适的动作模式，吸盘吸住箱盖移动到初始位置的正上方，使用操纵杆将机器人运动到图 5-56 所示的位置，作为机器人的 p100 点。

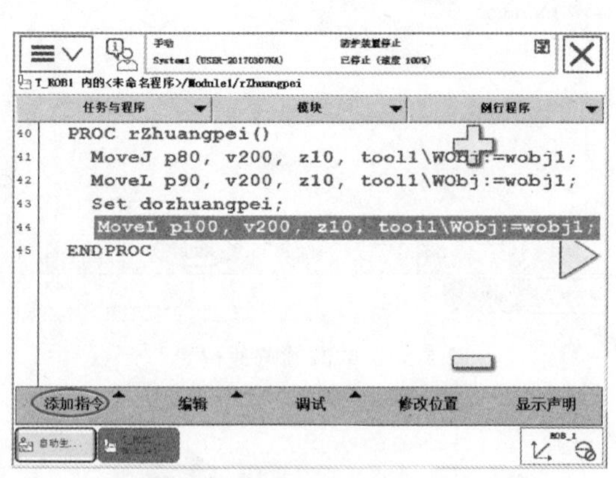

图 5-55　添加“MoveL”指令

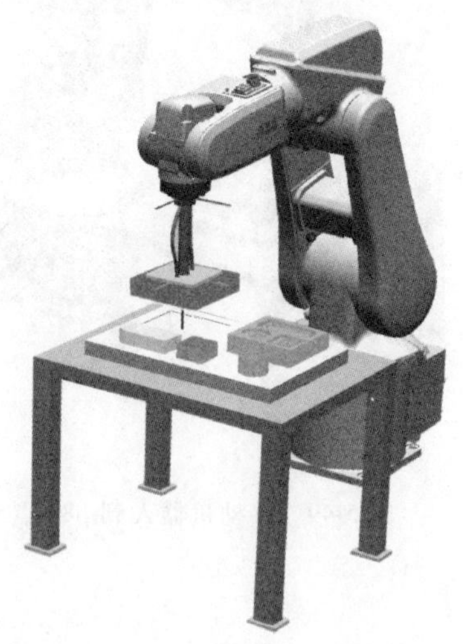

图 5-56　移动机器人到 p100 点

50）选择“p100”，单击“修改位置”，将机器人的当前位置记录到 p100 中去，如图 5-57所示。

51）添加“MoveL”指令，并将参数设置为图 5-58 所示值。

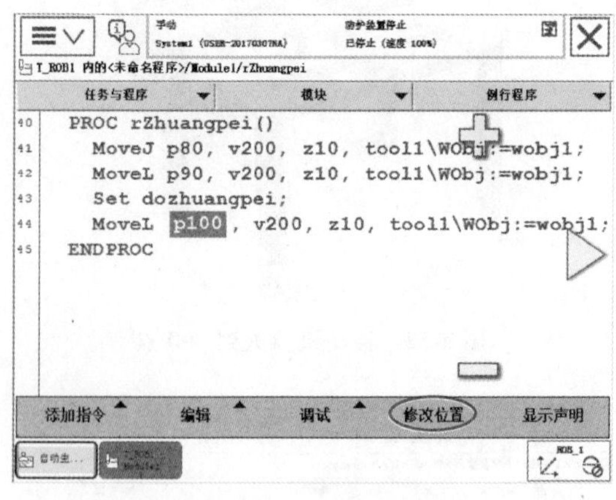

图 5-57　单击“修改位置”

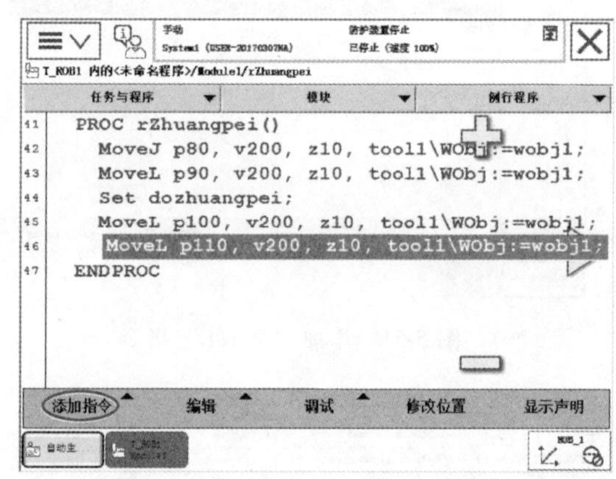

图 5-58　添加“MoveL”指令

52）选择合适的动作模式，使用操纵杆将机器人移动到箱体的正上方，作为机器人的 p110 点，如图 5-59 所示。

53）选择“p110”，单击“修改位置”，将机器人的当前位置记录到 p110 中去，如图 5-60所示。

54）添加“MoveL”指令，并将参数设置为图 5-61 所示值。

55）选择合适的动作模式，使用操纵杆移动机器人到箱体上，使箱体与箱盖完全配合，作为机器人的 p120 点，如图 5-62 所示。

图 5-59　移动机器人到 p110 点

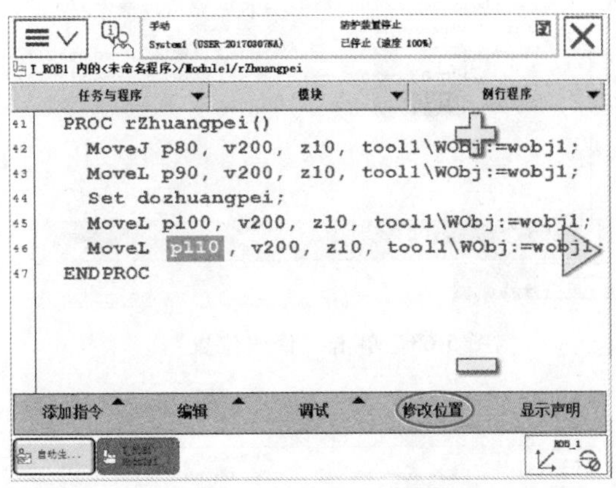

图 5-60　单击“修改位置”

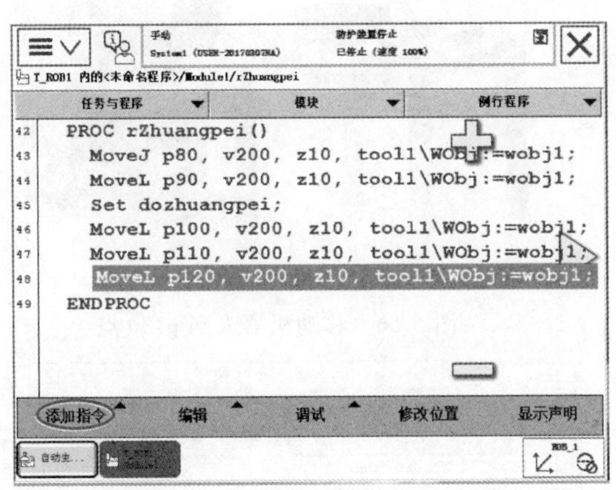

图 5-61　添加“MoveL”指令

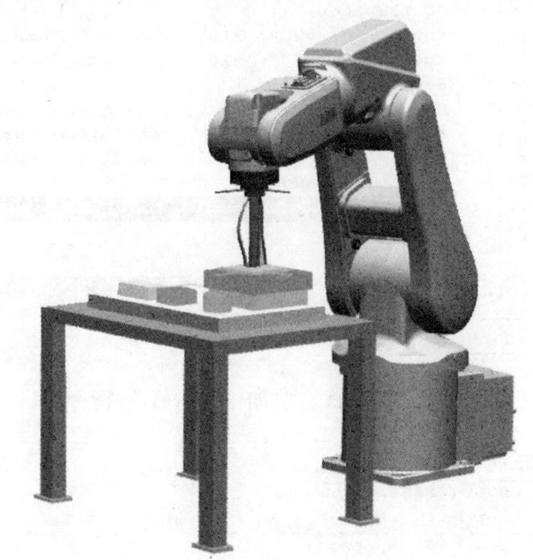

图 5-62　移动机器人到 p120 点

56）选择“p120”，单击“修改位置”，将机器人的当前位置记录到 p120 中去，如图 5-63所示。

57）添加“Reset”指令，复位装配信号“dozhuangpei”，吸盘不再吸取物体，如图 5-64 所示。

58）添加“MoveL”指令，并将参数设置为图 5-65 所示值。

59）装配结束，机器人离开箱体，移动到装配终点的正上方，作为机器人的 p130 点，如图 5-66 所示。

60）选择“p130”，单击“修改位置”，将机器人的当前位置记录到 p130 中去，如图 5-67所示。

61）添加“ProcCall”指令，调用“rHome”程序，机器人移动到工作原位，如图 5-68 所示。

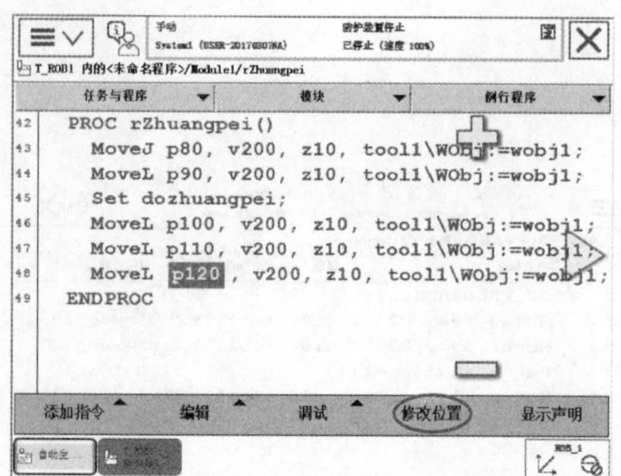

图 5-63　单击“修改位置”

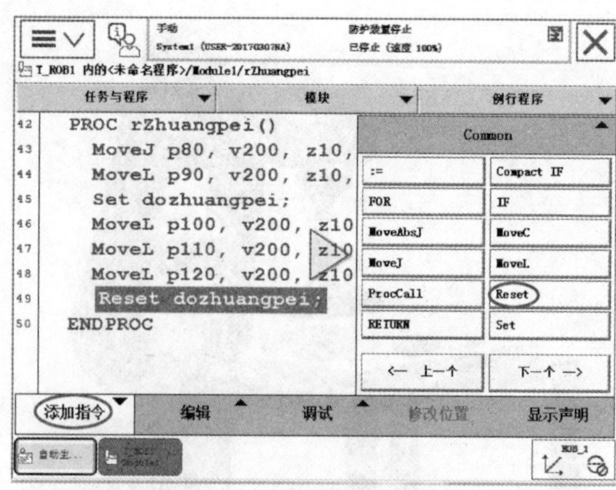

图 5-64　添加“Reset”指令

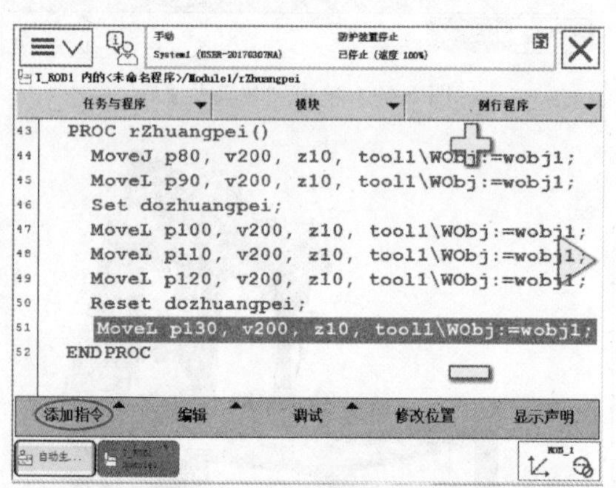

图 5-65　添加“MoveL”指令

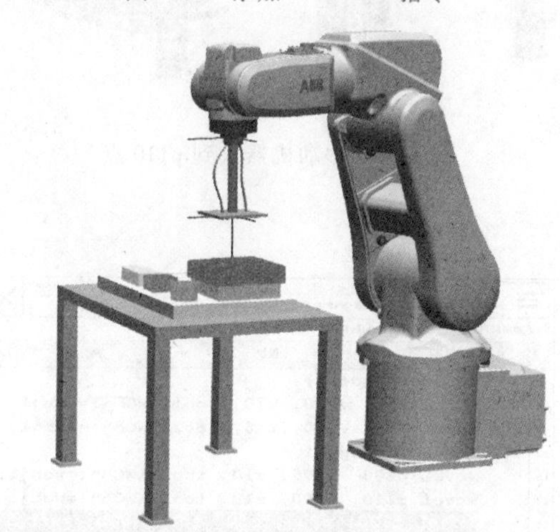

图 5-66　移动机器人到 p130 点

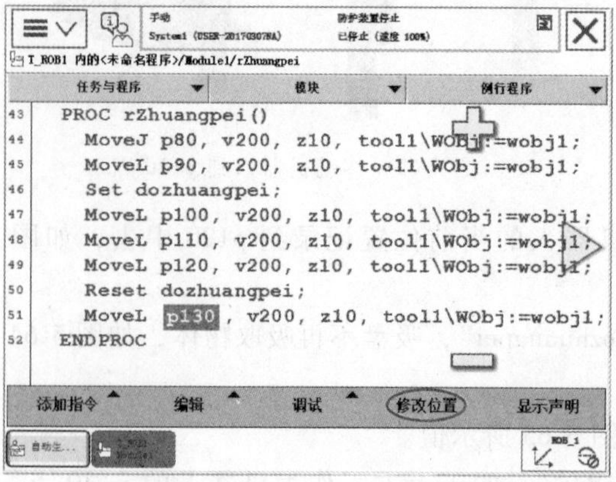

图 5-67　单击“修改位置”

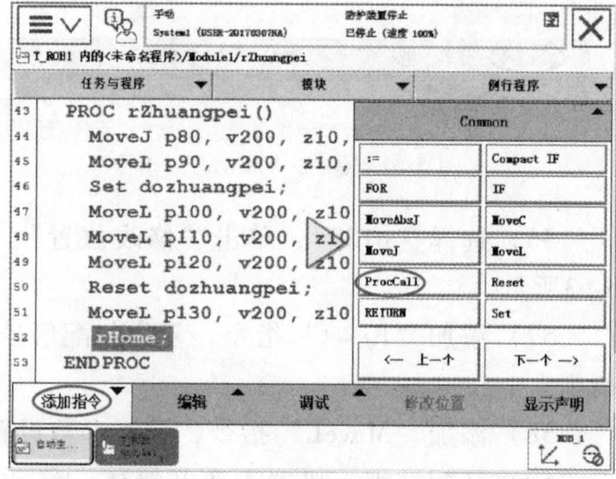

图 5-68　添加“ProcCall”指令

初步完成了箱体与箱盖装配的编程与操作，工件与对应槽的装配按照上面的箱体与箱盖的步骤进行编程与操作。完成 ABB 工业机器人的涂胶装配的编程与操作。

62）单击图 5-68 中的“例行程序”，再选择图 5-69 中的“main”主程序，进行程序执行主体架构的设定。

63）添加“ProcCall”指令，调用初始化例行程序“rInitAll”，如图 5-70 所示。

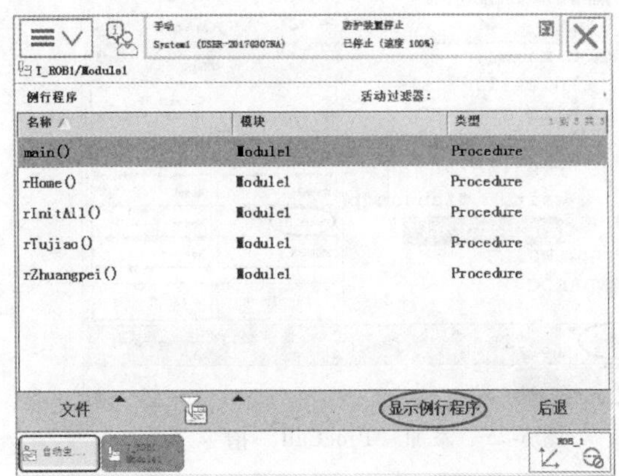

图 5-69　选择“main”主程序

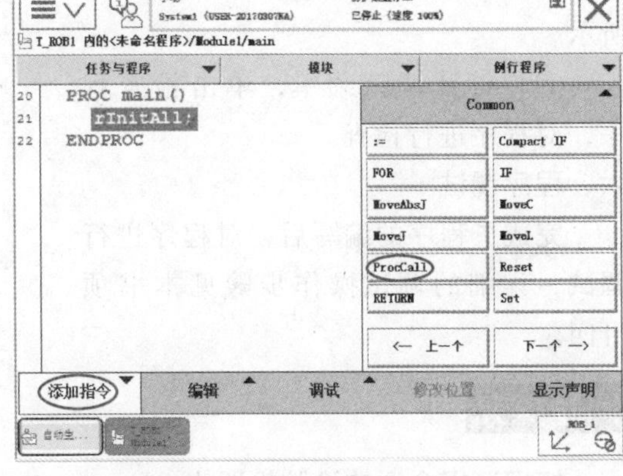

图 5-70　添加“ProcCall”指令

64）添加“WHILE”指令，并将条件设定为“TRUE”，如图 5-71 所示。

65）调用“WaitDI”指令，等待涂胶启动信号“ditujiao”变为 1，如图 5-72 所示。

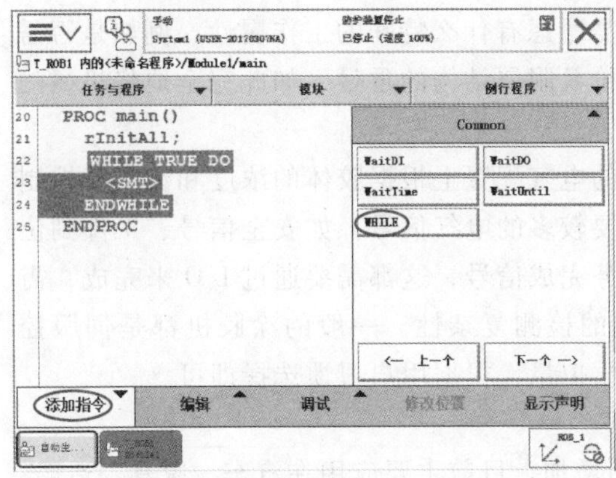

图 5-71　添加“WHILE”指令

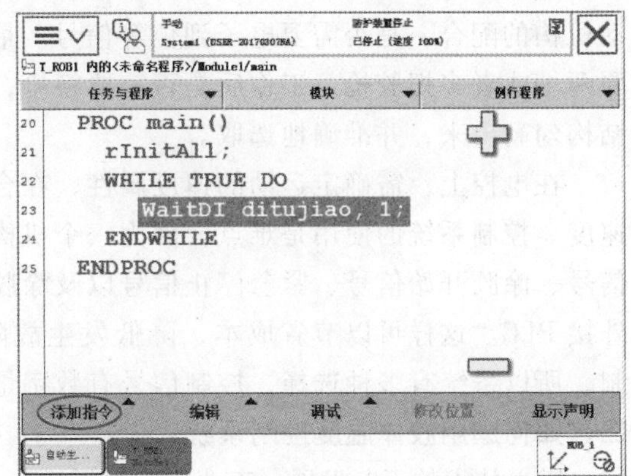

图 5-72　调用“WaitDI”指令

66）添加“ProcCall”指令，调用涂胶例行程序“rTujiao”，如图 5-73 所示。

67）调用“WaitDI”指令，等待装配信号“dizhuangpei”为 1，如图 5-74 所示。

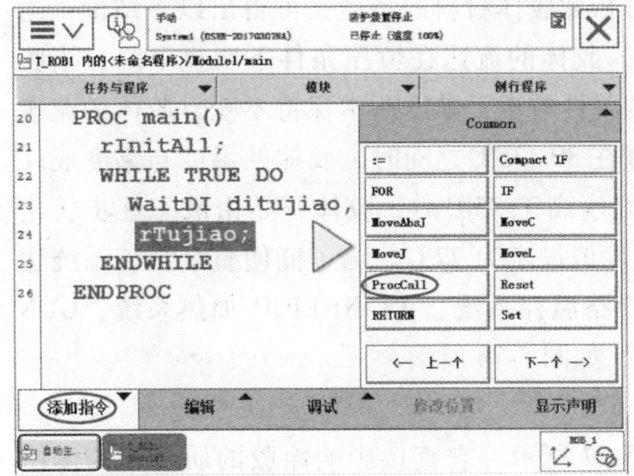

图 5-73　添加“ProcCall”指令

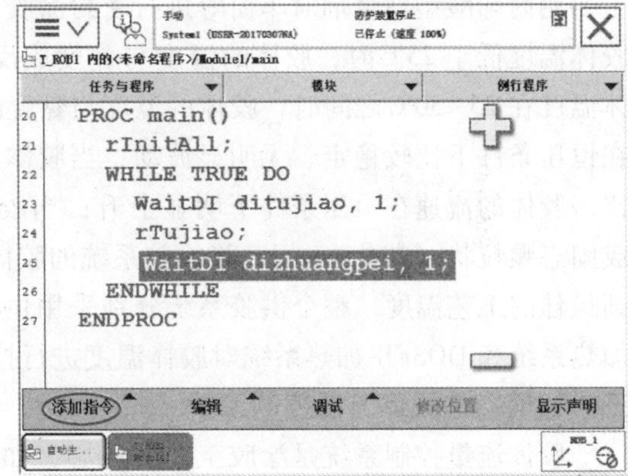

图 5-74　调用“WaitDI”指令

68）添加“ProcCall”指令，调用装配例行程序“rZhuangpei”，如图 5-75 所示。

69）打开调试菜单，单击检查程序，对程序进行检查。

六、程序调试

完成了程序的编写后，对程序进行调试，详细的调试操作步骤见本书项目四。

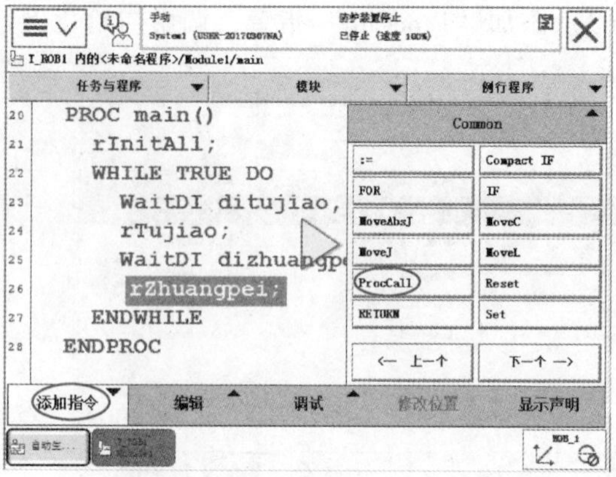

图 5-75　添加“ProcCall”指令

问题探究

一、如何选择合适的涂胶机器人

选用涂胶机器人，首先应了解涂胶的胶体性能，包括是否需要加热、流量控制和黏性调节等，再确定点涂的工件特征，所需运动机构及其运动过程，根据这些因素确定工作的幅面和有效运动范围。如果是多种工件的涂胶，需考虑最大工件所需的空间，还应保证夹具和运动机构的配合，是否需要电子到位等信号。最后需考虑有什么特殊的工作属性，例如是否需要两把或者多把胶枪，工作后是否需要换枪，胶枪及附属结构的重量，如此完全地将机械的结构勾勒出来，并准确地选取。

在电控上，需确定运动的速度属性，在合适的电气配置上根据胶体的浓度和流量来控制速度。控制系统的使用是难点，因为一个机构需要较多的电气信号，如安全信号、工件到位信号、涂胶开始信号、紧急停止信号以及涂胶任务完成信号，这都需要通过 I/O 来完成，需外接 PLC。这样可以节省成本，降低发生故障时的检测复杂性。一般的涂胶机都是伺服控制，所以系统有多种选择，控制信号有数字量或模拟量，根据用户习惯选择即可。

二、如何选用胶体温度控制系统

随着技术的不断发展，工业用胶的需求量不断增加，目前主要应用在汽车、家具、造船、航空航天、建筑、包装、电气/电子等主要行业。工业用胶主要分为丙烯酸型粘合剂、厌氧胶、瞬干胶、环氧胶、热熔胶、聚氨酯型粘合剂、硅胶、UV 固化粘合剂等。不同胶体的最适宜温度不同，所以在不同行业选择不同的胶体时应该注意选择合适的涂胶加热系统。在汽车行业，主要用丙烯酸型粘合剂对车窗等进行密封涂胶，分析此胶体材料的特性，可得出以下结论：当胶体温度低于 25℃时，胶体的温度与黏度成反比，胶体的流速在恒压条件下明显下降；当胶体温度在 25~30℃之间时，胶体的温度与黏度的相关性较小，黏度基本保持不变，胶体的流速在恒压条件下比较稳定、无明显波动；当胶体温度在 30~35℃之间时，胶体的温度与黏度成反比，胶体的流速在恒压条件下明显上升；当胶体温度高于 35℃时，胶体开始由液态逐步转化成固态颗粒状（塑化）。据此将涂胶系统的胶体温度值设定为 27℃。为了能使整个涂胶系统达到最佳的工艺温度，整个供胶系统分别采用供胶管路温控系统、WEINREICH 加热系统、GUN 加热系统和 DOSER 加热系统对胶体温度进行控制，如图 5-76 所示。

三、如何构建胶体流量控制系统

胶体流量控制系统是涂胶工艺的核心，如图 5-77 所示。它直接影响涂胶的质量和胶体使用的成本。胶体流量控制系统必须满足两个条件：①速度变化响应快；②准确的流量计量。因

GUN加热系统

DOSER加热系统

图 5-76　加热系统

此，胶体流量控制以 BECKHOFF（Twin CAT PLC/NC 技术）作为主控制器——执行 1000 条 PLC 命令只需 0.9μs，执行 100 个伺服轴指令需要 20μs。胶体流量的计量通过 Indramat 伺服控制器、伺服电动机和丝杠活塞组成的计量执行器进行，其最小控制精度可以达到 0.1mL。

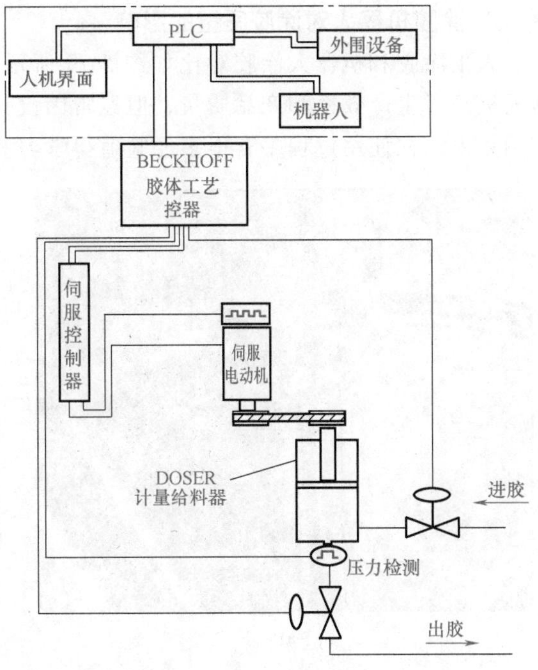

图 5-77　胶体流量控制系统

知识拓展

涂胶机器人在艾瑞泽 7 车身上的应用

随着汽车产业的快速发展，涂胶机器人应用越来越广泛，特别是双泵式涂胶机器人以其性能独特、品质稳定、杰出的涂胶效率和涂胶质量在白车身生产中得到了广泛应用。涂胶机器人作为执行机构，具有控制方便、执行动作灵活的特点，可以实现复杂空间轨迹控制，不再是简单完成表面涂胶，更重要的是产品外表美观以及实现人工无法实现的涂胶位置。随着奇瑞白车身生产工艺逐步提高，在奇瑞艾瑞泽 7 白车身上的涂胶点相比其他车型更多些，涂胶质量好坏直接影响到车辆 NVH（噪声、振动与声振粗糙度）、淋雨密封等整车质量。

1. 涂胶机器人简介

随着科技的发展，工业机器人应用领域越来越广，并且更加灵活。图 5-78 所示为机器人现场涂胶的工作状态。

图 5-78　机器人现场涂胶工作状态

奇瑞汽车股份公司艾瑞泽 7 白车身主焊线五个工位涂胶机器人系统使用的是 Nachi 机器人和 SCA 品牌涂胶机组合

成的涂胶机器人系统，且全部使用双泵式涂胶机，其优点如下：

1）能够实现在线更换胶桶且不影响生产，根据生产节拍和场地等条件定制最佳解决方案。

2）流量控制精度高，涂胶质量好。

3）利用机器人控制技术和精确供胶流量控制，能够充分满足工艺要求，提高产品质量。

4）报警系统完善，能够及时提示出断胶、溢胶和少胶质量问题。

5）系统压力异常、胶管堵塞及加热系统不正常时立即报警并停止工作。

6）操作简单易学。

2. 涂胶机器人对涂胶质量的影响

人工涂胶和机器人涂胶对比如图 5-79 所示，机器人涂胶的产品质量优势显著。涂胶机器人提高了生产效率和产品质量，但经常因设计、编程、硬件制作不足，在很大程度上影响使用效率。在使用过程中有很多经验值得学习和探讨，主要包括以下几点：

a)

b)

图 5-79　人工涂胶和机器人涂胶

1）固定胶枪使用用户坐标系，机器人输出 TCP 速度才能较真实地反映涂胶速度。

2）涂胶过程速度不宜太快或波动太大，轨迹尽量平滑，涂胶质量才能得到保证。

3）胶枪枪头粗细、涂胶机设置最大流量和机器人涂胶行走速度，这三者需要凭经验来进行调试，涂胶质量优化也是通过调整这三个方面参数实现的。

4）只要速度波动不大，理论上机器人涂胶轨迹走圆弧，涂胶质量不受影响，不需要特意将速度减小，实际应用时已得到证实。

5）SCA 涂胶机调试过程中需要严格按照说明书中的时序图进行控制，质量、安全才能得到保证。使用时需要特别注意起始速度值和开关胶枪先后顺序。

采用机器人涂胶，涂胶工作效率可大幅提高，省去大量人力，降低人工成本。但是在实际使用过程中，各参数必须设置合理，否则会出现严重的质量问题，故对工艺人员技能有一定要求。涂胶机器人系统在正常维护下至少可运行 10 年以上，运行 1 年后就可收回所投入成本。随着大批全自动化涂胶生产线兴起，涂胶机器人系统将具有更好的市场前景和更大的发展潜力。

评价反馈

基本素养(30分)				
序号	评估内容	自评	互评	师评
1	纪律(无迟到、早退、旷课)(10分)			
2	安全规范操作(10分)			
3	团结协作能力、沟通能力(10分)			
理论知识(30分)				
序号	评估内容	自评	互评	师评
1	各种指令的应用(10分)			
2	涂胶工艺流程(5分)			
3	选择涂胶机器人的方法(5分)			
4	构建胶体流量控制系统的方法(5分)			
5	涂胶在行业中的应用(5分)			
技能操作(40分)				
序号	评估内容	自评	互评	师评
1	完成涂胶装配程序编写(10分)			
2	程序校验(10分)			
3	执行机器人程序实现涂胶装配示教(10分)			
4	程序运行(10分)			
综合评价				

练习与思考题

练习与思考题五

一、填空题

1. 涂胶装配所需要的设备包括________、________、________、________、________、________和________等。

2. 输入/输出条件等待指令将________与另一个值进行比较并等待，直到满足比较条件为止。

3. 选用涂胶机器人，应该考虑________、________、________和________等，再确定点涂的工件特征。

4. 指令 AccSet 100，100；第1个参数代表________；第2个参数代表________。

5. 胶体流量控制系统必须满足两个条件：________和________。

6. 供胶系统分别采用________、________、________和________对胶体温度进行控制。

二、简答题

1. 简述涂胶机器人需要达到的技术要求。

2. 简述机器人涂胶装配的工作流程。

3. 简述与传统的涂胶装配相比，机器人涂胶装配有什么优点。

4. 简述在汽车行业使用双泵式涂胶机的优点。

三、操作题

编写图 5-80 所示的涂胶轨迹程序。

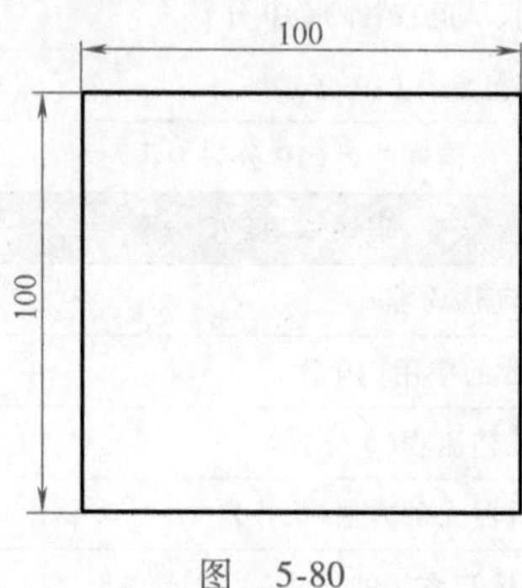

图 5-80

项目六
工业机器人码垛编程与操作

项目六
辅助资料

学习目标

1. 掌握工业机器人码垛的基本知识。
2. 掌握工业机器人码垛的特点及编程方法。

工作任务

1. 工作任务的背景

码垛是指将物品整齐、规则地摆放成货垛的作业。它根据物品的性质、形状、重量等因素，结合仓库存储条件，将物品码放成一定的货垛。ABB 拥有全套先进的码垛机器人解决方案，包括全系列的紧凑型 4 轴码垛机器人，如 IRB260、IRB460、IRB660 和 IRB760；同时还具有 ABB 标准码垛夹具，如夹板式夹具、吸盘式夹具、夹爪式夹具和托盘夹具等。它广泛应用于化工、建材、饮料、食品等各行业生产线物料、货物的堆放。图 6-1 所示为码垛机器人在啤酒、饮料和袋装物料等行业的应用实例。

a)

b)

c)

d)

图 6-1　工业机器人在搬运方面的广泛应用

本任务使用 ABB IRB120 机器人在传送单元上抓取工件，对工件进行码垛操作，此任务需要完成 I/O 配置、程序数据创建、目标点示教、程序编写及调试等。

2. 需达到的技术要求

1）根据货物的品种、性质、规格、批次、等级及不同客户对货物的不同要求，分开堆放。货垛形式应以货物的性质为准，这样有利于货物的保管，能充分利用仓容和空间。货垛间距符合操作及防火安全的标准，大不压小，重不压轻，缓不压急，不围堵货物，特别是后进货物不堵先进货物，确保“先进先出”。

2）货垛堆放整齐，垛形、垛高、垛距统一化和标准化，货垛上每件货物都尽量整齐码放、垛边横竖成列，垛不压线；货物外包装的标记和标志一律朝向垛外。

3）尽可能堆高以节约仓容，提高仓库利用率；妥善组织安排，做到一次到位，避免重复劳动，降低成本；合理使用苫垫材料，避免浪费。

4）选用的垛形、尺度、堆垛方法应方便堆垛、搬运装卸作业，提高作业效率；垛形方便理数、查验货物，方便通风、苫盖等保管作业。

5）货垛稳定牢固，不偏不斜，必要时采用衬垫固定，一定不能损坏底层货物。货垛较高时，上部适当向内收小。易滚动的货物，使用木楔或三角木固定，必要时使用绳索、绳网对货垛进行绑扎固定。

6）每一货垛的货物数量保持一致，采用固定的长度和宽度，且为整数，如 50 袋成行，货量以相同或固定比例逐层递减，达到过目知数。每垛的数字标记清楚，货垛牌或料卡填写完整，能够一目了然。

3. 所需要的设备

工业机器人码垛编程与操作所需设备有机器人本体、控制系统、示教器、样件摆放平台、传送单元及真空吸盘，如图 6-2 所示。

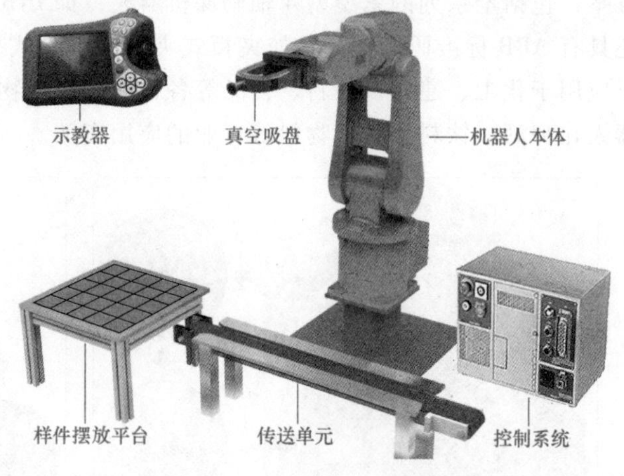

图 6-2 码垛机器人设备组成

实践操作

一、知识储备

1. 轴配置监控指令（ConfL）

轴配置监控指令指定机器人在线性运动及圆弧运动中是否严格遵循程序中已设定的轴配置参数。在默认情况下，轴配置监控是打开的，在关闭轴配置监控后，机器人在运动过程中采取最接近当前轴配置数据的配置到达指定目标点。

在下例中，目标点 p10 中，数据［1，0，1，0］就是此目标点的轴配置数据：

```
CONST robtarget
p10:=[[*,*,*],[*,*,*,*],[1,0,1,0],[9E9,9E9,9E9,9E9,9E9,9E9]];
ConfL\Off;
MoveL p10,v1000,fine,tool0;
```

机器人自动匹配一组最接近当前各关节轴姿态的轴配置数据移动至目标点 p10，到达 p10 点时，轴配置数据不一定为程序中指定的［1，0，1，0］。

在某些应用场合，如离线编程创建目标或手动示教相邻两目标点间轴配置数据相差较大时，在机器人运动过程中容易出现报警轴配置错误而造成停机。这种情况下，若对轴配置要求较高，则一般添加中间过渡点；若对轴配置要求不高，则可通过指令 ConfL \ Off 关闭轴监控，使机器人自动匹配可行的轴配置来到达指定目标点。

2. 常用逻辑控制指令

（1）IF　满足不同条件，执行对应程序，其格式如下：

```
IF reg1>5 THEN
  Set Do1;
ENDIF
! 如果 reg1>5 条件满足,则执行 Set Do1 指令。
```

(2)FOR　根据指定的次数,重复执行对应程序,其格式如下：

```
FOR i FROM 1 TO 10 DO
    routine1;
ENDFOR
! 重复执行 10 次 routine1 里的程序。
```

(3)TEST　根据指定变量的判断结果,执行对应程序,其格式如下：

```
  TEST reg1
  CASE 1:
      routine1;
  CASE 2:
      routine2;
  DEFAULT:
     Stop;
     ENDTEST
```

！判断 reg1 的数值，若为 1 则执行 routine1，若为 2 则执行 routine2，否则执行 Stop。

二、任务规划

机器人码垛运动可分解为检测传送带信息、抓取工件、判断放置位置以及放置工件等一系列子任务，如图 6-3 所示。

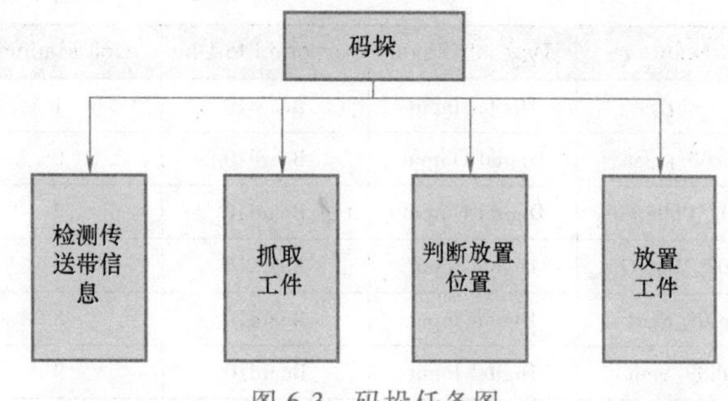

图 6-3　码垛任务图

三、码垛任务

采用在线示教的方式编写码垛的作业程序，最终码垛结果为圆柱块码两层。本任务以码垛两个圆柱块为例，每个圆柱块规划了 6 个程序点，每个程序点的用途见表 6-1，码垛运动轨迹如图 6-4 所示。

表 6-1　程序点说明

程序点	说明	程序点	说明
程序点 1	Home 点	程序点 4	抓取安全位置点
程序点 2	抓取位置正上方点	程序点 5	放置位置正上方点
程序点 3	抓取位置点	程序点 6	放置位置点

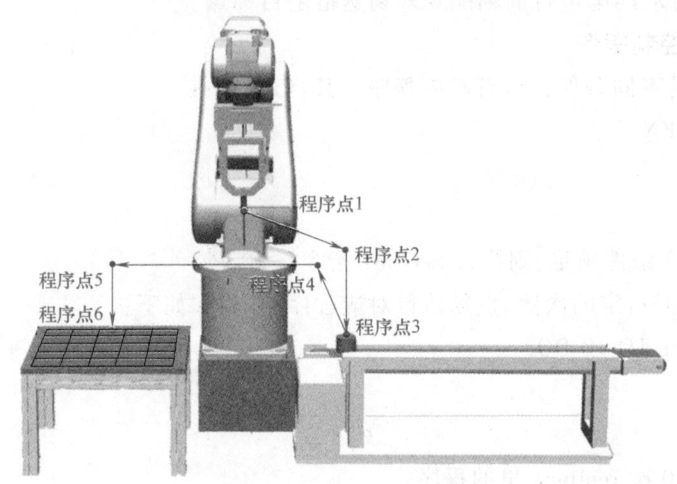

图 6-4　码垛运动轨迹图

四、示教前的准备

1. 配置 I/O 单元

根据表 6-2 的参数配置 I/O 单元。

表 6-2　I/O 单元参数

Name	Type of Unit	Connected to Bus	DeviceNet Address
Board10	D652	DeviceNet1	10

2. 配置 I/O 信号

根据表 6-3 的参数配置 I/O 信号。

表 6-3　I/O 信号参数

Name	Type of Signal	Assigned to Unit	Unit Mapping	I/O 信号注释
di01	Digital Input	Board10	1	圆柱体到位信号
do00_xipan	Digital Output	Board10	0	控制吸盘
do02_PalletFull	Digital Output	Board10	2	圆柱体满载信号
di07_MotorOn	Digital Input	Board10	7	电动机上电(系统输入)
di08_Start	Digital Input	Board10	8	程序开始执行(系统输入)
di09_Stop	Digital Input	Board10	9	程序停止执行(系统输入)
di10_StartAtMain	Digital Input	Board10	10	从主程序开始执行(系统输入)
di11_EstopReset	Digital Input	Board10	11	急停复位(系统输入)
do05_AutoOn	Digital Output	Board10	5	电动机上电状态(系统输出)

（续）

Name	Type of Signal	Assigned to Unit	Unit Mapping	I/O 信号注释
do06_Estop	Digital Output	Board10	6	急停状态(系统输出)
do07_CycleOn	Digital Output	Board10	7	程序正在运行(系统输出)
do08_Error	Digital Output	Board10	8	程序报错(系统输出)

五、建立程序

1）建立图 6-5 所示的例行程序，例行程序说明见表 6-4。

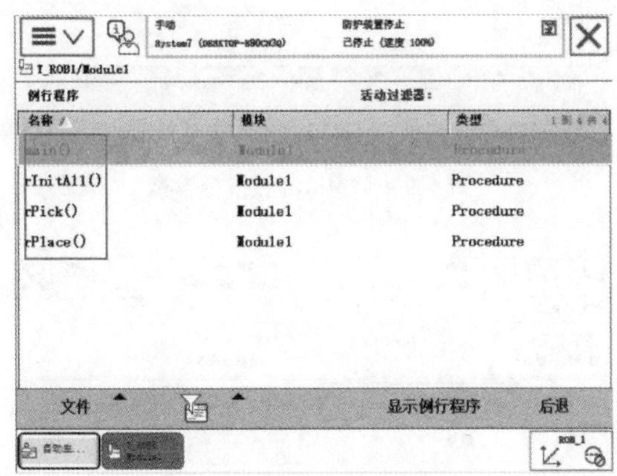

图 6-5　建立例行程序

表 6-4　例行程序说明

程序	说明
main	主程序
rInitAll	初始化例行程序
rPick	抓取例行程序
rPlace	放置例行程序

2）选择“rInitAll”，单击“显示例行程序”，如图 6-6 所示。

3）在“手动操纵”菜单中，确认已选择要使用的“工具坐标”与“工件坐标”，如图 6-7 所示。

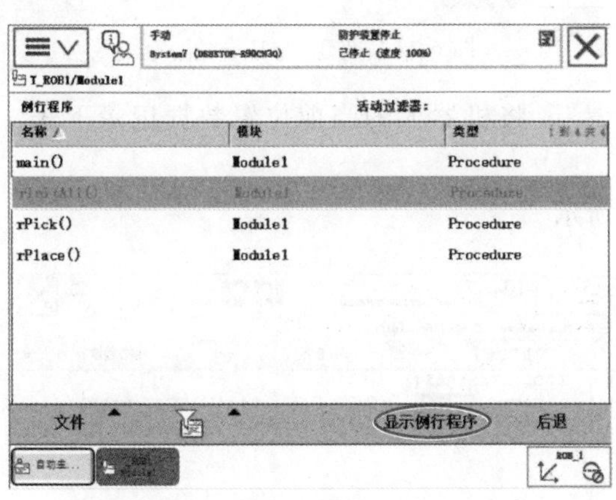

图 6-6　选择“rInitAll”例行程序

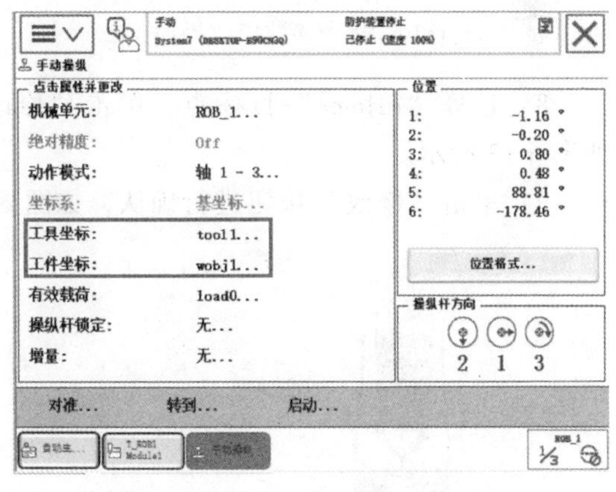

图 6-7　确认工具坐标与工件坐标

4）选择“<SMT>”为插入指令的位置，单击“添加指令”，打开指令列表，在指令列表中选择“MoveJ”，如图 6-8 所示。

5）系统弹出图 6-9 所示的窗口，双击“＊”，进入指令参数修改界面，如图 6-10 所示。

6）新建“pHome”点，并将参数设定为图 6-11 所示的值。

7）选择合适的动作模式，手动操纵机器人至图 6-12 所示的位置，作为机器人的

pHome 点。

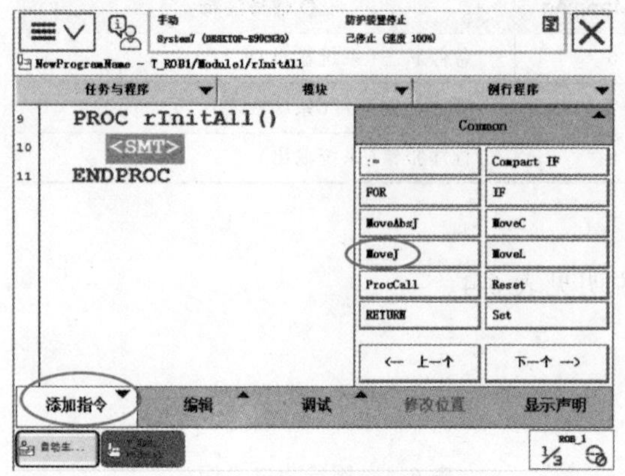

图 6-8 添加“MoveJ”指令

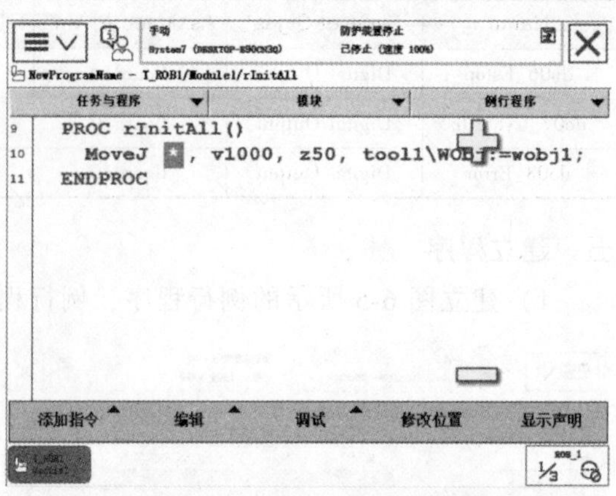

图 6-9 “MoveJ”指令参数

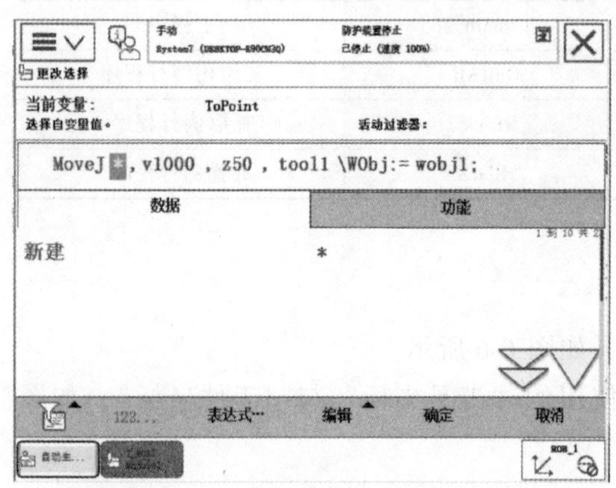

图 6-10 指令参数修改界面

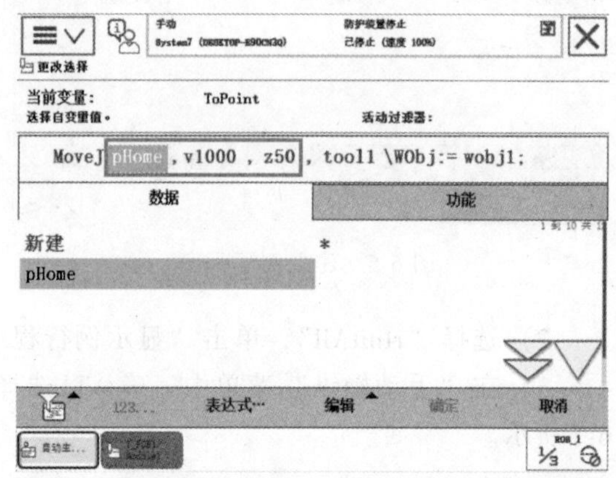

图 6-11 新建“pHome”点

8）选择“pHome”目标点，单击“修改位置”，将机器人的当前位置数据记录下来，如图 6-13 所示。

9）单击“修改”按钮进行确认，如图 6-14 所示。

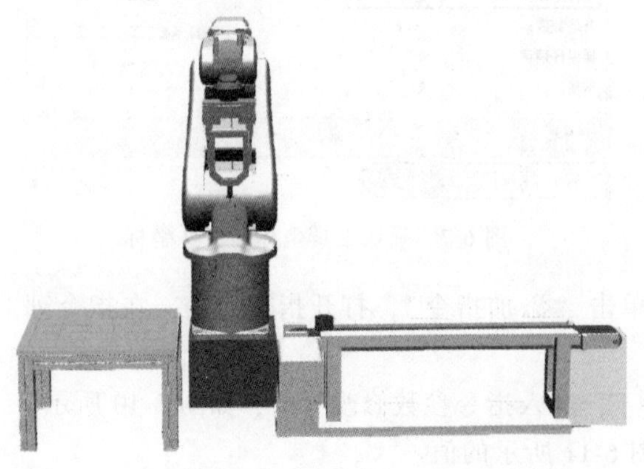

图 6-12 使用操纵杆将机器人移动到“pHome”点

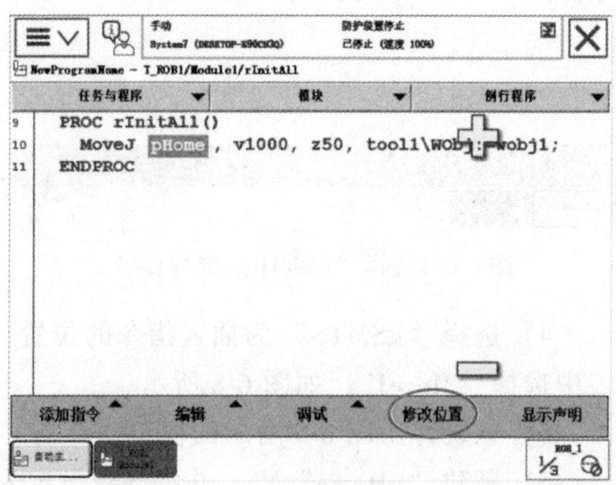

图 6-13 修改“pHome”点位置数据

10）如图 6-15 所示，单击“添加指令”，选择“ConfL”指令，系统弹出图 6-16 所示的对话框，单击“下方”按钮。

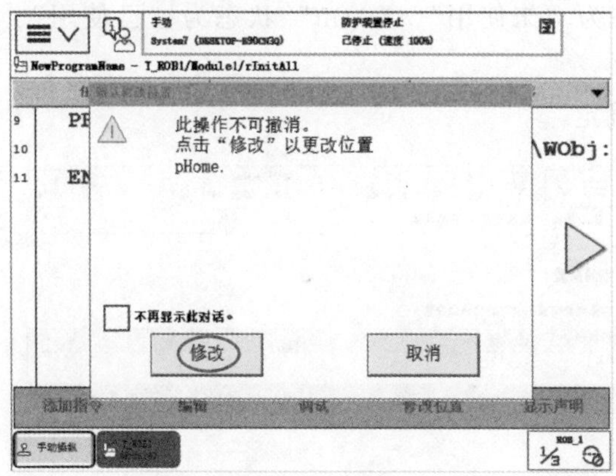

图 6-14 确认“pHome”点

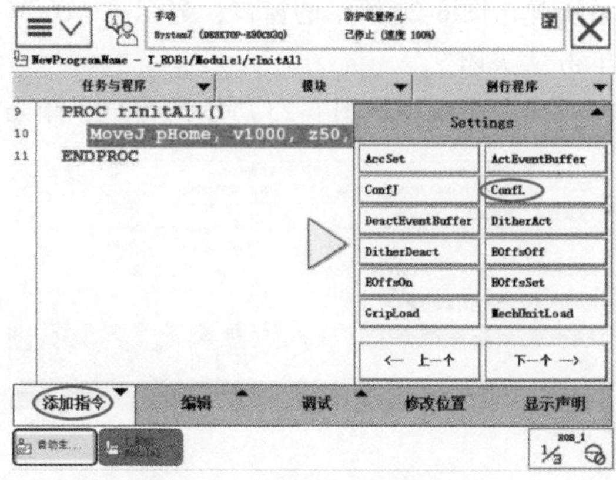

图 6-15 添加“ConfL”指令

11）系统弹出图 6-17 所示的窗口，单击“ConfL \ On”。

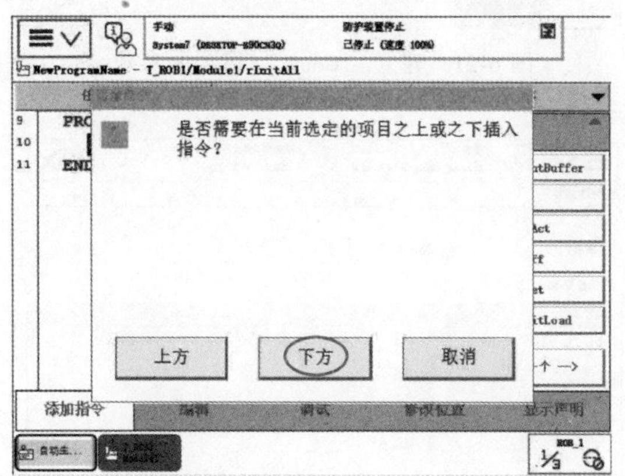

图 6-16 建立“ConfL”指令的参数

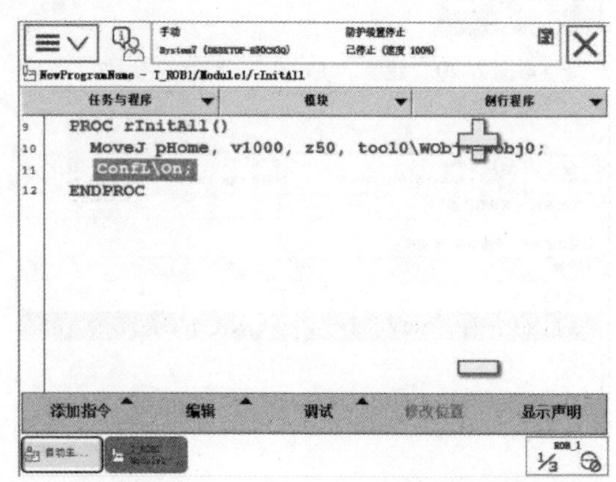

图 6-17 建立“ConfL”指令的参数

12）系统弹出图 6-18 所示的窗口，单击“可选变量”。

13）系统弹出图 6-19 所示的窗口，单击“[\Off]”。

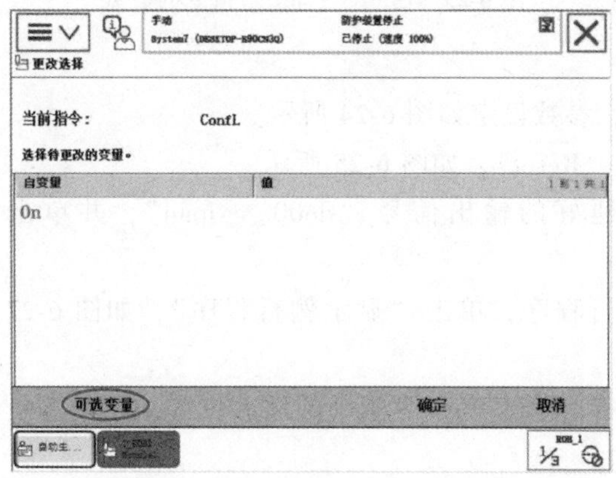

图 6-18 建立“ConfL”指令的参数

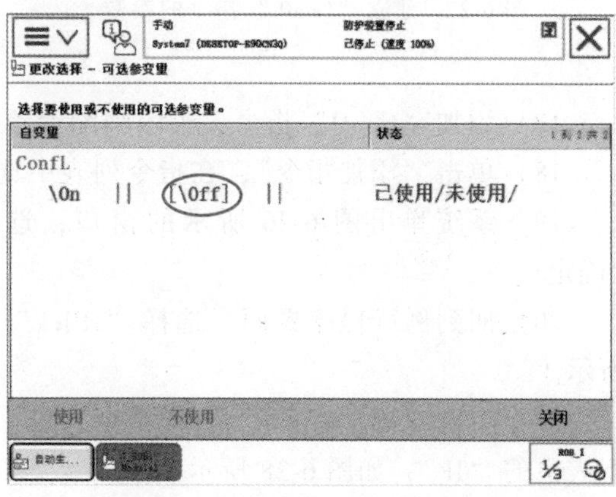

图 6-19 建立“ConfL”指令的参数

14）系统弹出图 6-20 所示的窗口，选择“\Off”，单击“使用”。

15）系统弹出图 6-21 所示的窗口，显示“\Off”的状态为“已使用”，单击“关闭”，系统弹出图 6-22 所示的窗口，显示“\On”状态为“未使用”，“\Off”状态为“已使用”，单击“关闭”。

16）系统弹出图 6-23 所示的窗口，单击“确定”。

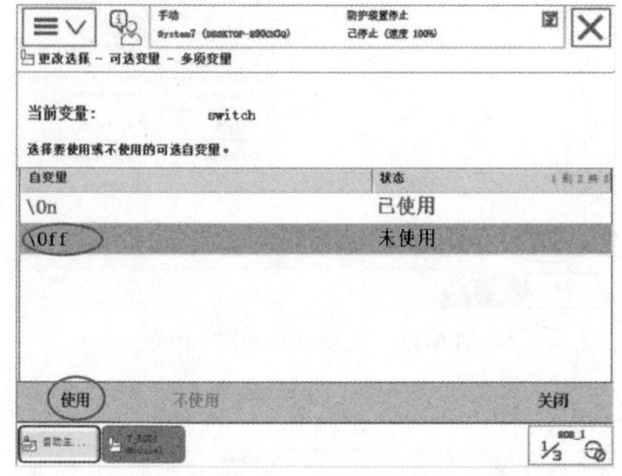

图 6-20 建立“ConfL”指令的参数

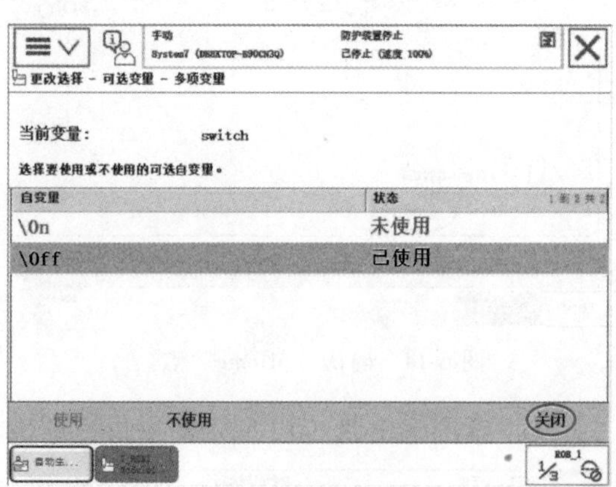

图 6-21 建立“ConfL”指令的参数

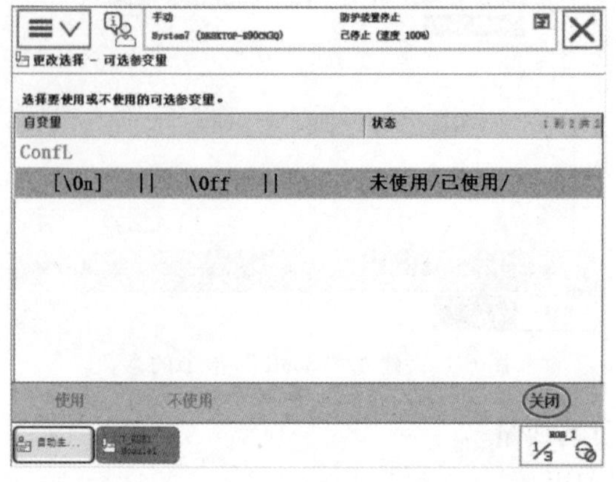

图 6-22 建立“ConfL”指令的参数

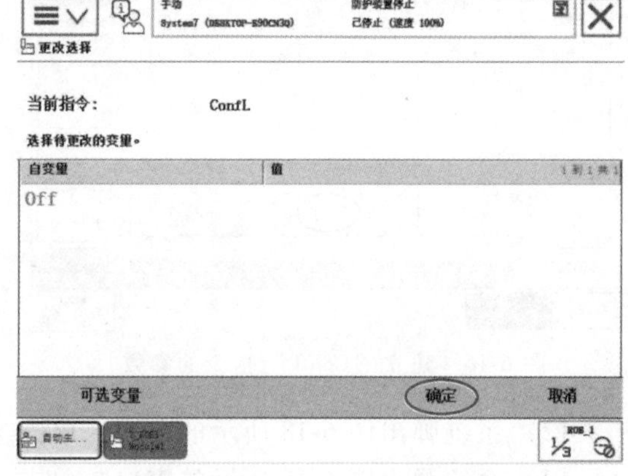

图 6-23 建立“ConfL”指令的参数

17）添加“ConfJ”指令，关闭轴配置参数，参数设定如图 6-24 所示。

18）单击“添加指令”，在指令列表中选择“Reset”，如图 6-25 所示。

19）系统弹出图 6-26 所示的窗口，选择建好的输出信号“do00_ xipan”，并单击“确定”。

20）回到例行程序界面，选择“rPick”例行程序，单击“显示例行程序”，如图 6-27 所示。

21）单击“添加指令”，打开指令列表，选择“<SMT>”为指令的插入位置，单击指令列表中的“IF”，如图 6-28 所示。

22）系统弹出图 6-29 所示的窗口，单击“编辑”→“仅限选定内容”。

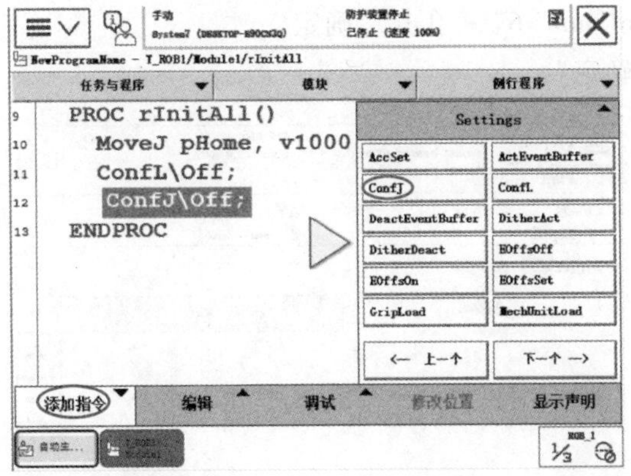

图 6-24　添加“ConfJ”指令

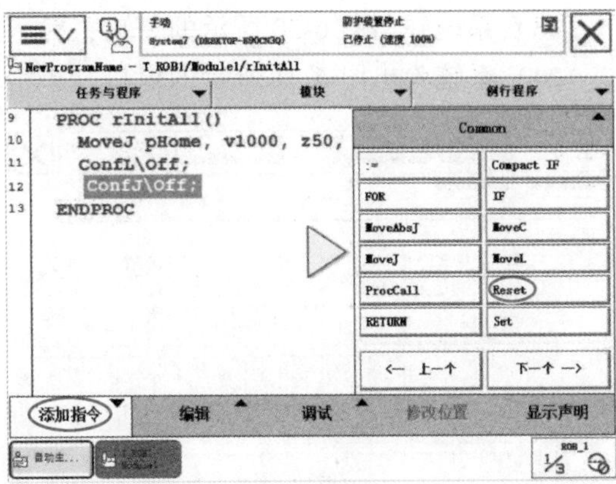

图 6-25　添加“Reset”指令

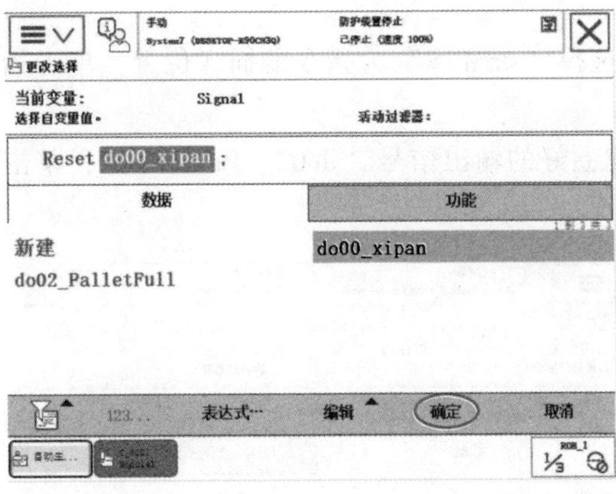

图 6-26　建立“Reset”指令的参数

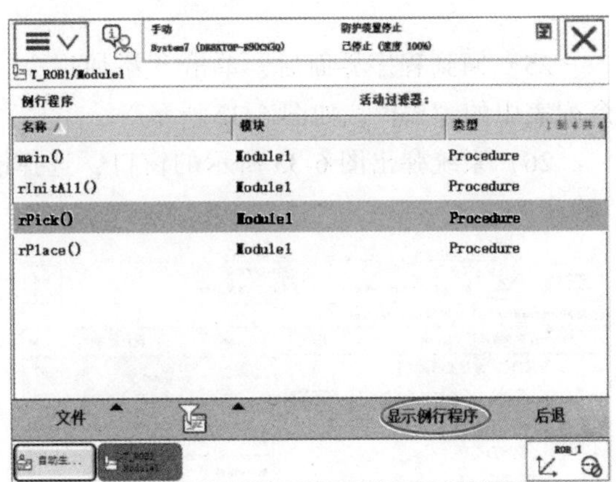

图 6-27　选择“rPick”例行程序

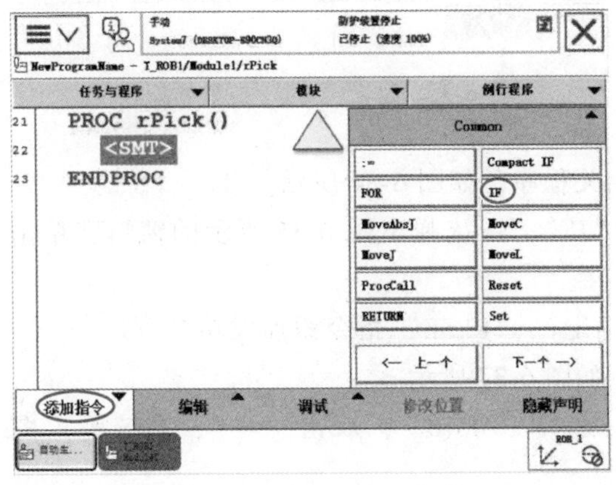

图 6-28　添加“IF”指令

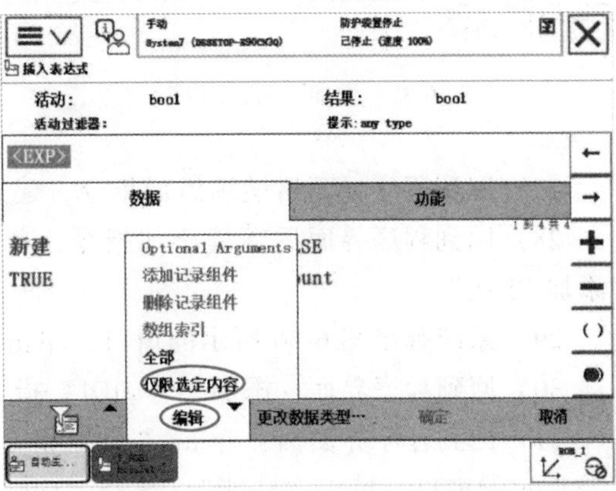

图 6-29　建立“IF”指令的参数

23）系统弹出图 6-30 所示的窗口，输入“nCount>6”，单击“确定”。

24）系统弹出图 6-31 所示的窗口，单击“确定”。

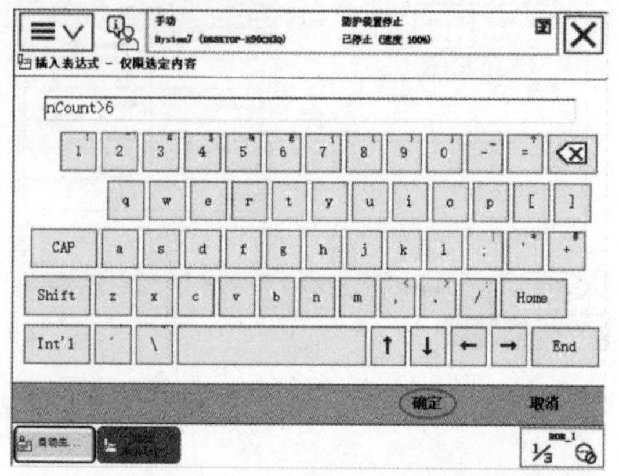

图 6-30 建立“IF”指令的参数

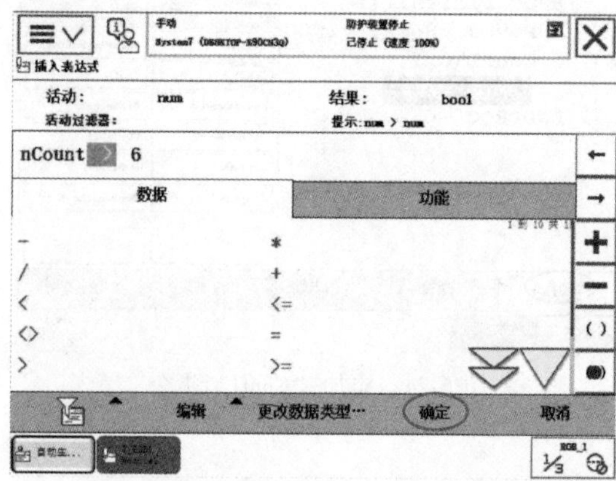

图 6-31 建立“IF”指令的参数

25）回到程序界面后，单击“添加指令”，选择“<SMT>”为指令的插入位置，单击指令列表中的“Set”，如图 6-32 所示。

26）系统弹出图 6-33 所示的窗口，选择已建立好的输出信号“do02_ PalletFull”，单击“确定”。

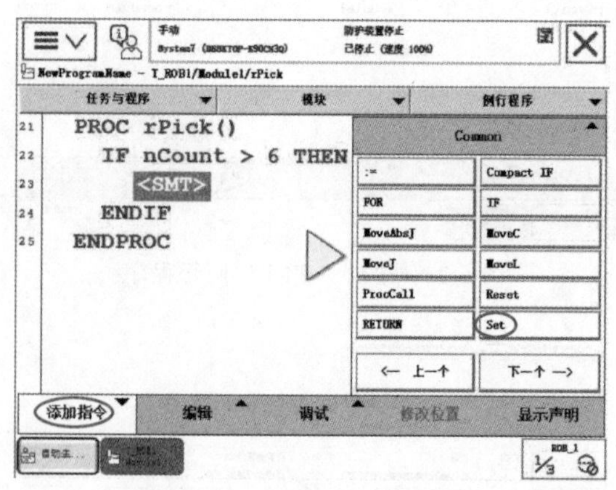

图 6-32 添加“Set”指令

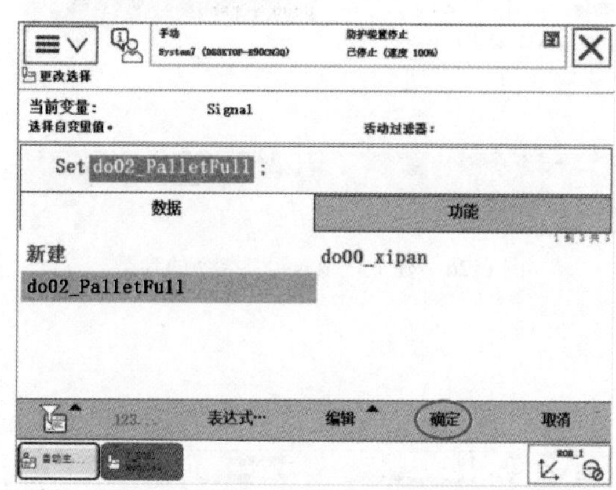

图 6-33 建立“Set”指令的参数

27）回到程序界面后继续添加指令，建立相关程序，如图 6-34 所示。

28）回到程序界面后继续添加指令，单击“IF”，系统弹出图 6-35 所示的窗口，单击“添加 ELSE”。

29）系统弹出图 6-36 所示的窗口，单击“确定”，“ELSE”指令添加成功。

30）回到程序界面，添加“WaitDI”指令，如图 6-37 所示。

31）回到程序界面后，单击“添加指令”，选择“MoveJ”，双击“＊”，系统弹出图 6-38所示的窗口，单击“功能”，选择“Offs”。

32）系统弹出图 6-39 所示的窗口，选择“pPick”。

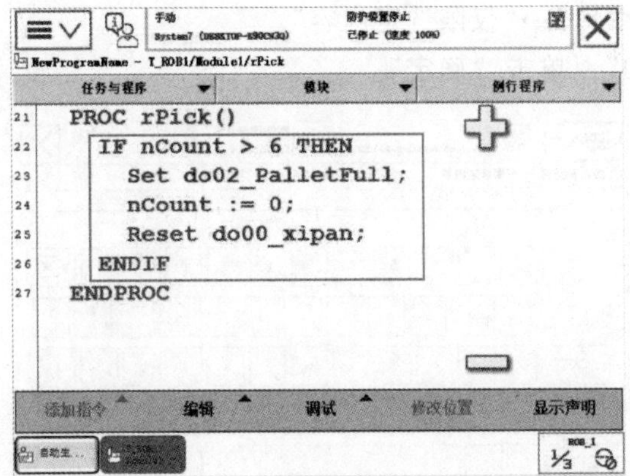

图 6-34 建立相关抓取例行程序

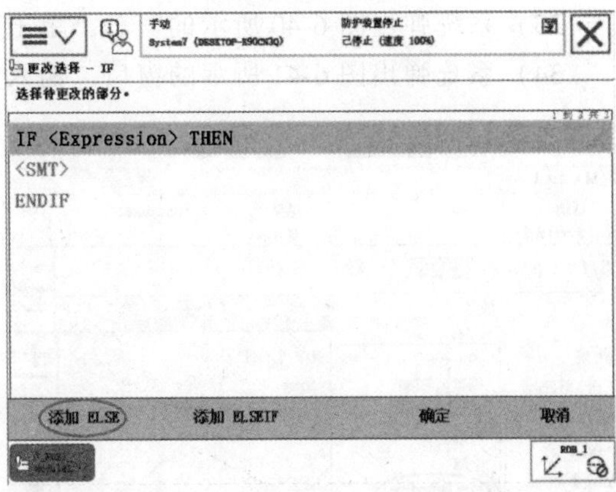

图 6-35 添加“ELSE”指令

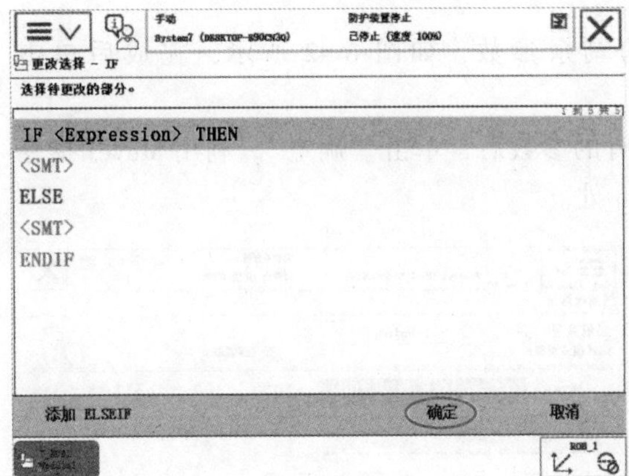

图 6-36 添加“ELSE”指令

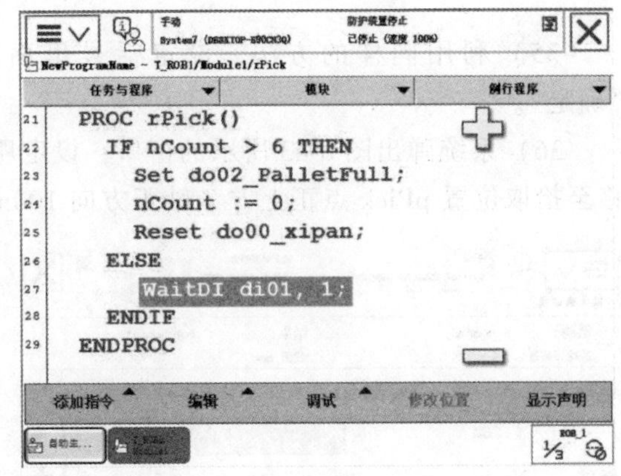

图 6-37 添加“WaitDI”指令

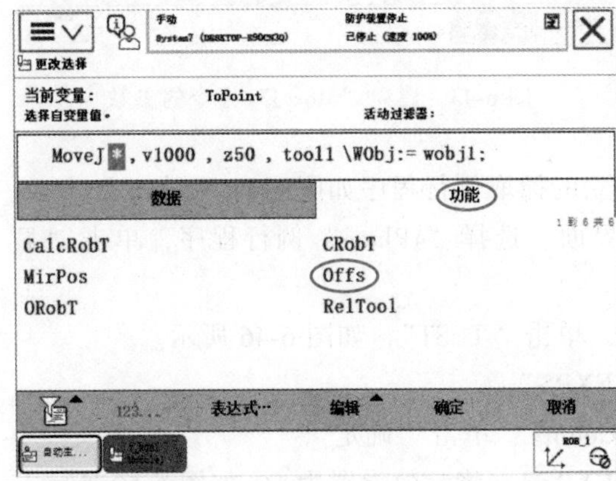

图 6-38 添加“MoveJ”指令

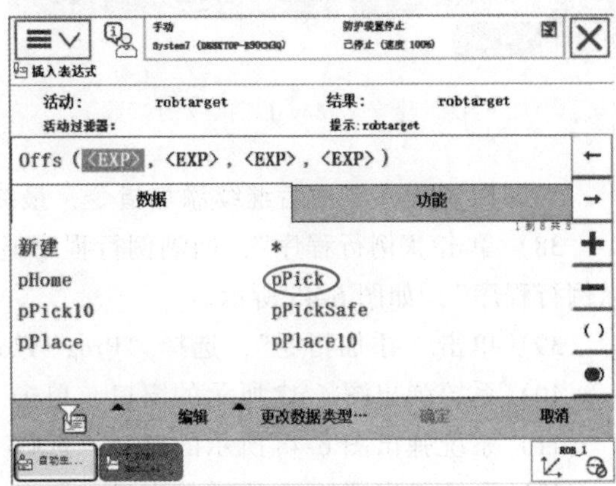

图 6-39 建立“MoveJ”指令的参数

33）系统弹出图 6-40 所示的窗口，单击“编辑”→“仅限选定内容”。

34）系统弹出图 6-41 所示的窗口，输入“0”，单击“确定”。

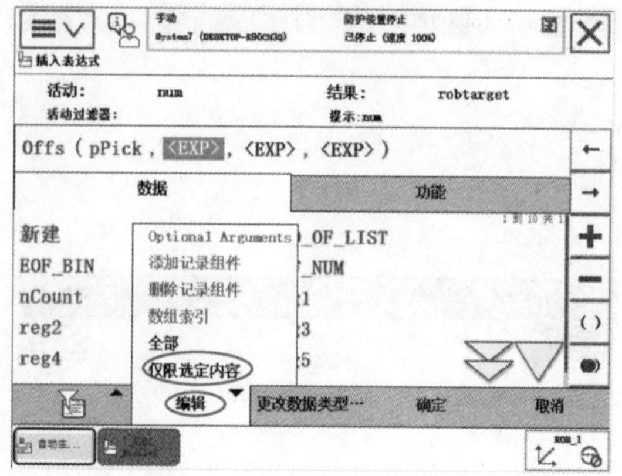

图 6-40　建立“MoveJ”指令的参数

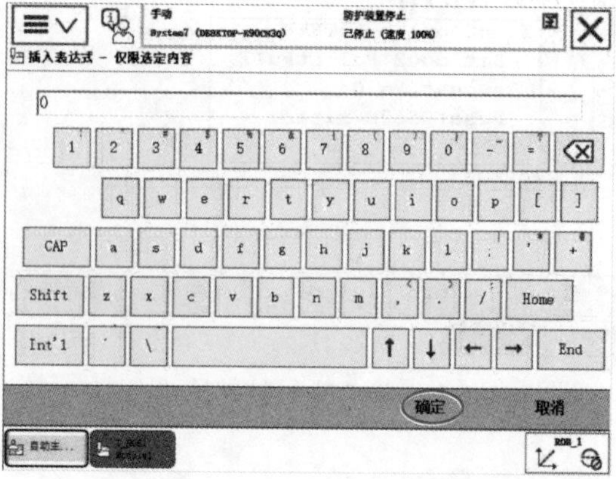

图 6-41　建立“MoveJ”指令的参数

35）利用同样的方法，设定括号里面的剩余参数，如图 6-42 所示，完成后单击“确定”。

36）系统弹出图 6-43 所示的窗口，设定所有的参数后，单击“确定”。利用 MoveJ 指令移至拾取位置 pPick 点正上方 Z 轴正方向 100mm 处。

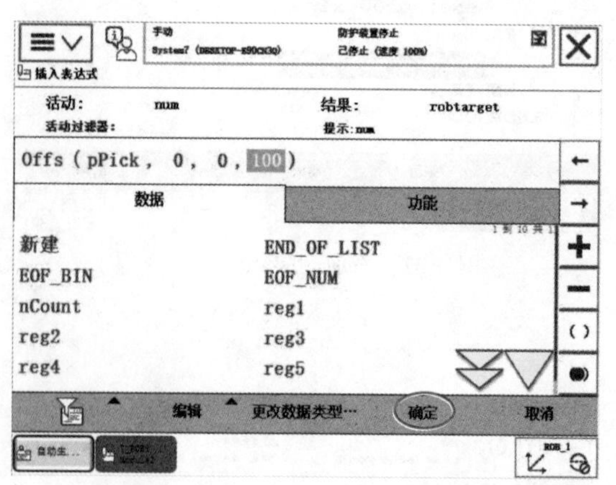

图 6-42　建立“MoveJ”指令的参数

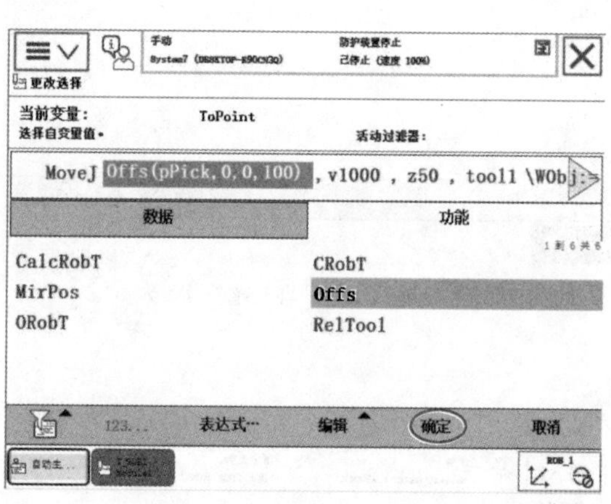

图 6-43　建立“MoveJ”指令的参数

37）回到程序界面后继续添加指令，最终建立的抓取例行程序如图 6-44 所示。

38）单击“例行程序”，回到例行程序显示界面，选择“rPlace”例行程序，单击“显示例行程序”，如图 6-45 所示。

39）单击“添加指令”，选择“Prog. Flow”，单击“TEST”，如图 6-46 所示。

40）系统弹出图 6-47 所示的窗口，单击“<EXP>”。

41）系统弹出图 6-48 所示的窗口，选择“nCount”，单击“确定”。

42）系统弹出图 6-49 所示的窗口，单击“<EXP>”，将参数设置为 1，如图 6-50 所示。

43）继续添加指令，建立相关例行程序，如图 6-51 所示。

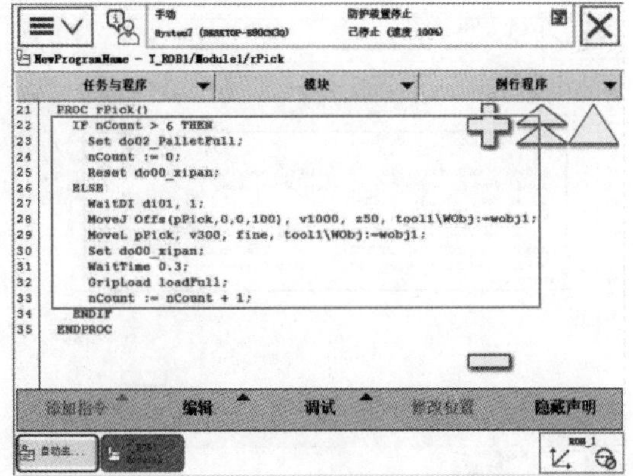

图 6-44 抓取例行程序

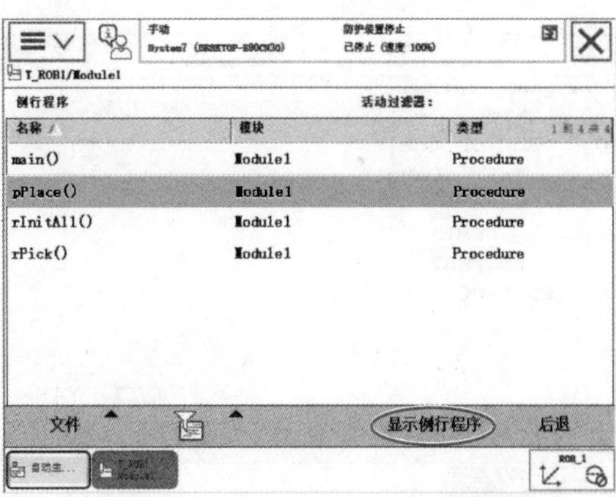

图 6-45 选择“rPlace”例行程序

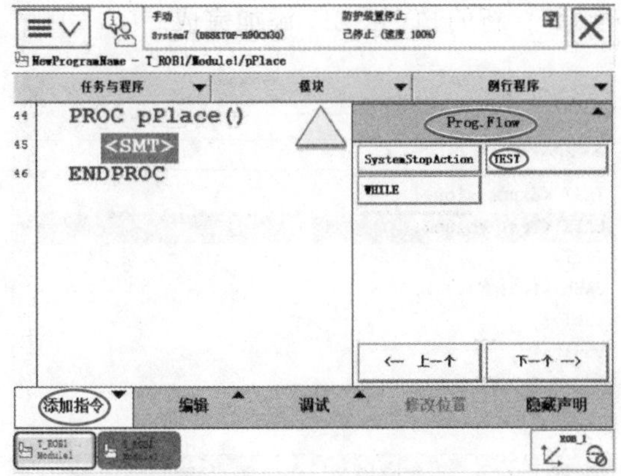

图 6-46 添加“TEST”指令

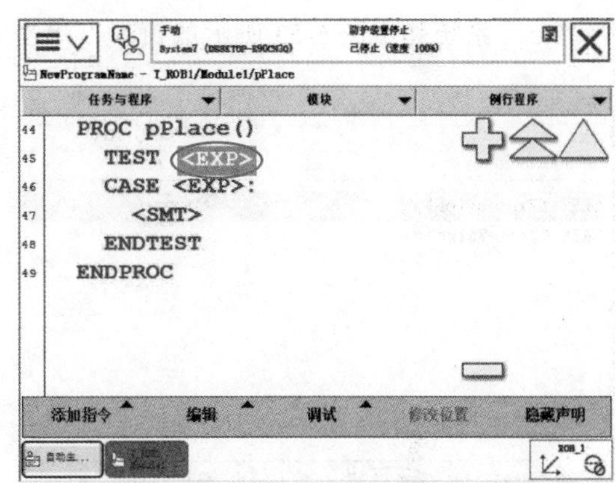

图 6-47 建立“TEST”指令的参数

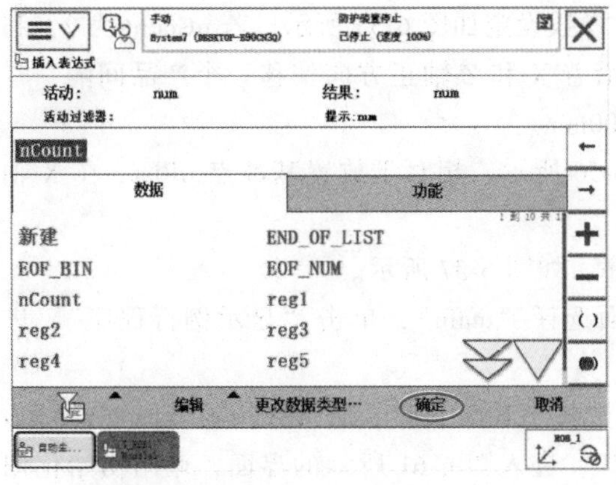

图 6-48 建立“TEST”指令的参数

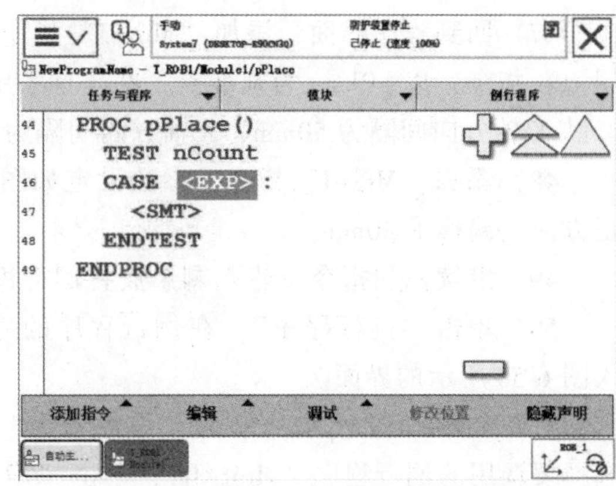

图 6-49 建立“TEST”指令的参数

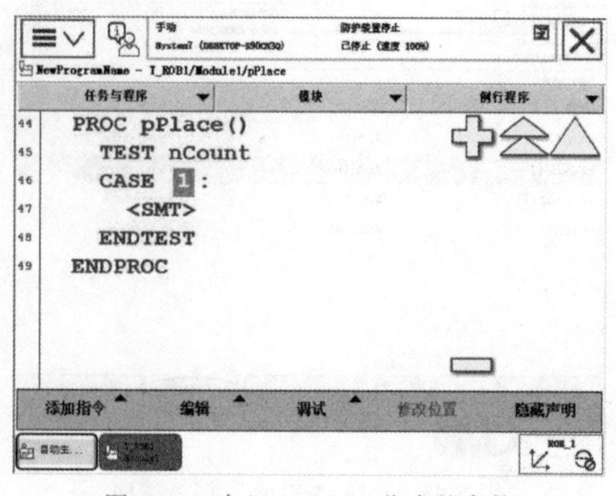

图 6-50　建立“TEST”指令的参数

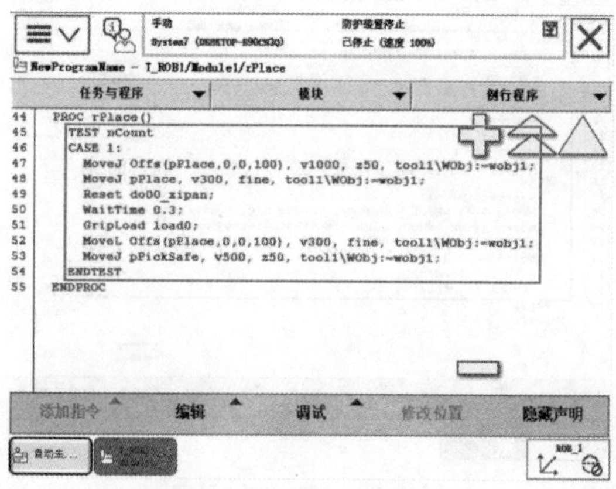

图 6-51　建立相关例行程序

44）回到程序界面后，单击“CASE”，系统弹出图 6-52 所示的窗口，单击“添加 CASE”。

45）系统弹出图 6-53 所示的窗口，单击“确定”，新的“CASE”添加完成。

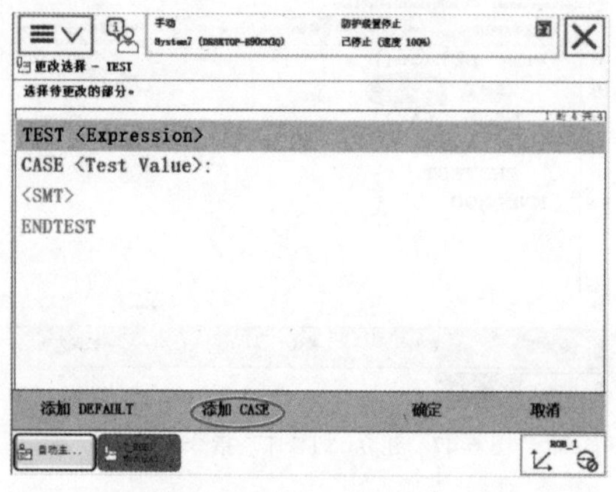

图 6-52　添加“CASE2”（一）

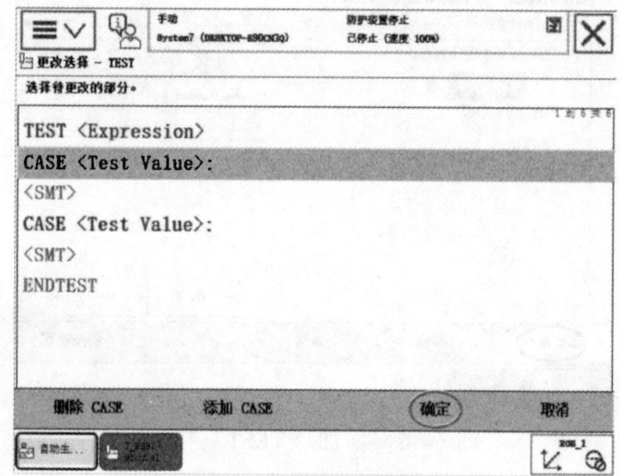

图 6-53　添加“CASE2”（二）

46）系统弹出图 6-54 所示的窗口，单击“<EXP>”，将参数设置为 2。

47）回到程序界面，添加“MoveJ”指令，参数设定如图 6-55 所示。若 nCount 为 2，利用 Offs 指令，以 pPlace 为基准点，在坐标系中沿着 X 和 Z 轴正方向偏移一个产品间隔，本产品 X 轴方向间隔为 50mm，Z 轴方向间隔为 100mm。

48）添加“MoveJ”指令，参数设定如图 6-56 所示，相对于放置基准点 pPlace 在 X 轴正方向上偏移了 50mm。

49）继续添加指令，建立剩余放置例行程序，如图 6-57 所示。

50）单击“例行程序”，在例行程序的界面选择“main”，单击“显示例行程序”，进入图 6-58 所示的界面。

51）如图 6-59 所示，单击“添加指令”，选择“ProcCall”，进入图 6-60 所示的界面。选择要调用的例行程序“rInitAll”，单击“确定”，进入图 6-61 所示的界面，调用初始化例行程序。

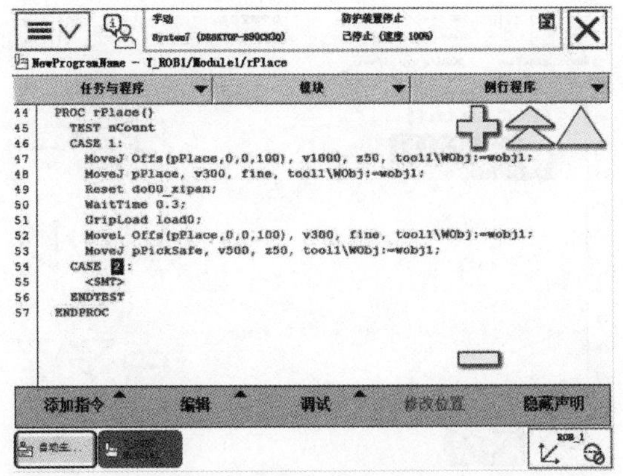

图 6-54　添加“CASE2”（三）

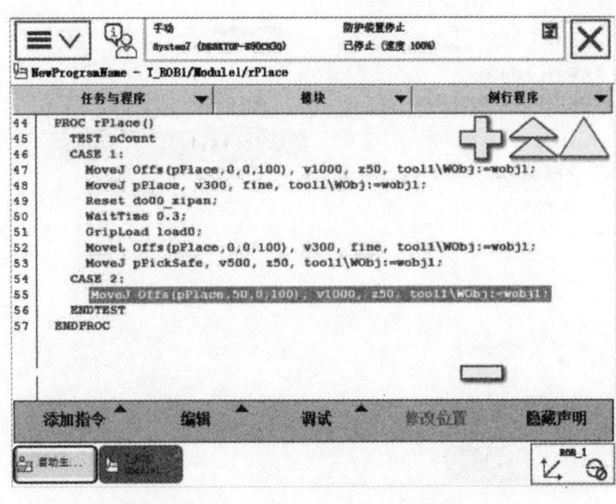

图 6-55　添加“MoveJ”指令

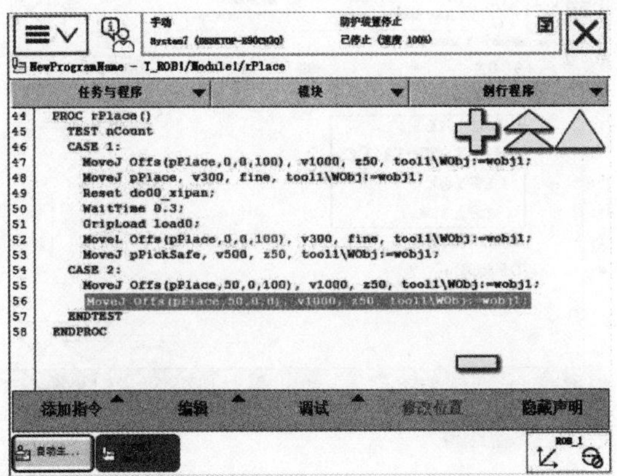

图 6-56　建立“MoveJ”指令的参数

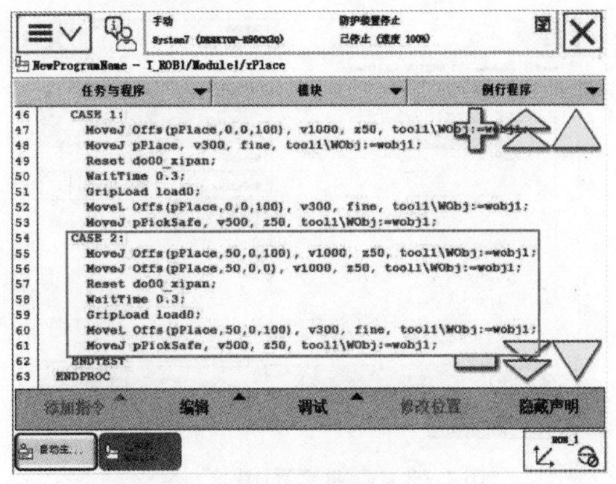

图 6-57　建立剩余放置例行程序

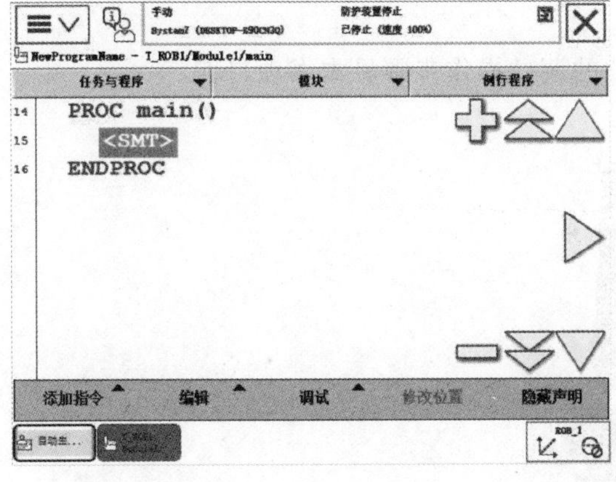

图 6-58　选择主程序

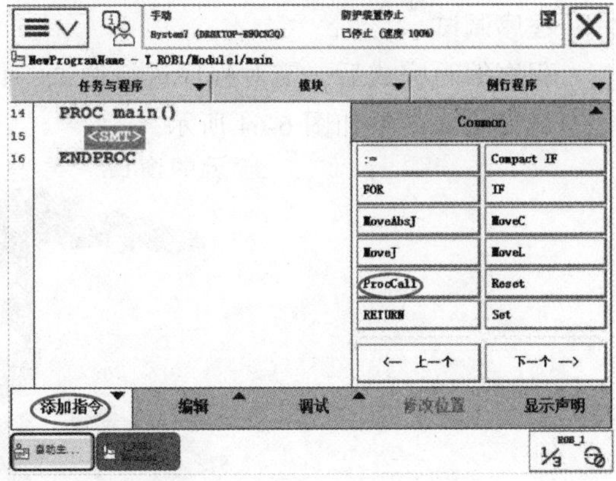

图 6-59　添加“ProcCall”指令

52）单击“添加指令”，选择“WHILE”，利用 WHILE 循环将初始化程序隔开，即只在第一次运行时需要执行初始化程序，之后循环执行抓取放置动作，如图 6-62 所示。

53）继续添加指令，建立剩余的主程序。主程序如图 6-63 所示。

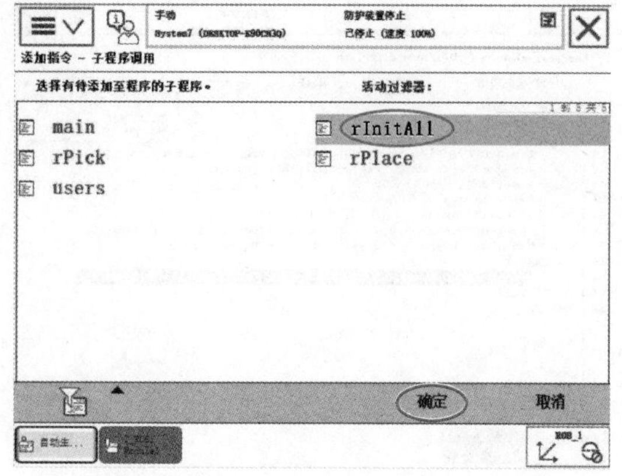

图 6-60　建立“ProcCall”指令的参数

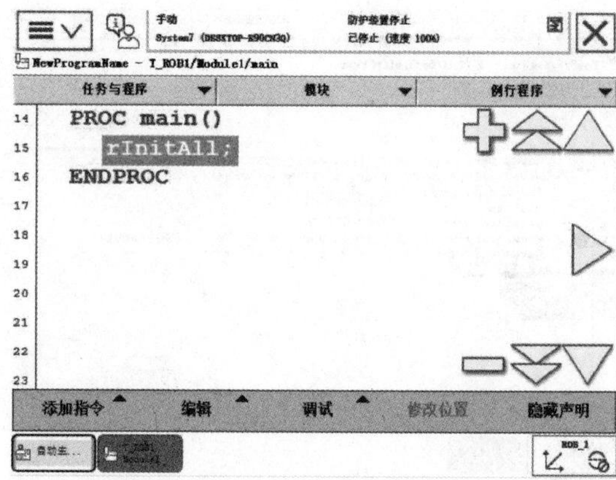

图 6-61　建立“ProcCall”指令的参数

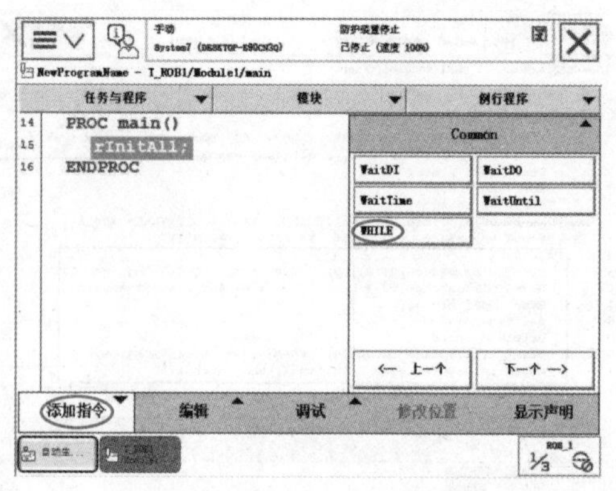

图 6-62　添加“WHILE”指令

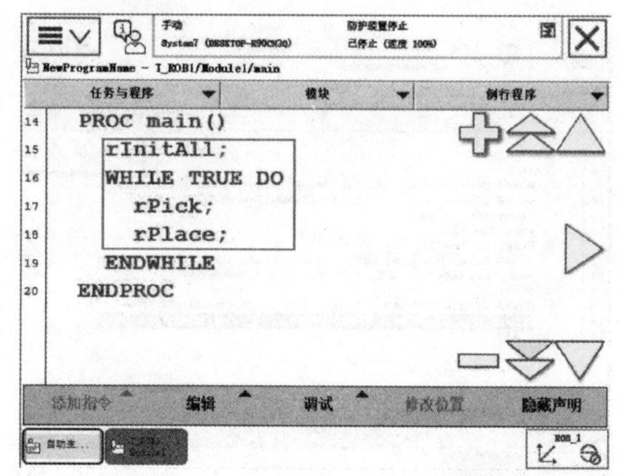

图 6-63　建立剩余的主程序

54）打开调试菜单，单击检查程序，对程序进行检查。

六、程序调试

程序编写完成后，需对程序进行调试，详细的调试操作步骤见本书项目四。

最终码垛结果如图 6-64 所示。

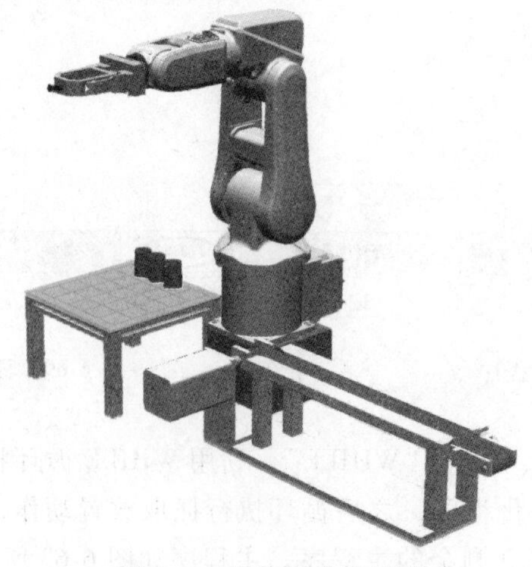

图 6-64　最终码垛结果图

问题探究

码垛机器人虽然应用较为广泛，但随着码垛要求的提高，还存在如下两方面的问题。

一、码垛能力

码垛机器人的工作能力与其机械结构、工作空间和灵活性有关。笨重复杂的机械结构必然导致机器人工作空间和灵活性能大大下降。目前，国内外码垛机器人多采用两个并联平行四边形机构控制腕部摆动的关节型机器人，故取消了腕部电动机，减少了一个关节的控制，同时四边形机构起到平衡作用，但机器人前大臂、后大臂以及小臂构成的四边形限制了末端执行器工作空间的提升；而且四连杆机构也增加了机器人本体结构的复杂性和重量，降低了机器人运动的灵活性，必然会影响工作效率。

解决方案：采用优化设计的模块化、可重构化机械结构。取消并联平行四边形的机构形式，采用集成式模块化关节驱动系统，将伺服电动机、减速器、检测系统三位一体化，简化机器人本体结构。探索新的高强度轻质材料或复合材料，进一步提高机器人的结构强度以及负载和自重比。重视产品零部件（如轴承）和辅助材料（如润滑油）质量，努力提高零部件及配件的设计、制造精度，从而提高机器人整体动作的精准性和可靠性。开发多功能末端执行器，不需更换零部件，便可实现对箱类、盒类、袋类、桶类包装件以及托盘的操作。将机器人本体安装在滑轨上，可进一步扩大机器人的工作空间。

二、可靠性和稳定性

相比焊接、装配等作业的复杂性，码垛机器人只需完成抓取、码放等相对简单的工作。因此，码垛机器人的可靠性、稳定性相比其他类型的机器人要低。由于工业生产速度高，而且抓取、搬运、码放动作不断重复，要求码垛机器人具有较高的运动平稳性和重复准确度，以确保不会产生过大的累积误差。

解决方案：研究开放式、模块化控制系统，重点是基于 PC 的开放型控制器，实现机器人控制的标准化、网络化。开发模块化、层次化、网络化的开放型控制器软件体系，提高在线编程的可操作性，重点研究离线编程的实用化，实现机器人的监控、故障诊断、安全维护，以及网络通信等功能，从而提高机器人工作的可靠性和稳定性。

知识拓展

机器人在物流系统中的应用

随着科技的发展，机器人技术在物流作业过程中发挥着越来越重要的作用，将成为引领现代物流业发展趋势的重要因素。目前，机器人技术在物流中的应用主要集中在包装分拣、装卸搬运和无人机送货三个作业环节。

1. 机器人技术在包装分拣作业中的应用

在传统企业中，高度重复性和智能性的抓放工作一般依靠大量的人工完成，不仅给工厂增加了巨大的人工成本和管理成本，还难以保证包装的合格率，且人工的介入很容易给食品、医药带来污染，影响产品质量。机器人技术在包装领域得到了很大的发展。尤其是在食品、烟草和医药等行业的大多数生产线上已实现了高度自动化，其包装作业基本实现了机器人化作业。机器人作业准确度高、柔性好、效率高，克服了传统的机械式包装占地面积大、程序更改复杂、耗电量大等缺点，同时避免了采用人工包装造成的劳动量大、工时多、无法保证包装质量等问题。如图 6-65 所示，拣选作业由并联机器人同时完成定位、节选、抓取和移动等动作。如果品种多，形状各异，机器人需要有图像识别系统和多功能机械手。机器人每到一种物品托盘前就可根据识别系统来判断物品形状，采用与之相应的机械手抓取，然后放到搭配托盘上。

图 6-65 拣选生产线

2. 机器人技术在装卸搬运中的应用

装卸搬运是物流系统中最基本的功能要素之一，存在于货物运输、储存、包装、流通加工和配送等过程中，贯穿于物流作业的始终。目前，机器人技术越来越多地应用于物流的装卸搬运作业，大大提高了物流系统的效率和效益。搬运机器人的出现不仅可以充分利用工作环境的空间，提高物料的搬运能力，大大节约装卸搬运过程中的作业时间，提高装卸效率，还可减轻人类繁重的体力劳动。目前已广泛应用到工厂内部工序间的搬运、制造系统和物流系统连续的运转以及国际化大型港口的集装箱自动搬运。随着传感技术和信息技术的发展，无人搬运车（Automated Guided Vehicle，AGV）也正在向着智能化方向发展。如图 6-66 所示，作为一种无人驾驶工业搬运车辆，最初 AGV 是在 20 世纪 50 年代才得到了普及应用。随着现代信息技术的发展，近年来 AGV 获得了巨大的发展与应用，开始进入智能时代，因此也称 AGV 为智能搬运车。随着物联网技术的应用，在全自动化智能物流中心，AGV 作为物联网的一个重要组成部分，成为具有智慧的物流机器人，与物流系统的物联网协同作业，实现智慧物流。

3. 机器人技术在无人机送货中的应用

无人机送货（图 6-67）在国外已经形成了较为完善的操作模式。以美国亚马逊公司为

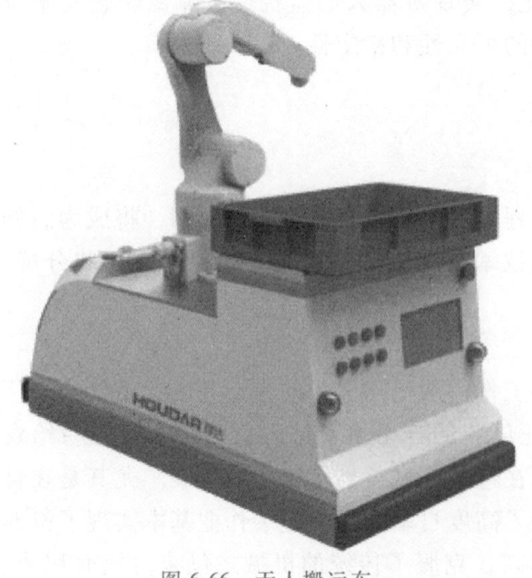

图 6-66 无人搬运车

图 6-67 无人机送货

例，其无人机送货试运行采用了“配送车+无人机”模式，为我国的投入使用提供了参考案例。该模式主要是无人机负责物流配送的“最后一公里”。配送车离开仓库后，只需在主干道上行走，在每个小路口停车，并派出无人机进行配送。完成配送之后，无人机会自动返回配送车再执行下一个任务。顺丰快递在借鉴美国模式的同时，根据我国自身的国情现状进行了调整，具体过程如下：

1）快递员将快件放置在无人机的机舱中，然后将无人机放在起飞位置上。

2）快递员用“巴枪”扫描无人机上的二维码，确认航班信息。

3）无人机校对无误后自动起飞，与此同时，无人机调度中心通知接收站的快递员做好无人机降落的准备。

4）无人机在接收点降落后，快递员将快件从机舱内取出，用“巴枪”扫描，确认航班到达。

5）无人机完成一次物流配送后，将自动返航。

顺丰快递的这一举措让我国的物流跟上了国际步伐，同时不盲目跟随他人，学会了因地制宜，抓住机会，开创了国内物流新局面。无人机的投入使用对于物流行业是一次巨大的变革。

评价反馈

基本素养(30分)				
序号	评估内容	自评	互评	师评
1	纪律(无迟到、早退、旷课)(10分)			
2	安全规范操作(10分)			
3	团结协作能力、沟通能力(10分)			
理论知识(30分)				
序号	评估内容	自评	互评	师评
1	各种指令的应用(5分)			
2	码垛工艺流程(5分)			
3	I/O单元和I/O信号的配置(5分)			
4	对码垛能力有限解决方案的认知(5分)			
5	对码垛可靠性和稳定性的认知(5分)			
6	码垛机器人在物流系统应用的认知(5分)			
技能操作(40分)				
序号	评估内容	自评	互评	师评
1	独立完成码垛程序编写(10分)			
2	程序校验(10分)			
3	执行机器人程序实现码垛示教(10分)			
4	程序运行示教(10分)			
综合评价				

练习与思考题

一、填空题

1. 码垛是指将物品整齐、规则地摆放成货垛的作业。它根据物品的__________、__________、__________等因素，结合仓库存储条件，将物品码放成一定的货垛。

练习与思考题六

2. 机器人码垛运动可分解为__________、__________、__________和__________等一系列子任务。

3. 常用的逻辑控制指令有__________、__________和__________。

4. 码垛机器人的工作能力与其__________、__________、__________有关。

5. 机器人技术在物流中的应用集中在__________、__________和__________三个作业环节。

6. 拣选作业由并联机器人同时完成__________、__________、__________和__________等动作。

二、简答题

1. 简述轴配置监控指令的功能。
2. 简述工业机器人码垛的技术要求。
3. 简述码垛能力有限的解决方案。
4. 简述提高码垛可靠性和稳定性的方法。
5. 简述顺丰快递无人机配送货物的具体工作过程。

三、操作题

编写程序，将圆柱体从 A 板上抓取并在 B 板上做码垛操作。码垛结果为圆柱体码三层，如图 6-68 所示。

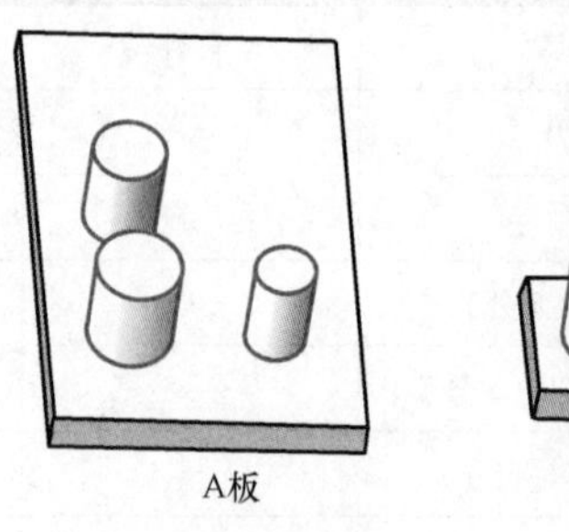

图 6-68　练习题

项目七
工业机器人焊接编程与操作

项目七辅助资料

学习目标

1. 掌握工业机器人焊接的基本知识。
2. 掌握焊接常用 I/O 信号的配置及焊接参数。
3. 掌握工业机器人焊接的特点及编程方法。

工作任务

1. 工作任务的背景

焊接机器人作为当前广泛使用的先进自动化焊接设备，具有通用性强、工作稳定、操作简便、功能丰富等优点，越来越受到人们的重视。工业机器人在焊接领域的应用最早是从汽车装配生产线上的点焊开始的，如图 7-1 所示。

图 7-1　车身点焊作业

随着汽车、军工及重工等行业的飞速发展，焊接机器人的应用越来越普遍，如图 7-2 所示。工业机器人和焊接电源组成的机器人自动化焊接系统能够自由、灵活地实现各种复杂三维曲线的焊接，如图 7-3 所示。它能够把人从恶劣的工作环境中解放出来，以从事具有更高附加值的工作，因此现阶段对于能够熟练掌握工业机器人焊接相关技术的人才需求很大。通过本任务的学习，读者能够掌握机器人焊接的 I/O 配置、焊接参数设置、程序数据创建、目标点示教、程序编写及调试，最终完成整个焊缝的焊接。

图 7-2　焊接机器人的应用

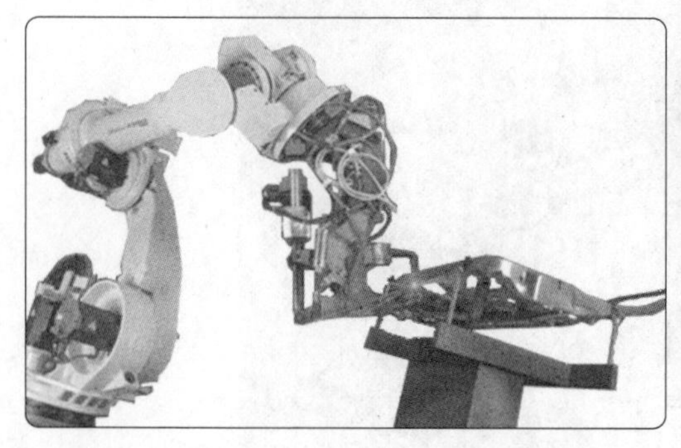

图 7-3　复杂三维曲线的焊接

2. 需达到的技术要求

1）在坡口及坡口边缘各 20mm 范围内，将油、污、锈、垢、氧化皮清除，直至呈现金属光泽。

2）焊缝无裂纹、气孔和咬边等缺陷。

3）焊缝余高：$e_1 \leq 1.5$mm。

3. 所需要的设备

工业机器人焊接编程与操作所需的设备有机器人本体、控制器、示教器、焊接电源、焊枪、变位机、气瓶和清枪装置等，如图 7-4 所示。

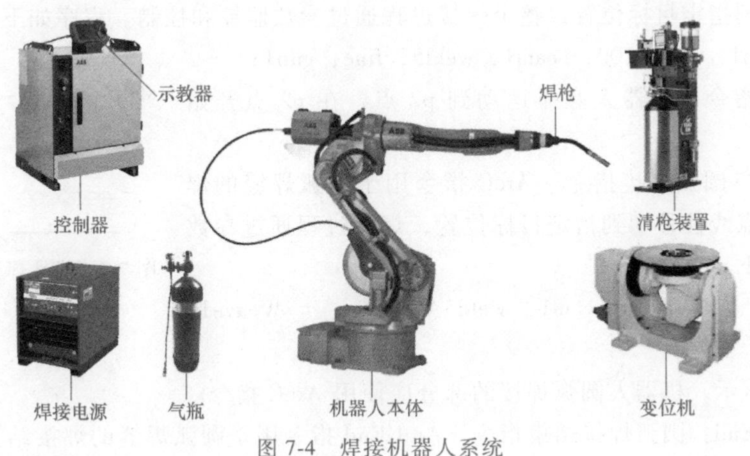

图 7-4　焊接机器人系统

实践操作

一、知识储备

常用的弧焊指令

任何焊接程序都必须以 ArcLStart 或 ArcCStart 开始，通常运用 ArcLStart 作为起始语句。任何焊接过程都必须以 ArcLEnd 或 ArcCEnd 结束。焊接中点用 ArcL \ ArcC 语句。焊接过程中，不同的语句可以使用不同的焊接参数（如 WeldData 和 SeamData）。

（1）ArcLStart：线性焊接开始指令　ArcLStart 指令用于直线焊缝的焊接开始，工具中心点线性移动到指定目标位置，整个焊接过程通过参数监控和控制。程序如下：

```
ArcLStart p1, v100, seam1, weld5, fine, gun1;
```

如图 7-5 所示，机器人线性运行到 p1 点起弧，焊接开始。

（2）ArcL：线性焊接指令　ArcL 指令用于直线焊缝的焊接，工具中心点线性移动到指定目标位置，焊接过程通过参数控制。程序如下：

```
ArcL *, v100, seam1, weld5 \Weave: =Weave1, z10, gun1;
```

如图 7-6 所示，机器人线性焊接的部分应使用 ArcL 指令。

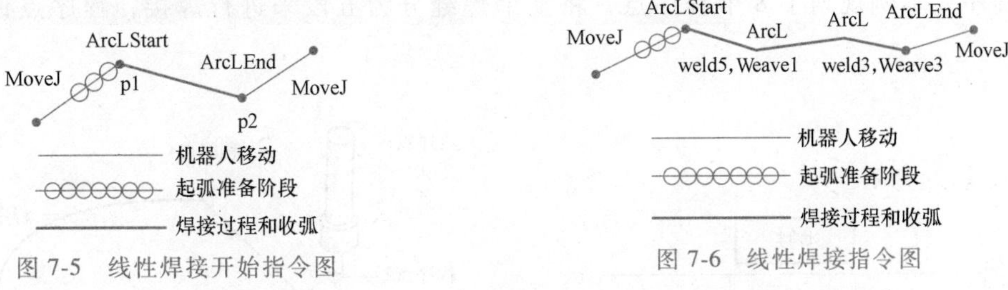

图 7-5　线性焊接开始指令图

图 7-6　线性焊接指令图

（3）ArcLEnd：线性焊接结束指令　ArcLEnd 指令用于直线焊缝的焊接结束，工具中心点线性移动到指定目标位置，整个焊接过程通过参数监控和控制。程序如下：

```
ArcLEnd p2, v100, seam1, weld5, fine, gun1;
```

如图 7-7 所示，机器人在 p2 点使用 ArcLEnd 指令结束焊接。

（4）ArcCStart：圆弧焊接开始指令　ArcCStart 指令用于圆弧焊缝的焊接开始，工具中心点圆周运动到指定目标位置，整个焊接过程通过参数监控和控制。程序如下：

ArcCStart p1，p2，v100，seam1，weld5，fine，gun1；

执行以上指令，机器人圆弧运动到 p2 点，在 p2 点开始焊接。

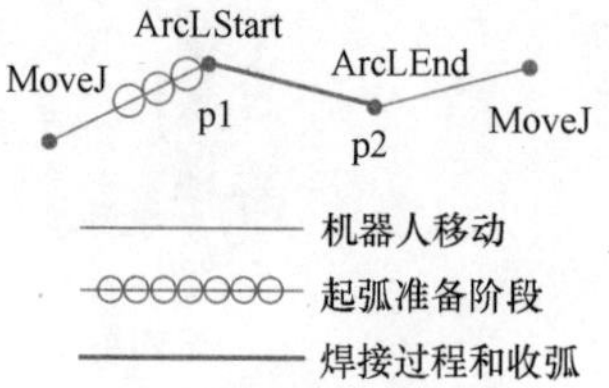

(5) ArcC：圆弧焊接指令　ArcC 指令用于圆弧焊缝的焊接，工具中心点线性移动到指定目标位置，焊接过程通过参数控制。程序如下：

图 7-7　线性焊接结束指令图

ArcC ＊，＊，v100，seam1，weld5 \ Weave：= Weave1，z10，gun1；

如图 7-8 所示，机器人圆弧焊接的部分应使用 ArcC 指令。

(6) ArcCEnd：圆弧焊接结束指令　ArcCEnd 指令用于圆弧焊缝的焊接结束，工具中心点圆周运动到指定目标位置，整个焊接过程通过参数监控和控制。程序如下：

ArcCEnd p2，p3，v100，seam1，weld5，fine，gun1；

如图 7-9 所示，机器人在 p3 点使用 ArcCEnd 指令结束焊接。

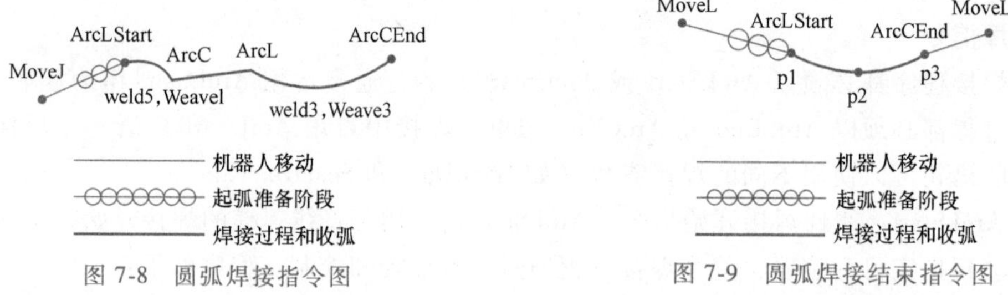

图 7-8　圆弧焊接指令图　　图 7-9　圆弧焊接结束指令图

二、运动规划

机器人焊接运动可分解为检测装夹信息、检测焊枪信息、焊接工件及清理焊枪等一系列子任务，焊接任务流程图如图 7-10 所示。

三、焊接任务

下面以图 7-11 所示的焊接轨迹为例，采用在线示教的方式为机器人输入整条焊缝的作业程序。本例规划了 8 个程序点，将整个焊缝分为五段来进行焊接，程序点说明见表 7-1。

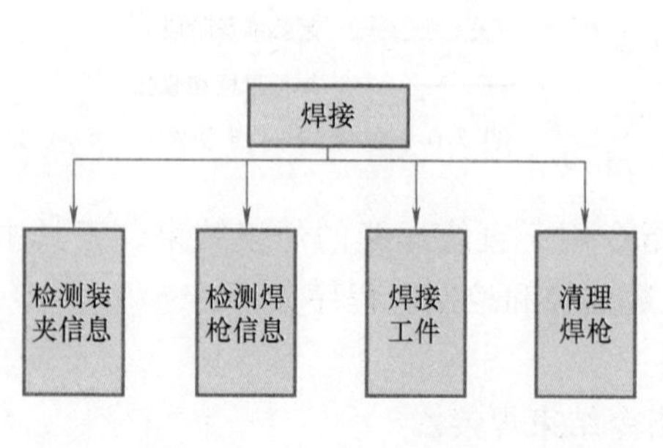

图 7-10　焊接任务流程图

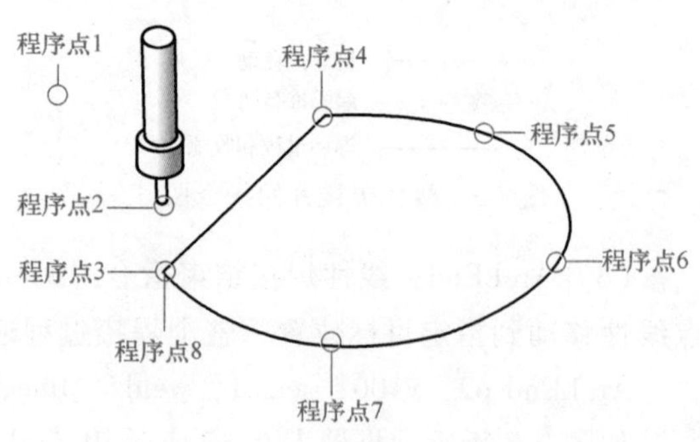

图 7-11　焊接轨迹

表 7-1 程序点说明

程序点	说明	程序点	说明	程序点	说明
程序点 1	Home 点	程序点 4	焊接中间点	程序点 7	焊接中间点
程序点 2	焊接开始临近点	程序点 5	焊接中间点	程序点 8	焊接结束点
程序点 3	焊接开始点	程序点 6	焊接中间点		

四、示教前的准备

1. 配置 I/O 单元

根据表 7-2 的参数配置 I/O 单元。

表 7-2 I/O 单元参数

Name	Type of Unit	Connected to Bus	DeviceNet Address
Board10	D651	DeviceNet1	10
Board11	D651	DeviceNet1	11

2. 配置 I/O 信号

根据表 7-3 的参数配置 I/O 信号。

表 7-3 I/O 信号参数

Name	Type of Signal	Assigned to Unit	Unit Mapping	I/O 信号注释
ao01Weld_REF	Analog Output	Board10	0~15	焊接电压控制信号
ao02Feed_REF	Analog Output	Board10	16~31	焊接电流控制信号
do01WeldOn	Digital Output	Board10	32	焊接启动信号
do02GasOn	Digital Output	Board10	33	打开保护气信号
do03FeedOn	Digital Output	Board10	34	送丝信号
do04CycleOn	Digital Output	Board10	35	机器人处于运行状态信号
do05Error	Digital Output	Board10	36	机器人处于错误报警状态信号
do06E_Stop	Digital Output	Board10	37	机器人处于急停状态信号
do07GunWash	Digital Output	Board10	38	清枪装置清焊渣信号
do08GunSpary	Digital Output	Board10	39	清枪装置喷雾信号
do09FeedCut	Digital Output	Board11	32	剪焊丝信号
di01ArcEst	Digital Input	Board10	0	起弧检测信号
di02GasOK	Digital Input	Board10	1	保护气检测信号
di03FeedCut	Digital Input	Board10	2	送丝检测信号
di04Start	Digital Input	Board10	3	程序启动
di05Stop	Digital Input	Board10	4	停止运行信号
di06WorkStation1	Digital Input	Board10	5	变位机转到工位信号
di07LoadingOK	Digital Input	Board10	6	工件装夹完成按钮信号
di08ResetError	Digital Input	Board10	7	错误报警复位信号
Di09StartAt_Main	Digital Input	Board11	0	从主程序开始信号
di10MotorOn	Digital Input	Board11	1	电动机上电(输入信号)

3. 设备及工件的检查

1）工件表面清理。使用砂纸、抛光机等工具清理钢板焊缝区，不能有铁锈、油污等杂质。

2）工件装夹。将工件装夹在变位机上。

3）安全确认。确认自己和机器人之间保持安全距离。

4）机器人原点确认。通过机器人机械臂各关节处的标记或调用原点程序复位机器人。

五、建立程序

1）新建“Hanjie”程序模块，单击“显示模块”，如图 7-12 所示。

2）建立如图 7-13 所示的相关例行程序，例行程序说明见表 7-4。

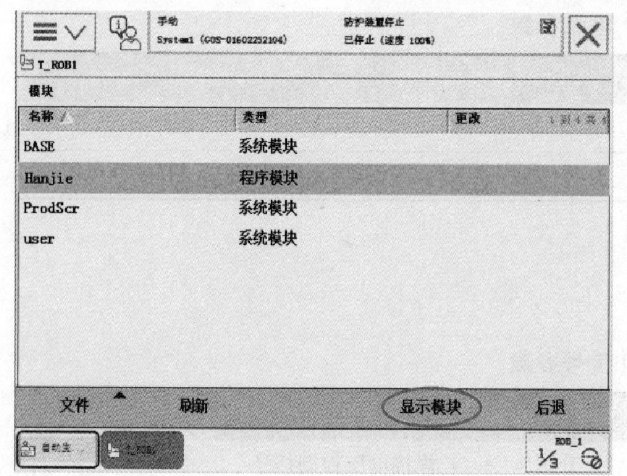

图 7-12 “Hanjie”程序模块

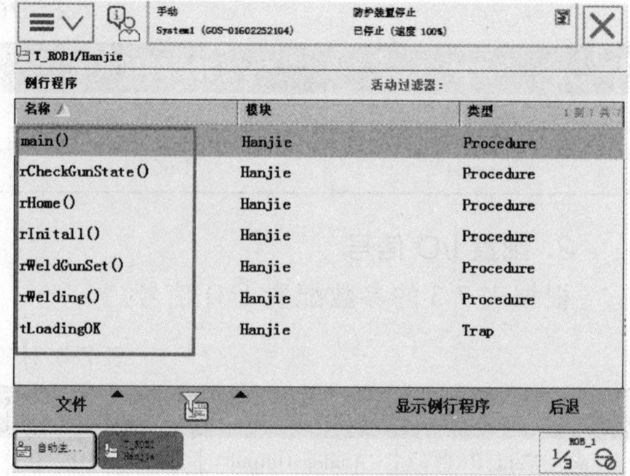

图 7-13 例行程序

表 7-4 例行程序说明

程序	说明	程序	说明
main	主程序	rWeldGunSet	清枪系统例行程序
rCheckGunState	检查焊枪例行程序	rWelding	焊接路径例行程序
rHome	回 Home 点例行程序	tLoadingOK	中断程序
rInitall	初始化例行程序		

3）选择“rHome”，单击“显示例行程序”，如图 7-14 所示。

4）进入“手动操纵”菜单，建立“工具坐标”和“工件坐标”，并确认已选择要使用的“工具坐标”和“工件坐标”，如图 7-15 所示。

5）回到程序编辑器，单击“添加指令”，打开指令列表，选择“<SMT>”为指令的插入位置，如图 7-16 所示。

6）单击指令列表中的“MoveJ”，双击“*”进入指令参数修改界面，新建或修改其中的参数，设定为如图 7-17 所示的数值后单击“确定”。

7）选择合适的动作模式，使用操纵杆将机器人 TCP 移动到 Home 点，如图 7-18 所示。

8）选择“pHome”，如图 7-19 所示，单击“修改位置”，将机器人当前的位置信息记录下来。

9）单击“修改”按钮进行确认，如图 7-20 所示。

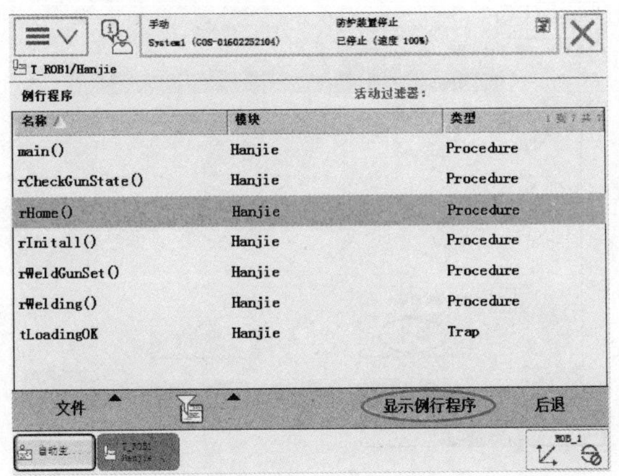

图 7-14 “rHome” 例行程序

图 7-15 “手动操纵” 菜单

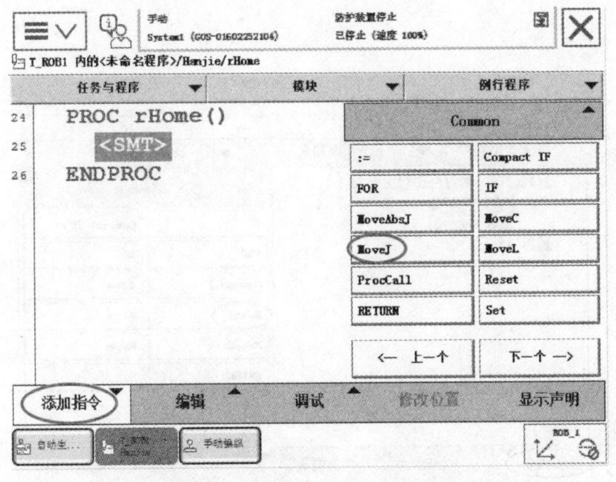

图 7-16 添加 “MoveJ” 指令

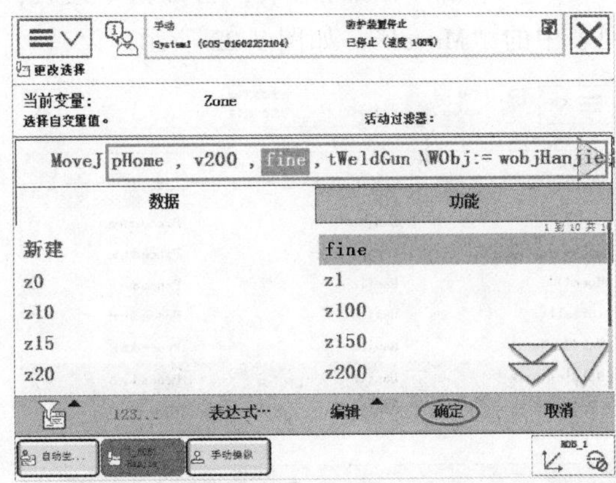

图 7-17 修改指令参数

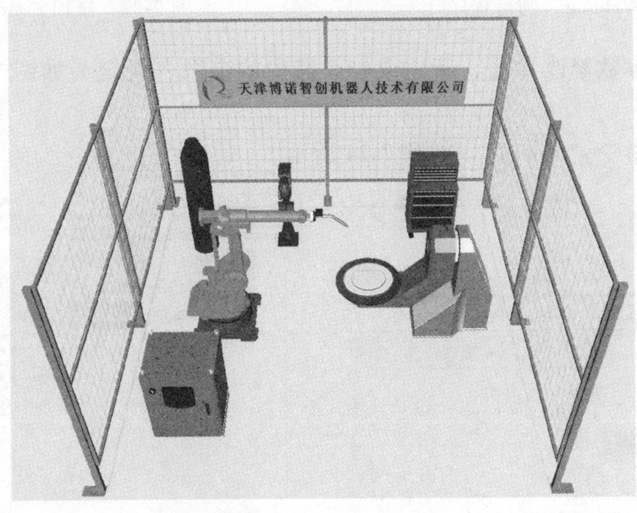

图 7-18 “Home” 点

10）选择 “rWelding”，单击 “显示例行程序”，如图 7-21 所示。

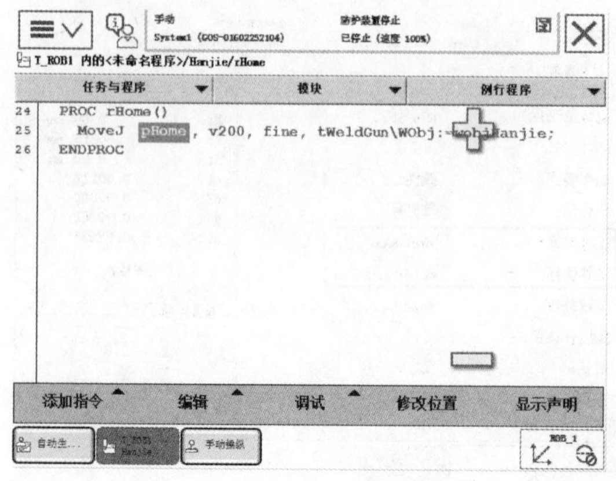

图 7-19　修改位置

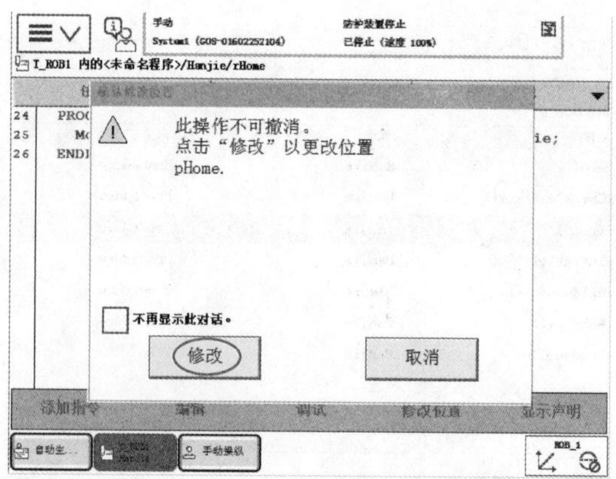

图 7-20　修改位置确认界面

11）单击“添加指令”，打开指令列表，选择“<SMT>”为指令的插入位置，单击指令列表中的“MoveJ”，如图 7-22 所示。

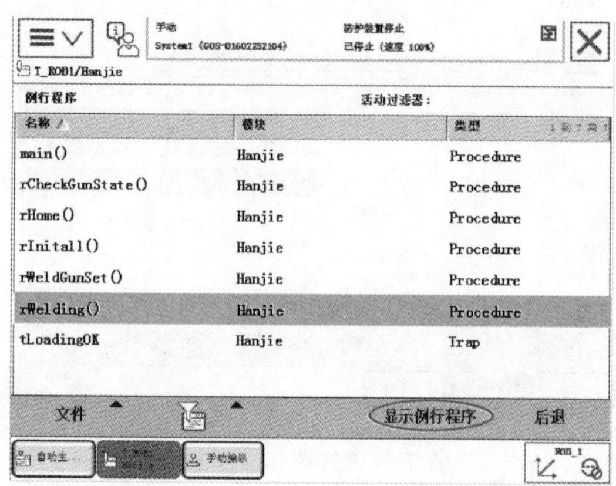

图 7-21　“rWelding”例行程序

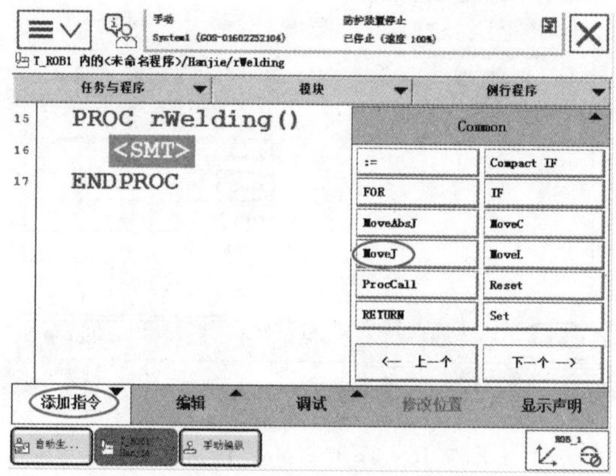

图 7-22　添加“MoveJ”指令

12）进入指令参数修改界面，新建或修改其中的参数，设定为如图 7-23 所示的数值后单击“确定”。

13）再次添加指令“MoveJ”，如图 7-24 所示。

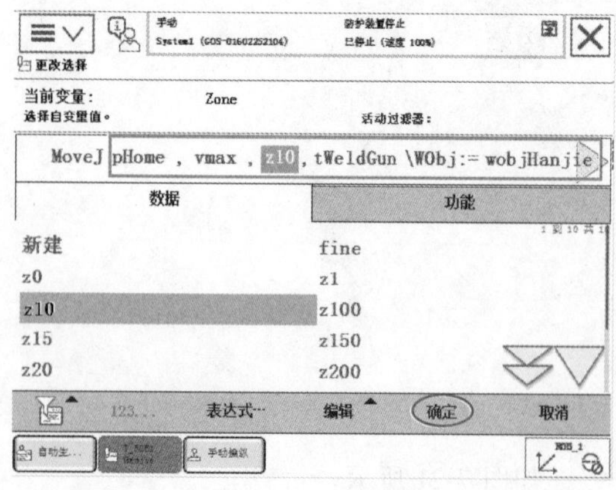

图 7-23　修改指令参数

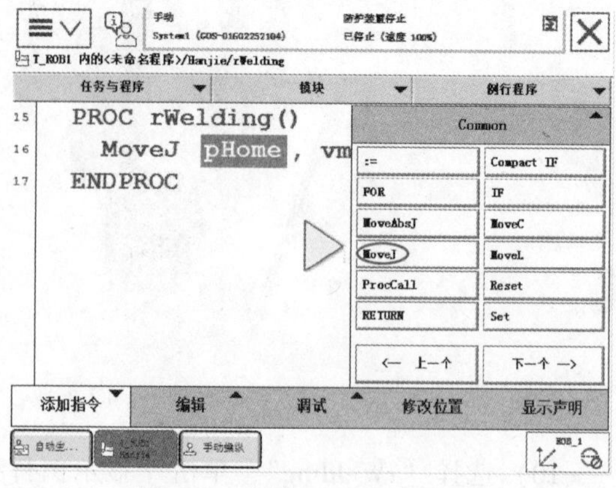

图 7-24　添加“MoveJ”指令

14）在弹出的对话框中单击“下方”按钮，如图 7-25 所示。

15）双击“pHome10”进入指令参数修改窗口，进入“功能”菜单，选择“Offs”，如图 7-26 所示。

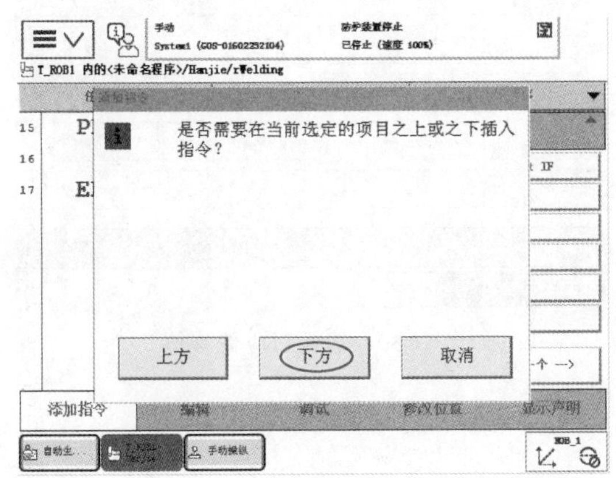

图 7-25　选择插入指令的位置界面

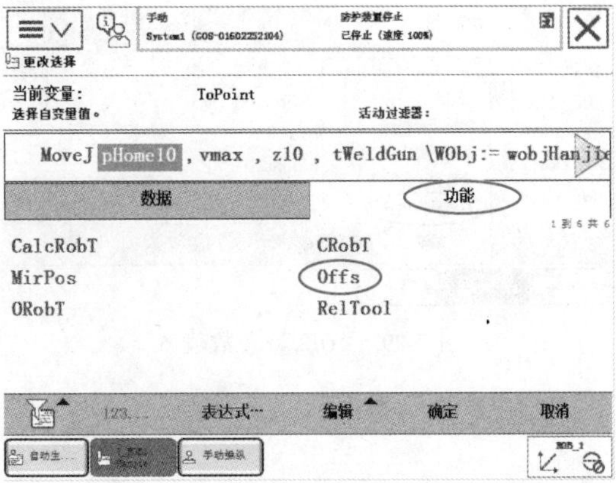

图 7-26　“Offs”应用

16）系统弹出图 7-27 所示的窗口，选择“新建”，建立焊接点“pWeld_ A10”，单击“确定”，如图 7-28 所示。

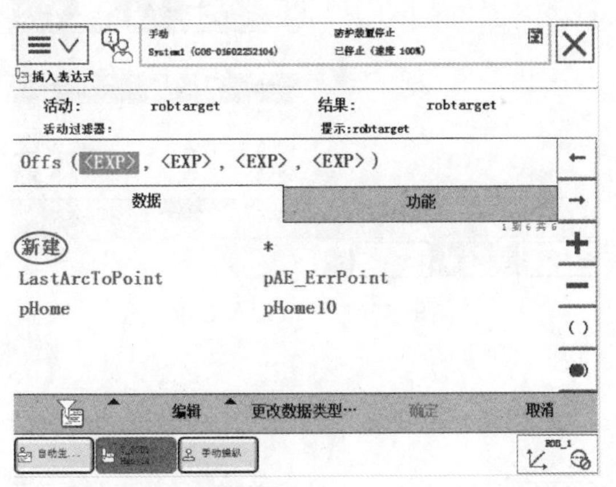

图 7-27　新建点

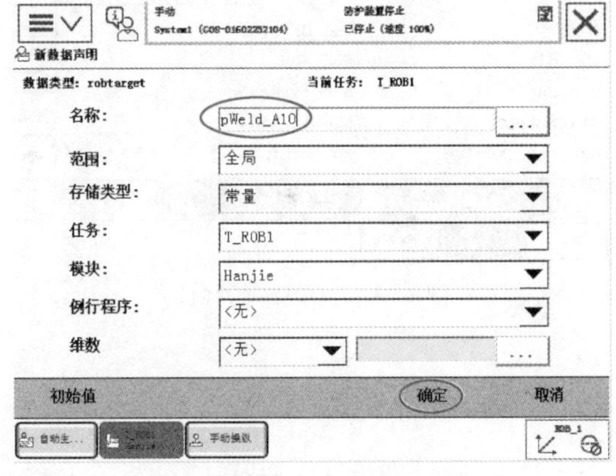

图 7-28　焊接点命名

17）如图 7-29 所示，选择“<EXP>”，单击“编辑”→“仅限选定内容”。

18）在弹出的输入框中输入数值，然后单击“确定”，如图 7-30 所示。

19）设定其余的参数，输入完成后单击“确定”，如图 7-31 所示。

20）修改相应的参数，修改完成后单击“确定”，如图 7-32 所示。

21）回到程序界面后继续添加指令。选择“Common”→“Arc”，如图 7-33 所示。

22）单击“ArcLStart”指令，如图 7-34 所示。

23）通过新建或选择对应的参数数据，设定为图 7-35 所示的值，完成后单击“确定”。

24）单击“pWeld_ A10”，如图 7-36 所示，选择合适的动作模式，手动操纵机器人至程序点 3，如图 7-37 所示，然后单击“修改位置”。

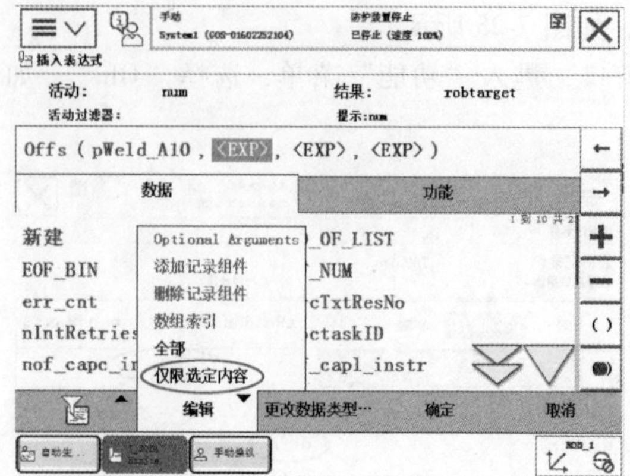

图 7-29 “Offs” 参数输入

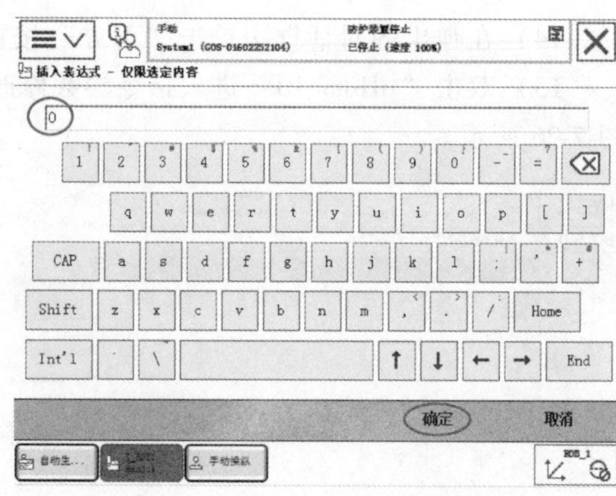

图 7-30 输入对应偏移值

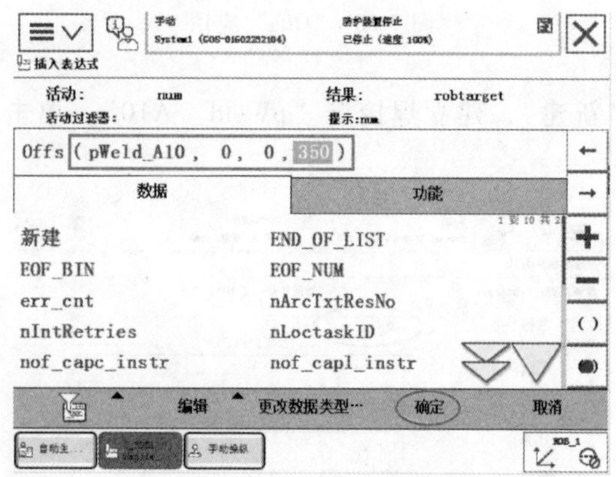

图 7-31 “Offs” 偏移值

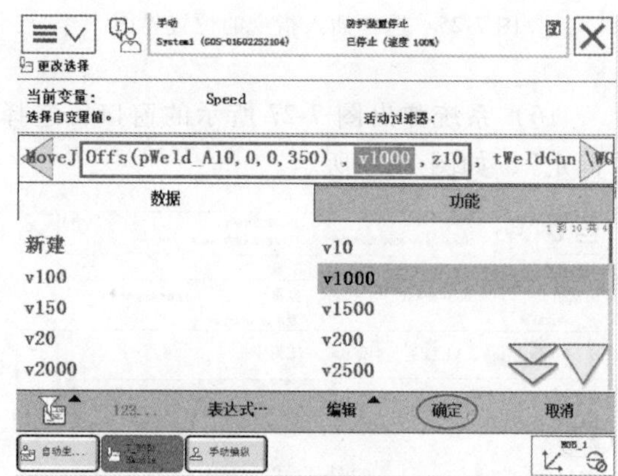

图 7-32 修改指令参数

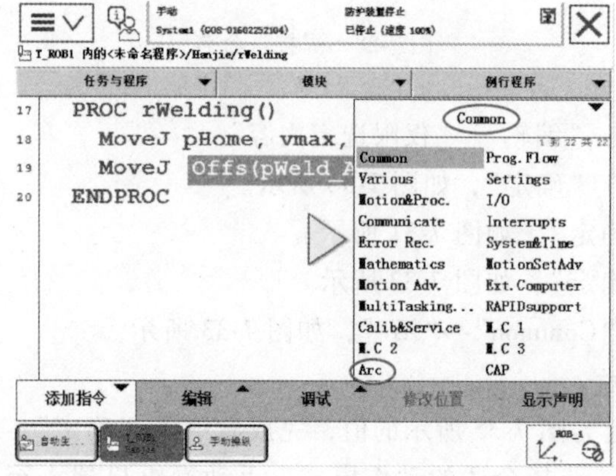

图 7-33 打开“Arc” 指令集

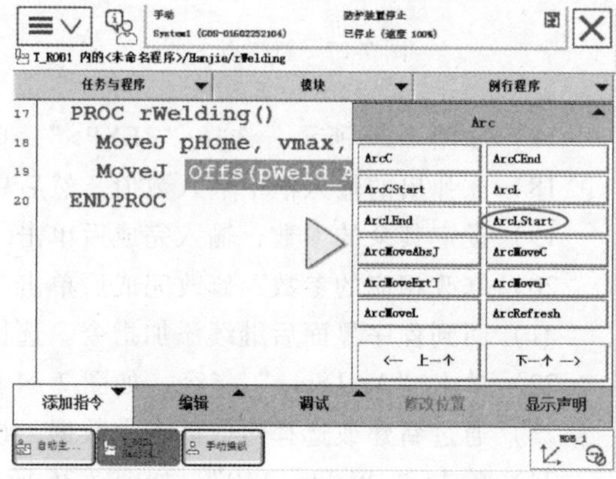

图 7-34 添加 “ArcLStart” 指令

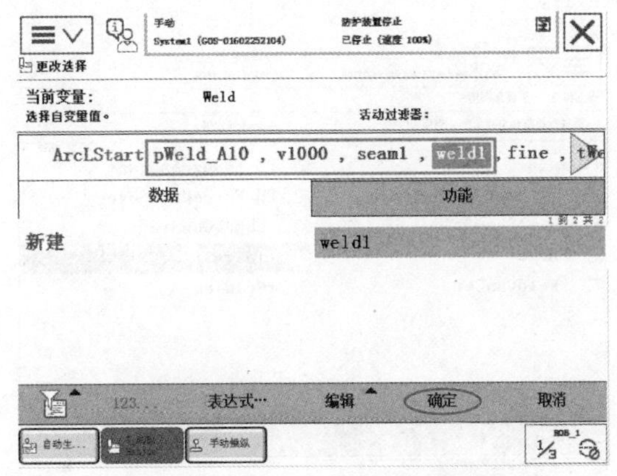

图 7-35　对应参数数据

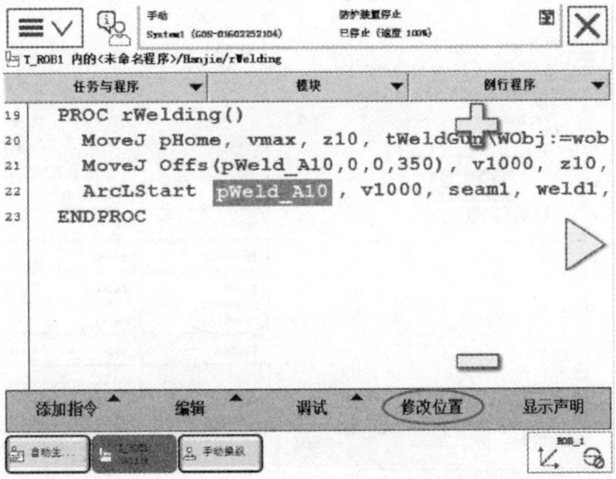

图 7-36　程序界面

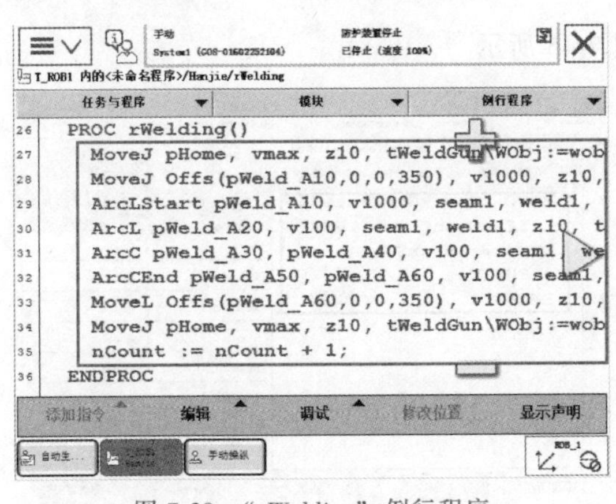

图 7-37　“pWeld_ A10”位置图

25）重复以上步骤，建立如图 7-38 所示的焊接例行程序。

26）在例行程序界面选择“main”，单击“显示例行程序”，进入图 7-39 所示的界面，单击“添加指令”开始建立主程序。

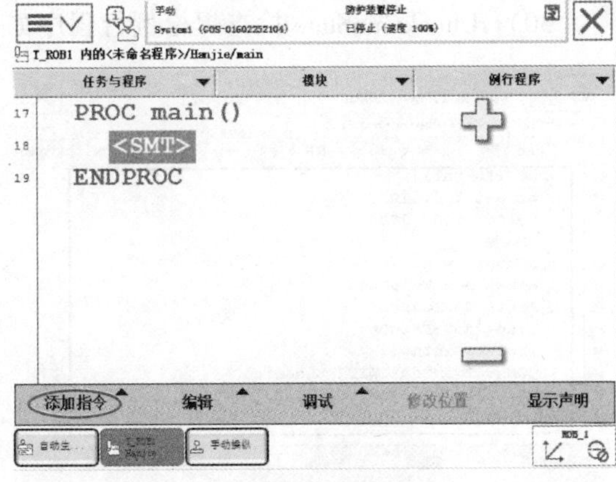

图 7-38　“rWelding”例行程序

图 7-39　建立主程序

27）如图 7-40 所示，单击“ProcCall”调用例行程序，进入图 7-41 所示的界面，选择要调用的例行程序“rInitAll”，单击“确定”调用成功，如图 7-42 所示。

28）重复上述步骤建立如图 7-43 所示的主程序。

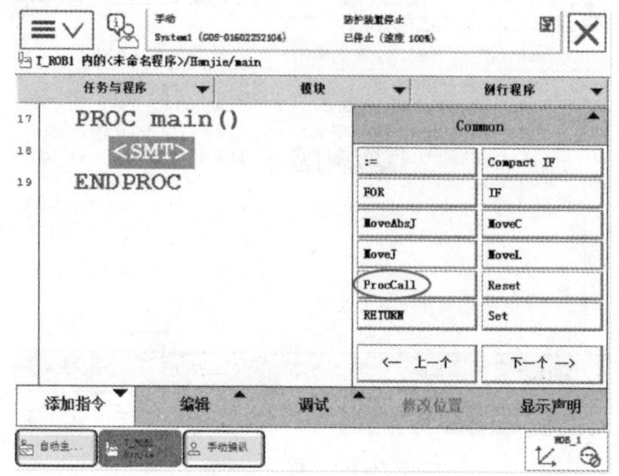

图 7-40 添加“ProcCall”指令

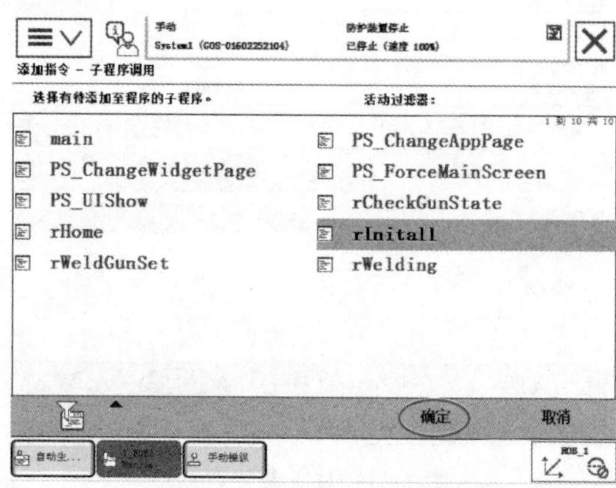

图 7-41 选择调用的例行程序

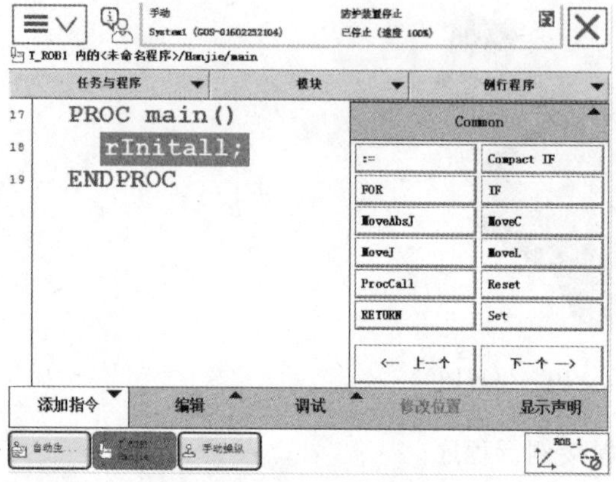

图 7-42 完成调用

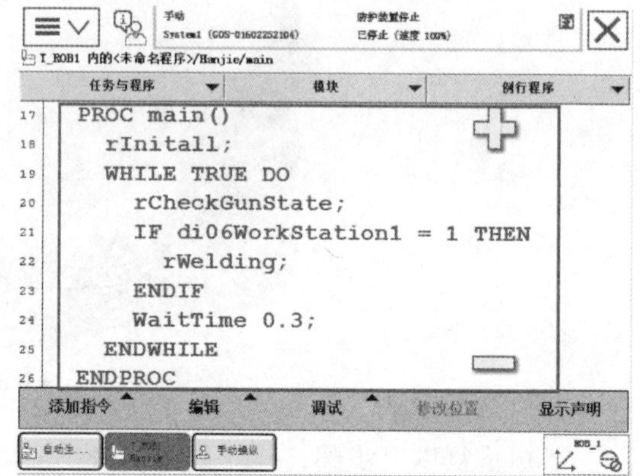

```
PROC main()
  rInitall;
  WHILE TRUE DO
    rCheckGunState;
    IF di06WorkStation1 = 1 THEN
      rWelding;
    ENDIF
    WaitTime 0.3;
  ENDWHILE
ENDPROC
```

图 7-43 主程序

29）rInitall 初始化例行程序如图 7-44 所示。

30）rCheckGunState 检查焊枪例行程序如图 7-45 所示。

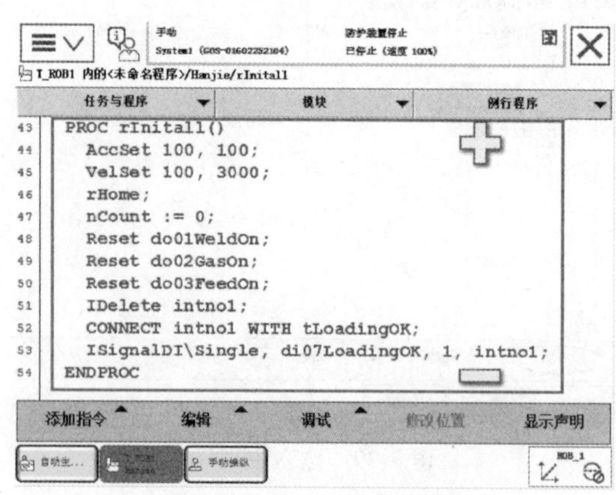

```
PROC rInitall()
  AccSet 100, 100;
  VelSet 100, 3000;
  rHome;
  nCount := 0;
  Reset do01WeldOn;
  Reset do02GasOn;
  Reset do03FeedOn;
  IDelete intno1;
  CONNECT intno1 WITH tLoadingOK;
  ISignalDI\Single, di07LoadingOK, 1, intno1;
ENDPROC
```

图 7-44 “rInitall”例行程序

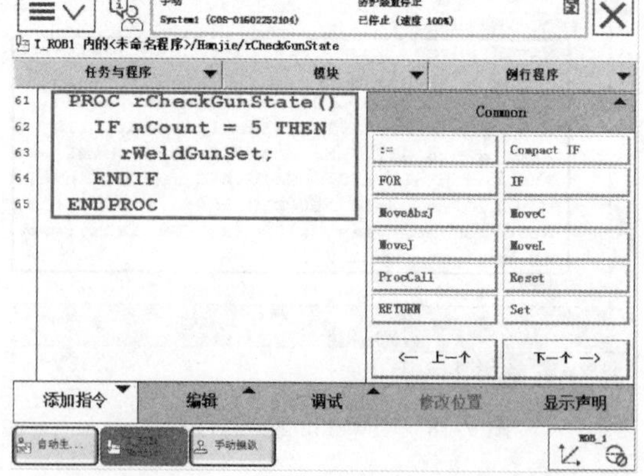

```
PROC rCheckGunState()
  IF nCount = 5 THEN
    rWeldGunSet;
  ENDIF
ENDPROC
```

图 7-45 “rCheckGunState”例行程序

31）rWeldGunSet 清枪系统例行程序如图 7-46 所示。

32）tLoadingOK 中断程序如图 7-47 所示。

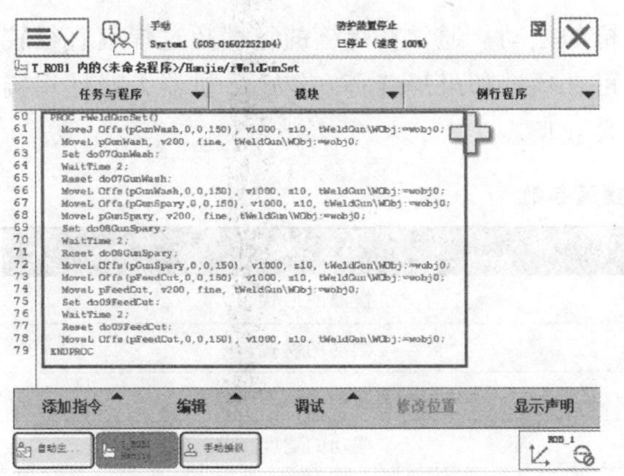

图 7-46 “rWeldGunSet”例行程序

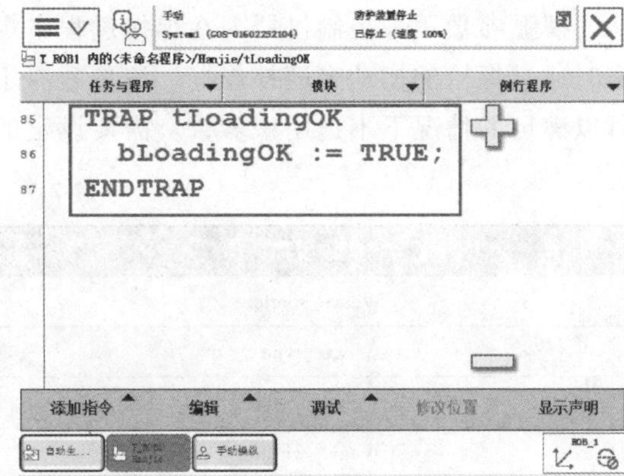

图 7-47 “tLoading OK”中断程序

33）打开调试菜单，单击检查程序，对程序进行检查。

六、程序调试

程序编写完成后，对程序进行调试，详细的调试操作步骤见本书项目四。

问题探究

一、常用焊接数据

在弧焊的连续工艺过程中，需要根据材质或焊缝的特性来调整焊接电压、电流的大小，或焊枪是否需要摆动、摆动的形式和幅度大小等参数。在弧焊机器人系统中，常用程序数据来控制这些变化的因素。需要设定的三个参数如下。

1. 焊接参数（WeldData）

焊接参数用来控制焊接过程中机器人的焊接速度，以及焊机输出的电压和电流的大小。需要设定的参数见表 7-5。

表 7-5 焊接参数

参数名称	参数注释
Weld_speed	焊接速度
Voltage	焊接电压
Current	焊接电流

2. 起弧收弧参数（SeamData）

起弧收弧参数用来控制焊接开始前和结束后的吹保护气的时间长度，以保证焊接时的稳定性和焊缝的完整性。需要设定的参数见表 7-6。

表 7-6 起弧收弧参数

参数名称	参数注释
Purge_time	清枪吹气时间
Preflow_time	预吹气时间
Postflow_time	尾气吹气时间

3. 摆弧参数（WeaveData）

摆弧参数用来控制机器人在焊接过程中焊枪的摆动。通常在焊缝的宽度超过焊丝直径较多时通过焊枪的摆动来填补焊缝。该参数属于可选项，如果焊缝宽度较小，机器人线性焊接可以满足的情况下不选用该参数。需要设定的参数见表 7-7。

表 7-7　摆弧参数

参数名称	参数注释
Weave_shape	摆动的形状
Weave_type	摆动的模式
Weave_lengh	一个周期前进的距离
Weave_width	摆动的宽度
Weave_height	摆动的高度

二、中断程序使用说明

中断程序是用来处理自动生产过程中的突发异常状况的一种机器人程序。中断程序通常可以由以下条件触发：

1）一个外部输入信号突然变为 0 或 1。

2）一个设定的时间到达后。

3）机器人到达某一个指定位置时。

4）当机器人发生某个错误时。

当中断发生时，正在执行的机器人程序会被停止，相应的中断程序会被执行。当中断程序执行完毕后，机器人将回到原来被停止的程序处继续执行。

常用的中断相关指令简介见表 7-8。

表 7-8　中断相关指令简介

指令名称	指令注释
Connect	中断连接指令,连接变量和中断程序
ISignalDI	数字输入信号中断触发指令
ISignalDO	数字输出信号中断触发指令
ISignalGI	组合输入信号中断触发指令
ISignalGO	组合输出信号中断触发指令
IDelete	删除中断连接指令
ISleep	中断休眠指令
IWatch	中断监控指令,与休眠指令配合使用
IEnable	中断生效指令
IDisable	中断失效指令,与生效指令配合使用

三、清枪装置

机器人在焊接过程中，焊枪喷嘴内外残留的焊渣以及焊丝干伸长的变化等势必影响焊接质量。清枪装置是一套焊枪维护装置，它能够保证焊接过程的顺利进行，减少人为的干预，让整个焊接工作站流畅运转，如图 7-48 所示。

清枪过程包含以下三个动作：

1）清焊渣。由自动机械装置带动顶端的尖头旋转，对焊渣进行清洁。

2）喷雾。自动喷雾装置对清完焊渣的枪头部分进行喷雾，防止焊接过程中焊渣和飞溅粘连到导电嘴上。

3）剪焊丝。自动剪切装置将焊丝剪至合适的长度。

图 7-48 清枪装置

四、变位机

对于某些焊接场合，由于工件空间几何形状过于复杂，焊接机器人的末端工具无法到达指定的焊接位置或姿态，此时可以通过增加 1~3 个外部轴的方式来增加机器人的自由度。其中一种做法是采用变位机让焊接工件移动或转动，使工件上的待焊部位进入机器人的工作空间，如图 7-49 所示。

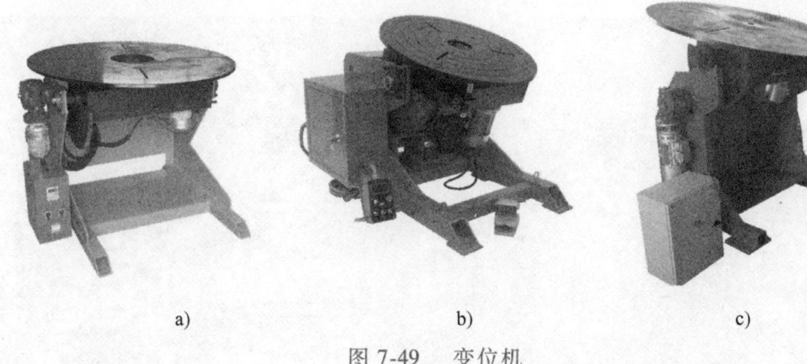

a) b) c)

图 7-49 变位机

知识拓展

全球瞩目的全铝合金车身的生产——特斯拉 Model S

随着汽车制造技术的发展，焊接工艺被广泛的使用。焊接机器人作为当前广泛使用的先进自动化焊接设备，具有通用性强、工作稳定、操作简便、功能丰富的优点，越来越受到人们的重视。目前焊接机器人应用中比较普遍的主要有 3 种：点焊机器人、弧焊机器人和激光焊机器人，如图 7-50 所示。

全球瞩目的美国特斯拉公司研发并制造的 Model S，整辆车包含了 250 项专利。其全铝合金车身兼顾了轻量化与高强度特性，除了车身外，其前后悬架大部分材料也采用铝材。特斯拉 Model S 生产线如图 7-51 所示。从制造的角度看，这款车的生产方式与其他汽车有着本质的不同。由于铝合金材料对热较敏感，如果采用传统焊接工艺，会存在材料强度下降的问题，而且由于受热易变形，全铝合金车身拼合尺寸精度也不易控制。特斯拉工厂的焊接工艺选择的是 CMT 冷金属过渡技术及 DeltaSpot 电阻点焊技术。那么特斯拉为什么会选择这两种技术？它们又是如何克服铝合金材料遇热易变形的难点的呢？

1. CMT 冷金属过渡技术

2005 年，奥地利伏能士焊接技术国际有限公司推出了 CMT（Cold Metal Transfer）冷金

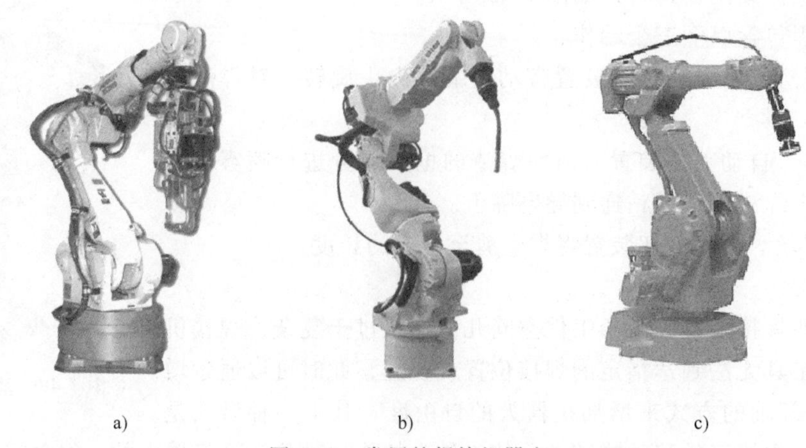

a) b) c)

图 7-50　常用的焊接机器人

a）点焊机器人　b）弧焊机器人　c）激光焊机器人

图 7-51　特斯拉 Model S 生产线

属过渡技术，该技术在世界上首次实现了钢和铝的连接，设备如图 7-52 所示。和传统的 MIG/MAG 焊接相比，CMT 工艺真的是“冷过渡”。

图 7-52　CMT 焊接设备

CMT 的熔滴过渡时电流几乎为零，通过焊丝的回抽将熔滴送进熔池，热输入量迅速减少，对焊缝持续热量输出的时间非常短，从而给焊缝一个冷却的过程，显著降低了薄板焊接变形量，同时使焊缝形成良好的搭桥能力，进而降低了工件的装配间隙要求及对夹具精度的要求。CMT 可焊接厚度仅为 0.3mm 的超轻板材。

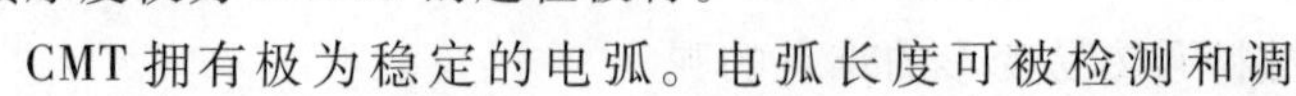

CMT 拥有极为稳定的电弧。电弧长度可被检测和调整，无论工件表面情况如何、焊接速度如何，电弧始终保持稳定，焊接过程几乎无飞溅，更无烧穿现象。

2. DeltaSpot 电阻点焊技术

DeltaSpot 电阻点焊工艺是针对铝焊而开发的新技术。它的创新在于配备了独特的电极带，如图 7-53 所示。电极带在焊接中的应用具有前所未有的优势，主要体现在以下几个方面：

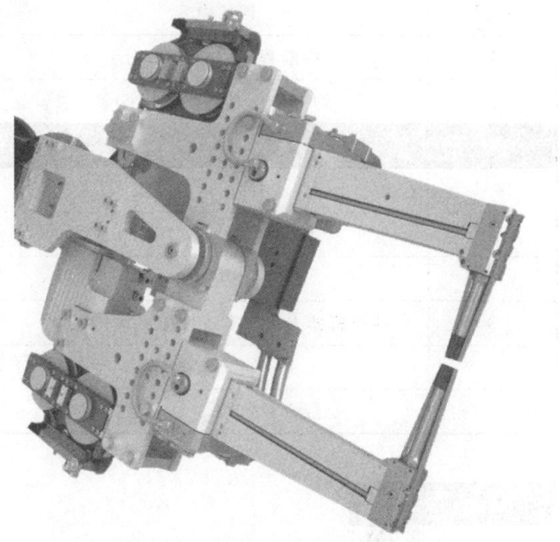

图 7-53 配备独特电极带的焊钳

1）工艺可靠性极高，每个电阻焊点均可达到 100%的重复精度。母材和电极受到电极带保护，电极带在电极和需要接合的母材之间运动，从而实现了连续的焊接过程，确保在多个班制中保持恒定的质量水平。

2）每个焊点都使用全新的有效电极。由于电极带的保护，电极头避免了来自于母材的磨损，同时避免了受到锌、铝或有机残渣的污染。在这样的保护下，电极的使用寿命显著提高。在用铝板做的焊接实验当中，电极的使用寿命高达约 30000 个焊点。

3）焊接表面无飞溅。由于电极与母材不进行直接接触，因此确保了无飞溅的焊接效果。尤其是在焊接铝板时，电极带的涂层能够优化与铝材的接触，避免了飞溅及由此造成的部件损坏。

4）利用电极带，可精确控制热输入量。三板连接（两张厚板、一张薄板）对于传统的点焊来说是个技术难点。焊点在厚板范围内形成，不足以抓住薄板。而 DeltaSpot 的电极带通过其额外的热输入有针对性地控制焊点的深度，因此薄板范围中的低热量能够通过电极带利用高电阻来弥补。焊点以这种方式充分深入薄板。同时焊点形状更加对称，在薄板范围内的焊缝体积更大。

5）DeltaSpot 不仅在铝焊方面表现出色，在不同厚度、不同材料焊接方面也具有很大的优势。例如，高标准的焊点外观、表面镀层的高强度钢材焊接等。DeltaSpot 可焊接的母材包括高强度钢、表面镀层材料、铝、不锈钢、钛、镁及复合材料等。

评价反馈

基本素养（30 分）				
序号	评估内容	自评	互评	师评
1	纪律（无迟到、早退、旷课）（10 分）			
2	安全规范操作（10 分）			
3	团结协作能力、沟通能力（10 分）			
理论知识（30 分）				
序号	评估内容	自评	互评	师评
1	各种指令的应用（10 分）			
2	焊接技术要求（5 分）			
3	常用焊接数据（5 分）			

（续）

理论知识（30 分）				
序号	评估内容	自评	互评	师评
4	中断程序的应用（5 分）			
5	焊接应用及新技术（5 分）			
技能操作（40 分）				
序号	评估内容	自评	互评	师评
1	编写焊接程序（10 分）			
2	程序校验（10 分）			
3	执行机器人程序实现焊接示教（10 分）			
4	程序运行（10 分）			
综合评价				

练习与思考题

一、填空题

练习与思考题七

1. 一个完整的工业机器人焊接系统由______、______、______、______、______、______和______等组成。

2. 焊接参数包括______、______和______。

3. 弧焊指令包括______、______、______、______、______和______。

4. 清枪过程包括______、______和______三个动作。

5. 特斯拉公司的焊接工艺选择的是______技术和______技术。

二、简答题

1. 简述焊接需达到的技术要求。

2. 简述中断程序通常可以由哪些条件触发。

3. 简述 DeltaSpot 电阻点焊技术的优势。

三、操作题

编写图 7-54 所示焊缝的焊接程序。

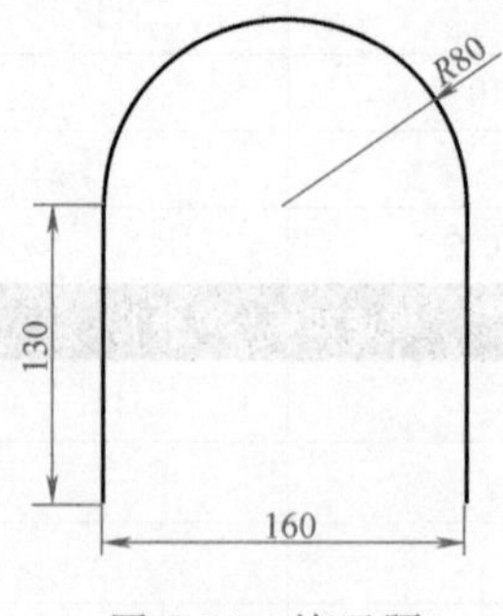

图 7-54　练习题

项目八 ABB机器人工业网络通信

项目八辅助资料

学习目标

1. 掌握博途软件中的 IP 设置。
2. 掌握智能相机通信的设置。
3. 掌握 Anybus 的参数设置及通信。
4. 掌握伺服的绝对定位、相对定位和点动控制。

工作任务

1. 工作任务的背景

机器人系统集合了工业机器人、伺服驱动、变频控制、视觉检测与传感、PLC 编程及网络通信等多种技术。机器人工业网络通信技术是指通过计算机和网络通信设备对图形和文字等形式的资料进行采集、存储、处理和传输等，使信息资源达到充分共享的技术。

本任务的设备采用工业机器人多功能综合实训系统（BNRT-MTS120），如图 8-1 所示。读者可根据学习需求自由搭配和增减功能模块，所有功能模块合理布置于铝型材实训台上，

工业机器人多功能综合实训系统

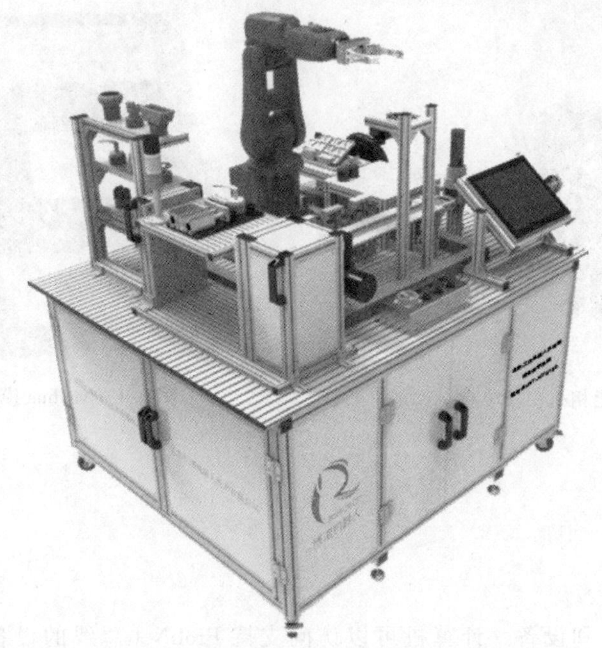

图 8-1　工业机器人多功能综合实训系统（BNRT-MTS120）

可完成工业机器人编程示教再现、气推出库、变频输送、工业视觉检测、喷涂作业、模拟焊接、抛光打磨、绘图、码垛、涂胶、装配、编码、PLC编程、触摸屏界面设计、电气系统设计与接线、机械装调、多种工具更换等功能，旨在培养学生的机器人编程能力和系统测试、操作维护能力，达到快速提高职业技能的目标，提高就业竞争力。下面以智能相机模块和Anybus模块为例进行介绍，视觉检测装置如图8-2所示。

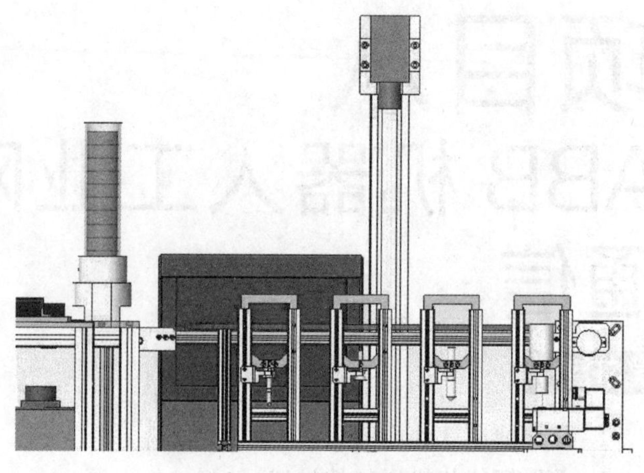

图 8-2 视觉检测装置

2. 需达到的技术要求

1）正确设置ProfiNet和DeviceNet服务。

2）将相机和计算机连接起来，并完成通信和目标识别。

3）使用Anybus模块将西门子PLC和ABB工业机器人连接起来，完成Anybus模块的通信配置。

3. 所需要的设备

ABB机器人工业网络通信所需的设备包括信捷SV4-30C工业智能相机、Anybus模块、SIMATIC S7-1200、铝型材工作台、IRB-120工业机器人等。智能相机如图8-3所示，Anybus模块如图8-4所示。

图 8-3 智能相机

图 8-4 Anybus 模块

实践操作

一、博途软件的网络通信

1. 连接设置

使用网线连接计算机和设备，计算机可以访问支持ProfiNet总线的设备。在访问设备前，需要在“控制面板”中设置PG/PC接口。

1）设置“应用程序访问点”，在博途软件中找到用于连接设备的网络连接名称选项，例如“Qualcomm Atheros AR8151 PCI-E Gigabit Ethernet Controller（NDIS 6.20）.TCPIP.Auto.1<激活>”这个连接，其中“Qualcomm Atheros AR8151 PCI-E Gigabit Ethernet Controller”是网卡名称，“NDIS 6.20”是网卡驱动程序，“TCPIP.Auto.1”是连接类型，如图 8-5 所示。

2）选择连接后，建议单击“诊断”按钮进入测试界面，单击“测试”按钮，全部显示“OK”，如图 8-6 所示，单击“确定”按钮返回设置接口界面，再次单击“确定”按钮退出设置接口界面。

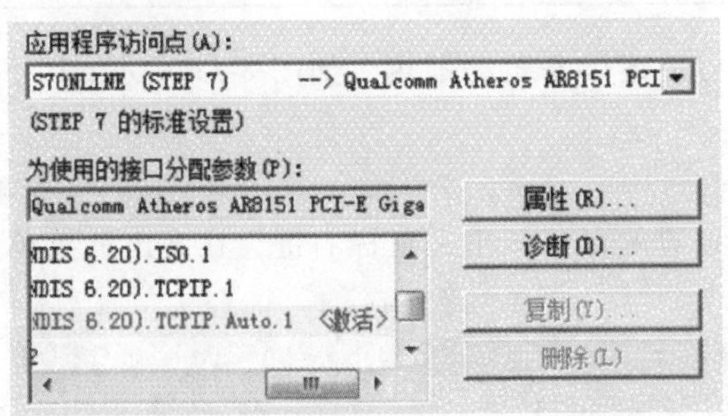

图 8-5 应用程序访问接入点

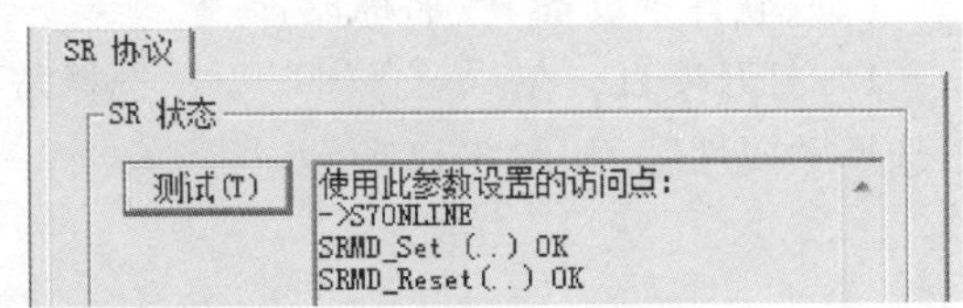

图 8-6 “SR 协议”测试结果

2. 设备 IP/名称设置

本系统使用的是 ProfiNet 总线，设备间通过 IP 地址互相访问，因此需要设置设备的 IP 地址。通过博途软件访问设备并进行设置，设备名称与 IP 相同，是设备的标识符，不可重复。

（1）计算机 IP 设置

1）网络中的设备必须设置在同网段，首先需要设置计算机的 IP 地址。单击计算机右下角的网络连接，在弹出的窗口单击“打开网络和共享中心”，如图 8-7 所示。

2）在“网络和共享中心”界面单击“本地连接”，如图 8-8 所示。

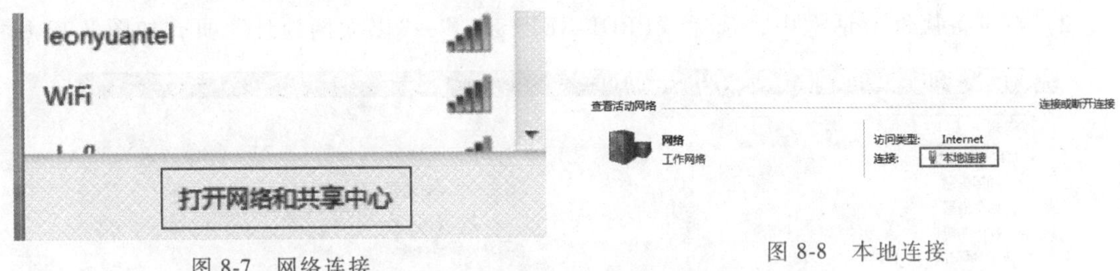

图 8-7 网络连接

图 8-8 本地连接

3）在“本地连接状态”界面单击“属性”按钮，如图 8-9 所示。

4）在系统弹出的窗口中双击“Internet 协议版本 4（TCP/IPv4）”，如图 8-10 所示。

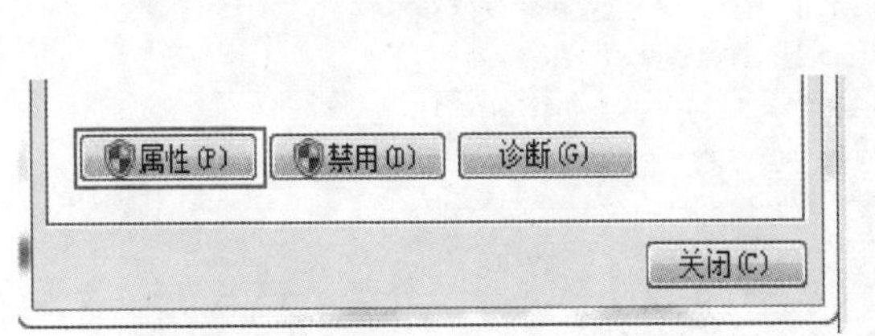

图 8-9 “本地连接状态”的属性

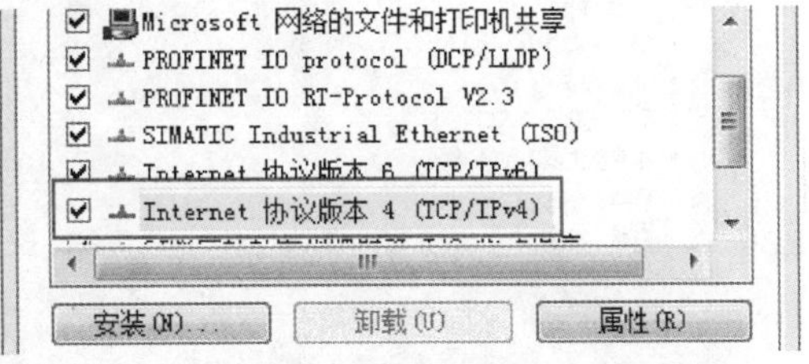

图 8-10 Internet 协议版本 4

5）输入 IP 地址，此 IP 地址需与 TIA Portal V13 里为设备配置的 IP 地址在同一网段，并且不重复。设置完成后，单击“确定”按钮即可，其他设备 IP 设置见表 8-1。

表 8-1 设备的 IP 地址

设　备	IP 地址
触摸屏	192. 168. 8. 12
PLC	192. 168. 8. 11
Anybus 模块	192. 168. 8. 13
智能相机	192. 168. 8. 2

6）将 IP 地址设置为“192. 168. 8. 46”，不与上述设备重复即可，如图 8-11 所示，DNS 不需要设置。

（2）软件中设备 IP/名称设置

1）打开项目，在“项目树”下，选择需要设置的设备，单击鼠标右键，在弹出的菜单中选择“属性”，如图 8-12 所示。

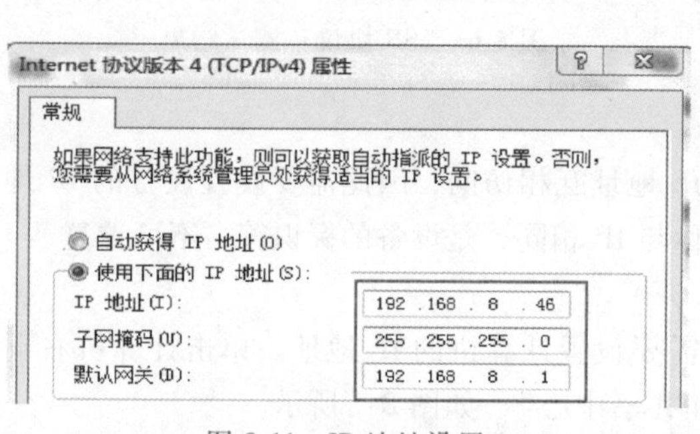

图 8-11 IP 地址设置

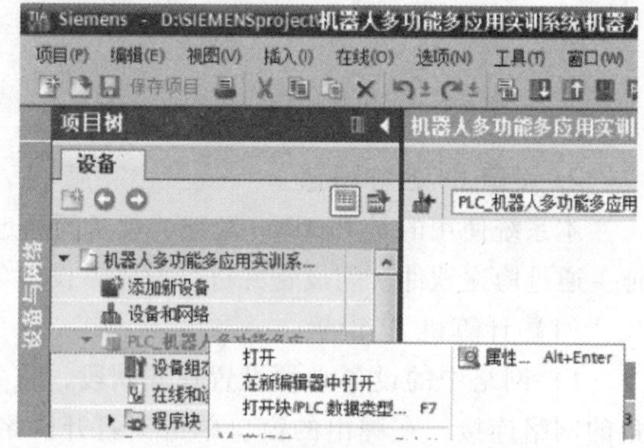

图 8-12 设备属性菜单

2）在设备属性对话框中，选择“PROFINET 接口”→“以太网地址”页，如图 8-13 所

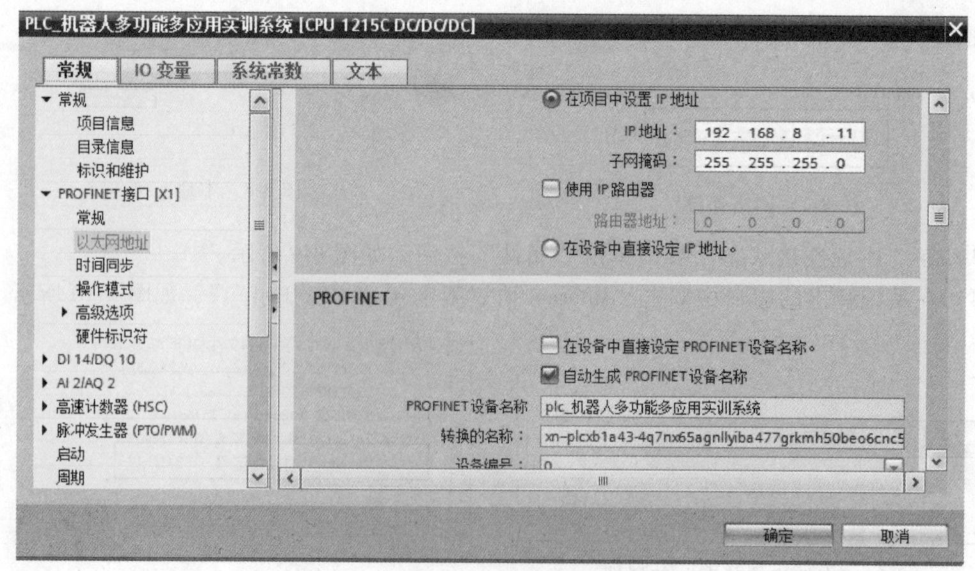

图 8-13 以太网地址

示。IP 地址可以直接更改，设备名称为添加设备时输入的名称，在此界面不可更改。设备名称的更改方法为：选择设备后，再次单击，名称变为可编辑状态，与文件夹更名方法相同。

（3）设备 IP/名称分配

1）连接设备网络，打开软件，选择“在线访问”菜单下用于连接设备的网络连接，通常是网卡，打开下拉菜单，单击“更新可访问的设备”，如图 8-14 所示。

2）选择需要设置的设备，双击“在线和诊断”，如图 8-15 所示。

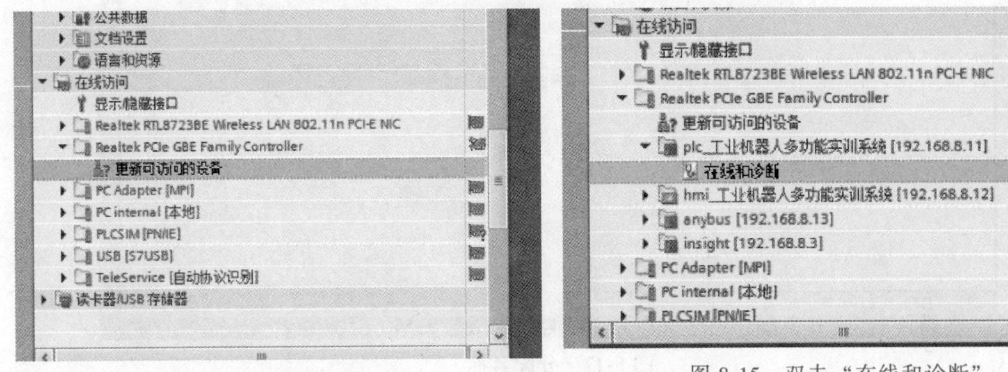

图 8-14　更新可访问的设备

图 8-15　双击“在线和诊断”

3）单击“功能”→“分配 IP 地址”，输入 IP 地址后单击“分配 IP 地址”按钮，如图 8-16所示。

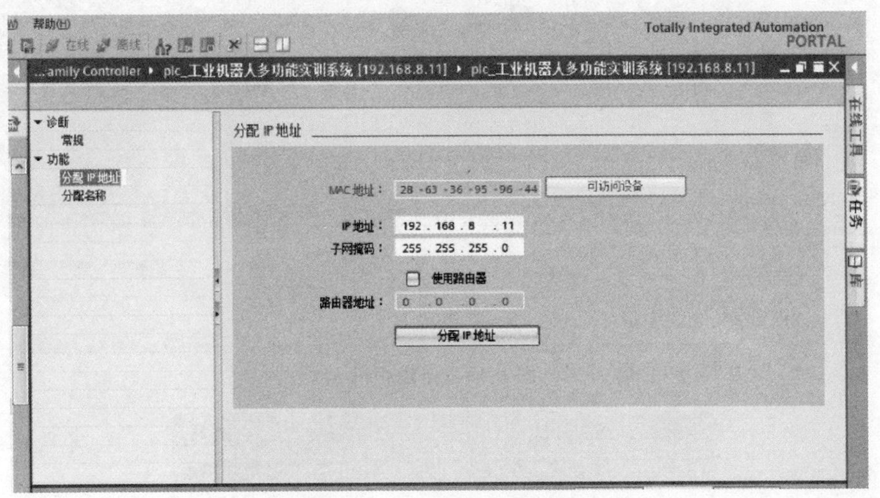

图 8-16　分配 IP 地址

4）单击“功能”→“分配名称”，确认设备名称后单击“分配名称”按钮，如图 8-17 所示。

二、智能相机的应用

1）打开软件，单击“连接相机”图标，如图 8-18 所示。

2）软件会自动搜索相机，搜索到相机后单击“确定”按钮，如图 8-19 所示。

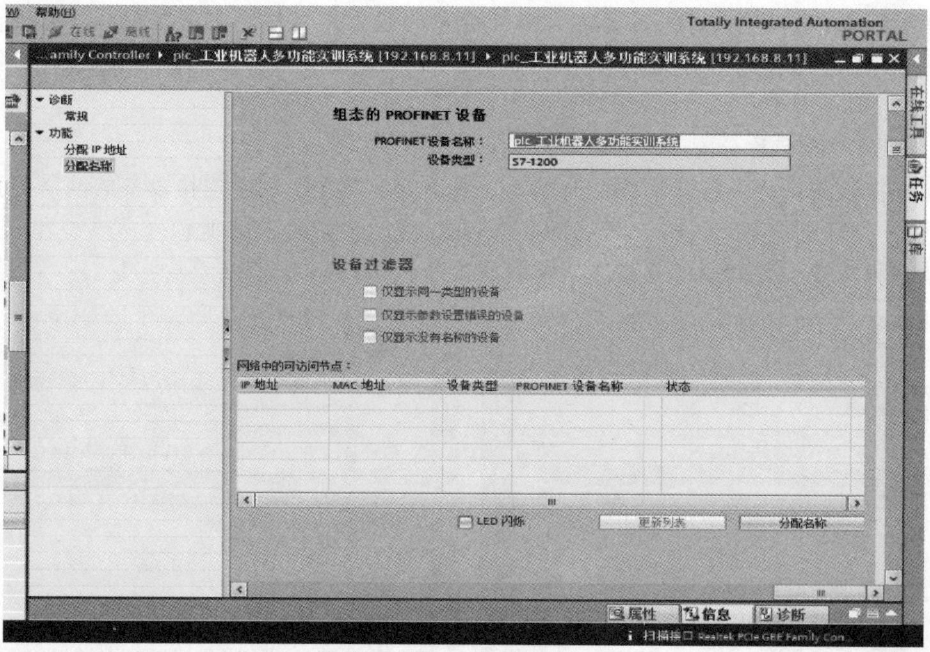

图 8-17　分配名称

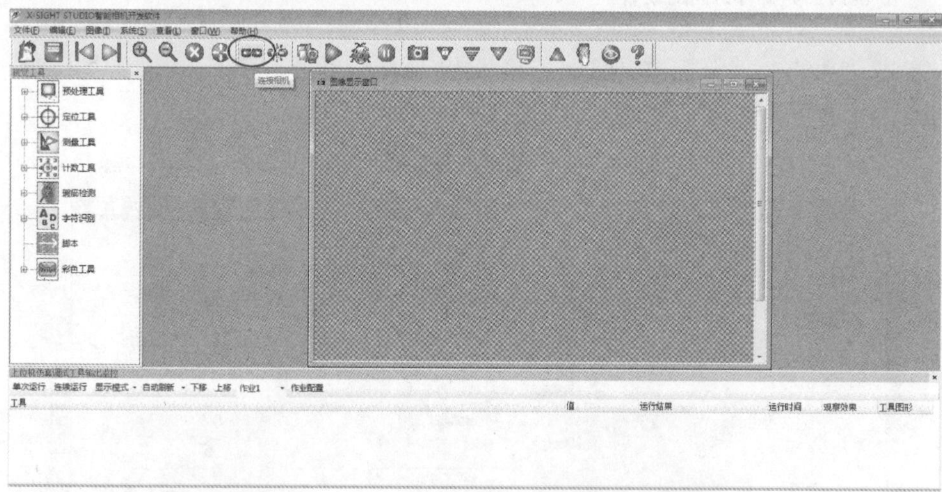

图 8-18　连接相机

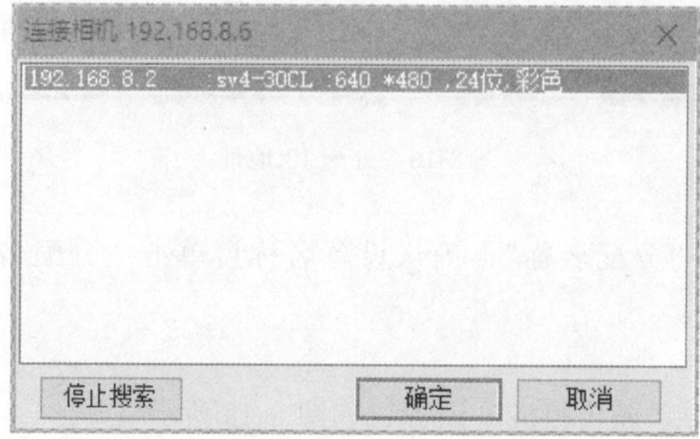

图 8-19　自动搜索相机

3）相机连接后，单击工具栏中的“采集”→“显示”，如图 8-20 所示。

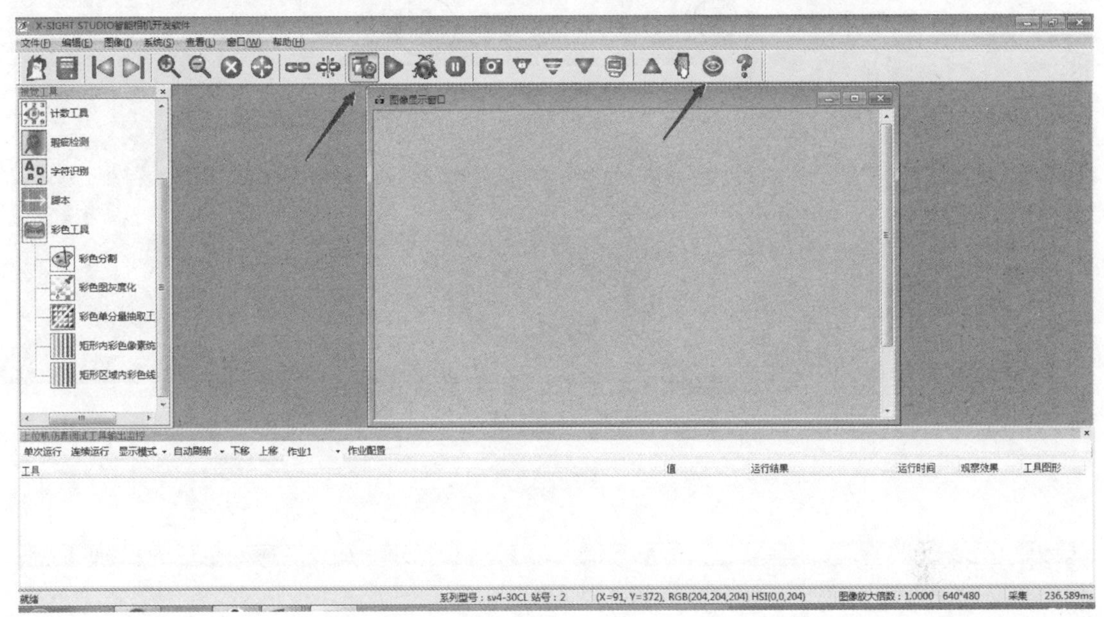

图 8-20 显示

4）软件的“图像显示窗口”会实时显示相机当前拍摄的画面，如图 8-21 所示。

5）调节相机镜头前的光圈，使显示的画面清晰、亮度适中，如图 8-22 所示（上方为曝光率，下方为焦距）。

图 8-21 相机当前画面

图 8-22 相机镜头

6）画面调节完成后，单击工具栏中的“运行”，使相机工作；然后单击工具栏中的“触发”，触发相机完成一次拍照，如图 8-23 所示。

7）打开左侧工具栏中的“彩色工具”→“彩色分割”，然后找到图像显示窗口中需要采集的目标，在目标上按住鼠标左键拖拽出“图像显示窗口”，如图 8-24 所示。

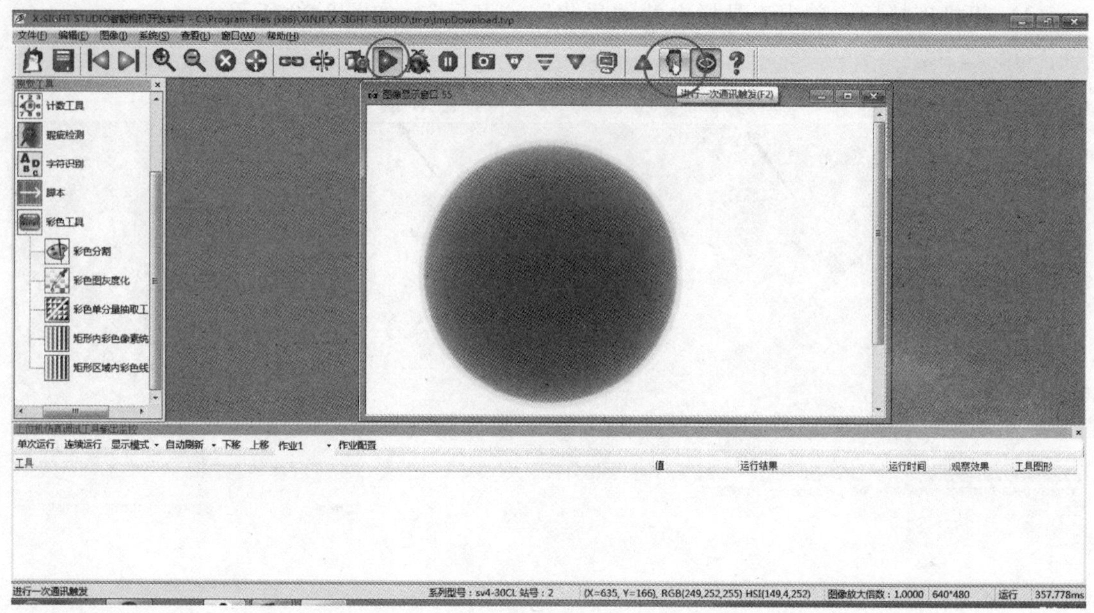

图 8-23 触发拍照

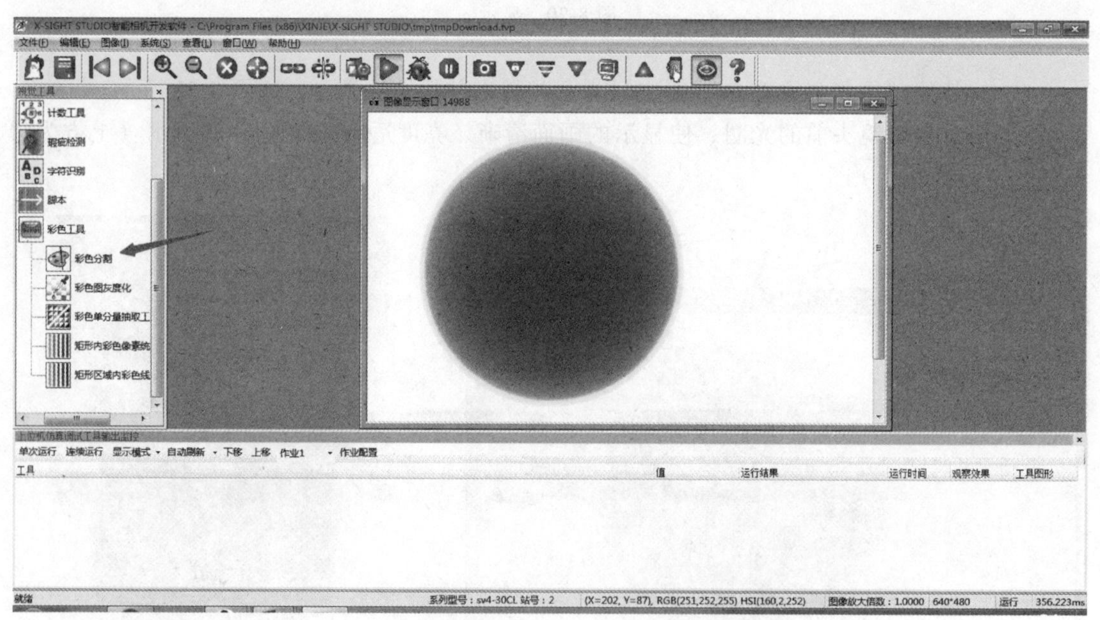

图 8-24 彩色分割

8）选择目标，单击“学习”按钮，记录当前颜色，如图 8-25 所示。

9）学习完成后单击“确定”按钮，工具栏中会出现刚刚创建的彩色分割工具 tool，工具名称由系统自动生成；图中方框选中部分为相机识别出来的与前面“学习”的颜色一致的区域，如图 8-26 所示。

10）颜色分割建立完成后，选择“定位工具”→“斑点定位”，对识别的部分进行定位，如图 8-27 所示。

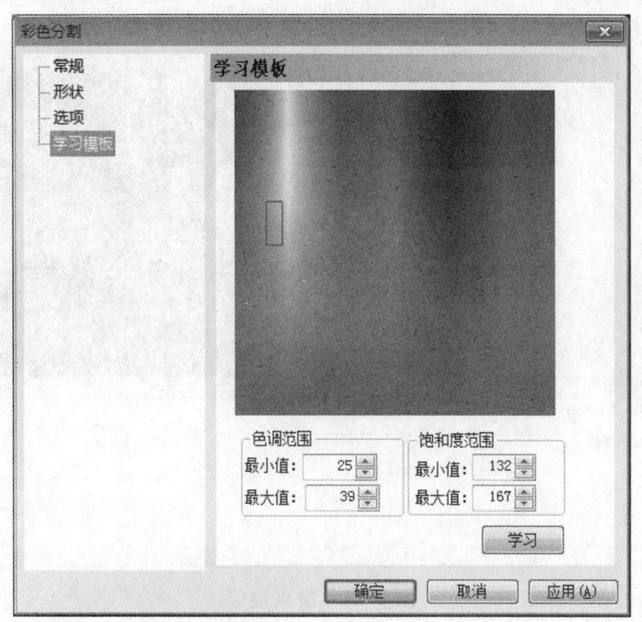

图 8-25 学习模板

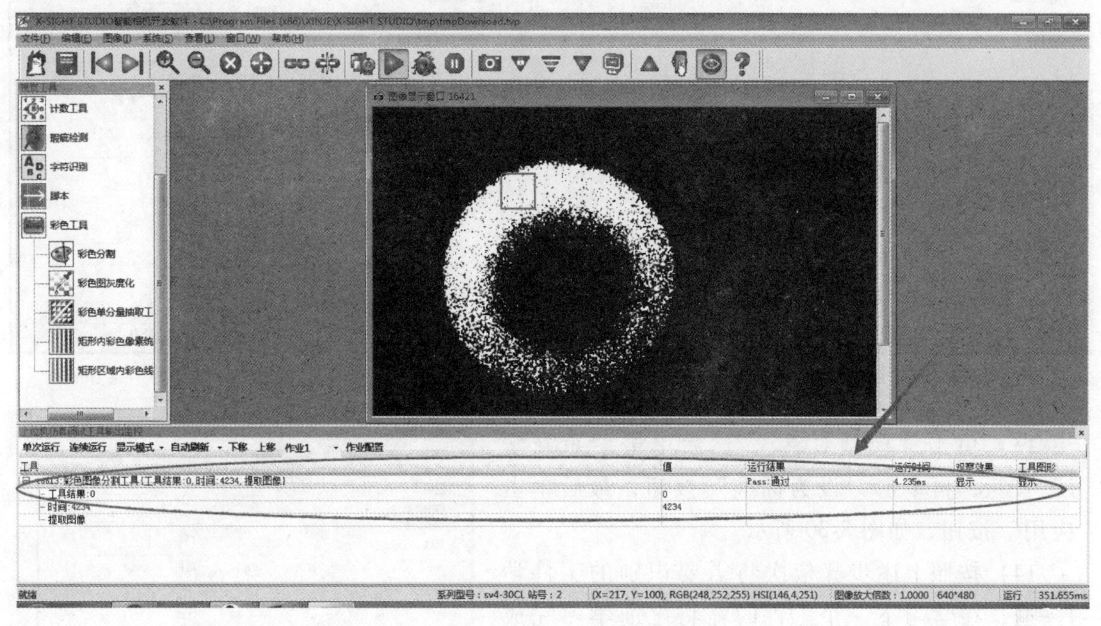

图 8-26 识别颜色

11）选择“斑点定位”后，在“图像显示窗口”拖拽出矩形框，框选出所要检测的工件，弹出图 8-28 所示的界面。

12）单击“选项”，将“斑点属性”设置为“白”色，如图 8-29 所示。

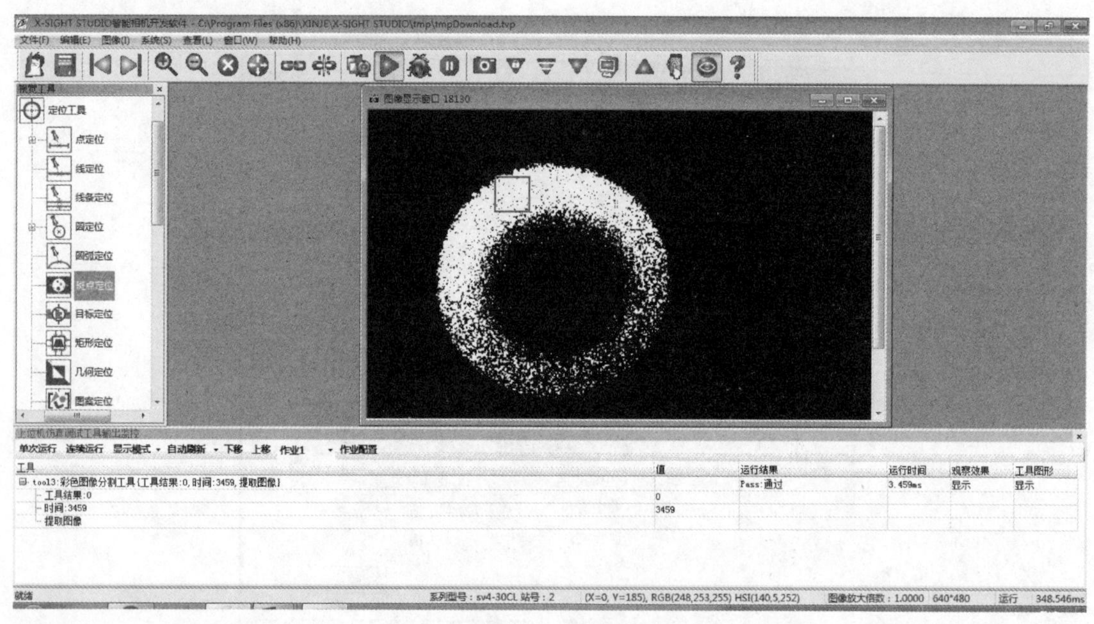

图 8-27 斑点定位

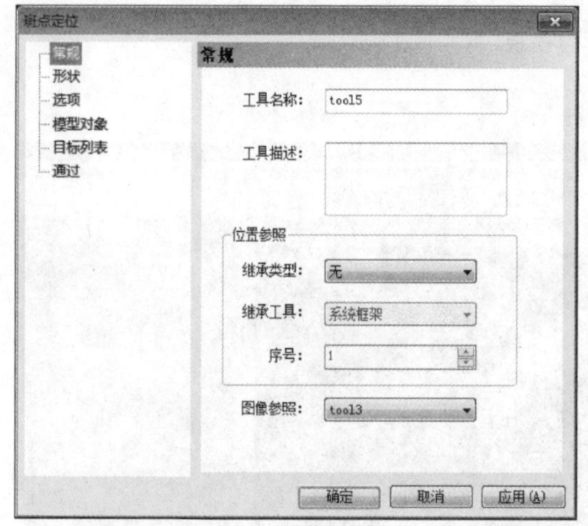

图 8-28 “斑点定位”的“常规”菜单

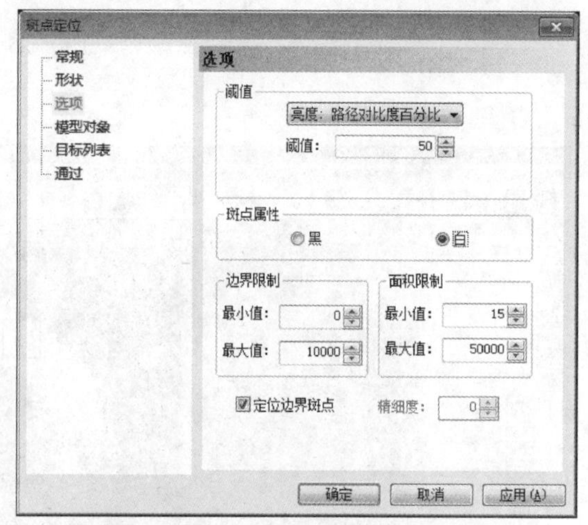

图 8-29 “斑点定位”的“选项”菜单

13）单击“模型对象”，然后单击“重新学习”按钮，再单击“设为标准”按钮，最后单击“应用”按钮，如图 8-30 所示。

14）按照上述步骤依次将需要识别的工件学习一遍，在学习下一个工件时需将之前学习完成的工具隐藏（观察效果和工具图形），如图 8-31 所示。

15）所有工件学习完成后，单击工具栏中的“脚本”工具创建一个脚本，如图 8-32 所示。

16）脚本创建后需建立变量。单击“添加”，

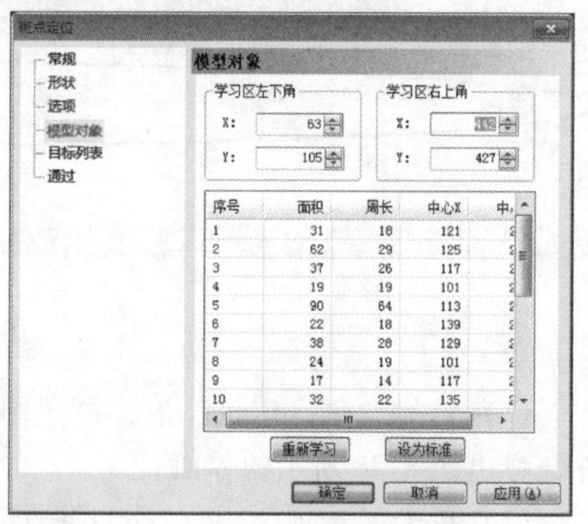

图 8-30 “斑点定位”的“模型对象”菜单

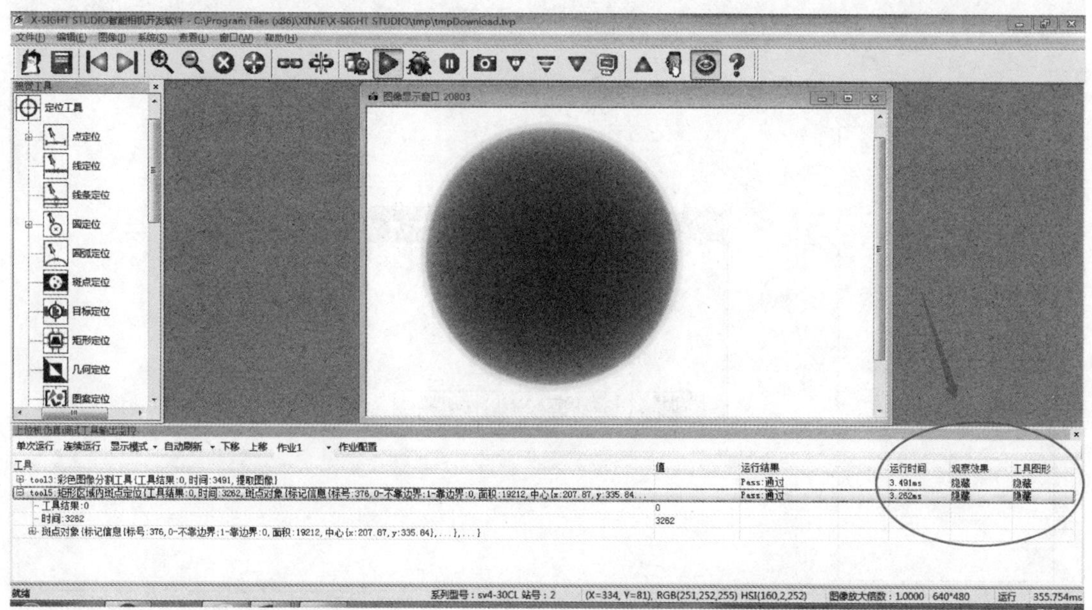

图 8-31 识别结果

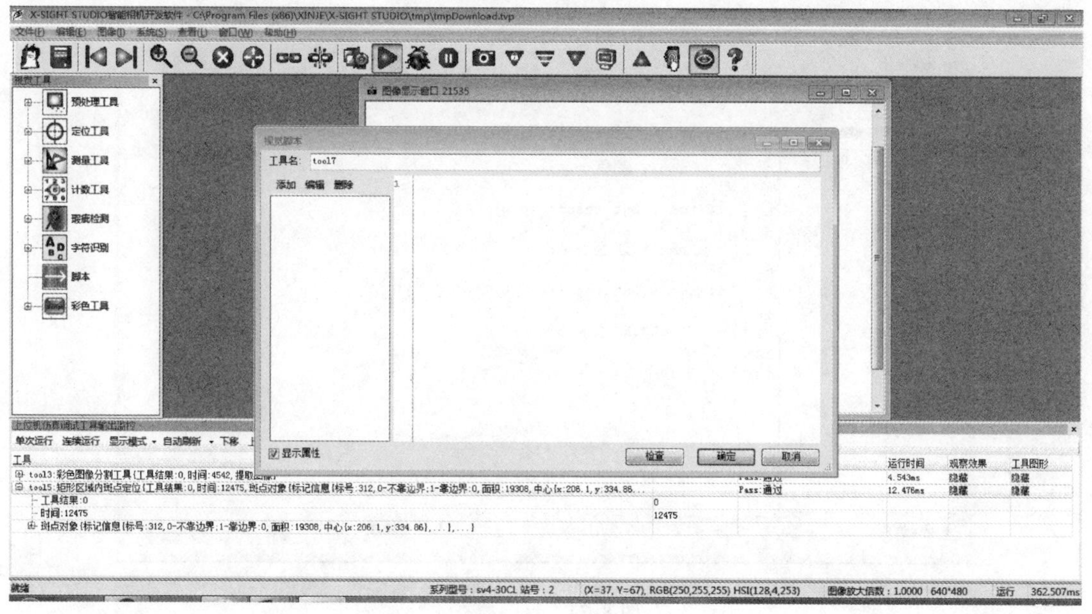

图 8-32 创建脚本

将所用的变量添加进去，如图 8-33 所示。

17）建立变量完成后，在右侧区域编写程序。编写完成后单击“检查”按钮，无报错后单击“确定”按钮，如图 8-34 所示。

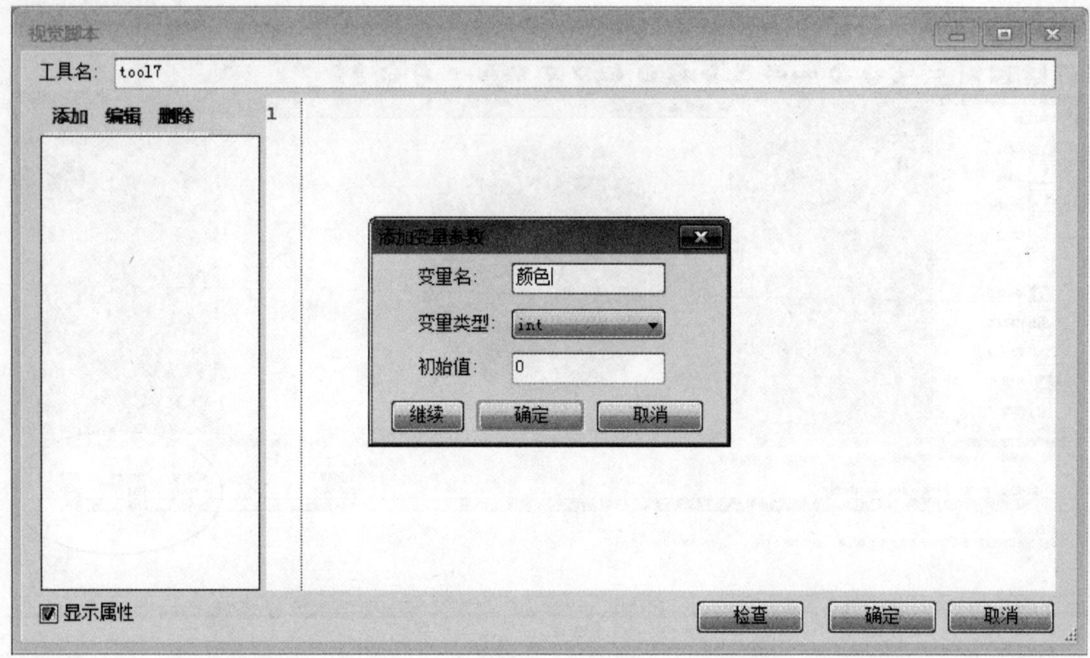

图 8-33　添加变量

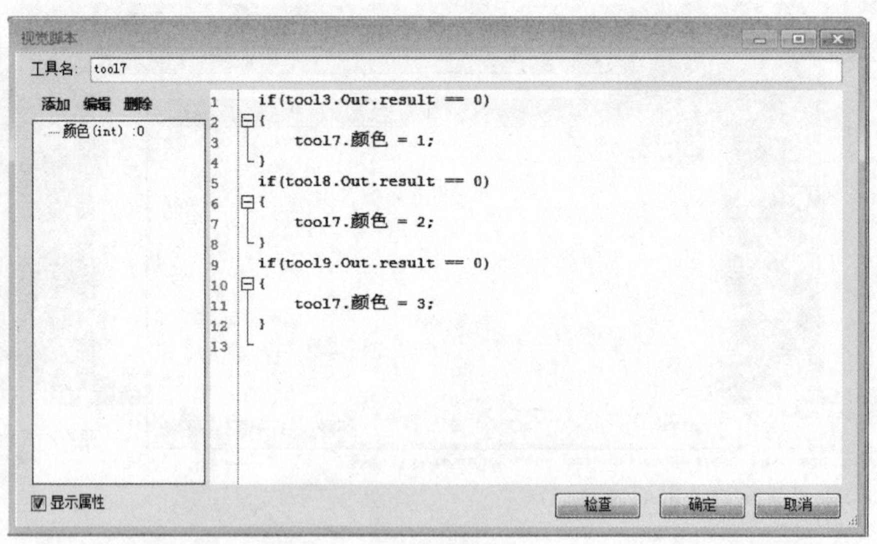

图 8-34　程序检查

18）单击菜单栏中的“窗口”→“Modbus 配置”，如图 8-35 所示。

19）在弹出的窗口空白处双击鼠标左键，出现如图 8-36 所示的界面。选择前面的自定义工具及其对应的名称，添加完成后关闭即可。

20）单击“作业配置”，将“触发方式”设置为“通信触发”，如图 8-37 所示。

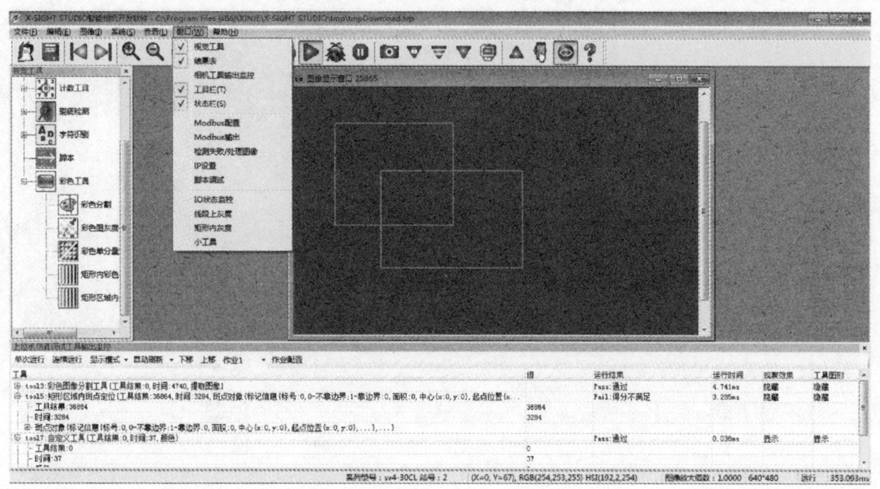

图 8-35　Modbus 配置

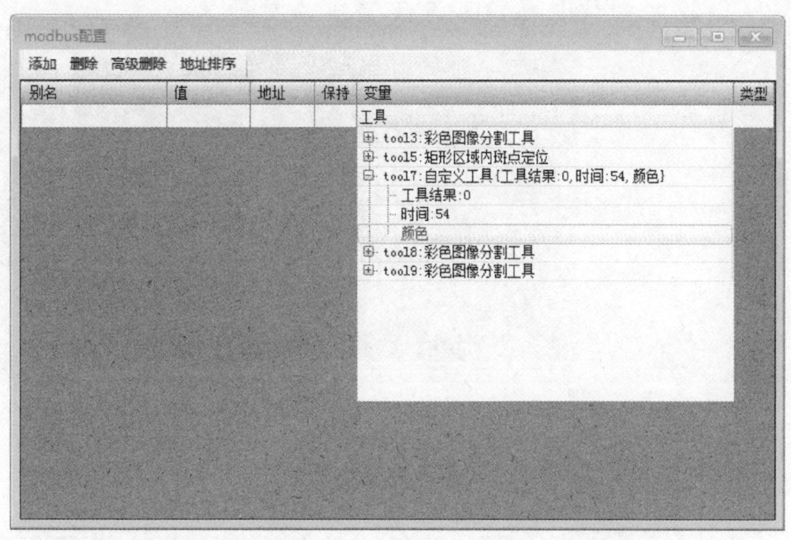

图 8-36　Modbus 配置中变量

21）单击工具栏中的“一键下载”图标，将程序下载至相机，单击“运行”图标，如图 8-38 所示。

22）部分软件中可能会没有颜色工具，因为出厂时软件默认隐藏了此工具，右键单击软件图标，选择“属性”，再单击“打开文件所在位置”，打开文件名为“config”的文件，如图 8-39 所示。找到“ShowColorTool=0”，将其值修改为“1”，如图 8-40 所示，重启软件后会出现颜色工具。

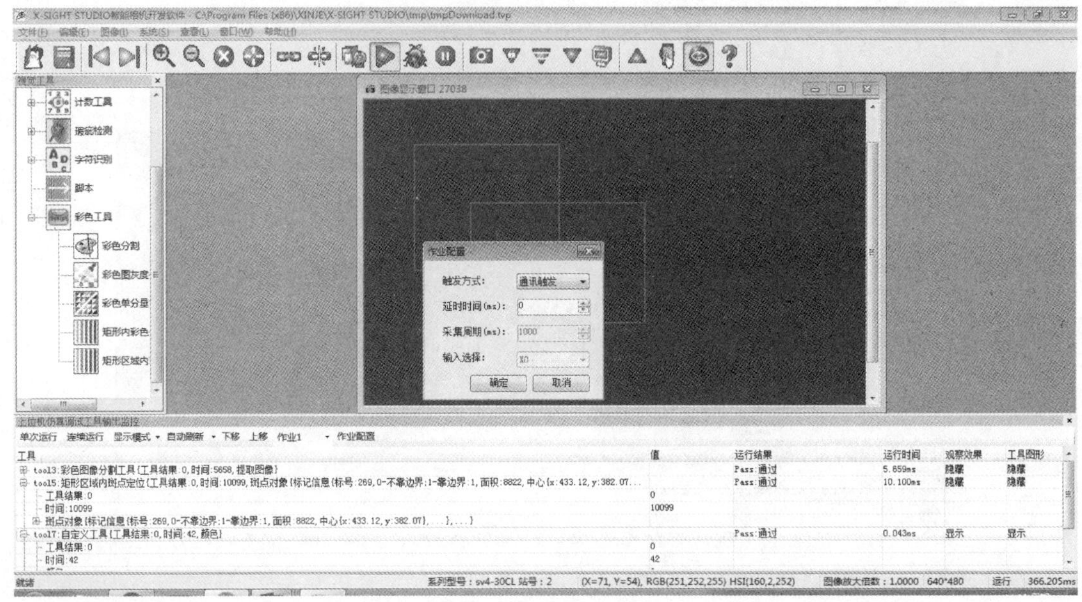

图 8-37　通信触发方式

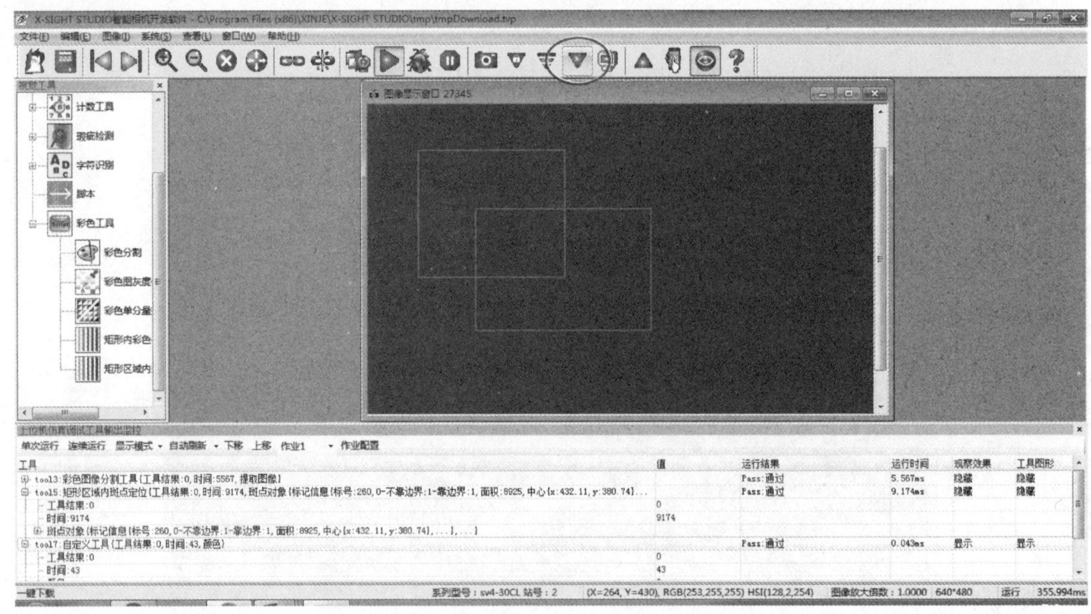

图 8-38　运行程序

三、Anybus 模块应用

在本系统中，西门子 PLC 使用的是 ProfiNet 总线，而 ABB 机器人使用的是 DeviceNet。为了将两者连接起来，系统使用了 Anybus 通信模块作为两种总线的转换器。

本部分内容仅介绍系统中 Anybus 通信模块的设置方法。

1. 模块配置

1）安装如图 8-41 所示的两个配置软件。

名称	修改日期	类型	大小
barCodeTool.dll	2016/7/12 16:41	应用程序扩展	148 KB
Camera.dll	2016/7/12 16:23	应用程序扩展	8 KB
cipher.dll	2011/8/29 12:31	应用程序扩展	7 KB
ColorTool.dll	2016/7/12 16:41	应用程序扩展	56 KB
CommonLib.dll	2015/11/23 14:09	应用程序扩展	72 KB
CommonTools.dll	2015/11/23 14:09	应用程序扩展	128 KB
Compiler.Dynamic.dll	2013/4/27 14:22	应用程序扩展	28 KB
config.ini	2017/5/8 11:52	配置设置	1 KB
ContourPosTool.dll	2016/7/12 17:04	应用程序扩展	164 KB
cximage.dll	2011/12/2 15:52	应用程序扩展	460 KB
DataAdapter.dll	2016/7/12 16:41	应用程序扩展	21 KB
DefectLineScanTool.dll	2016/7/12 16:27	应用程序扩展	43 KB
DefectQuartzCrystalTool.dll	2016/7/12 16:27	应用程序扩展	31 KB

图 8-39　config 文件

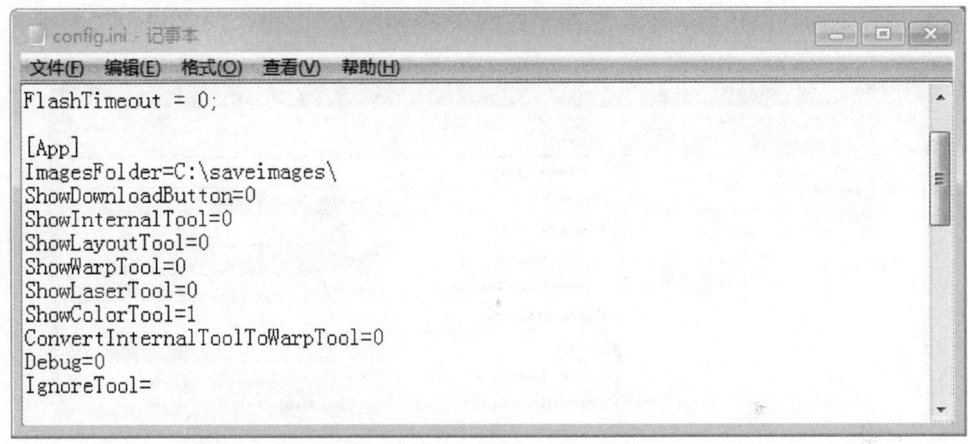
config.ini - 记事本

文件(F)　编辑(E)　格式(O)　查看(V)　帮助(H)

```
FlashTimeout = 0;

[App]
ImagesFolder=C:\saveimages\
ShowDownloadButton=0
ShowInternalTool=0
ShowLayoutTool=0
ShowWarpTool=0
ShowLaserTool=0
ShowColorTool=1
ConvertInternalToolToWarpTool=0
Debug=0
IgnoreTool=
```

图 8-40　修改 Show Color Tool 的值

2）安装完成后如图 8-42 所示。

图 8-41　Anybus 软件包

图 8-42　“Anybus” 图标

3）打开 “Anybus Configuration Manager-X-gateway”，如图 8-43 所示。

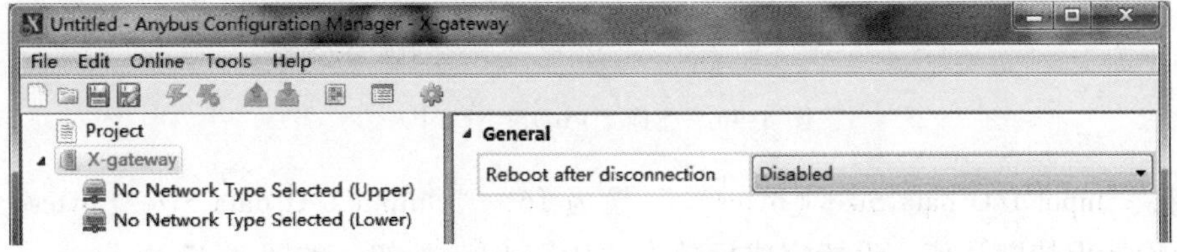

图 8-43　运行 “Anybus Configuration Manager-X-gateway”

4）选择“X-gateway”→“DeviceNet Scanner/Master（Upper）”，然后在右侧中选择“DeviceNet Scanner/Master”，如图 8-44 所示。

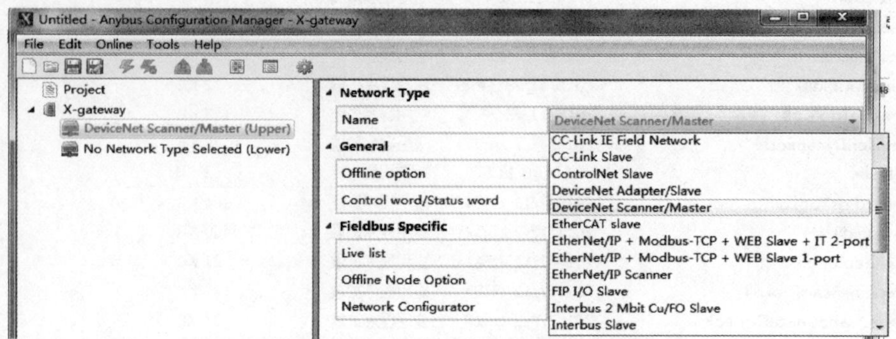

图 8-44　DeviceNet Scanner/Master

5）其他设置保持默认值，不需更改，如图 8-45 所示。

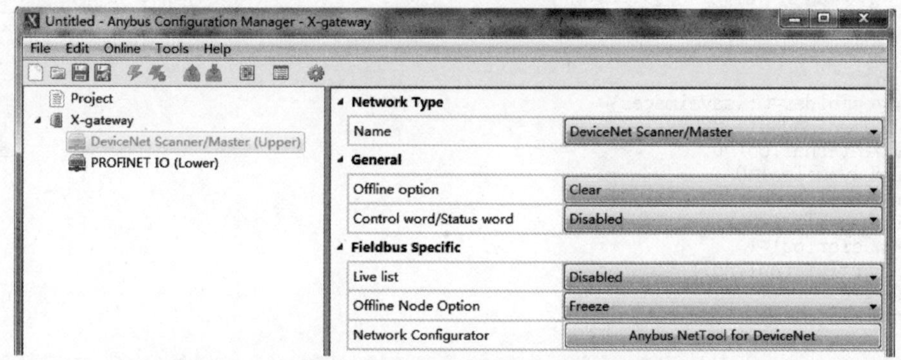

图 8-45　“DeviceNet Scanner/Master（Upper）”默认设置

6）选择“X-gateway”→“No Network Type Selected（Lower）”，然后在右侧中选择“PROFINET IO”，如图 8-46 所示。

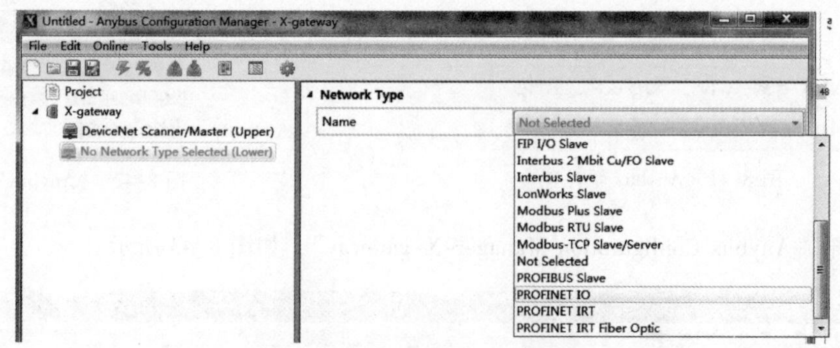

图 8-46　选择“PROFI NET IO”

7）将“Input I/O data Size（bytes）”设为 16，“Output I/O data Size（bytes）”设为 16，其他设置保持默认值。设置完成后单击“IPconfig”按钮，如图 8-47 所示。

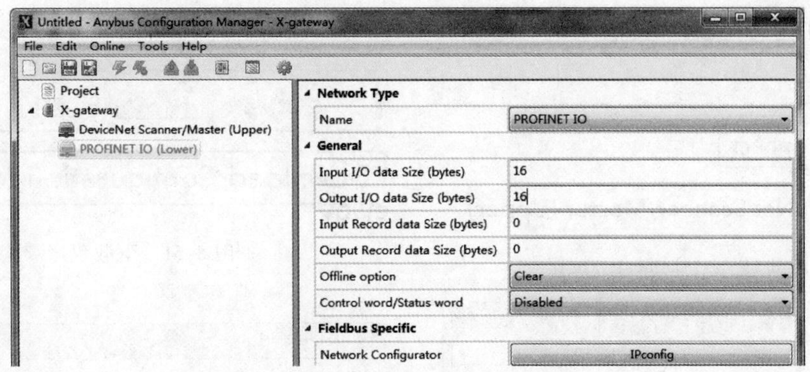

图 8-47 “PROFINET IO”设置

8）双击出现的设备或选择后单击“Settings”按钮，如图 8-48 所示。

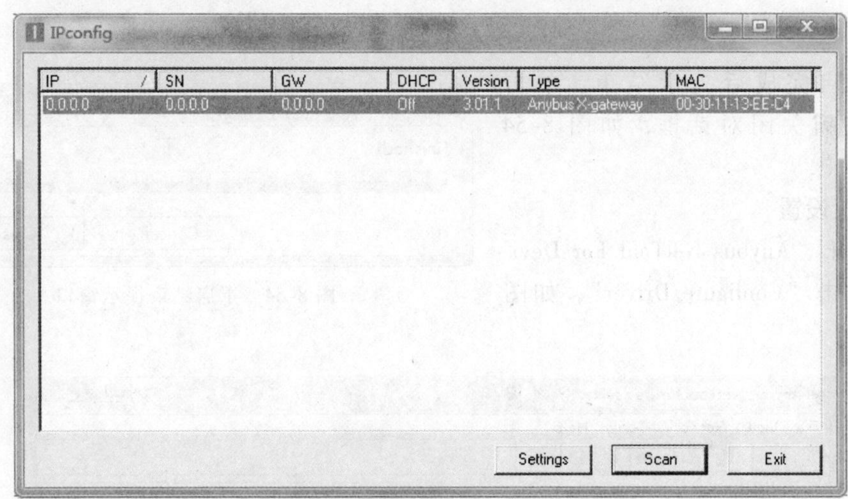

图 8-48 双击出现的设备

9）设置 IP 地址，如图 8-49 所示，设置完成后单击“set”按钮返回“IPconfig”界面。单击“Exit”按钮退出“IPconfig”界面，其他设置保持默认值。

10）选择“file”→“save as”，保存到计算机备用。

2. 下载配置

1）使用设备配套的 USB 下载线连接计算机与模块，单击“Connect”按钮连接设备，如图 8-50 所示。

2）单击“Download Configration to Device”按钮，下载程序，如图 8-51 所示。

3）下载过程如图 8-52 所示。

4）程序下载完成后模块先重启，如图 8-53 所示。

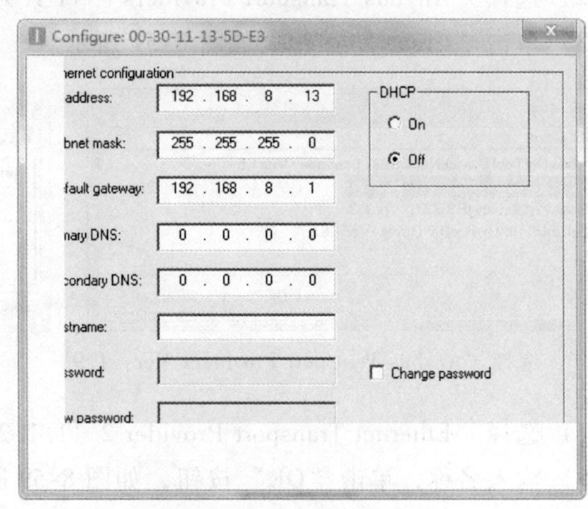

图 8-49 设置 IP 地址

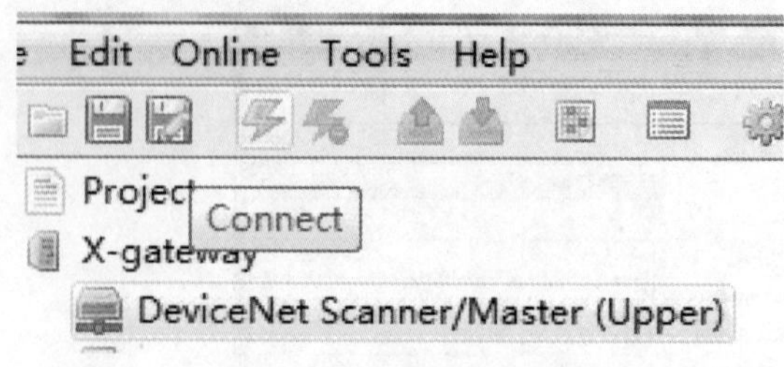

图 8-50 “Connect” 按钮

图 8-51 下载程序

图 8-52 下载过程

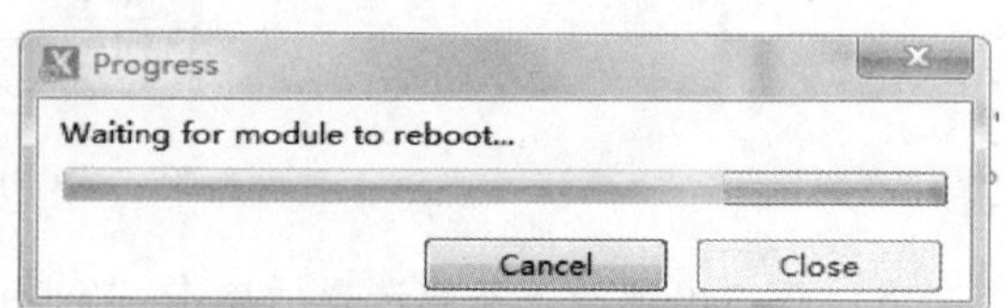

图 8-53 重启模块

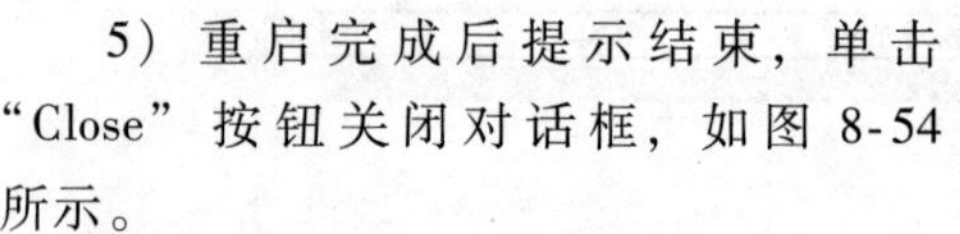

5）重启完成后提示结束，单击“Close”按钮关闭对话框，如图 8-54 所示。

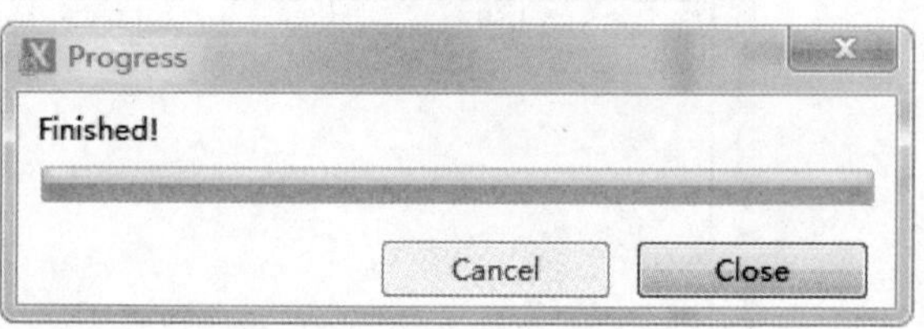

图 8-54 重启结束提示窗口

3. 协议设置

1）打开“Anybus NetTool For DeviceNet”，单击“Configure Driver”，如图 8-55 所示。

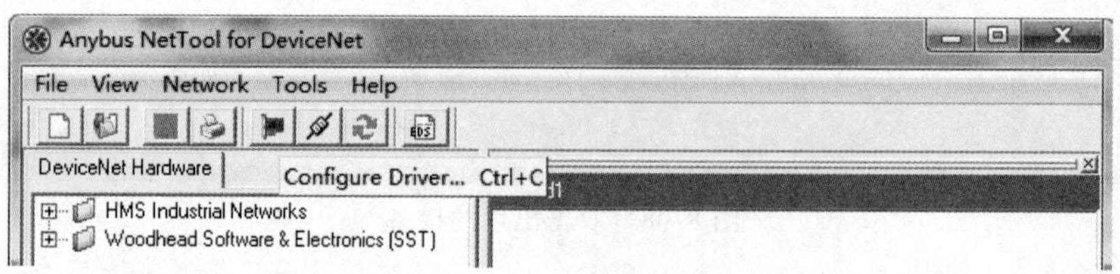

图 8-55 单击“Configure Driver”

2）选择“Anybus Transport Providers -Ver 1. 9”，单击“OK”按钮，如图 8-56 所示。

3）单击“Create”按钮，如图 8-57 所示。

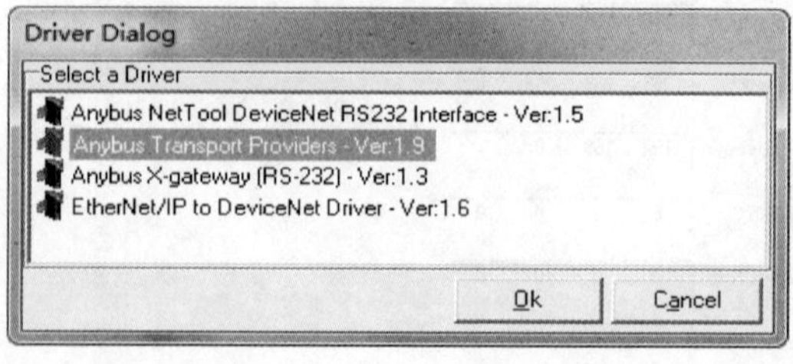

图 8-56 选择“Anybus Transport Providers- Ver：1. 9”

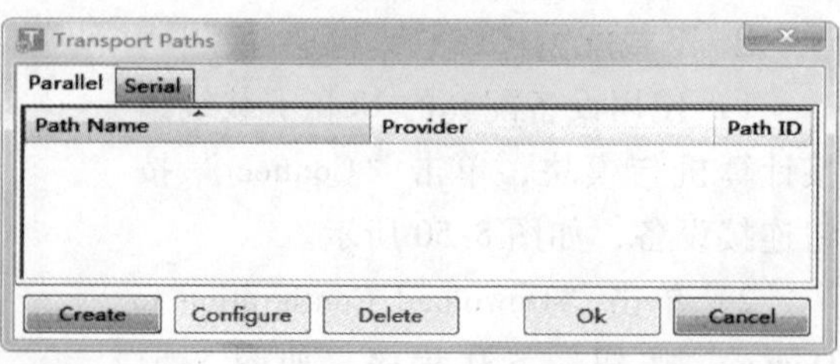

图 8-57 单击“Create”按钮

4）选择“Ethernet Transport Provider 2. 11. 1. 2”，单击“OK”按钮，如图 8-58 所示。

5）输入名称，单击“OK”按钮，如图 8-59 所示。

6）单击“OK”按钮返回上级菜单，如图 8-60 所示。

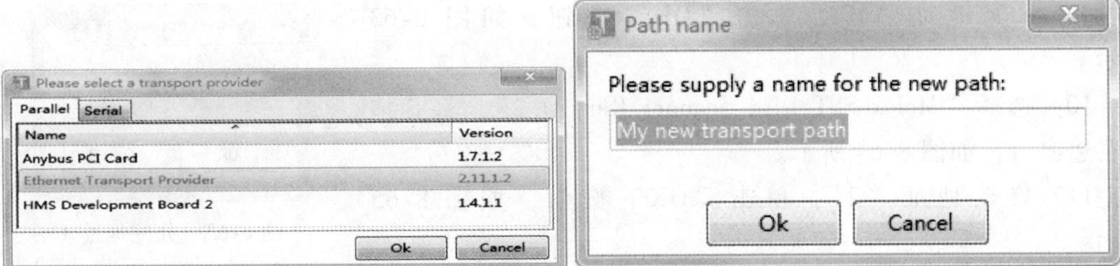

图 8-58　选择“Ethernet Transport Provider 2. 11. 1. 2”　　　　图 8-59　输入名称

7）单击“OK”按钮返回上级菜单，如图 8-61 所示。

图 8-60　确认名称

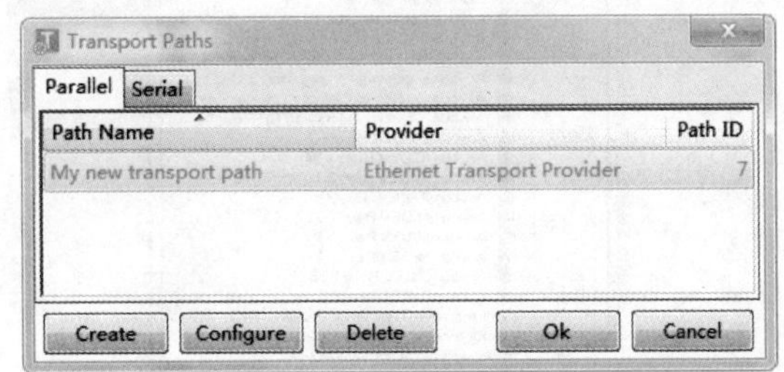

图 8-61　返回上级菜单

8）选择“Anybus-M DEV Rer：3. 4”，将其拖到右边窗口，如图 8-62 所示。

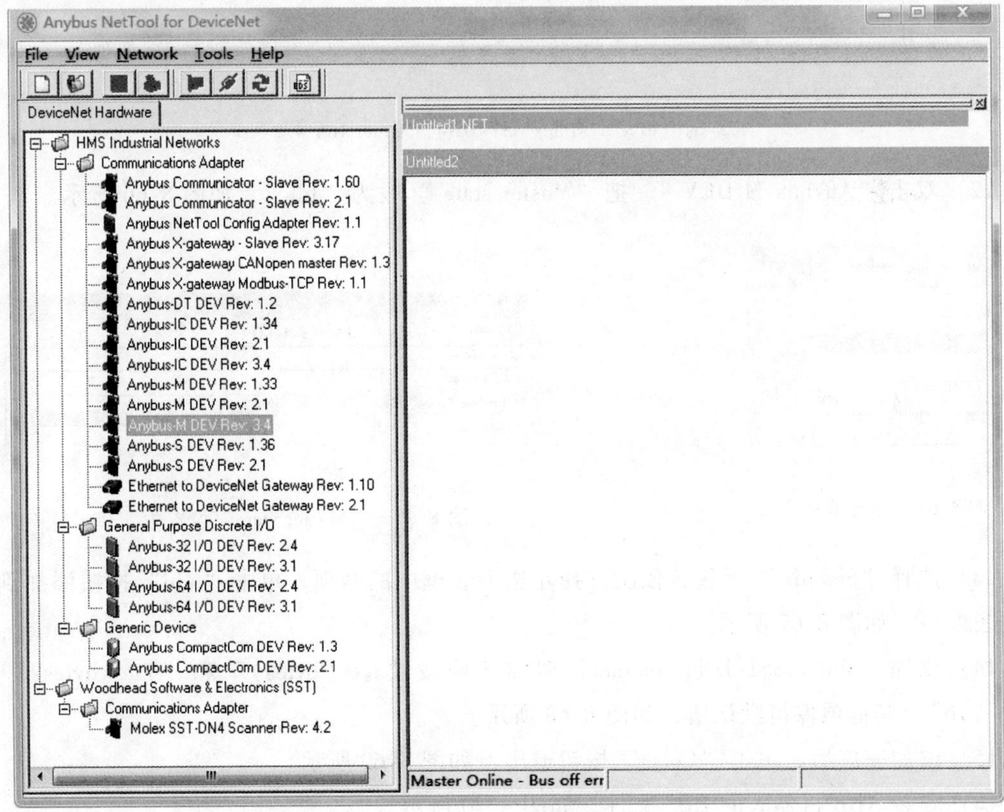

图 8-62　选择“Anybus-M DEV Rer 3. 4”

9）分配地址“1”，单击“OK”按钮，如图 8-63 所示。

10）选择“Molex SST-DN4 Scanner Rer：4.2”，将其拖到右边窗口，如图 8-64 所示。

11）修改地址“2”，单击“OK”按钮，如图 8-65 所示。

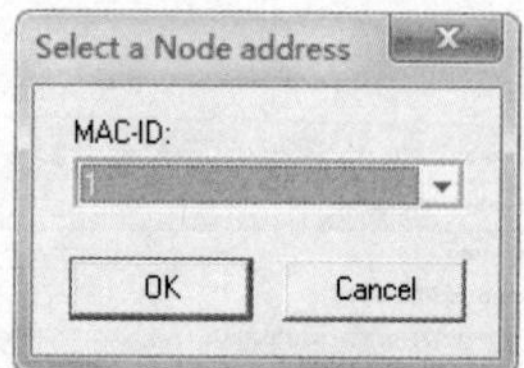

图 8-63　分配地址 1

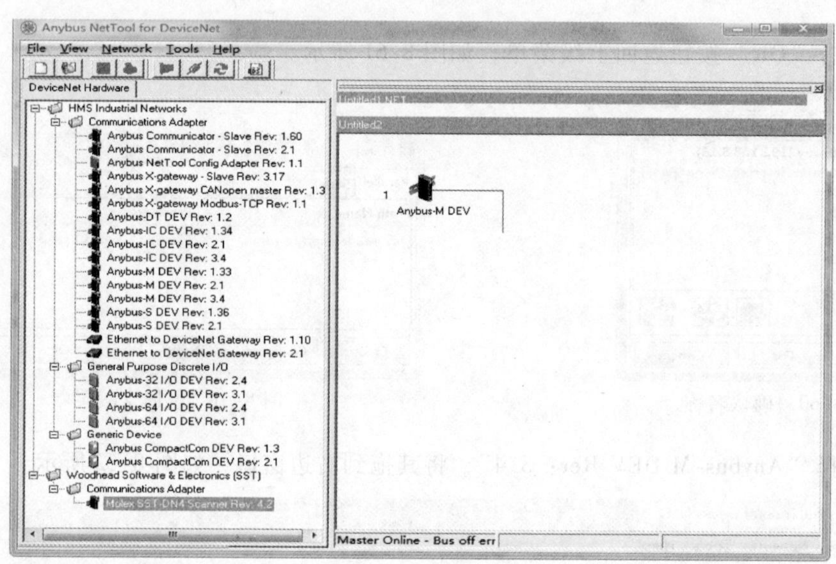

图 8-64　拖动“Molex SST-DN4 Scanner Rer 4.2”

12）双击“Anybus-M DEV ”，把“Master state ”改为“Idle”，如图 8-66 所示。

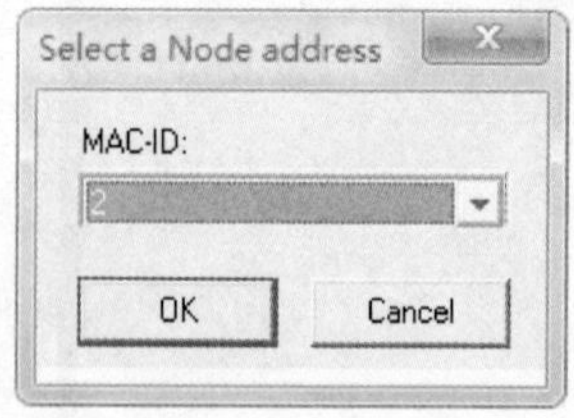

图 8-65　修改地址 2

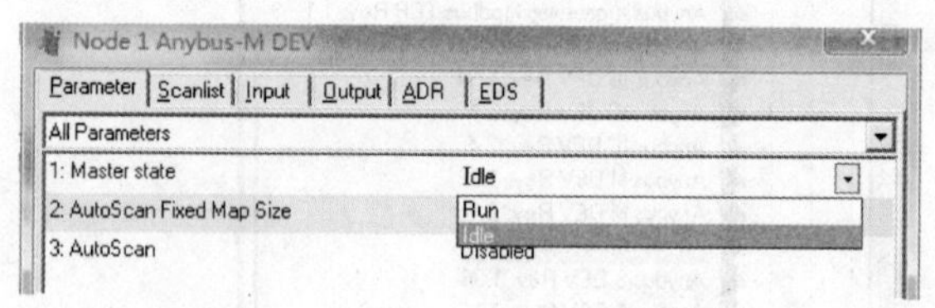

图 8-66　“Master state”设置为“Idle”

13）选择“Scanlist”标签，依次选择左边列表框中的两项，单击“add”按钮添加到右边列表框中，如图 8-67 所示。

14）添加“Molex SST-DN4 Scanner”时需要修改“Rx（bytes）”和“Tx（bytes）”长度为“16”，其他项保持默认值，如图 8-68 所示。

15）添加完成后，单击“Colse”按钮退出，如图 8-69 所示。

16）安装 ABB 机器人的 EDS 文件，如图 8-70 所示。

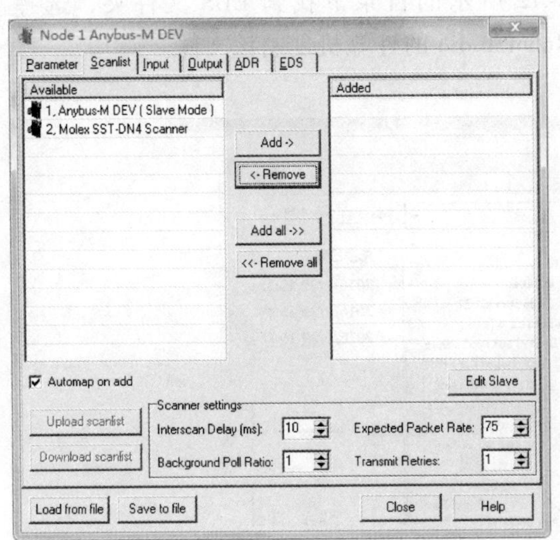

图 8-67 "Scanlist" 选项卡

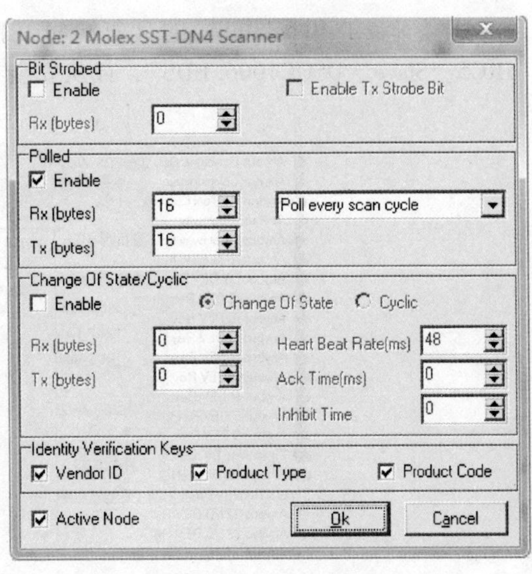

图 8-68 添加 "Molex SST-DN4 Scanner"

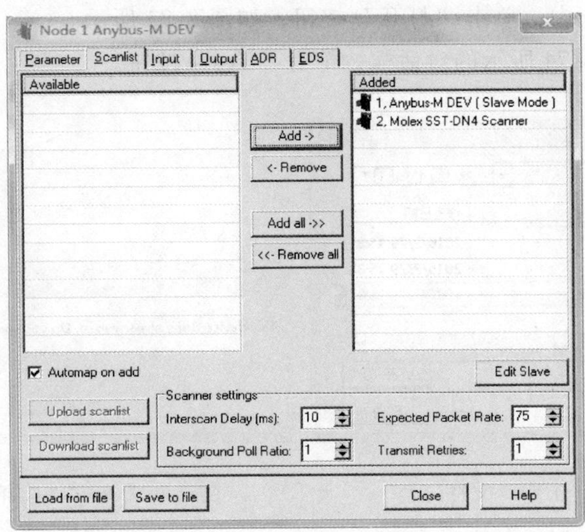

图 8-69 退出添加步骤

17）单击 "Next" 按钮，如图 8-71 所示。

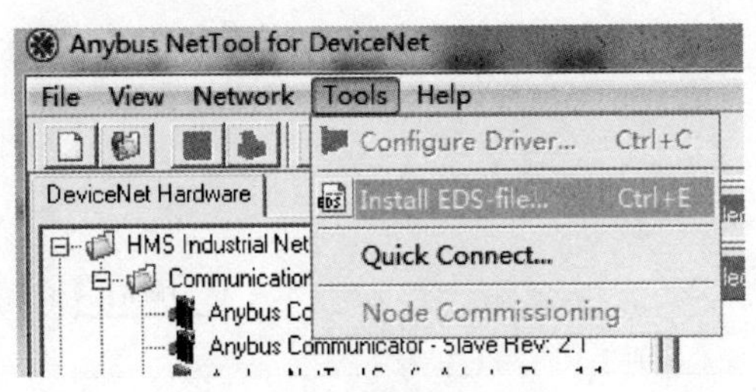

图 8-70 安装 EDS 文件

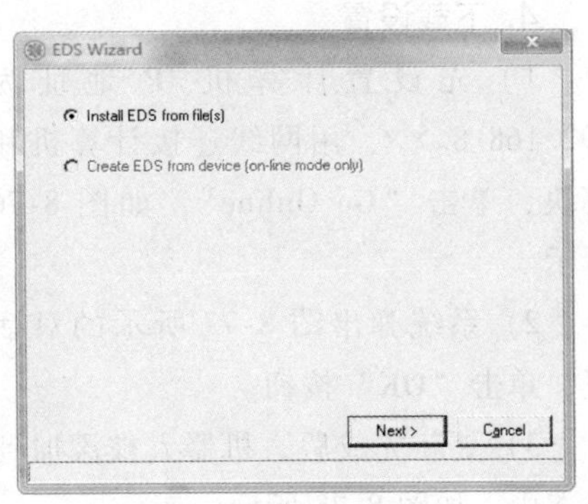

图 8-71 安装下一步

18）安装了 RobotStudio 的计算机可在图 8-72 所示的目录下找到 EDS 文件夹，选择“IRC5_ Slave_ DSQC1006. EDS”，或从安装有 RobotStudio 的计算机复制该文件。

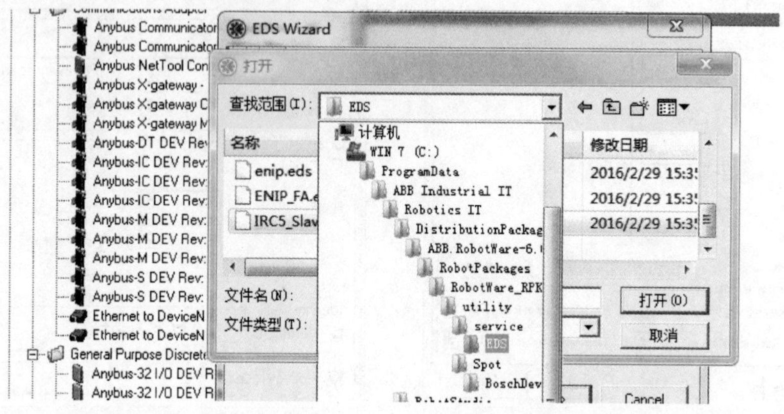

图 8-72 选择“IRC5_ Slave_ DSQC1006. EDS”文件

19）找到文件后选中，单击“打开”按钮，如图 8-73 所示。

20）系统弹出图 8-74 所示的对话框，单击“Yes”按钮。

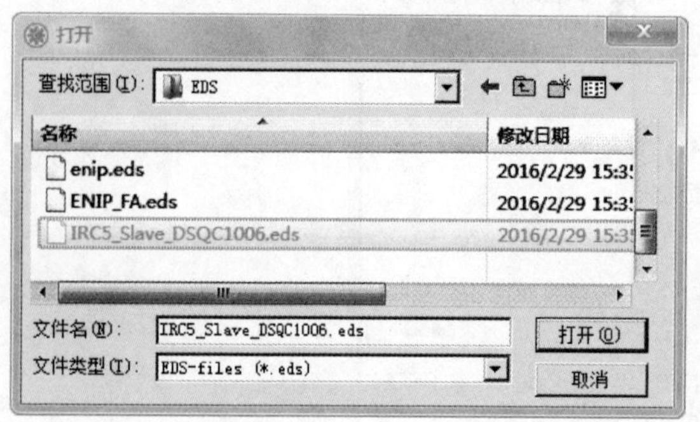

图 8-73 打开 EDS 文件

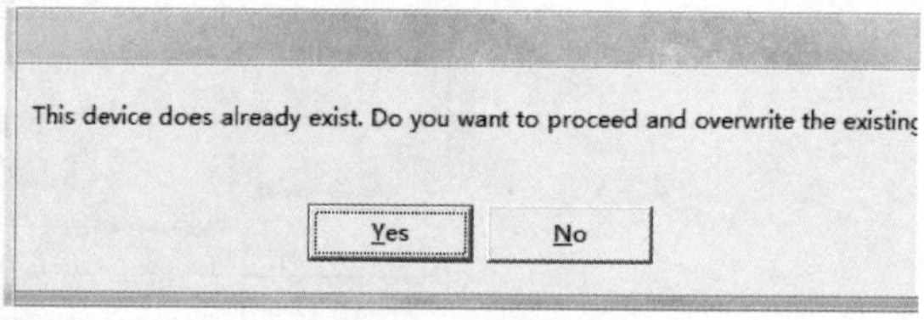

图 8-74 选择“Yes”

21）单击“Finish”按钮完成安装，如图 8-75 所示。

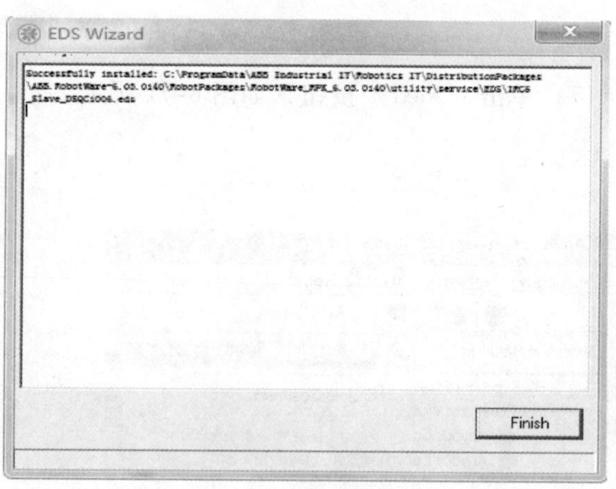

图 8-75 完成安装

4. 下载设置

1）先设置计算机 IP 地址为 192. 168. 8. ××，用网线连接计算机和模块，单击“Go Online”，如图 8-76 所示。

2）系统弹出图 8-77 所示的对话框，单击“OK”按钮。

3）更新完成后，机器人被添加到组态中，如图 8-78 所示。

图 8-76 单击“Go Online”

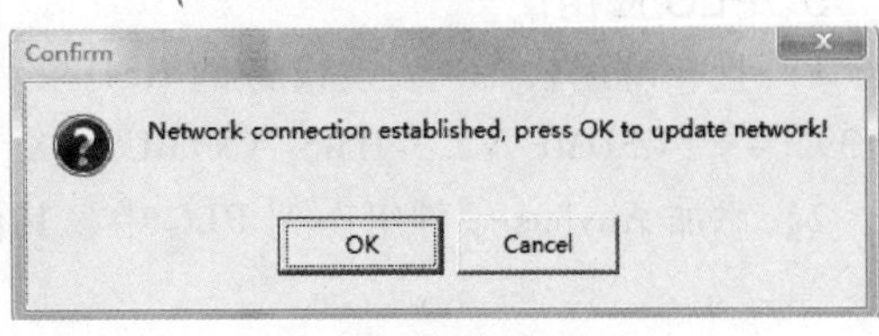

图 8-77 确认对话框

图 8-78 机器人被添加到组态

4）单击菜单栏中的“Network”→“Download to Network”，下载组态，如图 8-79所示。

5）下载进度如图 8-80 所示。

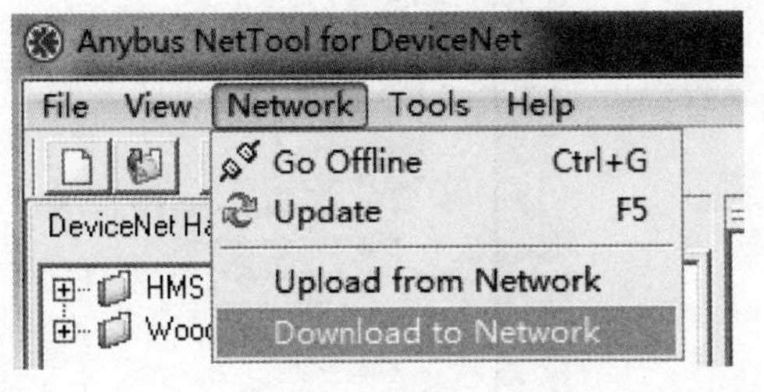

图 8-79 下载组态

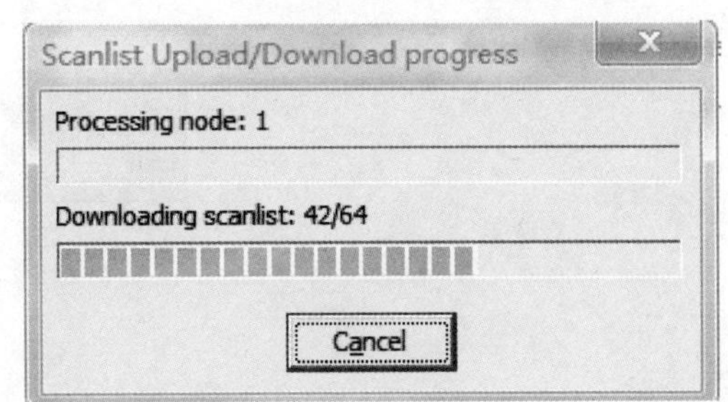

图 8-80 下载进度显示

6）下载完成后，把“Master state”的状态改成“Run”模式，单击“Close”完成设置，如图 8-81 所示。

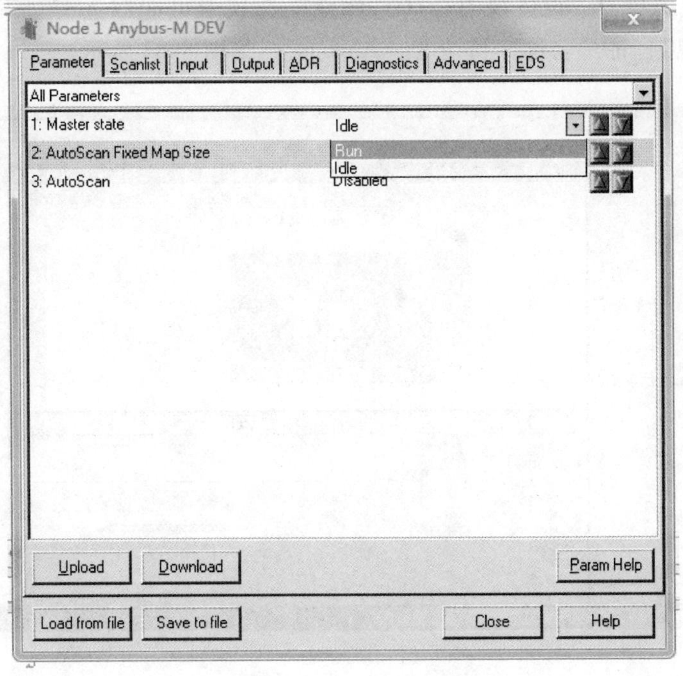

图 8-81 “Run”模式

5. PLC 应用

1）打开博途软件，安装设备的 GSD 文件：选择压缩包“ABX_ LCM_ PROFINET IO_ 44139”→“GSDML-V2.3-HMS-ANYBUS_ X_ GATEWAY_ PROFINET_ IO-20151023.xml”。

2）添加 Anybus 硬件组态到 PLC 中，其他现场设备如图 8-82 所示。

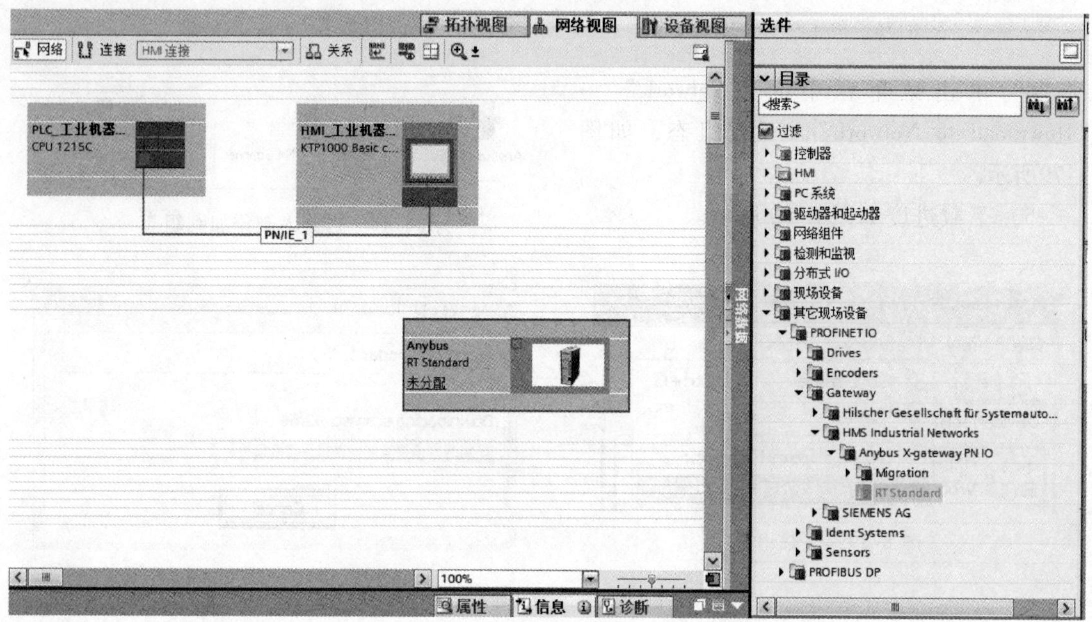

图 8-82 添加 Anybus 硬件组态

3）选中模块，单击“设备视图”（“属性”选项卡可能靠近窗口下方，需先拖动出来），单击“常规”，将“名称”修改为“Anybus”，如图 8-83 所示。

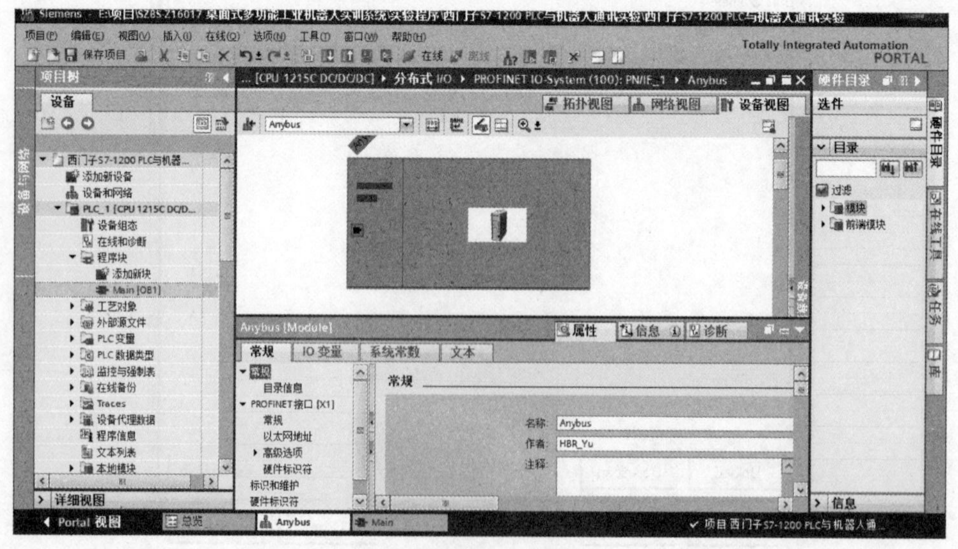

图 8-83 修改名称

4）选择“硬件目录”→“模块”→“Input/Output modules”→“Input/Output 016bytes”，双击添加。通信地址可以在设备概览中查看和修改（可能是隐藏状态，可用目录栏左侧的小箭头打开/关闭），通常使用默认值即可，如图 8-84 所示。

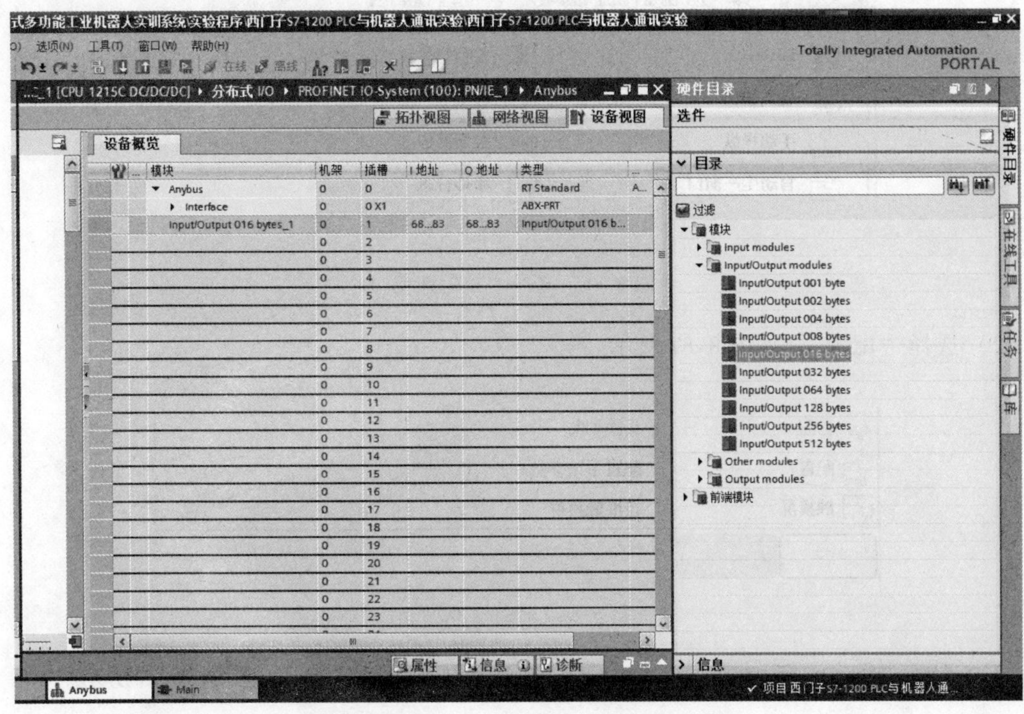

图 8-84　添加“Input/Output 016 bytes”项

5）根据实际需要使用通信地址，建议读者建立通信变量表以便于管理，如图 8-85 所示。

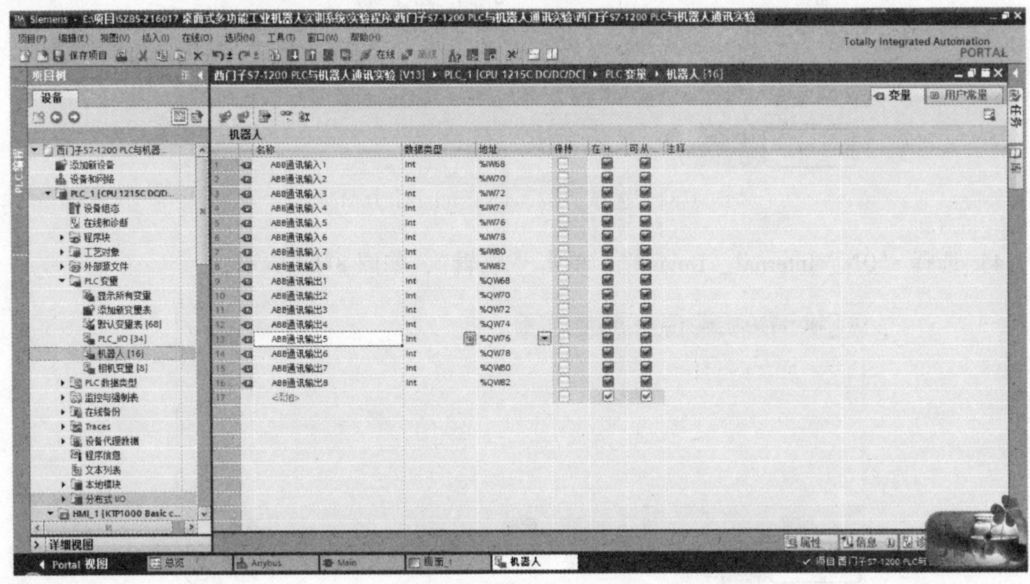

图 8-85　通信变量表

6. 机器人软件设置

1）在主菜单中选择“控制面板”，如图 8-86 所示。

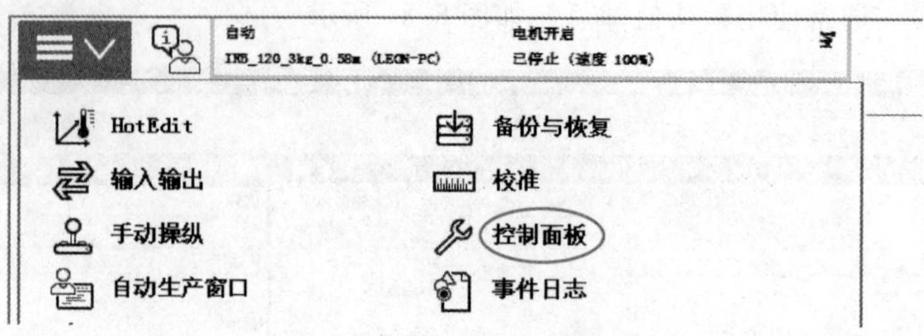

图 8-86 选择“控制面板”

2）选择“配置”，如图 8-87 所示。

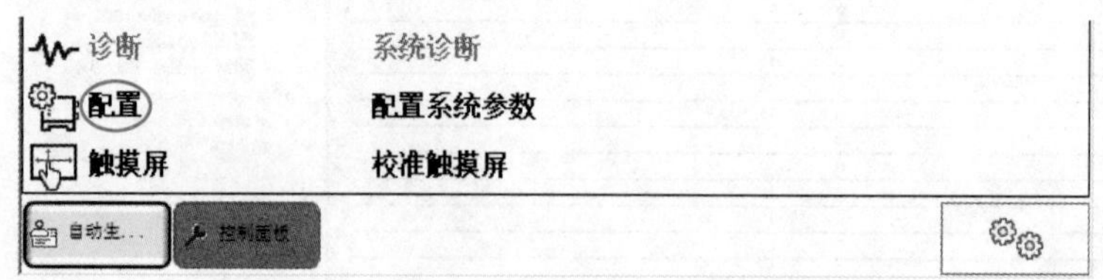

图 8-87 选择“配置”

3）选择“Device Net Internal Device”，然后单击“显示全部”，如图 8-88 所示。

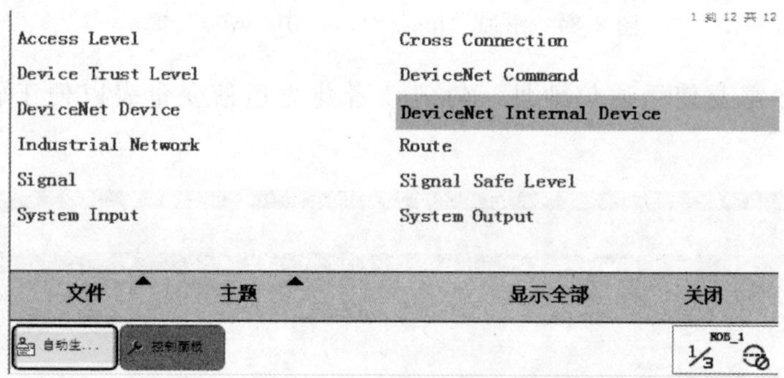

图 8-88 选择“DeviceNet Internal Device”

4）选择“DN_ Internal_ Device”，单击“编辑”，如图 8-89 所示。

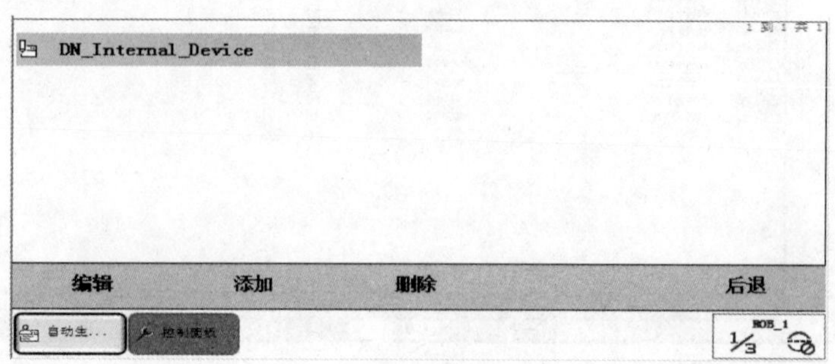

图 8-89 单击“编辑”

5）将“Connection Output Size（bytes）”设置为“16”，“Connection Input Size（bytes）”设置为“16”，其他项保持默认值，完成后单击“确定”，如图 8-90 所示。

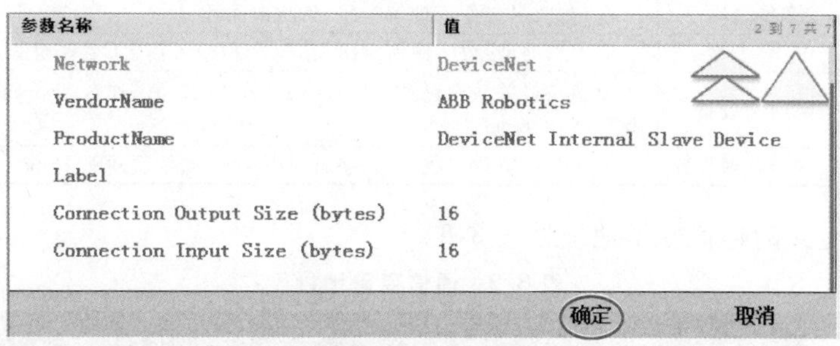

图 8-90　确定设置

6）回到配置界面，选择“Signal”，单击“显示全部”，如图 8-91 所示。

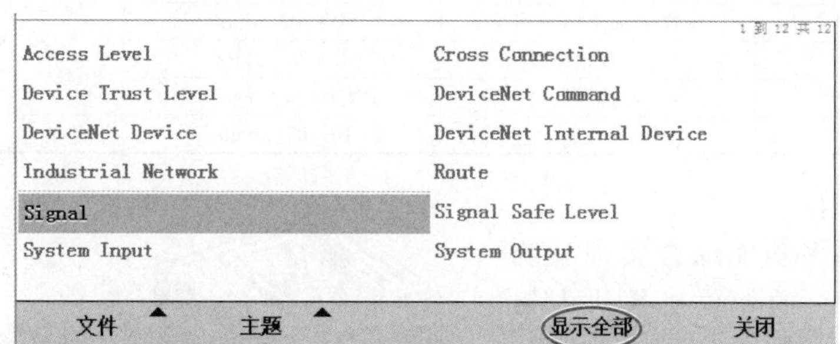

图 8-91　选择“Signal”

7）单击“添加”，添加通信变量，如图 8-92 所示。

图 8-92　添加通信变量

8）按照格式添加需要的变量，完成后单击“确定”。提示重启时选择“否”，然后再次单击“添加”，如图 8-93 所示，符号说明见表 8-2。

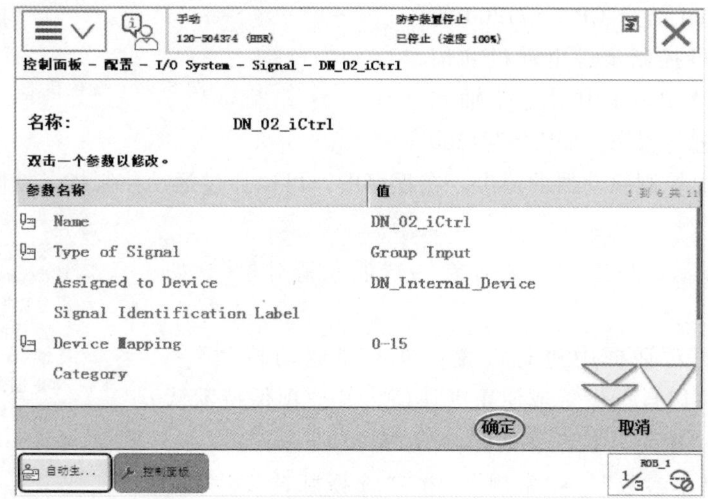

图 8-93　添加变量

表 8-2 符号说明表

符号	含义	备　注
Name	变量名称	自定义,尽量便于理解记忆,编程时调用
Type of Signal	信号类型	有 6 种类型:数字输入输出(位)、模拟输入输出(字)、组输入输出(字)
Assigned to Device	赋值到设备	赋值映射关系设置,本机控制的选择 D652_10,通过 devicenet 与 PLC 交互的选择“DN_Internal_Device”
Device Mapping	端口映射设置	如果是位就设定数值,是字就设置××-××,依次间隔 16 位

当前系统中定义的通信变量地址见表 8-3。

表 8-3 通信变量地址

地　址	定义功能	名　称	类　型
0~15	启停控制字	DN_02_iCtrl	输入
16~31	放置 X 轴坐标偏移量	DN_02_iPutX	
32~47	放置 Y 轴坐标偏移量	DN_02_iPutY	
48~63	放置 Z 轴坐标偏移量	DN_02_iPutZ	
64~79	放置 Z 轴角度	DN_02_iPutA	
80~95	工具切换	DN_02_iChangeTool	
96~111	状态字	DN_02_iStatue	输出

四、变位机的应用

工业机器人多功能综合实训系统（BNRT-MTS120）的变位机模块由铝型材支架、伺服电动机、伺服驱动器、减速器以及气动夹具等组成，可夹持仓库内工件完成模拟喷涂、焊接和抛光打磨等工艺，变位机如图 8-94 所示。

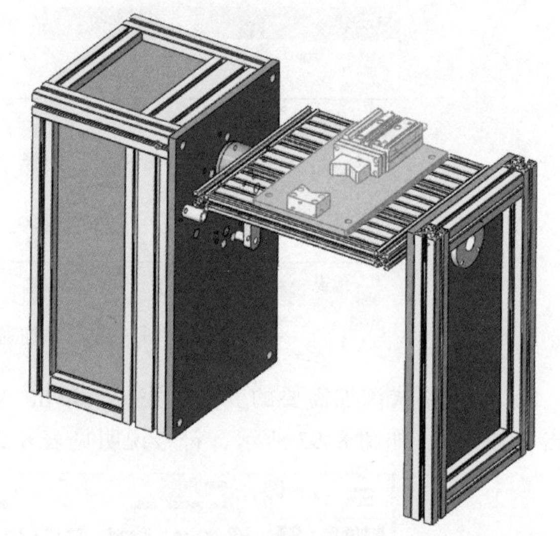

图 8-94 变位机

工业机器人多功能综合实训系统（BNRT-MTS120）的伺服驱动器未使用 ProfiNet 协议，PLC 通过脉冲输出端口控制动作。TIA Portal 结合 CPU S71200 的运动控制功能，可控制步进电动机和伺服电动机：在 TIA Portal 中对定位轴和命令表工艺对象进行组态。CPU S7-1200 使用这些工艺对象控制驱动器的输出。在程序中，可以通过运动控制指令控制轴。

1. 工艺对象

1）组态完成后，单击“工艺对象”→“插入新对象”，如图 8-95 所示。

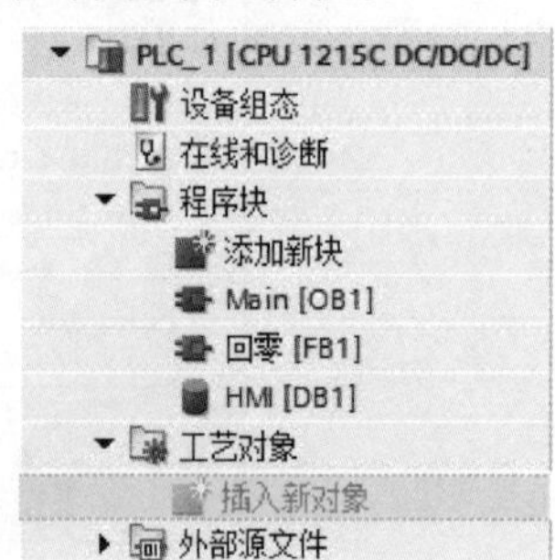

图 8-95 插入新对象

2）在弹出的对话框中进行设置：单击“运动控制”→“轴”，“名称”可以自行设置或使用默认值，其他项保持默认值，完成后单击“确定”按钮，如图 8-96 所示。

3）选择“基本参数”→“常规”，在“选择脉冲发生器”下拉列表中选择“Pulse_ 1”，“信号类型”“脉冲输出”“方

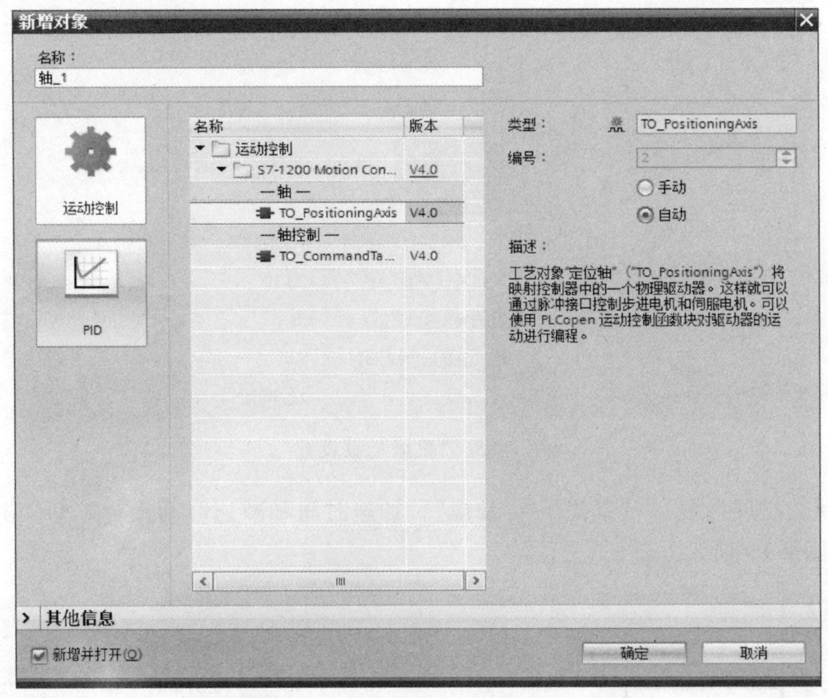

图 8-96　运动控制设置

向输出”的参数值会自动生成，在“位置单位”下拉列表中选择“°”，如图 8-97 所示。

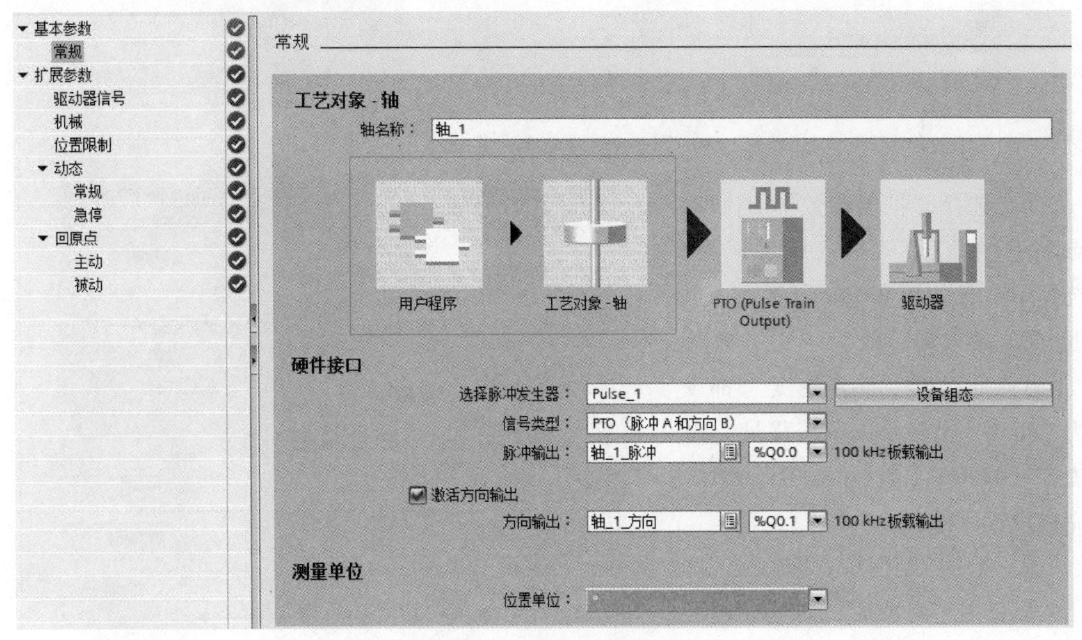

图 8-97　“常规”页设置

4）选择“扩展参数”→“机械”，将“电机每转的脉冲数”设为 12800（与驱动器设置一致），“电机每转的负载位移”设为 9.0，其他项保持默认值，如图 8-98 所示。

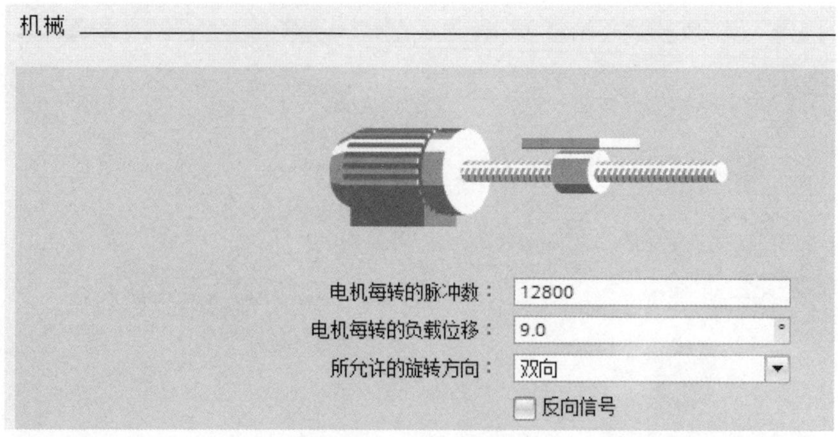

图 8-98 “机械”页设置

5）选择“扩展参数”→“动态”→“常规”，加速时间和减速时间设为 1.0s，其他项保持默认值，如图 8-99 所示。

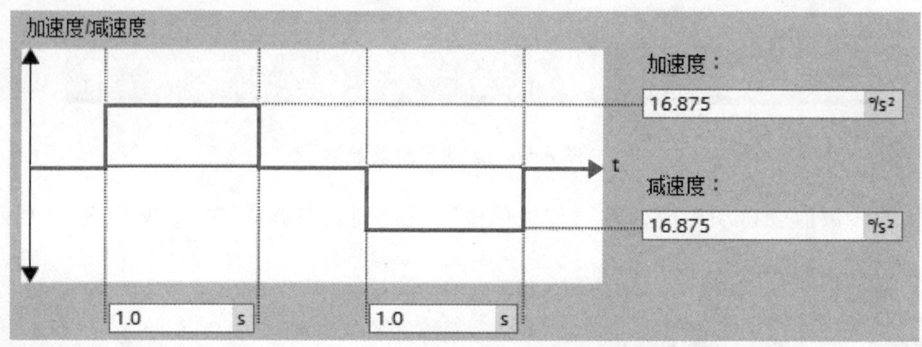

图 8-99 “动态”栏设置

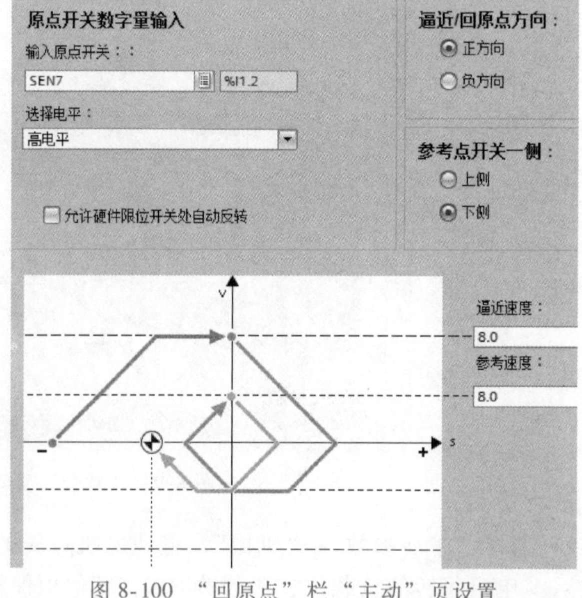

图 8-100 “回原点”栏“主动”页设置

6）选择“扩展参数”→“回原点”→“主动”，“输入原点开关”选择 I1.2，如图 8-100 所示，“逼近/回原点方向”设为“正方向”，“逼近速度”和“参考速度”都设为“8.0”，“起始位置偏移量”设为“-42.0”，如图 8-101 所示，完成设置后保存。

2. 运动控制指令介绍

设置工艺对象后，便可通过运动控制指令控制伺服驱动。在本系统中，使用了以下指令，如图 8-102所示。

起始位置偏移量： -42.0 °
参考点位置： "MC_Home".Position

图 8-101 “起始位置偏移量”设置

图 8-102 运动控制指令

```
MC_ Power              //使能
MC_ Home               //回原点
MC_ Halt               //暂停
MC_ MoveAbsolute       //绝对定位
MC_ Move Relative      //相对定位
MC_ Move Jog           //点动
```

3. 控制伺服回零点

“MC_ Power”运动控制指令可启用或禁用轴，使用运动控制指令必须先启用轴。禁用轴（输入参数“Enable”=FALSE）之后，根据所选“StopMode”中止相关工艺对象的所有运动控制命令，见表 8-4。

表 8-4 运动控制命令

参数	声明	数据类型	默认值	说明	
Axis	INPUT	To_SpeedAxis	—	轴工艺对象	
Enable	INPUT	BOOL	FALSE	上升沿时启动命令	
StopMode	INPUT	INT	FALSE	TRUE	速度达到零
Status	OUTPUT	BOOL	FALSE	TRUE	正在执行命令
Busy	OUTPUT	BOOL	FALSE	TRUE	命令在执行过程中被另一命令中止
Error	OUTPUT	BOOL	FALSE	TRUE	执行命令期间出错
ErrorID	OUTPUT	WORD	16#0000	参数“Error”的错误 ID	
ErrorInfo	OUTPUT	WORD	16#0000	参数“ErrorID”的错误信息 ID	

1）选择“MC_ POWER”指令，将其拖动到程序指定位置，会生成一个背景数据块，选择“多重背景”，单击“确定”按钮。其他运动指令也会生成类似的数据块，用于保存命令的数据，如图 8-103 所示。

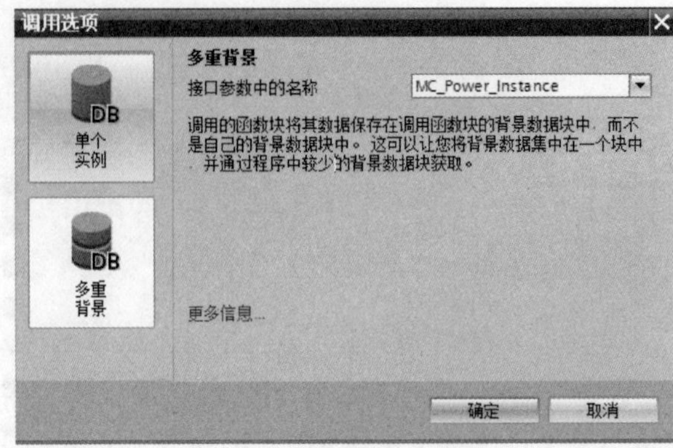

图 8-103 选择“多重背景”

命令设置：“Axis”设置为前面新建的工艺对象，“Enable”接入常闭点，“StopMode”设为 0，其他项不用设置，如图 8-104 所示。

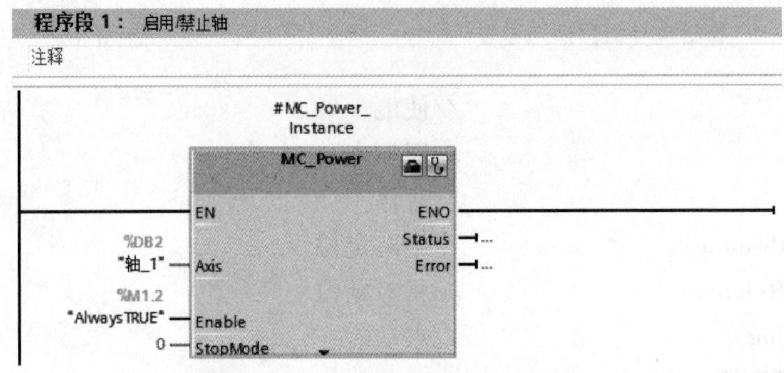

图 8-104 “MC-Power”指令设置

使用“MC_ Home”运动控制指令可将轴坐标与实际物理驱动器位置匹配。轴的绝对定位需要归位，参数见表 8-5。

表 8-5 “MC_ Home”参数说明

参数	声明	数据类型	默认值	说明	
Axis	INPUT	To_Axis	—	轴工艺对象	
Execute	INPUT	BOOL	FALSE	上升沿时启动命令	
Position	INPUT	REAL	1.0	Mode=0、2 和 3：完成归位操作之后，轴的绝对位置；Mode=1：对当前轴位置的修正值	
Mode	INPUT	INT	0	归位模式	
				0	绝对式直接归位：新的轴位置为参数“Position”位置的值
				1	相对式直接归位：新的轴位置等于当前轴位置 + 参数“Position”位置的值
				2	被动归位：归位后，将新的轴位置设置为参数“Position”的值
				3	主动归位：归位后，将新的轴位置设置为参数“Position”的值

（续）

参数	声明	数据类型	默认值	说明	
Done	OUTPUT	BOOL	FALSE	TRUE	命令已完成
Busy	OUTPUT	BOOL	FALSE	TRUE	执行命令期间出错
CommandAborted	OUTPUT	BOOL	FALSE	TRUE	作业在执行过程中被另一作业中止
Error	OUTPUT	BOOL	FALSE	TRUE	执行命令期间出错。错误原因，请参见“ErrorID”和“ErrorInfo”的参数说明
ErrorID	OUTPUT	WORD	16#0000	参数“Error”的错误 ID	
ErrorInfo	OUTPUT	WORD	16#0000	参数“ErrorID”的错误信息 ID	

2）选择“MC_ Home”指令，将其拖动到程序指定位置。命令设置：“Axis”设置为前面新建的工艺对象，“Execute”为启动信号上升沿有效，“Position”设为 0.0 即可，“Mode”设为 3，其他项不用设置，如图 8-105 所示。

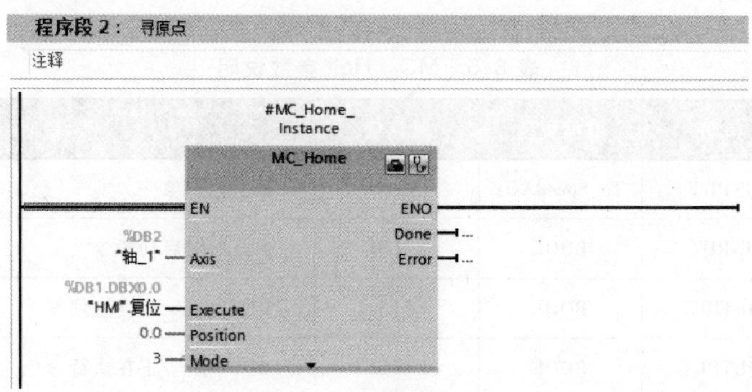

图 8-105 “MC_ Home”指令设置

3）“MC_ Home”指令为“1”时置位“复位完成”，触屏的“停止”为“1”时复位“复位完成”，如图 8-106 所示。

图 8-106 “复位”程序

4）“#MC_ HOME_ INSTANCE. DONE”：“回零”数据块中的变量类型为“OUTPUT”，如图 8-107 所示。

“HMI. 复位完成”：是“HMI”数据块中的变量，类型为“BOOL”。

- 程序块
  - 添加新块
  - Main [OB1]
  - 回零 [FB1]
  - HMI [DB1]
  - 回零_DB [DB3]
  - 系统块
    - 程序资源
      - MC_Halt [FB1...

21		Axis	TO_Axis	
22		Execute	Bool	false
23		Position	Real	0.0
24		Mode	Int	0
25	▼ Output			
26		Done	Bool	false
27		Busy	Bool	false
28		CommandAbo...	Bool	false
29		Error	Bool	false

图 8-107 “回零”数据块

通过运动控制指令“MC_ Halt”，停止所有运动并以组态的减速度停止轴，见表 8-6。

表 8-6 MC_ Halt 参数说明

参数	声明	数据类型	默认值	说明	
Axis	INPUT	To_SpeedAxis	—	轴工艺对象	
Execute	INPUT	BOOL	FALSE	上升沿时启动命令	
Done	OUTPUT	BOOL	FALSE	TRUE	速度达到零
Busy	OUTPUT	BOOL	FALSE	TRUE	正在执行命令
Command Aborted	OUTPUT	BOOL	FALSE	TRUE	命令在执行过程中被另一命令中止
Error	OUTPUT	BOOL	FALSE	TRUE	执行命令期间出错
ErrorID	OUTPUT	WORD	16#0000	参数“Error”的错误 ID	
ErrorInfo	OUTPUT	WORD	16#0000	参数“ErrorID”的错误信息 ID	

5）选择“MC_ Halt”指令，将其拖动到程序指定位置。命令设置：“Axis”设置为前面新建的工艺对象，“Execute”为暂停信号，上升沿有效，其他项不用设置，如图 8-108 所示。

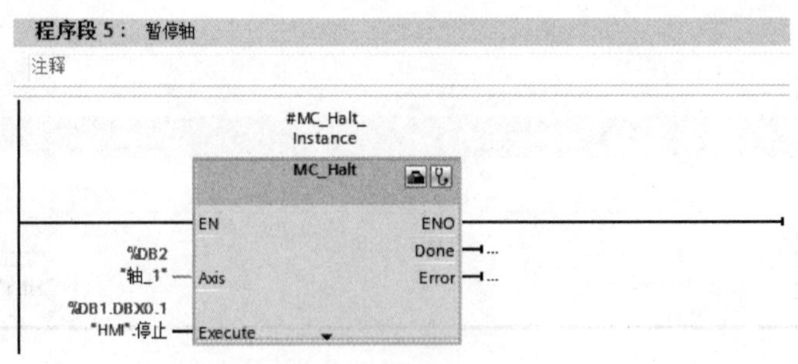

图 8-108 “MC_ Halt”指令设置

6）用常闭信号驱动“伺服ON信号”，地址为Q1.0，如图8-109所示。

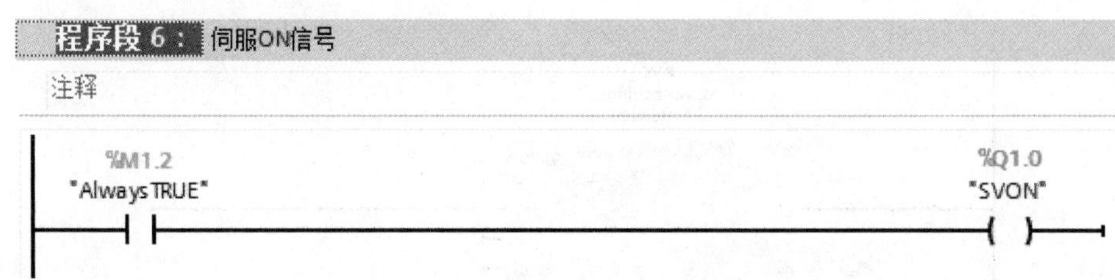

图8-109 驱动伺服信号

7）配置触屏测试界面并绑定相应变量，然后测试，如图8-110所示。

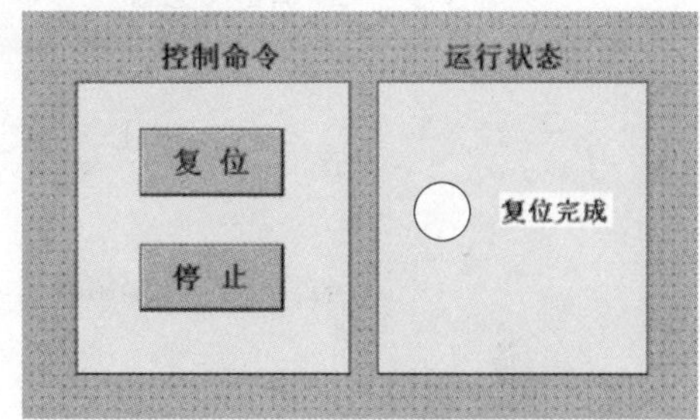

图8-110 触屏测试界面

4. 伺服绝对定位

变位机回零后，可使用绝对定位命令使变位机旋转到指定位置。

使用运动控制指令“MC_ MoveAbsolute”启动轴定位运动，将轴移动到某个绝对位置。参数说明见表8-7。

表8-7 MC_ MoveAbsolute参数说明

参数	声明	数据类型	默认值	说明	
Axis	INPUT	To_PositioningAxis	—	轴工艺对象	
Execute	INPUT	BOOL	FALSE	上升沿时启动命令	
Position	INPUT	REAL	0.0	绝对目标位置	
Velocity	INPUT	REAL	10.0	轴的速度	
Done	OUTPUT	BOOL	FALSE	TRUE	达到绝对目标位置
Busy	OUTPUT	BOOL	FALSE	TRUE	正在执行命令
Command Aborted	OUTPUT	BOOL	FALSE	TRUE	命令在执行过程中被另一命令中止
Error	OUTPUT	BOOL	FALSE	TRUE	执行命令期间出错
ErrorID	OUTPUT	WORD	16#0000	参数“Error”的错误ID	
ErrorInfo	OUTPUT	WORD	16#0000	参数“ErrorID”的错误信息ID	

1）选择“MC_ MoveAbsolute”指令，将其拖动到程序指定位置。命令设置：“Axis”设置为前面新建的工艺对象，“Execute”为启动信号上升沿有效，“Position”设为目标角度，“Velocity”设为“10”，其他项不用设置，如图8-111所示。

2）设置限位角度为±45°，如图8-112所示。

3）读取轴的当前位置，如图8-113所示。

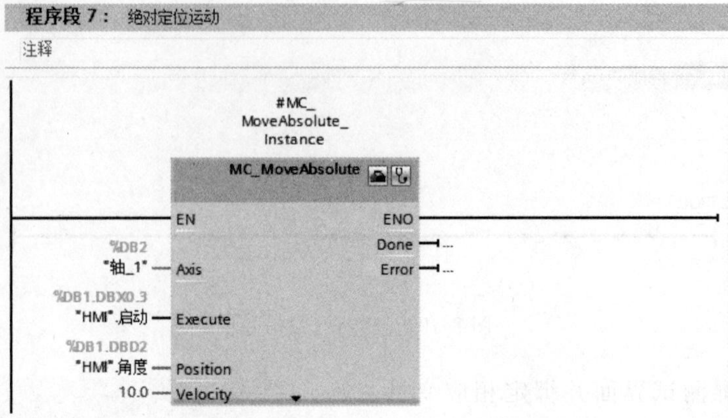

图 8-111 “MC_ MoveAbsolute” 指令设置

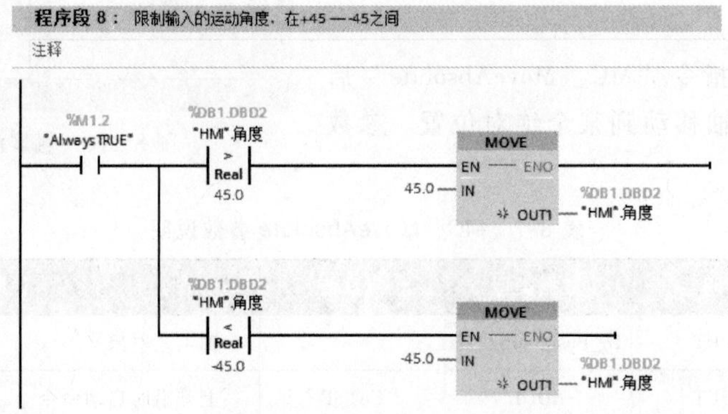

图 8-112 设置限位角度

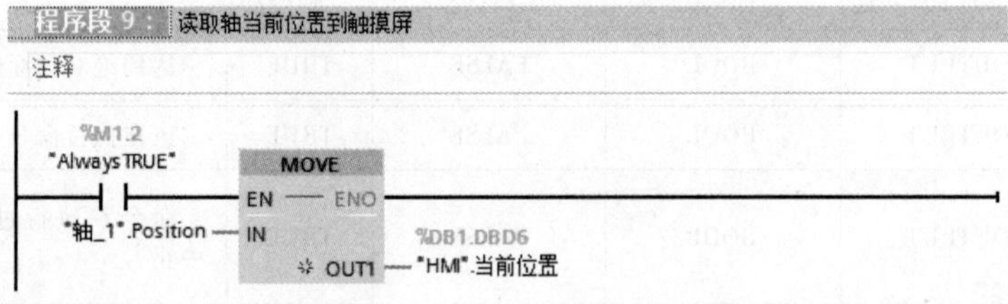

图 8-113 读取轴的当前位置

4）配置触屏测试界面并绑定相应变量，然后测试，如图 8-114 所示。

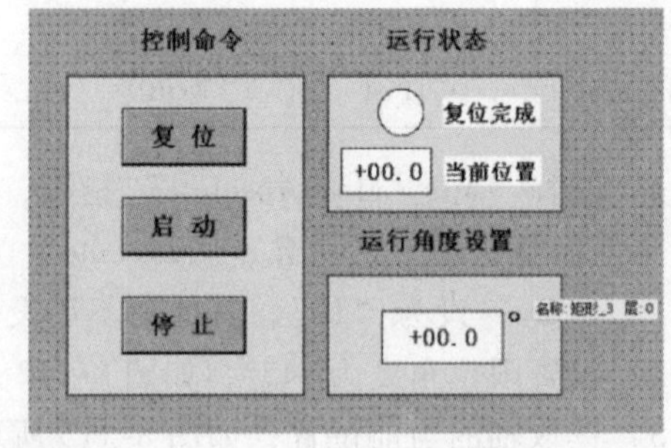

图 8-114 触屏测试界面

5. 伺服相对定位

变位机回零后，可使用相对定位命令将其旋转到指定位置。

通过运动控制指令 “MC_ MoveRelative” 启动相对于起始位置的定位运动。参数说明见表 8-8。

表 8-8 MC_ Move Relative 参数说明

参数	声明	数据类型	默认值	说明	
Axis	INPUT	To_PositioningAxis	—	轴工艺对象	
Execute	INPUT	BOOL	FALSE	上升沿时启动命令	
Distance	INPUT	REAL	0.0	绝对目标位置	
Velocity	INPUT	REAL	10.0	轴的速度	
Done	OUTPUT	BOOL	FALSE	TRUE	达到绝对目标位置
Busy	OUTPUT	BOOL	FALSE	TRUE	正在执行命令
Command Aborted	OUTPUT	BOOL	FALSE	TRUE	命令在执行过程中被另一命令中止
Error	OUTPUT	BOOL	FALSE	TRUE	执行命令期间出错
ErrorID	OUTPUT	WORD	16#0000	参数“Error”的错误 ID	
ErrorInfo	OUTPUT	WORD	16#0000	参数“ErrorID”的错误信息 ID	

1）选择“MC_ MoveAbsolute”指令，将其拖动到程序指定位置。命令设置：“Axis”设置为前面新建的工艺对象，“Execute”为启动信号上升沿有效，“Position”设为目标角度，“Velocity”设为“10”，其他项不用设置，如图 8-115 所示。相对运动无法限位，填写目标位置时注意变位机的绝对位置不要超过零点±45°。

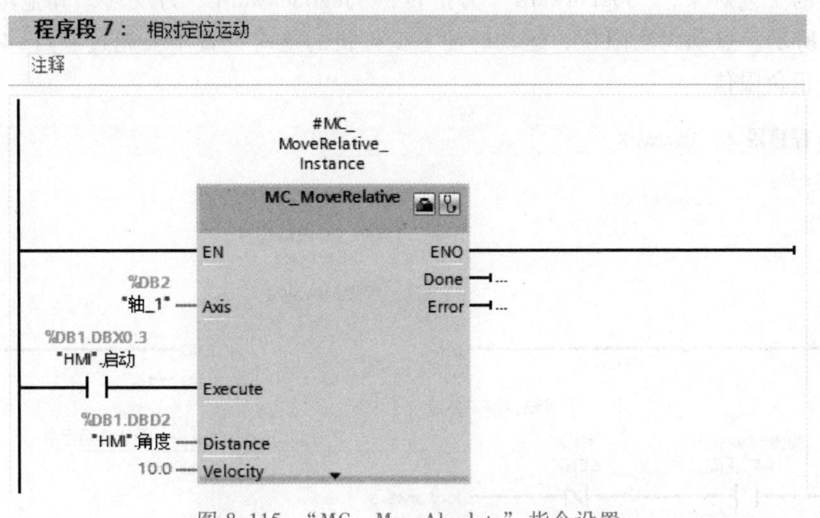

图 8-115 “MC_ MoveAbsolute”指令设置

2）配置触屏测试界面并绑定相应变量，然后测试，如图 8-116 所示。

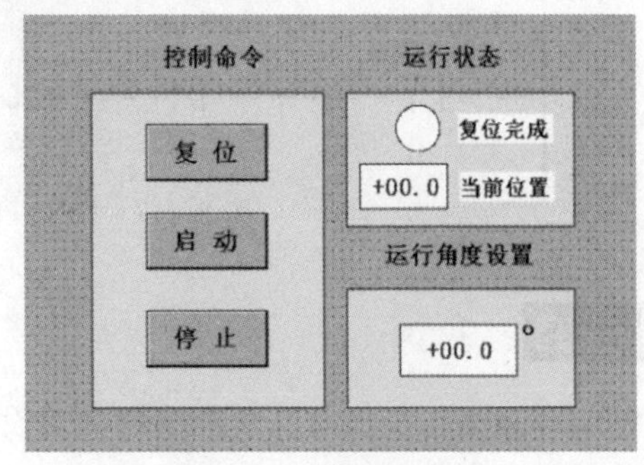

图 8-116 触屏测试界面

6. 伺服点动动作

伺服使能后，可以使用 Jog 命令点动动作。

通过运动控制指令“MC_ MoveJog”，在点动模式下以指定的速度连续转动轴，可使用该运动控制指令进行调试。参数说明见表 8-9。

表 8-9　MC_ MoveJog 参数说明

参数	声明	数据类型	默认值	说明	
Axis	INPUT	To_SpeedAxis	—	轴工艺对象	
JogForward	INPUT	BOOL	FALSE	当参数值为 TRUE 时，按“Velocity”中所指定的速度，正向转动	
JogBackward	INPUT	BOOL	FALSE	当参数值为 TRUE 时，按“Velocity”中指定的速度，反向移动	
Velocity	INPUT	REAL	10.0	轴的速度	
InVelocity	OUTPUT	BOOL	FALSE	TRUE	达到参数“Velocity”中指定的速度
Busy	OUTPUT	BOOL	FALSE	TRUE	正在执行命令
Command Aborted	OUTPUT	BOOL	FALSE	TRUE	命令在执行过程中被另一命令中止
Error	OUTPUT	BOOL	FALSE	TRUE	执行命令期间出错
ErrorID	OUTPUT	WORD	16#0000	参数“Error”的错误 ID	
ErrorInfo	OUTPUT	WORD	16#0000	参数“ErrorID”的错误信息 ID	

选择“MC_ MoveAbsolute”指令，将其拖动到程序指定位置。命令设置：“Axis”设置为前面新建的工艺对象，“JogForward”为正转，“JogBackward”为反转，其他项不用设置，如图 8-117 所示。点动无法限位，运动时注意变位机的绝对位置不要超过零点±45°，或者在程序中接入正负限位。

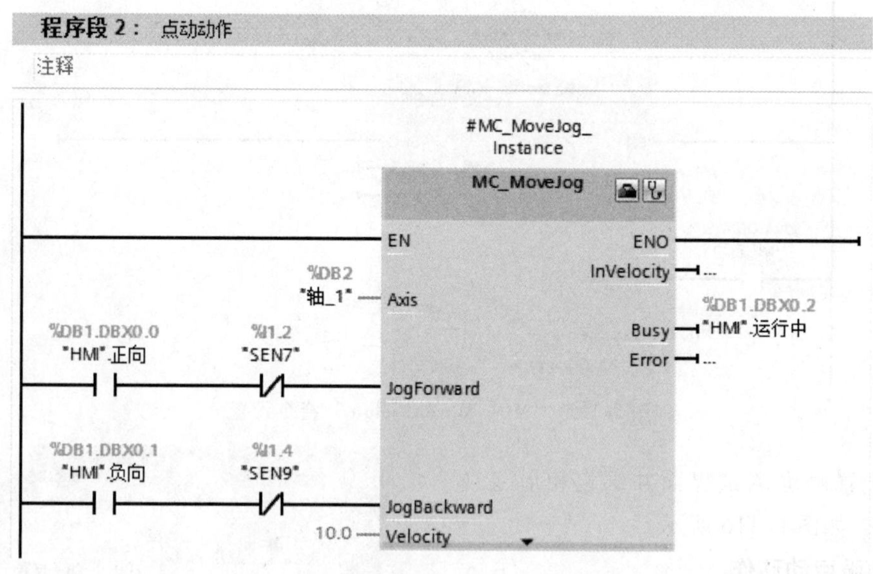

图 8-117　“MC_ MoveAbsolute”指令设置

问题探究

初学者在运行程序时，可能会因为对设备不熟悉而产生问题，但是通常这些问题只要简单操作就可以解决。

一、伺服无法上电

本系统有 3 个急停按钮，分别位于主控台（图 8-118）、机器人控制器（图 8-119）和机器人示教器（图 8-120），任何一个按钮按下都会导致伺服无法上电。如果发生这种情况，首先检查各急停按钮是否被按下。

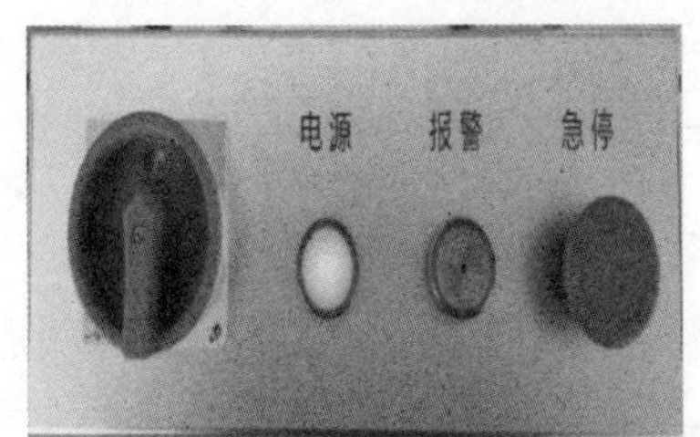

图 8-118　主控台

图 8-119　机器人控制器

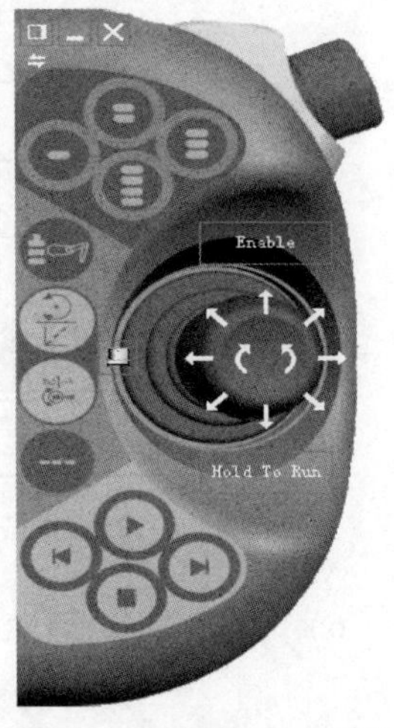

图 8-120　机器人示教器

二、模式切换

机器人程序自动运行需选择自动模式，模式切换旋钮在机器人控制器上，有自动、手动两种模式，应选择自动模式。在手动模式下无法启动机器人程序。该错误的故障代码为 20074。

三、机器人程序错误

如果在启动演示程序前打开或编辑过其他程序，就必须先加载演示程序。

1. 手动模式下切换程序

1）机器人控制器模式切换旋钮旋转到手动模式。

2）进入程序界面，单击左上角菜单按钮，在弹出的主菜单中单击“程序编辑器”，如图 8-121 所示。

3）单击“任务与程序”，如图 8-122 所示。

图 8-121　程序编辑器

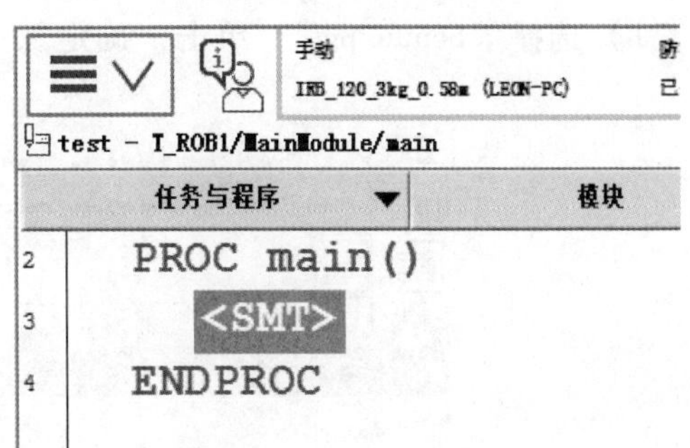

图 8-122　任务与程序

4）单击“文件”→“加载程序”，如图 8-123 所示。

5）当弹出对话框提示是否保存时，单击“不保存”按钮即可，确有需要保存的可以单击“保存”按钮，如图 8-124 所示。

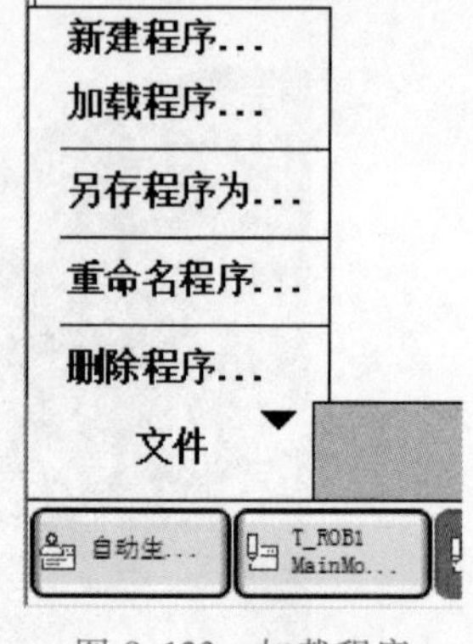

图 8-123　加载程序

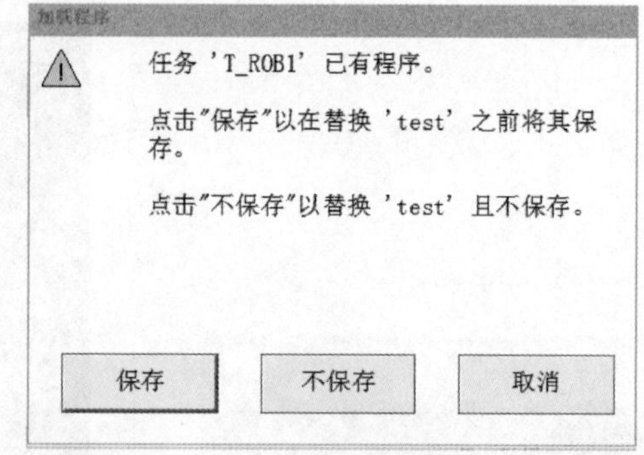

图 8-124　是否保存选择窗口

6）单击“上一级菜单”图标，如图 8-125 所示。

图 8-125　上一级菜单

7）找到“bonuo”文件夹，单击进入，如图 8-126 所示。

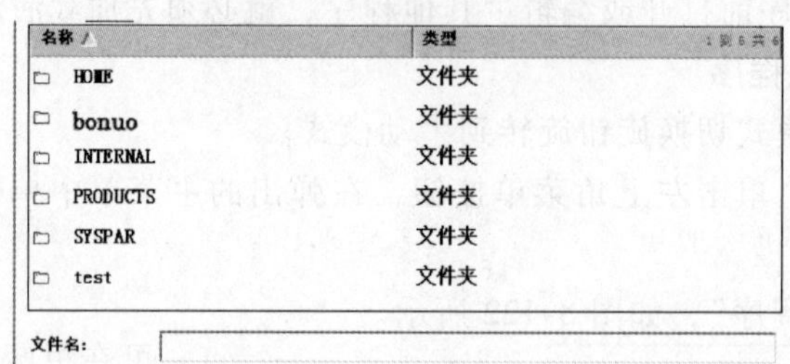

图 8-126　“bonuo”文件夹

8）选择“bonuo. pgf”，单击“确定”，然后转回自动模式启动，如图 8-127 所示。

图 8-127　选择“bonuo. pgf”

2. 自动模式下切换程序

单击左下角“加载程序”，如图 8-128 所示，其他步骤与手动相同。

图 8-128 加载程序

四、电动机关闭

机器人每次模式切换都需重新使伺服上电。当出现电动机关闭的提示时，按下伺服上电按钮，白色指示灯点亮即可。该错误的故障代码为 20072。

知识拓展

一、智能相机

1. 智能相机简介

智能相机（Smart Camera）不是一台简单的相机，而是一种高度集成化的微型机器视觉系统。它集图像的采集、处理与通信功能于一体，提供了多功能、模块化、高可靠性、易于实现的机器视觉解决方案。同时，由于应用了最新的 DSP、FPGA 及大容量存储技术，其智能化程度不断提高，可满足多种机器视觉的应用需求。

智能相机一般由图像采集单元、图像处理单元、图像处理软件及网络通信装置等构成，各部分的功能如下：

（1）图像采集单元　在智能相机中，图像采集单元相当于普通意义上的 CCD/CMOS 相机和图像采集卡。它将光学图像转换为模拟/数字图像，并输出至图像处理单元。

（2）图像处理单元　图像处理单元类似于图像采集/处理卡。它可对图像采集单元的图像数据进行实时的存储，并在图像处理软件的支持下进行图像处理。

（3）图像处理软件　图像处理软件主要在图像处理单元硬件环境的支持下，完成图像处理功能，如几何边缘的提取、BLOB、灰度直方图、OCV/OVR、简单的定位和搜索等。在智能相机中，以上算法都封装成固定的模块，实验人员可直接应用而无须编程。

（4）网络通信装置　网络通信装置是智能相机的重要组成部分，主要完成控制信息、图像数据的通信任务。智能相机一般均内置以太网通信装置，并支持多种标准网络和总线协议，从而使多台智能相机构成更大的机器视觉系统。

2. 智能相机的优势

智能相机具有易学、易用、易维护和安装方便等特点，可在短期内构建起可靠而有效的机器视觉系统。

1）智能相机结构紧凑，尺寸小，易于安装在生产线和各种设备上，且便于装卸和移动。

2）智能相机实现了图像采集单元、图像处理单元、图像处理软件、网络通信装置的高度集成，通过可靠性设计，可以获得较高的效率及稳定性。

3）由于智能相机已固化了成熟的机器视觉算法，用户无须编程就可实现有/无判断、表面/缺陷检查、尺寸测量、OCR/OCV 以及条码阅读等功能，极大地提高了应用系统的开发速度。

3. 智能相机与基于 PC 的视觉系统的比较

智能相机与基于 PC 的视觉系统在功能和技术上的差别主要表现在以下几个方面：

（1）体积比较　智能相机与普通相机的体积相当，易于安装在生产线和各种设备上，便于装卸和移动；而基于 PC 的视觉系统一般由光源、CCD 或 CMOS 相机、图像采集卡、图像处理软件以及 PC 机构成，其结构复杂、体积相对庞大。

（2）硬件比较　从硬件角度比较，智能相机集成了图像采集单元、图像处理单元、图像处理软件和网络通信装置等，经过专业人员进行可靠性设计，其效率及稳定性都较高。基于 PC 的视觉系统主要由相机、图像采集卡及 PC 机组成，由于用户可根据需要选择不同类型的产品，因此，其设计灵活性较大。当产品来自于不同的生产厂家时，这种设计的灵活性可能会带来部件之间不兼容性或可靠性下降等问题。

（3）软件比较　从某种程度上来讲，智能相机是一种比较通用的机器视觉产品，它主要解决的是工业领域的常规检测和识别应用，其软件功能具有一定的通用性。基于 PC 的视觉系统的软件一般完全或部分由用户直接开发，用户可针对特定的应用开发适合自己的专用算法。由于用户的软件研发水平及硬件的不同，所以不同用户开发的同一种应用系统的差异较大。智能相机与基于 PC 的视觉系统的基本特性比较，见表 8-10。

表 8-10　基本特性比较

	基于 PC 的视觉系统	智能相机
可靠性	有限	较好
体积	很大	结构紧凑
网络通信	有限	较好
设计灵活性	很好	有限
功能	可拓展	有限
软件	需要编程	无须编程

二、DeviceNet 现场总线

1. DeviceNet 现场总线简介

DeviceNet 是 20 世纪 90 年代中期发展起来的一种基于 CAN（Controller Area Network）技术的开放型、符合全球工业标准的低成本、高性能的通信网络，最初由美国 Rockwell 公司开发应用。DeviceNet 现已成为国际标准 IEC 62026-3—2008《低压开关设备和控制设备　控制器设备接口》，并已被列为欧洲标准，也是实际上的亚洲和美洲的设备网标准。

DeviceNet 是一种低成本的通信总线。它将工业设备（如限位开关、光电传感器、阀组、过程传感器、条形码读取器、变频驱动器、面板显示器和操作员接口）连接到网络，从而消除了昂贵的硬接线成本。直接互连性优化了设备间的通信，并同时提供了相当重要的设备级诊断功能，这是通过硬接线 I/O 接口很难实现的。

DeviceNet 是一种简单的网络解决方案，它在提供多供货商同类部件间的可互换性的同时，减少了配线和安装工业自动化设备的成本和时间。DeviceNet 不仅可使设备之间以一根电缆互相连接和通信，更重要的是它给系统带来了设备级的诊断功能。该功能在传统的 I/O 设备上是很难实现的。

DeviceNet 是一个开放的网络标准。规范和协议都是开放的，供货商将设备连接到系统时，无须为硬件、软件或授权付费。任何对 DeviceNet 技术感兴趣的组织或个人都可以从开放式 DeciceNet 供货商协会（ODVA）获得 DeviceNet 规范，并可以加入 ODVA，参加对 DeviceNet 规范进行增补的技术工作组。

DeviceNet 的许多特性沿袭于 CAN。CAN 总线是一种设计良好的通信总线，它主要用于实时传输控制数据。DeviceNet 的主要特点是：短帧传输，每帧的最大数据为 8 个字节；无破坏性的逐位仲裁技术；网络最多可连接 64 个节点；数据传输波特率为 128kb/s、256kb/s、512kb/s；点对点、多主或主/从通信方式；采用 CAN 的物理和数据链路层规约。

2. DeviceNet 现场总线协议

DeviceNet 协议是一个简单、廉价而且高效的协议，适用于最底层的现场总线，如过程传感器、执行器、阀组、电动机起动器、条形码读取器、变频驱动器、面板显示器、操作员接口和其他控制单元的网络。可通过 DeviceNet 连接的设备包括从简单的挡光板到复杂的真空泵各种半导体产品。DeviceNet 也是一种串行通信连接，可以减少昂贵的硬接线。DeviceNet 所提供的直接互连性不仅改善了设备间的通信，而且同时提供了相当重要的设备级诊断功能，这是通过硬接线 I/O 接口很难实现的。除了提供 OSI 模型的第 7 层（应用层）定义之外，DeviceNet 规范还定义了部分第 1 层（物理收发器）和第 0 层（传输介质）。对 DeviceNet 节点的物理连接也做了清楚的规定。连接器、电缆类型和电缆长度，以及与通信相关的指示器、开关、相关的室内铭牌都做了详细规定。

DeviceNet 网络最大可以操作 64 个节点，可用的通信波特率分别为 125kb/s、250kb/s 和 500kb/s 三种。设备可由 DeviceNet 总线供电（最大电流为 8A）或使用独立电源供电。DeviceNet 网络电缆传送网络通信信号，并可以给网络设备供电。因其应用范围广，所以规定了不同规格的电缆和扁平电缆，以便适用于不同的工业环境。

DeviceNet 设备的物理接口可在系统运行时连接到网络或从网络断开，并具有极性反接保护功能。可通过同一个网络，在处理数据交换的同时对 DeviceNet 设备进行配置和参数设置，使复杂系统的试运行和维护变得比较简单；而且现在有许多的高效工具供系统集成者使用，使开发变得容易。

DeviceNet 使用“生产者-消费者”通信模型以及 CAN 协议的基本原理。DeviceNet 发送节点生产网络上的数据，而 DeviceNet 接收节点则消费网络上的数据；两个或多个设备之间的通信总是符合基于连接的通信模式。

三、工业以太网

1. 工业以太网简介

工业以太网是基于 IEEE 802.3（Ethernet）的强大的区域和单元网络。工业以太网提供了一个无缝集成到新的多媒体世界的途径。企业内部互联网（Intranet）、外部互联网（Extranet）以及国际互联网（Internet）提供的广泛应用不仅已经进入今天的办公室领域，而且还应用于生产和过程自动化。继 10M 波特率以太网成功运行之后，全双工和自适应的 100M 波特率快速以太网（Fast Ethernet，符合 IEEE 802.3u 的标准）也已成功运行多年。采用何种性能的以太网取决于用户的需要。通用的兼容性允许用户无缝升级到新技术。

当以太网用于信息技术时，应用层包括 HT TP、FTP、SNMP 等常用协议，但当它用于工业控制时，体现在应用层的是实时通信、用于系统组态的对象以及工程模型的应用协议，目前还没有统一的应用层协议，但受到广泛支持并已经开发出相应产品的有 4 种主要协议：HSE、Modbus TCP/IP、ProfiNet、Ethernet/IP。

工业以太网是应用于工业控制领域的以太网技术，在技术上与商用以太网（即 IEEE 802.3 标准）兼容，但是实际产品和应用却又完全不同。这主要表现在：普通的商用以太网的产品在设计时，材质的选用、产品的强度、适用性以及实时性、可互操作性、可靠性、抗干扰性、本质安全性等方面不能满足工业现场的需要。故在工业现场控制应用的是与商用以太网不同的工业以太网。

2. 工业以太网的优势

（1）应用广泛　以太网是应用最广泛的计算机网络，几乎所有的编程语言（如 Visual C++、Java、Visual Basic 等）都支持以太网的应用开发。

（2）通信速率高　100Mb/s 的快速以太网已开始广泛应用，1Gb/s 的以太网技术也逐渐成熟，而传统的现场总线最高速率只有 12Mb/s（如西门子 Profibus-DP）。显然，以太网的速率要比传统现场总线要快得多，完全可以满足工业网络控制不断增长的带宽要求。

（3）资源共享能力强　随着 Internet/ Intranet 的发展，以太网已渗透到生产、生活中的各个角落，网络上的用户已解除了资源地理位置上的束缚，联入互联网的任何一台计算机均可浏览工业控制现场的数据，实现“控管一体化”，这是其他任何一种现场总线都无法比拟的。

（4）可持续发展潜力大　以太网的引入将为控制系统的后续发展提供可能性，用户在技术升级方面无须单独的研究投入，这是任何现有的现场总线技术所不具备的。同时，机器人技术、智能技术的发展都要求通信网络具有更高的带宽和性能，通信协议有更高的灵活性，这些要求以太网都能很好地满足。

评价反馈

基本素养(30分)				
序号	评估内容	自评	互评	师评
1	纪律(无迟到、早退、旷课)(10分)			
2	安全规范操作(10分)			
3	团结协作能力、沟通能力(10分)			
技能操作(70分)				
序号	评估内容	自评	互评	师评
1	熟练完成工作站基本布局的建立(10分)			
2	博途通信的方法(10分)			
3	智能相机的通信设置(10分)			
4	Anybus 模块参数设置(10分)			
5	变位机的通信设置与编程(10分)			
6	独立解决伺服无法上电等问题(10分)			
7	智能相机相对于视觉系统的优势(5分)			
8	DeviceNet 现场总线的优势(5分)			
	综合评价			

练习与思考题

练习与思考题八

一、填空题

1. 智能相机一般由________、________、________、________等部分

构成。

2. 在 Anybus 中设置“Molex SST-DN4 Scanner”时需要修改________和________。

3. DeviceNet 带来的好处有________、________和________。

4. 工作站急停按钮位于________、________和________上。

5. 工业以太网得到广泛支持并已经开发出相应产品的 4 种主要协议有________、________、________和________。

6. 点动控制无法限位，运动时需注意变位机的绝对位置不要超过零点________，或者在程序中接入正负限位。

二、简答题

1. 简述智能相机通信设置步骤。

2. 简述智能相机颜色识别的设置步骤。

3. 简述 Anybus 模块协议的设置步骤。

4. 简述智能相机相对于基于 PC 的视觉系统的优势。

5. 简述变位机组态完成后，插入新对象时需要完成哪些设置。

三、操作题

1. 新建程序，使用井式上料单元、传送带和智能相机制作一个简单的出库识别方案。

2. 新建程序，利用伺服控制变位机配合机器人完成模拟喷涂工作。

参考文献

[1] 蔡自兴. 机器人学 [M]. 北京：清华大学出版社，2009.
[2] 叶晖. 工业机器人工程应用虚拟仿真教程 [M]. 北京：机械工业出版社，2014.
[3] 兰虎. 工业机器人技术及应用 [M]. 北京：机械工业出版社，2014.
[4] 叶晖. 工业机器人典型应用案例精析 [M]. 北京：机械工业出版社，2013.
[5] 何成平，董诗绘. 工业机器人操作与编程技术 [M]. 北京：机械工业出版社，2016.
[6] 张超，张继媛. ABB 工业机器人现场编程 [M]. 北京：机械工业出版社，2016.
[7] 邢美峰. 工业机器人操作与编程 [M]. 北京：电子工业出版社，2016.
[8] 胡伟. 工业机器人行业应用实训教程 [M]. 北京：机械工业出版社，2015.